碰 撞 力 学

IMPACT MECHANICS

沈煜年　著

科学出版社

北　京

内 容 简 介

本书共分九章，系统介绍了碰撞力学的基本理论、方法及应用。内容包括：碰撞力学概述、质点系统碰撞理论、平面刚体碰撞理论、局部接触约束(力)模型、变形体正碰撞的解析方法、变形体正碰撞的数值方法、变形体斜碰撞的数值解方法、碰撞的实验方法、碰撞理论在微/纳米压电精确定位系统的工程应用。

本书可作为高等学校力学、航空航天、车辆、机械、兵器、机器人、仪器仪表、船舶、控制等专业师生的教学用书和参考书，也可供工程技术人员参考和应用。

图书在版编目(CIP)数据

碰撞力学 / 沈煜年著. -- 北京 ：科学出版社，2024. 12. -- ISBN 978-7-03-080669-7

Ⅰ. O3

中国国家版本馆 CIP 数据核字第 2024V6K279 号

责任编辑：刘信力 杨 探 / 责任校对：彭珍珍
责任印制：张 伟 / 封面设计：无极书装

科 学 出 版 社 出版

北京东黄城根北街 16 号
邮政编码：100717
http://www.sciencep.com

北京建宏印刷有限公司印刷
科学出版社发行 各地新华书店经销

*

2024 年 12 月第 一 版 开本：720×1000 1/16
2024 年 12 月第一次印刷 印张：22
字数：440 000
定价：148.00 元
（如有印装质量问题，我社负责调换）

前　言

碰撞是自然界中普遍存在的物理现象，不但超大尺度的宇宙天体间会发生碰撞，而且纳米尺度的构件间也存在大量的碰撞问题。前者的碰撞现象绝大多为高速碰撞，但占据主导的，且与人类的生产生活密切相关的却是中低速碰撞。近 100 年以来，中低速碰撞一直吸引了无数科学家的注意。现代工业中广泛应用的精度要求更高、运转速度更快、设计更加精巧的复杂柔性机械系统，不可避免地会出现构件间的多次低强度的碰撞事件，该类碰撞事件往往贯穿于整个运行工作过程。其通常会造成结构的磨损、疲劳、破坏、高幅振动和机械噪声等，不仅会劣化系统的运行精度，而且会降低系统的可控性和长期运行的可靠性。因此，迫切地需要对中低速碰撞进行深入的研究，如无特殊说明，本书中的碰撞皆是指中低速碰撞。

碰撞是指两个或多个碰撞体以一定的相对速度相互靠近，在某个时刻接触并产生挤压和摩擦等相互作用。碰撞会导致碰撞体或整个碰撞系统出现特殊的力学现象，比如接触界面处高幅值的接触力、局部接触区的弹塑性变形、碰撞激发瞬态波在非接触区的传播等。若是反复碰撞，碰撞系统有时还会出现周期运动、准周期运动和混沌运动等非线性特征。在分析碰撞时，最基本的子问题主要是弄清楚并处理好两大问题：①单边接触约束的数学描述和算法编制问题；②碰撞物体的变形和惯性的数学描述问题。解决好这两大问题的前提都是需要建立相应的力学模型和数学模型，前者本书专门用了一章进行阐述，这里仅对后者给予进一步的说明。

对于结构刚度较大的碰撞体，若不太关心结构的强度，只关心结构的刚性运动，那么可将碰撞物体非接触区简化处理为刚体，反之则需要处理为变形体。碰撞发生和持续的时间通常极短，一般刚度较大物体间的碰撞的持续时间都不会超过几毫秒。因此，基于刚体模型的碰撞理论均假设碰撞体的空间位型在碰撞阶段没有发生变化，极大地降低了分析的复杂程度。对于结构柔度较大的碰撞体，为了便于描述碰撞体在碰撞发生时和发生后的变形和运动情况，需要考虑两个子区域的力学建模，即接触区和非接触区。无论哪个子区域，只要想分析该区域结构的动力学响应，在对该区域建模时就一定要对结构的变形场 (又称柔度分布) 和惯性场 (又称质量分布) 这两个场进行建模。进一步地，无论是变形场还是惯性场的力学模型也一般分为集中参数模型和分布参数模型两大类。变形场的集中参数模型一般采用一个或少数几个 (类) 弹簧元件来等效整个碰撞体的变形效应。变形场的分布参数模型一般采用连续介质 (即碰撞体看成由无穷多个微元组成, 每个微元都可以按本构方程发生变形) 或有限个可变形的离散单元来等效整个碰撞体的变形效应; 惯性场的集中参数模型一般采用一个或少数几个质点或刚性质量块来等效整个碰撞体的惯性效应。惯性场的分布参数模型一般采用连续介质 (即质量在碰撞体所占的空间域中是连续分布的) 或有限个但数量众多的含有单元质量的离散单元来等效整个碰撞体的惯性效应。

　　碰撞力学是一门研究在发生接触-碰撞时物体之间在接触区的相互作用以及在这些作用下结构出现的动力响应的科学, 是力学学科的重要分支。碰撞体之间的相互作用一般用接触力来描述, 在其他力学分支所建立的力学模型中, 几乎所有的集中力或分布力外载荷本质上就是接触力, 极少数为电磁力和引力等。显然接触力的准确性决定了其他力学分支学科中模型的准确性, 由此也看出碰撞力学具有非常重要的位置。碰撞力学的研究内容同时涵盖了固体力学和一般力学等二级学科的知识。具体地说, 其涉及弹塑性动力学、接触力学、摩擦学、冲击动力学、连续介质力学、结构动力学、固体中的波、非线性动力学、有限元理论、振动理论等一系列的子学科。因此, 对其的研究从来都属于多学科交叉的领域, 并且随着其他子学科的发展进步而进步, 直到今天仍然是力学学科的研究热点和难点。

　　作者从事碰撞力学研究和教学以来, 发现国内尚缺乏一本专门讲授和介绍碰撞力学的书籍。一些碰撞力学的相关知识散落在其他子学科的书籍的某些章节以及众多的科技文献中, 非常不利于将碰撞力学的基本知识和概念传授给我国有需要的科技人员、研究生和大量的工程师。本书对近年来国内外的相关研究成果做一个梳理和总结, 书中内容由浅入深、由简单到复杂、由解析方法到数值方法, 期望能够给有需要的人们提供一些基本概念、方法和工程实例。使读者能够更加容易和准确地掌握相关知识, 尤其是能够给予其以启发, 以利于对更加复杂和精深的碰撞问题加以分析。

　　本书从质点系统的碰撞 (第 2 章)、平面刚体碰撞理论 (第 3 章) 以及变形体正碰撞的解析方法 (第 5 章), 逐步过渡到具有复杂形状变形体的数值方法 (第 6 和 7 章)、碰撞的实验方法 (第 8 章), 最后讲述了碰撞理论在一些具体工程实践中的应用 (第 9 章)。每一章节都有相应的实例便于初学者掌握和理解相关的方法。第 4 章给出了目前主流和常用的局部接触约束 (力) 模型。

　　在本书的编写过程中, 得到了南京理工大学尹晓春教授、江苏科技大学田阿利教授、徐然博士、戚晓利副教授和唐亮研究员等的鼎力协助。南京理工大学机器人学和智能机器实验室 (作者课题组) 的成员, 即我的学生匡也、刘凯和张维旭等在文字编辑、图形绘制等大量繁重的工作上也给了我很大的帮助和支持, 特此感谢! 本书的部分内容是国家自然科学基金 (编号: 11572157、11302107、11372138 和 10872095) 和高等学校博士学科点专项科研基金 (编号: 20123219120042 和

20123219110036) 的研究成果，对他们的科研资助也一并表示感谢。本书的部分内容是在剑桥大学碰撞力学专家 W. J. Stronge 教授的指导下开展的研究工作的成果，对其的谆谆指导也表示深深的感谢。本书是对碰撞类经典教材 W. Goldsmith 所著的 *Impact: the Theory and Physical Behavior of Colliding Solids* 和 W. J. Stronge 所著的 *Impact Mechanics* 的补充，本书基于上述经典著作，融入了最近二十年来中低速碰撞力学的最新发展成果。为了反映最新最广泛和最优秀的研究成果，除了本课题组的研究成果，本书部分章节还引用了不少公开发表的论文资料，作者对这些资料的作者一并表示感谢。

　　作者注重知识的系统性，力求概念清晰、文辞准确且便于阅读，但由于作者水平有限，不妥之处，敬请读者不吝指正。

沈煜年

于紫金山南　南京理工大学

2024 年 11 月　冬季　南京

目 录

第 1 章　碰撞力学概述

牛顿 (Isaac Newton)：

　　"如果说我看得比别人远，那是因为我站在巨人的肩膀上。"(If I have seen further, it is by standing on the shoulders of giants.)

　　　　　　　——牛顿谦虚地表达了自己对前人科学成果的尊重，强调了知识的积累与传承。

　　碰撞是自然界中普遍存在的物理现象和行为，不但超大几何尺度的宇宙天体间会发生碰撞，而且纳米级小几何尺度的构件间也存在大量的碰撞问题。从碰撞发生时的相对速度大小上看，天体间的碰撞现象大多为超高速碰撞，武器毁伤则大多为高速碰撞，但占据主导的，且与人类的生产生活密切相关的却是低中速碰撞。由于碰撞响应的影响因素众多并相互交织，很难给出普遍适用的具体相对速度数值判据以区分超高速、高速和低中速碰撞。通常是根据碰撞产生的变形或其他物理行为特征以区分不同速度的碰撞。在碰撞力学学科领域内，通常的定义认为碰撞体仅发生弹性和塑性变形的碰撞称为低中速碰撞，碰撞体发生弹塑性变形且材料本构的应变率效应显著甚至形成射流的碰撞称为高速碰撞，碰撞体变形包含前述特征且出现爆炸、气化、电磁辐射等物理化学变化的碰撞称为超高速碰撞。当然，在不同的工业领域内，这些定义也会不同。

　　近 100 年以来，低中速碰撞一直吸引了无数科学家的注意。现代工业中广泛应用的精度要求更高、运转速度更快、设计更加精巧的复杂柔性机械系统，柔性系统中不可避免地会出现构件间的多次低强度的碰撞事件，该类碰撞事件往往贯穿于整个运行工作过程。若缺乏对碰撞的有效调控，其通常会造成结构的磨损、疲劳、破坏、高幅振动和机械噪声等，不仅会劣化系统的运行精度，而且会降低系统的可控制性和长期运行的可靠性，因此，迫切地需要对低中速碰撞进行深入的研究。需要指出的是，如无特殊说明，本书后文中的碰撞皆是指**低中速碰撞**。

1.1　研究背景

1.1.1　工程背景

　　一些碰撞行为可以在工程中作为加载的方式被利用，进而设计出多种冲击振动机械。例如，气动锤[1]、振动进料器[2]、振动筛[3]、振动搅拌机[4]、打桩机[5]、冲击钻[6]、针式打印机[7]、碰撞阻尼器[8]、机器人[9-11] 等。1937 年 Paget[12] 发明了冲击消振器，用来抑制涡轮机叶片、飞机机翼的颤振，后来又被用于高层建筑的减振装置[13]。

　　但是，大量出现的而又难以避免的碰撞事件，往往存在着不同程度的各类危害。例如，在太阳能帆板展开时，连接块和摇臂架之间的碰撞，就会造成卫星姿态的偏转[14,15]。继电器和延时器的频繁开关，会造成接电部件的疲劳破坏[16]。阀门的快速启闭 (如微分马达的进气阀和出气阀) 会造成磨损和破坏[17-19]。高速齿轮对由于不平衡激励产生的后冲碰撞，会降低运转精度[20,21]。核电站热交换器因为冷热水循环诱发的管道振动，会导致与松散支撑之间的反复碰撞磨损[22]。高频往复运动机构由于连接节点处接触的丧失，会导致高幅接触力[14,15]。在机械加工过程中 (如铣削、磨削和钻削等)，尤其在小进给量进刀时，刃齿与工件之间出现的颤进接触，会降低工件加工精度[23]。间歇运动机构特有的 "间歇碰撞" 方式，会引发机构失控问题[24]。高速列车由于轨道接头、轮平以及车轮与轨道间的相对跳动，会造成反复碰撞损坏[25]。高速转子 (转轴) 与定子 (支撑轴承) 因为接触丢失，会导致碰撞磨损和损坏[26]。强震发生时，桥面膨胀连接接头的断开，将导致两边桥面的多次重碰撞破坏 (pounding)[27] 等。

　　另外，在相同的初始条件下，碰撞系统的长期响应行为，会因为碰撞的累积，而失去原有的响应模式，甚至出现异常响应行为变得面目全非[28]。需要指出的是，一旦在碰撞过程中形成了局部的塑性变形区，重复的碰撞，将加速塑性区的扩大，急速劣化结构系统的刚度，造成结构的迅速毁坏[28]。如何利用多次碰撞，如何减轻和避免它的危害，相关的研究正渗透至更多的新领域。例如，智能结构的碰撞问题[29]、薄膜的重复微碰撞磨损测量问题[30]、颗粒流散体介质的碰撞问题[31]、磁头与硬盘界面的重复微碰撞问题[32,33]、骨关节反复着地碰撞和骨开裂问题[34,35]、杆状高分子的碰撞问题[36]、微/纳米精确定位系统的反复碰撞定位问题[37-41]、碳纳米管长时间低速碰撞碾磨问题[42] 和原子力显微镜轻敲工作模式[43] 等。

1.1.2　理论背景

　　由于发生多次碰撞的柔性碰撞系统，其碰撞过程是瞬态过程，每一次碰撞过程的时间跨度可能在微秒和毫秒量级，而系统运行过程的时间跨度在分钟甚至小时量级，因此，碰撞行为的时间跨度至少为 4 个量级。随着碰撞与分离过程的反复切换，系统的几何拓扑结构也不断发生变化。由此可知，柔性结构多次碰撞系统是一个典型的跨时间尺度的变拓扑系统。

一方面，碰撞的瞬态效应是系统行为的一个主要特征，应该加以考虑。另一方面，包含成千上万次碰撞的系统长期动力学行为，也是工程实际所必然关注的。因此，柔性结构多次碰撞的研究，无论在理论分析、数值分析还是实验测量方面都会面临巨大的挑战。解决这种跨时间尺度的变拓扑问题，需要发展出新的理论和数值方法。

1935 年，Mason 在观察梁碰撞实验后，预测裸眼观察到的一次碰撞中，可能包含一系列快速的多次碰撞 [44]。1996 年，Stoianovici 和 Hurmuzlu 用高速光电记录系统，清楚地记录了斜杆在一次常规的坠地实验中，竟然发生了连续十九次的微秒级碰撞事件 [45]，用实验证实了 Mason 的预测，从而证明多次碰撞可能是一个普遍的物理现象。1960 年，Goldsmith 在总结了当时的几个相关研究后指出，第二次碰撞可能会产生比首次碰撞更大的接触力和碰撞冲量，因此，多次碰撞现象应值得重视 [46]。Yigit 等 [47] 用高速摄像机，捕捉到了回转运动柔性梁端与刚性体障碍碰撞时，出现的几次快速碰撞现象。原加州大学洛杉矶分校，现麻省理工学院的 Dubowsky 教授和他的学生，认为柔性构件之间的多次碰撞会导致高幅振动和高频噪声 [48]。

已有的研究，一般将在周期激励下参与多次碰撞的一个物体简化为刚体 [49] 或质点 [50]，而将接触柔性和被碰撞体的柔性效应用弹簧来等效，用以研究系统的碰撞振动行为 (vibro-impact behaviours)。基于该模型，许多学者发现了丰富的复杂非线性动力学行为，包括周期运动、准周期运动、混沌运动和多种通向混沌的途径等。该研究领域在 20 世纪 80 年代间形成了一个研究热点，我国学者在此领域也做出了许多贡献 [3,28,51−53]。

但是，到目前为止，考虑碰撞瞬态效应的相关研究工作还相当缺乏。根据我们收集的资料，在多次弹性碰撞实验方面，Cusumano 等对梁摆 [54]，Stoianovici 和 Hurmuzlu 对斜杆坠地 [45]，Wagg 等对悬臂梁 [55]，Oppenheimer 和 Dubowsky 对简支梁 [15] 进行了重复碰撞实验，实验涉及碰撞瞬态波效应。在多次弹性碰撞理论分析方面，Wang 和 Kim 研究了悬臂梁对杆的多次接触力响应 [19]，考虑了碰撞瞬态波的传播。但是，他们指出，在求解接触力的差分方法中，时间网格如果选择过小，理论证明数值计算会出现奇异性。Paoli[57] 则明确指出，用时间离散差分法计算碰撞振动问题的收敛性问题尚未得到解决。尹晓春提出了用瞬态波去考虑碰撞瞬态波效应 [58]，可用很小的时间步长，精确计算双层圆筒间的多次接触力响应 [59,60]、悬臂梁与杆之间的多次接触力响应和系统的长期动力学响应 [61]，以及柔性杆之间的多次接触力响应和结构瞬态响应 [62−66]。在多次弹性碰撞的数值计算方面，Shi 用差分法计算了垂直落杆对刚性障碍的若干次碰撞的接触力响应

和恢复系数 [67]。高玉华 [68] 在运用特征线法研究刚性质量块碰撞长杆时，发现可能会发生二次碰撞现象。刘锦阳和洪嘉振 [69,70] 运用子结构方法研究了连杆之间的二次碰撞问题。在多次弹塑性碰撞方面，Seifried 等 [71] 用有限元软件计算了弹性球对直杆的重复弹塑性碰撞，但在计算中不考虑碰撞的瞬态效应。因此，在一次碰撞结束后，他们要等到杆完全静止后，才计算下一次碰撞。Ruan 和 Yu [72] 基于刚塑性模型对自由量横向碰撞简支梁进行了计算，结果发现宏观一次碰撞过程实际是由六次塑性次碰撞所组成。Shan 等在总结了有关的研究工作后 [73] 指出，低速反复碰撞现象已经开始成为一个新的研究领域。

1.2 碰撞力学的基本概念

碰撞是指两个或多个碰撞体以一定的相对速度相互靠近，并在某个时刻于接触点处发生挤压和摩擦等相互作用 [74]。

1.2.1 碰撞体的位型

当两个碰撞体互相接近时，存在一个瞬时，此时第一个碰撞体 B 表面上的单个接触点 C 初步与第二个碰撞体 B′ 上的接触点 C' 开始接触，这个状态称为入射 (incidence)。一般假设碰撞的初始时刻 $t = 0$。通常在点 C 或 C' 至少一个体的表面具有一个连续梯度 (即至少有一个体具有一个拓扑光滑表面)，以至于存在一个独一无二的穿过接触点 C 和 C' 的公切面 (common tangent plane)。这个平面的方位用其一个垂直于共切面的法向单位矢量 n 来定义。

1.2.1.1 对心 (又称共线) 碰撞位型

若碰撞体的质心 G 和 G' 位于过接触点 C 的公法线上，碰撞位型则称为共线的或对心的。其要求从点 G 到点 C 的位置矢量 r_C 与点 G' 到点 C' 的位置矢量 r'_C 同时与公法线相平行 (见图 1.1(a))。

$$r_C \times n = r'_C \times n = 0 \tag{1.1}$$

通常情况下，共线碰撞位型会使得基于刚体模型获得的系统运动方程 (详见 3.1 节) 在法向和切线方向是解耦的。若位型不是共线的，则该位型就是非对心的。

1.2.1.2 非对心 (又称非共线) 碰撞

若至少一个碰撞体的质心位于通过接触点 C 的公法线之外 (见图 1.1(b))，则碰撞位型为非对心的。这种情况发生在以下两个条件中的一个：

$$r_C \times n \neq 0 \quad 或 \quad r'_C \times n \neq 0 \tag{1.2}$$

若位型为非对心且碰撞体表面粗糙 (即碰撞体之间存在一个与滑动方向相反的切向摩擦力), 则每一个体的运动方程均同时包含法向和切向接触力 (冲量)。因而, 具有粗糙表面物体间的非对心碰撞涉及密不可分的摩擦效应和法向接触力。

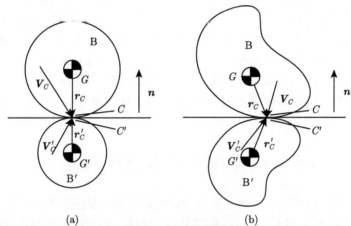

(a)   (b)

图 1.1   碰撞体 B 和 B′ 间的位型示意图: (a) 对心碰撞位型; (b) 非对心碰撞位型。两种情形
下均又属于斜碰撞, 即入射角 $\phi_0 \neq 0$

1.2.2   接触点处的相对速度

在碰撞物体首次接触瞬时, 相应的接触点 C 和 C' 存在一个初始的相对速度 (称为入射相对速度) $v_0 \equiv v(0) = V_C(0) - V'_C(0)$。点 C 处的初始相对速度具有一个切平面法向方向的分量 $v_0 \cdot n$ 和一个平行于切平面方向的分量 $(n \times v_0) \times n$。后一个分量被称为滑动分量。入射角 ϕ_0 是指初始相对速度矢量 v_0 与公切面单位法向量 n 之间的夹角, 即

$$\phi_0 = \arctan \left(\frac{(n \times v_0) \times n}{v_0 \cdot n} \right) \tag{1.3}$$

当每一个体中的速度场都是均匀的且平行于公切面的法线方向时, 发生的碰撞称为正碰撞。正碰撞要求入射角为零 ($\phi_0 = 0$)。反之, 当入射角不为零时 ($\phi_0 \neq 0$) 将会发生斜碰撞。

1.2.3   相互作用力

碰撞产生的相互作用力或冲量可以分解为公切面的法线方向分量和切线方向分量。对于质点碰撞, 其碰撞冲量可以看成是一个垂直于接触平面并且是由短距离的原子间排斥力导致的。然而, 对于固体间的碰撞, 接触力的上升是由碰撞物体局部接触区的变形产生的。这些力及其相应的变形确保了接触面处位移的协调

性，因而阻止了碰撞体之间的相互穿透 (interpenetration)。此外，如果碰撞体的表面粗糙且在接触面上是互相滑动的，则会导致一个切向摩擦力的出现。如果碰撞体表面光滑，则可以忽略干摩擦。

在诸如赫兹 (Hertz) 类接触模型中，碰撞中的保守力均是相互作用物体间相对位移的单值函数。在一个弹性碰撞事件中，与吸引和排斥相关的力均是保守力，然而却不应忽略摩擦力等非保守力对系统的作用；在一个非弹性碰撞中，除了摩擦力之外，其他相互作用力均是非保守力。这样在接触区会发生压缩 (加载) 和恢复 (卸载) 循环导致的动能损失。能量损失可以是不可逆转的弹塑性材料的力学行为、应变率相关的材料力学行为以及分离体中弹性波动的截留等原因造成的。

1.3　碰撞的分类与特征概述

如 1.2 节的内容所示，可根据碰撞前物体的相对位型的不同，将碰撞分为对心 (又称共线) 碰撞和非对心 (又称非共线) 碰撞。还可根据接触点对间相对速度矢量与共切面单位法向量之间的夹角 (即入射角) 是否为零，将碰撞分为正碰撞和斜碰撞。

除此之外，还可根据其他标准对碰撞进行分类，具体的情形如下：

(1) 按碰撞物体是否发生变形以及变形的程度，碰撞可分为质点碰撞、刚体碰撞、弹性体碰撞和弹塑性体碰撞等。

质点碰撞属于一种近似分析，忽略碰撞体的几何尺寸，它只考虑两个质点之间相互作用的法向分量。根据定义，质点是光滑且呈球形的。相互作用力的来源没有具体说明，但可以推测它幅值较高，相互作用的持续时间是一段可以忽略不计的极短时间。需要指出的是，理论力学中的概念"完全弹性碰撞"和"非弹性碰撞"均属于质点碰撞的范畴，只是运用牛顿恢复系数来描述碰撞前后的速度变化时，前者的恢复系数值为 1，而后者的值小于 1。

刚体碰撞是指碰撞体在碰撞过程中始终视作一个刚体，忽略碰撞体在碰撞过程中的变形。基于不同的分析方法，有时将碰撞体视作一个完全刚体，认为碰撞体的速度突变在碰撞时瞬时完成；有时将碰撞体的非接触区视作一个刚体而局部接触区是弹性或弹塑性可变形体。但无论是什么情况，刚体碰撞中碰撞体的大部分都视作刚体。

弹性体碰撞是指碰撞体在碰撞过程中视作是一个可以发生弹性变形的可变形体，包括局部接触区和非接触区。此时，碰撞冲击会激发扰动从局部接触区向非接触区传播，形成弹性波的传播现象。随着时间的推移，弹性波会在整个物体内来回反射和透射，最终有时会导致整个物体呈现周期性的振动现象。

弹塑性体碰撞是指碰撞体在碰撞过程中视作是一个可以发生弹性变形甚至是塑性变形的可变形体，包括局部接触区和非接触区。此时，碰撞会激发出弹塑性波在物体内传播的现象。

需要指出的是，由于材料的本构模型多种多样，比如黏弹性体或黏塑性体等，因此基于材料变形的碰撞分类并不仅仅局限于上述几种。

(2) 按接触前碰撞物体之间的相对速度大小，碰撞可分为低速碰撞、中速碰撞、高速碰撞和超高速碰撞。

本书的研究范围局限于低中速碰撞，即物体在碰撞过程中仅发生弹性变形或弹塑性变形，分别对应于低速碰撞和中速碰撞。此时，碰撞物体不会发生只在高速碰撞或超高速碰撞[75]中出现的材料断裂破坏、大量发热发光甚至材料熔化气化等现象。举例来讲，常规武器中穿甲弹或破甲弹与装甲的碰撞、爆炸焊接工艺中金属板之间的碰撞、流星体与航天飞行器之间的碰撞以及自然界的陨石碰撞等都属于高速碰撞，甚至是超高速碰撞的范围。

低中速碰撞会导致碰撞体或整个碰撞系统出现特殊的力学现象，比如接触界面处高幅值的接触力、局部接触区的弹塑性变形、碰撞激发瞬态波在非接触区的传播等。通常情况下，低中速碰撞的特征具体表现在以下几个方面：

(1) 几何形状和材料本构关系的复杂。由于一般的柔性碰撞体可能具有较复杂的几何形状和材料本构关系，因此很难从数学上准确描述其变形场。

(2) 多变接触约束拓扑。对于具有任意构型的物体，碰撞识别所需的计算量很大。

(3) 高幅值碰撞力。碰撞会导致在接触点 (面) 处产生高幅值、持续时间短、变化迅速的碰撞力 (又称接触力) 和碰撞加速度。

(4) 碰撞激发瞬态波效应。具有复杂外形的柔性体多次碰撞带来的瞬态波效应非常复杂，甚至简单外形的杆、梁和筒的多次碰撞带来的瞬态波效应也相当复杂。由于碰撞激发瞬态波的传播、反射、透射、相互作用 (波的内碰撞) 以及其与其他运动响应的相互影响，结构瞬态动力响应十分复杂[1,74-77]，有时会引起远离接触区的地方的应力急剧增高，理论分析尤其是解析分析相当困难。在碰撞过程中，能量交换也是十分复杂的[78]。

(5) 跨时间尺度问题。多次碰撞系统是典型的跨时间尺度系统，单次接触的持续时间可能很短，而多次碰撞现象则可能会发生在较长的一段时间内。这就要求计算方法必须既具有足够高的精度，又要具有足够高的计算效率，否则，将会严重影响计算结果的可靠性，从而根本改变碰撞行为的刻画结论。

(6) 强非线性问题。未知的接触力和未知的碰撞运动交织在一起，形成相互耦合的高维非线性状态方程。此外，长期反复的低中速碰撞系统有时也还会出现周期运动、准周期运动和混沌运动等非线性特征。

1.4 碰撞问题的主要分析方法

上述复杂的碰撞特征，以及实际存在的接触约束多变问题[1]，使得数学分析面临巨大的困难。长期以来，在分析碰撞时，最基本的子问题主要是弄清楚并处理好两大问题：①单边接触约束的数学描述和算法编制问题；②碰撞物体的变形和惯性的数学描述问题。常用的分析方法大多采用以下分析步骤：

(1) 建立非接触区变形场和惯性场的描述模型。根据不同的研究重点，即是否需要考虑结构的变形效应，将实际碰撞结构的非接触区的变形场作相应的简化，并建立相应的非接触区的等效变形模型 (详见 1.4.1 节)。同时选择合适的模型和数学方法去描述物体在空间中的惯性分布。

(2) 建立局部接触区接触模型。然后，对局部接触区的变形和接触力进行建模，建立局部接触模型或接触算法 (详见 1.4.2 节)，完成对接触单边约束的处理。

(3) 推导不同接触状态下系统动力学控制方程。基于所建立的非接触区的等效变形模型和接触模型，通过相关动力学理论建立碰撞过程中整个系统的动力学控制方程。需要注意的是，通常情况下对应不同的接触状态，系统的动力学控制方程也会不同。接触状态 (即接触对的相对运动状态) 不仅包含法向压缩和恢复状态，还应含有切向黏滞和滑动状态。

(4) 编制接触状态切换的算法。由于不同的接触状态，系统的动力学控制方程不同，因而需要对接触状态进行判断。在编制数值计算程序时，必须给出接触发生、接触结束法向压缩、法向恢复、切向滑动以及切向黏滞等判定条件，一旦程序发现碰撞体间的接触状态发生了改变，在下一时刻，程序立即转为对新接触状态下的控制方程进行积分。

(5) 分析和讨论碰撞系统的动力学行为。通过数值方法积分控制方程可获得碰撞系统的动力学响应，包括碰撞体上各点位移、速度、加速度、应力和应变等。有些研究进一步地分析结构的瞬态响应特征，即碰撞激发瞬态波在结构中的传播特性和机理。还有一些研究成果专注于分析长期响应特征，尤其是碰撞系统由单边接触约束带来的状态非线性特征，比如多次碰撞系统的周期运动、准周期运动、混沌运动[28]、分岔机理和多种通向混沌的途径等[51]。

1.4.1 碰撞体非接触区的等效变形模型

目前，除了质点模型，碰撞体非接触区的等效变形模型主要有以下四种：

(1) "刚体模型"。不考虑碰撞体的变形，将碰撞体的非接触区假设为刚体。当非接触区等效为刚体模型时，接触区一般也忽略变形，即整个碰撞系统为"完全刚体模型"。普遍采用恢复系数表示碰撞前后碰撞体相对速度的变化或者能量的耗散。恢复系数根据描述物理量的不同，有牛顿 (Newton) 恢复系数、泊松 (Poisson)

恢复系数和 Stronge 恢复系数 [74]。"刚体模型"认为碰撞是在瞬间完成的,碰撞前和碰撞后的速度瞬间完成突变。此时,"刚体模型"的主要缺点是无法确定碰撞过程中接触力的大小,只能计算出碰撞冲量,无法细致地甄别出接触发生时的压下和恢复过程。也有学者 [74] 将非接触区视为刚体模型,但接触区考虑接触变形,用一个局部接触模型处理接触约束。这样就可以计算出碰撞过程中接触力的大小。

(2) "弹簧振子模型"或"弹簧-刚性体混合模型"。为了能够描述重复碰撞对系统长期行为的影响,历史上最早出现的模型是"弹簧振子模型",它以 Shaw[49] 在 1983 年的论文为成熟的标记。"弹簧振子模型"将参与碰撞的构件简化为弹簧振子:弹簧+阻尼+刚性质量块。以弹簧来近似表示结构件的柔性,以刚性体碰撞来描述碰撞效应。后者对接触的描述采用的是"刚体模型",忽略接触变形并结合库仑摩擦定律,描述碰撞前、碰撞后的速度跃迁和冲量的变化。运用该模型对重复碰撞系统进行简化研究,曾经发现了丰富的复杂非线性动力学行为,包括:周期运动、准周期运动、混沌运动和多种通向混沌的途径等 [51]。该模型虽然数学描述相对简单,也不涉及接触力求解的问题,但是显然其不能刻画并分析碰撞的过程细节,特别是不能考虑碰撞导致的瞬态波传播的效应。也有一些研究者借鉴 Hertz 准静态接触理论,考虑振子的局部变形,由此可以得到准静态局部接触力 [28]。"弹簧振子模型"对于分析整个碰撞系统的长期动力学响应具有运动自由度很少,计算效率很高的优点,有时能够获得令人满意的解析解。但是"弹簧振子模型"仍然忽略了碰撞激发波的传播影响,对模型的改进没有产生本质的影响。

(3) "半变形体模型"。以 Dubowsky[14] 为代表的一些专家,为了使模型更合理些,将刚度相对较大的构件简化为弹簧,而将另一个柔性构件用惯性连续分布的柔性体模型处理。我们称这类模型为"半变形体模型"。该模型已经可以计算接触力,研究碰撞过程,并可以考虑柔性构件对碰撞的动力响应。但其仍然对原有的碰撞系统进行了较大的简化。

(4) "完全变形体模型"。又称为"完全柔性体体模型"。随着研究的发展,第四种碰撞模型——"完全柔性体体模型"的出现,可以认为是多次碰撞系统研究发展的一个必然结果。它将所有参与碰撞的柔性构件都处理为惯性连续分布的柔性体模型,能够考虑碰撞产生的瞬态效应,分析构件的动态强度,也能够分析受多次碰撞影响的系统的长期非线性动力学行为和运动的稳定性,但是目前用"完全柔性体体模型"研究多次碰撞系统的工作很少,原因在于完全柔性体体模型的计算量较大,不利于分析由长时反复碰撞导致的周期运动等非线性问题,同时缺乏必要的精确理论和方法描述碰撞导致的瞬态波在柔性结构中的传播,另一个重要的原因是长期反复碰撞后的接触力求解的精度保证存在较大的困难。目前仅有 Oppenheimer、Dubowsky、Cusumano 和 Sharkady 等,应用"完全柔性体体模型"对多次碰撞问题进行了实验研究，尹晓春等对多层筒多次内碰撞 [58-60]、梁与杆的多次碰撞 [61]、杆与杆的多次碰撞 [62-65]、碰撞非线性行为 [66] 以及运用动态子结构法处理碰撞问题 [79-84] 等进行系统理论和数值研究。

1.4.2   接触约束模型

接触会使碰撞体和被碰撞体产生一定的约束关系，它可以通过建立接触-约束模型，运用位移、速度、加速度、作用力与反作用力对约束变形行为进行描述 [85]。碰撞现象存在着多变的接触拓扑、接触区的局部变形、高度非线性和碰撞应力的不确定分布，导致准确描述接触约束变形行为变得非常困难 [77,86]。

因此，早期的研究均忽略接触过程，仅关注系统在碰撞前后的物理状态，避免研究接触时碰撞体间的约束状态。Newton 提出使用基于运动学的 Newton 恢复系数，预测碰撞体在碰撞后的速度。之后，基于不同考察角度，提出了基于动力学的 Poisson 恢复系数和基于能量的 Stronge 恢复系数 [74]。恢复系数形式简单，便于工程应用，受到了工程师的喜爱，对它的运用研究也从未间断过。

当所研究的碰撞体对象，从简单构型发展到复杂构型，从简单材料发展到复杂材料时 (例如，构型从简单质点发展到圆球、圆柱、板壳和其他复杂结构，材料从线弹性材料发展到复合材料和其他非线性材料)，基于恢复系数的方法，发展出了多种不同的理论和数值研究方法。例如，Khulief 和 Shabana[87] 基于恢复系数，发展出广义动量平衡法，用以计算柔性体在碰撞后的速度分布状态。近期，恢复系数 (或随机恢复系数) 与局部接触模型同样被广泛应用在土壤 [88,89]、粒子气体 [90] 等散体物质的碰撞问题 (granular impact)[31,89] 中。对恢复系数理论研究的另一个热点是，考虑碰撞波的动能 [91,92] 和塑性变形能 [71] 以及接触表面粗糙度 [93]，研究合理定义和确定恢复系数的大小。然而，这种忽略了碰撞过程的恢复系数方法，由于不能刻画碰撞-激发瞬态波的产生机理和传播过程，在工程应用上产生了显著的偏差。

因此，人们提出了"黏结接触模型"，即在接触的点、线或面上，满足位移、速度和加速度的协调条件。当碰撞发生时，将参与碰撞的所有构件视作一个组合体结构 [61,77,94]，此时的接触力看成是组合结构中的内力。当碰撞结束分离开始时，允许组合体解散，分成独立的个体。由于这种方法简单、思路清晰明了，得到了许多学者的认同，并得到了普遍的应用。这种模型一般在运用理论方法求解一维或简单二维碰撞问题时常常使用。这种方法可以克服前面恢复系数法的不足，有可能刻画瞬态波的传播 [61]。但是，它不能求解局部接触产生的局部变形和局部接触产生的能量耗散。

"局部变形接触模型"则考虑了碰撞体接触表面的几何形状和接触区的局部变形，将局部接触变形过程看成是准静态变形过程 [95]。Johnson[96] 验证了该模型在处理局部接触问题时的有效性。它与 "黏结接触模型" 的另一个不同点是，接触表面上的质点的各物理量可以不满足变形协调关系条件，但需要满足接触模型中假设的基本运动和变形规律，碰撞体的表面甚至可以穿透进被碰撞体的接触表面。接触力的大小可以由局部变形接触模型中的接触力与变形的关系求解。Hertz 最早提出了 Hertz 接触模型 [95]，但局限于表面无摩擦和材料为理想弹性固体的假设，随后的研究进展主要与消除相关的局限有关。一些考虑接触面摩擦和材料的非线性性质 (包括塑性和黏性等) 的接触模型陆续发表 [97]。

此外，随着 20 世纪末各种离散数值方法的成熟，在包括有限元法、离散元法、无网格法 (物质点法) 等在内的数值仿真软件中，用于处理复杂形状变形体的接触约束的各种接触算法 [85] 也已被提出并得到了大量应用，比如罚函数法、拉格朗日 (Lagrangian) 乘子法和广义罚函数法等。

1.4.3 碰撞问题的数学分析方法

对应于不同的碰撞体变形场等效力学模型，目前已发展出多种不同的理论和计算方法。

(1) 当采用 "刚体模型" 时，可以采用恢复系数来确定刚体在碰撞前后的速度状态，然后，应用刚体动力学理论和方法。

(2) 当采用 "弹簧振子模型" 时，一般应用恢复系数表述碰撞效应，通过单自由度和多自由度系统振动理论求解碰撞系统的振动行为。

(3) 当采用 "完全柔性体体模型" 时，对于几何外形相对简单的结构：杆、梁和筒，可以使用理论分析方法进行碰撞求解。但是，如果碰撞结构比较复杂，或者控制方程难以采用理论方法求解，则需要借助于数值离散方法求解。

使用理论方法 (包括解析方法和半解析方法) 研究碰撞-激发瞬态波的传播，一方面可以更容易揭示碰撞现象的本质和机理，另一方面还可以检验数值方法的正确性。该方面较早的研究成果，已被较为全面的回顾和讨论 [1,74,98−101]。它们将碰撞看成是具有初始扰动的波传播，然后求解带有初边值条件的双曲形/双曲-扩散形控制方程。所采用的理论分析方法包括：达朗贝尔 (d'Alembert) 法 [102]、特征线法 [1]、瞬态波函数特征展开法 [59] 和模态叠加法 [19,103] 等。近年来，Hu 和 Eberhard[56,102,104,105] 使用符号计算法给出了经典纵向碰撞系统 (刚性块纵向碰撞悬臂杆) 的纵向碰撞波的完整的解析表达，Yin 和 Yue[59] 使用瞬态波函数展开法计算得到了多层同受内压时的瞬态响应半解析解。

当理论分析方法出现困难时，则需要使用数值离散方法。到目前为止，已有多种离散方法被提出，例如有限元法 [71,87,106−112]、假设模态法 [113]、有限差分法 [114]、边界元法 [115]、动态子结构法 [69,70,77,79,84,116−123]、绝对节点坐标法 [123] 和无网格法 (包括物质点法) 等。

Hughes[106] 等引入了一个接触单元刚度矩阵, 当接触被探测到时, 就将其组装进整体的方程中去, 并用动量守恒定律去确定接触节点的速度突变。接触力和接触节点的加速度可以从迭代的增量运动方程中求得。Gau 和 Shabana[124] 使用有限元法和傅里叶方法, 分析了旋转梁受一刚性质量纵向碰撞后体内激发的纵波的传播过程。通过应用广义动量平衡方程, 预测并得到了系统在碰撞后的速度矢量。然而, 由于碰撞过程被忽略, 所以其无法描述接触力时间历程和碰撞激发过程中瞬态波的传播, 只能获得碰撞后纵波的传播。Hsu 和 Shabana[125] 发展出一种有限元法, 它可以分析受刚性质量块横向碰撞的旋转梁中弯曲波的传播, 它同样只能分析碰撞后梁中弯曲波的传播。Hwang 和 Shabana[113] 应用假设模态法, 导出了与文献 [125] 相同模型的非线性运动偏微分方程, 该运动方程考虑了由旋转梁惯性所导致的几何刚度的变化。在研究中 [125], 同样使用了广义动量方程, 预测系统的模态速度突变。但是, 目前对于假设模态法中模态函数的选取, 仍然存在分歧, 限制了该方法的应用。Escalona 等 [126] 假设约束模型为黏结接触, 即忽略接触区的局部变形, 使用有限元法研究了等截面杆的纵向碰撞问题, 并将结果与圣维南 (Saint-Venant) 解进行了比较。

动态子结构法由于具有计算效率高, 精度好, 便于和实验结果配合使用的优点, 成功地应用于航空航天、汽车、机械等振动模态分析和多柔体系统动力学问题 [127]。目前, 使用动态子结构法求解接触问题, 开始引起关注。Wu 和 Haug[77] 于 1990 年, 首次应用动态子结构法, 研究了两个碰撞系统。在研究中, 运用了约束添加-删除技术处理接触约束。当碰撞开始时, 应用接触约束模型, 在碰撞节点上添加约束, 当分离时, 将该约束从节点上删除。Guo 和 Batzer[116] 及刘锦阳 [118] 同样使用动态子结构法, 对相同的碰撞系统的碰撞事件进行了研究。与 Wu 和 Haug 的结果相比, 他们得到了更好的接触力响应的计算结果。陈镕和 Owen[128] 将两柔性杆简化为两个子结构, 研究了纵向碰撞问题, 按照接触约束条件进行了迭代计算, 得到了收敛解。刘锦阳和洪嘉振 [121,122] 则将此方法进一步推广, 模拟了空间卫星太阳能电池阵在展开时出现的接触现象。

参 考 文 献

[1] Wood L A, Byrne K P. Analysis of a random repeated impact process. Journal of Sound and Vibration, 1981, 78(3): 185-196.

[2] Han I, Lee Y. Chaotic dynamics of repeated impacts in vibratory bowl feeders. Journal of Sound and Vibration, 2002, 249(3): 529-541.

[3] 罗冠炜, 谢建华. 冲击振动落砂机的周期运动稳定性与分叉. 机械工程学报, 2003, 39(1): 74-78.

[4] Rezvani M A, Strehlow J P, Baliga R, et al. Structural design and analysis of a mixer

pump for beyond-design-basis load. ASME, Pressure Vessels and Piping Division (Publication) PVP, Natural Hazard Phenomena and Mitigation, 1994 (271): 153-161.

[5] Würsig B, Greene Jr C R, Jefferson T A. Development of an air bubble curtain to reduce underwater noise of percussive piling. Marine Environmental Research, 2000, 49: 79-93.

[6] Wiercigroch M, Wojewoda J, Krivtsov A M. Dynamics of ultrasonic percussive drilling of hard rocks. Journal of Sound and Vibration, 2005, 280(3-5): 739-757.

[7] Jerrelind J, Dankowicz H. A global control strategy for efficient control of a Braille impact hammer. ASME Journal of Vibration and Acoustic, 2006, 128: 184-189.

[8] Cheng J L, Xu H. Inner mass impact damper for attenuating structure vibration. Int. J. Solids Struct., 2006, 43(17): 5355-5369.

[9] Shen Y N, Stronge W J, Zhao Y H, et al. Dynamic jam of robotic compliant touch system—Painlevé paradox. International Journal of Mechanical Sciences. 2024, 281: 109578.

[10] Shen Y N, Kuang Y. Transient contact-impact behavior for passive walking of compliant bipedal robots. Extreme Mechanics Letters. 2021, 42 : 101076.

[11] 毛晨曦, 沈煜年. 爪刺式飞行爬壁机器人的仿生机理与系统设计. 机器人, 2021, 43(2): 246-256.

[12] Paget A L. Vibration in steam turbine buckets and damping by impact. Engineering, 1937, 143: 305-307.

[13] Reed W H. Hanging chain impact dampers-a simple method of damping tall flexible structures. Proceeding of International Research Seminar, Wind Effects on Buildings and Structures, Ottawa, 1967, 2: 283-321.

[14] Dubowsky S, Freudenstein F. Dynamic analysis of mechanical systems with clearances, Part 1: formation of dynamic mode, and Part 2: dynamic response. ASME Journal of Engineering Industry, 1971, 93B: 305-316.

[15] Oppenheimer C H, Dubowsky S. A methodology for predicting impact-induced acoustic noise in machine systems. Journal of Sound and Vibration, 2003, 266: 1025-1051.

[16] Peek Jr R L, Wagar H N. Switching Relay Design. New Jersey: D, Van Nostrand Co., Inc., Princeton, 1955.

[17] de los Santos M A, Cardona S, Sánchez-Reyes J. A global simulation model for hermetic reciprocating compressor. ASME Journal of Vibration and Acoustic, 1991, 113(3): 395-400.

[18] Lee K. Dynamic contact analysis for the valvetrain dynamics of an internal combustion engine by finite element techniques. Proceedings of the Institution of Mechanical Engineers, Part D, Journal of Automobile Engineering, 2004, 218(3): 353-358.

[19] Wang C, Kim J. The dynamic analysis of a thin beam impacting against a stop of general three-dimensional geometry. Journal of Sound and Vibration, 1997, 203(2): 237-249.

[20] Kahraman A, Blankenship G W. Experiments on nonlinear dynamic behavior of an

oscillator with clearance and periodically time-varying parameters. ASME Journal of Applied Mechanics, 1997, 64(1): 216-217.

[21] Theodossiades S, Natsiavas S. Periodic and chaotic dynamics of motor-driven gear-pair systems with backlash. Chaos, Solitons and Fractals, 2001, 12: 2427-2440.

[22] Knudsen J, Massih A R. Vibro-impact dynamics of a periodically forced beam. ASME Journal of Pressure Vessels Technology, 2000, 122: 210-221.

[23] Leine R L, Campen D V, Keultjes W J G. Stick-slip whirl interaction in drillstring dynamics. Journal of Vibration and Acoustic, 2002, 124(2): 209-220.

[24] Mankame N D, Ananthasuresh G K. Topology optimization for synthesis of contact-aided compliant mechanisms using regularized contact modeling. Computers and Structures, 2004, 82: 1267-1290.

[25] Wu T X, Thompson D J. The effects of track non-linearity on wheel/rail impact. Proceedings of the Institution of Mechanical Engineers, Part F: Journal of Rail and Rapid Transit, 2004, 218(1): 1-15.

[26] Tiwari M, Gupta K, Prakash O. Effect of radial internal clearance of a ball bearing on the dynamics of a balanced horizontal rotor. Journal of Sound and Vibration, 2000, 238(5): 723-756.

[27] Maragakis E A, Jennings P C. Analytical models for the rigid body motions of skew bridges. Earthquake Engineering and Structural Dynamics, 1987, 15(8): 923-944.

[28] 金栋平, 胡海岩. 碰撞振动与控制. 北京: 科学出版社, 2005.

[29] Lagoudas D C, Popov P. Numerical studies of wave propagation in polycrystalline shape memory alloy rods// Dimitris C, Lagoudas, Eds. Smart Structures and Materials 2003: Active Materials: Behavior and Mechanics. Proceedings of SPIE 2003, 2003, 5053: 294-304.

[30] Fujisawa N, James N L, Tarrant R N, et al. A novel pin-on-apparatus. Wear, 2003, 254: 111-119.

[31] Weir G, Tallon S. The coefficient of restitution for normal incident, low velocity particles impacts. Chemical Engineering Science, 2005, 60: 3637-3647.

[32] Knigge B, Talke F E. Contact force measurement using acoustic emission analysis and system identification methods. Tribology International, 2000, 33: 639-646.

[33] Shen Y N, Bogy D B. Theoretical method for nanoscale wear of diamond-like carbon with frictional heat. Diamond & Related Materials, 2019, 94: 52-58.

[34] Thambyah A, Pereira B P, Wyss U. Estimation of bone-on-bone contact forces in the tibiofemoral joint during walking. Knee, 2005, 12: 383-388.

[35] Gardner T N, Simpson A H R W, Booth C, et al. Measurement of impact force, simulation of fall and hip fracture. Medical Engineering and Physics, 1998, 20: 57-65.

[36] Hijazi A, Yahia L B, Khater A, et al. Experimental study of the collision between a rod like macromolecule and a solid surface. European Polymer Journal, 2003, 39: 521-525.

[37] Ha J L, Fung R F, Yang C S. Hysteresis identification and dynamic responses of the impact drive mechanism. Journal of Sound Vibration, 2005, 283: 943-956.

[38] Fung R F, Liu Y T, Huang T K, et al. Dynamic responses of a self-moving precision positioning stage impacted by a spring-mounted piezoelectric actuator. ASME Journal of Dynamics and System, 2003, 125: 650-661.

[39] Liu Y T, Higuchi T, Fung R F. A novel precision positioning table utilizing impact force of spring-mounted piezoelectric actuator-part I: experimental design and results. Precision Engineering, 2003, 27: 14-21.

[40] Liu Y T, Higuchi T, Fung R F. A novel precision positioning table utilizing impact force of spring-mounted piezoelectric actuator—part II: theoretical analysis. Precision Engineering, 2003, 27: 22-31.

[41] Shen Y N, Yin X C. Dynamic substructure model for multiple impact responses of micro/nano piezoelectric precision drive system. Science China Series E-Technological Science, 2009, 52(3): 622-633.

[42] Kukovecz Á, Kanyó T, Kónya Z, et al. Long-time low-impact ball milling of multi-wall carbon nanotubes. Carbon, 2005, 43: 994-1000.

[43] Hurley D C, Turner J. Measurement of Poisson's ratio with contact-resonance atomic force microscopy. Journal of Applied Physics, 2007, 102: 033509-1-033509-8.

[44] Mason H L. Impact on beams. ASME Journal of Applied Mechanics, 1935, 2: A55-A61.

[45] Stoianovici D, Hurmuzlu Y. A Critical study of the applicability of rigid-body collision theory. ASME Journal of Applied Mechanics, 1996, 63: 307-316.

[46] Goldsmith W. Impact: The Theory and Physical Behaviour of Colliding Solids. London: Edward Arnold Ltd., 1960.

[47] Yigit A S, Ulsoy A G, Scott R A. Dynamics of a radially rotating beam with impact, Part 1: theoretical and computational model; Part 2: experimental and simulation results. Journal of Vibration and Acoustics, 1990, 112: 65-77.

[48] Dubowsky S, Young S C. An experimental and analytical study of connection forces in high speed mechanism. ASME Journal of Engineering Industry, 1975, 97B: 1166-1174.

[49] Shaw S W, Holmes P J. A periodically forced linear oscillator with impacts: chaos and long period motion. Physics Review Letters, 1983, 51: 623-626.

[50] 马炜, 刘才山. 三质点共线碰撞问题的理论分析. 力学学报, 2006, 38(5): 674-681.

[51] 罗冠炜, 谢建华. 碰撞振动系统的周期运动和分岔. 北京: 科学出版社, 2004.

[52] Jin D P, Hu H Y. Periodic and vibro-impacts and their stability of a dual component system. Acta Mechanica Sinca, 1997, 13(4): 366-376.

[53] 丁旺才, 谢建华. 碰撞振动系统分岔与混沌的研究进展. 力学进展, 2005, 35(4): 513-524.

[54] Cusumano J P, Sharkady M T, Kimble B W. Experimental measurements of dimensionality and spatial coherence in the dynamics of a flexible-beam impact oscillator. Philos. Trans. R. Soc. London, Series A, 1994, 347: 421-438.

[55] Wagg D J, Karpodinis G, Bishop S R. An experimental study of the impulse response of a vibro-impacting cantilever beam. Journal of Sound and Vibration, 1999, 228: 243-264.

[56] Hu B, Eberhard P. Symbolic computation of longitudinal impact waves. Computer Method in Applied Mechanics and Engineering, 2001, 190: 4805-4815.

[57] Paoli L. Time discretization of vibro-impact. Philosophical Transactions: Mathematical, Physical and Engineering Sciences, 2001, A359 (1798): 2405-2428.

[58] Yin X C. Multiple impacts of two concentric hollow cylinders with zero clearance. International Journal of Solids and Structures, 1997, 34: 4597-4616.

[59] Yin X C, Yue Z Q. Transient plane-strain response of multilayered elastic cylinders to axisymmetric impulse. ASME Journal of Applied Mechanics, 2002, 69: 825-835.

[60] Yin X C, Wang L G. The effect of multiple impacts on the dynamics of an impact system. Journal of Sound and Vibration, 1999, 228: 995-1015.

[61] Yin X C, Qin Y, Zou H. Transient responses of repeated impact of a beam against a stop. International Journal of Solids and Structures, 2007, 44: 7323-7339.

[62] 田阿利, 尹晓春. 柔性杆多次撞击过程的瞬态动力学分析. 机械工程学报, 2008, 44(2): 43-48.

[63] 田阿利, 尹晓春. 柔性构件多次撞击力的计算方法. 工程力学, 2008, 25(1): 103-108.

[64] 田阿利, 尹晓春. 自由飞行杆撞击过程中的二次撞击区. 振动与冲击, 2008, 27(1): 19-24.

[65] 田阿利, 尹晓春. 双柔性杆多次撞击力分析. 北京航空航天大学学报, 2007, 33(7): 834-837.

[66] 王勇. 柔性梁-柱系统重复碰撞响应非线性分析. 南京: 南京理工大学, 2007.

[67] Shi P. Simulation of impact involving an elastic rod. Computer Methods in Applied Mechanics and Engineering, 1998, 151: 497-499.

[68] 高玉华. 刚体撞块撞击弹性长杆的二次撞击分析. 上海力学, 1996, 4: 334-338.

[69] 刘锦阳, 洪嘉振. 闭环柔性多体系统的多点撞击问题. 中国机械工程, 2000, 11(6): 619-623.

[70] 刘锦阳, 洪嘉振. 多点接触碰撞的数值计算. 上海交通大学学报, 1997, 31(7): 45-48.

[71] Seifried R, Schiehlen W, Eberhard P. Numerical and experimental evaluation of the coefficient of restitution for repeated impacts. International Journal of Impact Engineering, 2005, 32: 508-524.

[72] Ruan H H, Yu T X. Experimental study of collision between a free-free beam and a simply supported beam. International Journal of Impact Engineering, 2005, 32: 416-443.

[73] Shan H, Su J Z, Badiu F, et al. Modeling and simulation of multiple impacts of falling rigid bodies. Mathematical and Computer Modelling, 2006, 43: 592-611.

[74] Stronge W J. Impact Mechanics. Cambridge: Cambridge University Press, 2000.

[75] Kinslow R. High-Velocity Impact Phenomena. New York: Academic Press, 1970.

[76] Achenbach J D.Wave Propagation in Elastic Solids. Amsterdam: North Holland, 1973.

[77] Wu S C, Haug E J. A substructure technique for dynamics of flexible mechanical systems with contact-impact. ASME Journal of Mechanical Design, 1990, 112: 390-398.

[78] 余同希, 斯壮 W J. 塑性结构的动力学模型. 北京: 北京大学出版社, 2002.

[79] Shen Y N, Yin X C. Substructure technique for impact-induced transient wave of discontinuous flexible systems with wave geometric dispersion. XXII ICTAM, Adelaide, Australia, 2008: 258.

[80] Shen Y N, Yin X C. Dynamic substructure model for multiple impact responses of micro/nano piezoelectric precision drive system. Science China Series E-Technological

Science, 2009, 52(3): 622-633.

[81] 沈煜年, 尹晓春. 非均质柔性杆撞击瞬态动力学动态子结构法. 工程力学, 2008, 25(11): 42-47.

[82] 沈煜年, 尹晓春. 柔性体撞击瞬态波子结构法研究. 南京理工大学学报, 2007, 31(1): 51-55.

[83] Shen Y N, Yin X C. Dynamic substructure analysis of stress waves generated by impacts on non-uniform rod structures. Mechanism and Machine Theory, 2014, 74: 154-172.

[84] Shen Y, Yin X. Analysis of geometric dispersion effect of impact-induced transient waves in composite rods using dynamic substructure method. Applied Mathematical Modelling, 2016, 40(3): 1972-1988.

[85] 彼得·艾伯哈特, 胡斌. 现代接触动力学. 南京: 东南大学出版社, 2003.

[86] 陈康, 沈煜年. 软体机器人用水凝胶的接触摩擦非线性行为. 物理学报, 2021, 70(12): 120201.

[87] Khulief Y A, Shabana A A. Dynamic analysis of a constrained system of rigid and flexible bodies with intermittent motion. ASME Journal of Mechanical Transmission Automation and Design, 1986, 108: 38-45.

[88] 孙其诚, 王光谦. 颗粒流动力学及其离散模型评述. 力学进展, 2008, 38(1): 87-100.

[89] 马炜. 散体介质冲击载荷作用下力学行为理论分析与算法实现. 北京: 北京大学, 2008.

[90] Aspelmeier T, Zippelius A. Dynamics of a one-dimensional granular gas with a stochastic coefficient of restitution. Physica A, 2000, 282: 450-474.

[91] Wagg D J. A note on coefficient of restitution models including the effects of impact induced vibration. Journal of Sound and Vibration, 2007, 300(3-5): 1071-1078.

[92] 姚文莉. 考虑波动效应的碰撞恢复系数研究. 山东科技大学学报, 2004, 23(2): 83-86.

[93] Lu C J, Kuo M C. Coefficient of restitution based on a fractal surface model. Journal of Applied Mechanics, 2003, 70: 339-345.

[94] 诸德超, 邢誉峰. 点弹性碰撞问题之解析解. 力学学报, 1996, 28(1): 99-103.

[95] Hertz H. On the contact of elastic solids. Journal fur die Reine und Angewandte Mathematik, 1882, 92: 156-171.

[96] Johnson K L. Contact Mechanics. Cambrige: Cambrige University Press, 1992.

[97] Johnson W. Impact Strength of Materials. London: Edward Arnold, 1972.

[98] Saint-Venant B D, Flamant M. Résistance vive ou dynamique des solids. Représentation Graphique des Lois du Choc Longitudinal. C. R. Hebd Séances Acad. Sci, 1883, 97: 127-353.

[99] Macaulay M A. Introduction to Impact Engineering. London: Chapman & Hall, 1987.

[100] Brach R M. Mechanical Impact Dynamics Rigid Body Collisions. New York: Wiley, 1991.

[101] Timoshenko S P, Goodier J N. Theory of Elasticity. New York: McGraw Hill, 1970.

[102] Hu B, Eberhard P, Schiehlen W. Comparison of analytical and experimental results for longitudinal impacts on elastic rods. Journal of Vibration and Control, 2003, 9: 157-174.

[103] Xing Y F, Zhu D C. Analytical solutions of impact problems of rod structures with springs. Computer Methods in Applied Mechanics and Engineering, 1997, 160: 315-323.

[104] Hu B, Eberhard P. Simulation of longitudinal impact waves using time delayed systems. ASME Journal of Dynamic Systems, Measurement, and Control, 2004, 126: 645-649.

[105] Hu B, Eberhard P, Schiehlen W. Symbolical impact analysis for a falling conical rod against the rigid ground. Journal of Sound and Vibration, 2001, 240: 41-57.

[106] Hughes T J R, Taylor R L, Sackman J L, et al. A finite element method for a class of impact-contact problems. Computer Methods in Applied Mechanics&Engineering, 1976, 8: 249-276.

[107] Bathe K J. Finite Element Procedures. Englewood Cliffs NJ: Prentice-Hall, 1996.

[108] Hunek I. On a penalty formulation for a contact—impact problems. Computers and Structures, 1993, 11: 193-203.

[109] Schiehlen W, Seifried R, Eberhard P. Elastoplastic phenomena in multibody impact dynamics. Computer Methods in Applied Mechanics and Engineering, 2006, 195: 6874-6890.

[110] Shen Y N, Kuang Y. Frictional impact analysis of an elastoplastic multi-link robotic system using a multi-timescale modelling approach. Nonlinear Dynamics, 2019, 98: 1999-2018.

[111] Kuang Y, Shen Y N. Painlevé paradox and dynamic self-locking during passive walking of bipedal robot. European Journal of Mechanics/A Solids, 2019, 77: 103811.

[112] Shen Y N. Painlevé paradox and dynamic jam of a three-dimensional elastic rod. Archive of Applied Mechanics, 2015, 85: 805-816.

[113] Hwang K H, Shabana A A. Effect of mass capture on the propogation of transverse waves in rotating beams. Journal of Sound and Vibration, 1995, 186(3): 495-525.

[114] Wang A W, Tian W Y. Mechanism of buckling development in elastic bars subjected to axial impact. International Journal of Impact Engineering, 2007, 34: 232-252.

[115] Gunawan A, Hirose S. Boundary element analysis of guided waves in a bar with an arbitrary cross-section. Engineering Analysis with Boundary Elements, 2005, 29: 913-924.

[116] Guo A P, Batzer S. Substructure analysis of a flexible system impact-contact Event. Journal of Vibration and Acoustics, 2004, 126: 126-131.

[117] Guo A P, Hong J Z, Yang H. A dynamic model with substructures for contact-impact analysis of flexible multibody systems. Science China Series E-Technique Science, 2003, 46 (1): 33-40.

[118] 刘锦阳. 研究柔性体撞击问题的子结构离散方法. 计算力学学报, 2001, 18(1): 28-32.

[119] 刘锦阳, 洪嘉振. 柔性机械臂接触碰撞问题的研究. 机械科学与技术, 1997, 16(1): 100-104.

[120] 刘锦阳, 洪嘉振. 计算碰撞力的方法. 上海交通大学学报, 1999, 33(6): 727-730.

[121] 刘锦阳, 洪嘉振. 卫星太阳电池阵在板展开阶段的撞击特性研究. 空间科学学报, 2000, 20(1): 61-68.

[122]　刘锦阳, 洪嘉振. 卫星太阳能帆板的撞击问题. 宇航学报, 2000, 21(3): 34-38.

[123]　Yang J C, Shen Y N. Analysis of contact-impact dynamics of soft finger tapping system by using hybrid computational model. Applied Mathematical Modelling, 2019, 74: 94-112.

[124]　Gau W H, Shabana A A. Effect of a finite rotation on the propagation of elastic waves in constrained mechanical systems. Journal of Mechanical Design, 1992, 114 (1): 384-393.

[125]　Hsu W C, Shabana A A. Finite element analysis of impact-induced transverse waves in rotating beams. Journal of Sound and Vibration, 1993, 168(2): 355-369.

[126]　Escalona J L, Mayo J, Domínguez. A new numerical method for the dynamic analysis of impact loads in flexible beams. Mechnism and Machine Theory, 1999, 34: 765-780.

[127]　向树红, 邱吉宝, 王大钧. 模态分析与动态子结构方法新进展. 力学进展, 2004, 34: 289-303.

[128]　陈镕, Owen D R J. 用子结构法解一维杆与结构的接触-冲击问题. 同济大学学报: 自然科学版, 1991, 19(2): 167-175.

第 2 章 质点系统碰撞理论

理查德·费曼 (Richard Feynman): ─────────────────────

"物理学是自然界的语言,碰撞现象只是其中的一部分。"(Physics is the language of nature, and collision phenomena are just a part of it.)

——费曼强调了物理学的普遍性,碰撞是许多物理过程中一种重要现象,尤其是在粒子物理学和经典力学中。

本章以质点系统为研究对象,通过剥离碰撞现象的表观复杂性,聚焦其动力学本质,系统阐述碰撞过程中的基本规律与解析方法。质点模型作为碰撞力学研究的起点,其历史选择兼具理论必然性与实践合理性:在经典力学奠基时期,牛顿与惠更斯等先驱通过理想化质点碰撞研究,摒弃了物体形变、转动惯量及接触几何等次要因素,将问题凝练为质量与速度的定量关系。这种抽象化处理不仅消解了多维参数的干扰,更通过无体积、无内部结构的假设,将数学描述维度降至最低,使动量守恒与能量传递的核心机理得以在纯净的理论框架中凸显。例如,质点模型下牛顿第三定律的直接映射,能直观呈现作用力与反作用力的时空对称性,而无需纠缠于真实碰撞中接触面粗糙度或材料蠕变等工程细节。这种极简主义方法论不仅与早期实验条件 (如气轨滑块的低自由度碰撞) 形成范式匹配,更构建了碰撞力学理论体系的元模型——通过质点系统提炼普适规律后,再通过参数迭代逐步扩展至刚体动力学、连续介质力学等更复杂的物理场景。

对于单质点对心碰撞问题,牛顿恢复系数模型通过定义碰撞前后法向相对速度的衰减比,创造性地将材料本构特性嵌入运动学方程。然而,当研究对象拓展至多质点系统时,碰撞动力学的复杂度呈现非线性跃升:质点间的碰撞序列关联性、能量重分布的非局部效应以及链式碰撞引发的级联响应,使得系统行为无法通过二元碰撞解的线性叠加进行预测。以密集质点链中的应力波传播为例,局域碰撞扰动会通过动量传递形成波动叠加,这种现象已超越传统质点碰撞的理论边界。需要说明的是,受限于本章的论述范畴,研究将聚焦单质点与双质点系统的碰撞解析,对于多质点链式碰撞 (如牛顿摆的能量传递问题) 等拓展内容,目前已有众多成熟的研究成果,读者可自行查阅相关文献。

2.1 质 点 碰 撞

2.1.1 质点动力学基本原理

大多数动力学原理的基础形式均可由单个质点的动力学推导得到[1]。质点是指一个忽略大小或无限小尺寸的物体。质点是用来发展刚体动力学和变形固体动力学的基石。一个质量为 M、速度为 $\boldsymbol{V}$ 的质点,其动量为 $M\boldsymbol{V}$。如果一个合力 $\boldsymbol{F}$ 作用于质点,根据牛顿第二定律可知,动量将会被改变。

牛顿第二定律:一个质点的动量 $M\boldsymbol{V}$ 对时间的一阶导数与作用在其上面的合力 $\boldsymbol{F}(t)$ 成正比。

$$\mathrm{d}(M\boldsymbol{V})/\mathrm{d}t = \boldsymbol{F}(t) \tag{2.1}$$

牛顿第二定律仅在一个惯性参考系或以一个恒定的速度平移的坐标系中成立。在实际应用中,参考系一般考虑固定在物体上,例如地球,这些物体是可以移动的。这些参考系是否能被考虑为是一个惯性系依赖于物体计算得到的加速度幅值与参考体加速度的比值,即参考系的加速度是否是可以被忽略的。

通常,质点的质量为常数,因此方程 (2.1) 可以被积分并表示为速度,该速度是一个以冲量 $\boldsymbol{P}(t)$ 为自变量的连续函数。

$$\boldsymbol{V}(t) - \boldsymbol{V}(0) = M^{-1}\int_0^t \boldsymbol{F}(t')\mathrm{d}t' = M^{-1}\boldsymbol{P}(t) \tag{2.2}$$

此矢量表达式如图 2.1 所示。

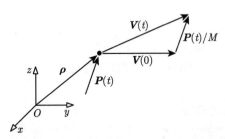

图 2.1 冲量 $\boldsymbol{P}(t)$ 导致的质量为 M 的质点的速度变化

在时间 $t = 0$ 时,碰撞的两个粒子 B 和 B′ 相互作用,产生的接触力 $\boldsymbol{F}(t)$ 和 $\boldsymbol{F}'(t)$ 分别作用于每个粒子。在相互作用期间,即 $0 < t < t_f$,这些相互作用的力起到防止相互渗透的效果。作用力的特殊性质取决于它们的来源:它们是由无法互相穿透的固体之间接触力引起的,还是由原子粒子之间的原子间作用力造成的。在任何情况下,每个粒子上的力都是沿径向作用的。这些作用力与牛顿第三定律有关。

牛顿第三定律:两个相互作用的物体的作用力和反作用力大小相等、方向相反,总是同时作用在同一条直线上。

$$\boldsymbol{F}' = -\boldsymbol{F} \tag{2.3}$$

牛顿第二定律和牛顿第三定律是分析冲击的冲量——动量法的基础。设质点 B 有质量 M，质点 B' 有质量 M'。式 (2.3) 中的积分给出大小相等但方向相反的冲量 $-\boldsymbol{P}(t) = \boldsymbol{P}(t)$，所以相对速度 $\boldsymbol{v} \equiv \boldsymbol{V} - \boldsymbol{V}'$ 可以表示为

$$\boldsymbol{v}(t) = \boldsymbol{v}(0) + m^{-1}\boldsymbol{P}(t), \quad m^{-1} = M^{-1} + M'^{-1} \tag{2.4}$$

其中，m 为有效质量。在惯性参照系中，速度变量从 $\boldsymbol{V}(t)$ 到相对速度 $\boldsymbol{v}(t)$ 的变化如图 2.2 所示。方程 (2.4) 是在接触时间接近于零 $(t_f \to 0)$ 时适用的极限相对运动方程，该方程是质点和刚体碰撞光滑动力学的基础。对于质点正碰撞求解的最朴素的基本定理，即碰撞过程中的动量定理（冲量定理）、碰撞过程中的动量矩定理 (冲量矩定理) 和刚体平面运动的碰撞方程的具体表达形式，可参见文献 [2]。2.1.2 节我们将直接给出如何运用这些定理和方程求解质点正碰撞的算例。

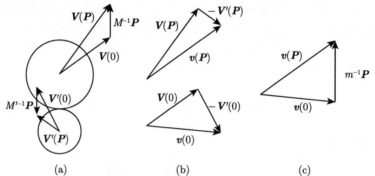

(a)　　　　　　　(b)　　　　　　　(c)

图 2.2　(a) 质量为 M 和 M' 的物体上作用大小相等方向相反的冲量 $\boldsymbol{P}$，分别导致速度变化 $M^{-1}\boldsymbol{P}$ 和 $M'^{-1}\boldsymbol{P}$; (b) 两个物体上的相对速度表示矢量图; (c) 初始相对速度 $\boldsymbol{v}(0)$、最终相对速度 $\boldsymbol{v}(\boldsymbol{P})$ 和相对速度变化 $m^{-1}\boldsymbol{P}$

2.1.2　质点对固定面的碰撞

设一小球铅直地落到固定面上，如图 2.3 所示，此为正碰撞。碰撞开始时，质心的竖向速度为 v，由于受到固定面的碰撞冲量的作用，质心速度逐渐减小，物体变形逐渐增大，直至速度等于零为止。此后弹性变形逐渐恢复，物体质心获得反向的速度。当小球离开固定面的瞬时，质心速度为 v'，这时碰撞结束。

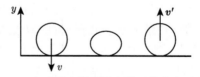

图 2.3　小球铅直落到固定地面并发生正碰撞

上述碰撞过程已分为两个阶段，在第一阶段中，物体的动能减小到零，变形增加，设在此阶段的碰撞冲量为 I_1，则应用冲量定理，在 y 轴的投影式有

$$0 - (-mv) = I_1 \tag{2.5}$$

在第二阶段中，弹性变形逐渐恢复，动能逐渐增大，设在此阶段的碰撞冲量为 I_2，则应用冲量定理，在 y 轴的投影式有

$$mv' - 0 = I_2 \tag{2.6}$$

于是得到

$$\frac{v'}{v} = \frac{I_2}{I_1} \tag{2.7}$$

由于在碰撞过程中，总要出现发热、发声，甚至发光等物理现象，许多材料经过碰撞后总保留或多或少的残余变形，因而在一般情况下，物体将损失动能，或者说物体在碰撞结束时的速度 v' 小于碰撞开始时的速度 v。

牛顿在研究正碰撞的规律时发现，对于材料确定的物体，碰撞接触与碰撞开始的速度大小的比值几乎是不变的，即

$$\frac{v'}{v} = e_{\mathrm{N}} \tag{2.8}$$

常数 e_{N} 恒取正值，称为 **Newton 恢复系数**。

Newton 恢复系数需用实验测定。用待测 Newton 恢复系数的材料做成小球和质量很大的平板，将平板固定，令小球自高度 h_1 处自由落下，与固定平板碰撞后，小球反跳，记下达到最高点的高度 h_2，如图 2.4 所示。

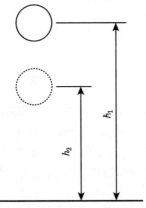

图 2.4　小球下落时的初始高度以及碰撞回弹后达到的最高点

小球与平板接触的瞬时是碰撞开始的时刻，小球的速度为

$$v = \sqrt{2gh_1} \tag{2.9}$$

小球离开平板接触的瞬时是碰撞结束的时刻，小球的速度为

$$v = \sqrt{2gh_2} \tag{2.10}$$

于是得恢复系数

$$e_N = \frac{v'}{v} = \sqrt{\frac{h_2}{h_1}} \tag{2.11}$$

几种材料的 Newton 恢复系数见表 2.1。实际上该恢复系数的大小不仅取决于材料，而且与碰撞物体的形状和尺寸都有关系，此表仅可在工程初步估算时采用。

表 2.1　几种常用材料小球对常用材料地面碰撞的 Newton 恢复系数

碰撞物体的材料	铁对铅块	木对胶木	木对木	钢对钢	象牙对象牙	玻璃对玻璃
Newton 恢复系数	0.14	0.26	0.50	0.56	0.89	0.94

Newton 恢复系数表示物体在碰撞后速度恢复的程度，也表示物体变形恢复的程度，并且反映出碰撞过程中机械能损失的程度。对于各种实际的材料，均有 $0 < e_N < 1$，由这些材料做成的物体发生的碰撞，称为**弹性碰撞**。物体在弹性碰撞结束时，变形不能完全恢复，动能有损失。

$e_N = 1$ 为理想情况，物体在碰撞结束时，变形完全恢复，动能没有损失，这种碰撞称为**完全弹性碰撞**。

$e_N = 0$ 为极限情况，物体在碰撞结束时，变形丝毫没有恢复，这种碰撞称为**完全非弹性碰撞**或**塑性碰撞**。

由式 (2.7) 和 (2.8) 有

$$e_N = \frac{v'}{v} = \frac{I_2}{I_1} \tag{2.12}$$

即恢复系数又等于正碰撞的两个阶段中作用于物体的碰撞冲量大小的比值。

如果小球与固定面碰撞，碰撞开始瞬时的速度 v 与接触点法线的夹角为 θ，碰撞结束时反跳速度 v' 与法线的夹角为 β，如图 2.5 所示，此为斜碰撞。设不计摩擦，两物体只在法线方向发生碰撞，此时定义恢复系数为

$$e_N = \left| \frac{v'_n}{v_n} \right| \tag{2.13}$$

式中，v'_n 和 v_n 分别是速度 v' 和 v 在法线方向的投影。由于不计摩擦，v' 和 v 在切线方向的投影相等，由此可见

$$|v'_n| \tan \beta = |v_n| \tan \theta \tag{2.14}$$

于是

$$e_N = \left| \frac{v'_n}{v_n} \right| = \frac{\tan \theta}{\tan \beta} \tag{2.15}$$

对于实际材料有 $e_N < 1$，由上式可见，当碰撞物体表面光滑时，应有 $\beta > \theta$。

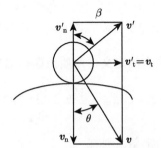

图 2.5   小球与固定面发生斜碰撞

在不考虑摩擦的一般情况下，碰撞前后的两个物体都在运动，此时恢复系数的定义为

$$e_N = \left| \frac{v'_{rn}}{v_{rn}} \right| \tag{2.16}$$

式中，v'_{rn} 和 v_{rn} 分别为碰撞后和碰撞前两物体接触点沿接触面法线方向的相对速度。

2.1.3   双质点的斜碰撞

2.1.3.1   光滑接触面碰撞

对于图 2.6 所示的双质点在二维平面内发生的对心斜碰撞，金栋平和胡海岩 [3] 给出了详尽的推导。首先考虑不计摩擦作用的光滑碰撞，即切向碰撞冲量 $I_t = 0$，并作如下假设：①初始碰撞速度位于 n 与 t 构成的平面内，其中 n 的正向指向质点 m_1；②碰撞为瞬时发生的点接触行为，所有外力均不计。

设质点碰撞前后的速度分别为 v_{is} 和 V_{is}，其中 i 为质点的标号，s 为速度的方向。根据动量定理，有

$$m_i V_{is} - m_i v_{is} = (-1)^{i-1} I_s, \quad i = 1, 2, \quad s = \mathrm{n,t} \tag{2.17}$$

我们需要基于上述 4 个方程来求解 5 个未知量, 即 V_{is} 和 I_n, 因此必须附加一个补充条件, 补充条件可以为碰撞恢复系数, 或其他约束关系, 如冲量关系等。

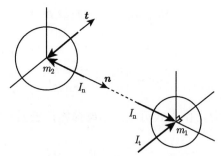

图 2.6　双质点二维对心斜碰撞

若根据 Newton 恢复系数的定义, 双质点碰撞前后法向相对速度的改变满足

$$e_N = -\frac{V_{2n} - V_{1n}}{v_{2n} - v_{1n}} \tag{2.18}$$

而基于 Poisson 恢复系数的定义, 则有

$$e_P = \frac{I_r}{I_c} \tag{2.19}$$

式中, $0 \leqslant e_P \leqslant 1$, I_r 和 I_c 分别为恢复阶段和压缩阶段的法向接触冲量。若 $e_P = 0$, 则两质点碰撞后不再分离, 具有同一速度, 为完全非弹性碰撞; 若 $e_P = 1$, 则称为完全弹性碰撞。在特殊条件下如对心正碰, 或者是无滑动的对心斜碰时, 可以证明上述两个系数是等价的 [1]。对于质点对心正碰撞, 只要满足接触面光滑条件, 两个系数即等价, 设在压缩阶段结束时刻两个质点具有共同速度 $\bar{v}$, 由方程 (2.17) 得

$$m_i \bar{v} - m_i v_{in} = (-1)^{i-1} I_c, \quad i = 1, 2 \tag{2.20}$$

当碰撞结束时

$$m_i V_{in} - m_i \bar{v} = (-1)^{i-1} I_r, \quad i = 1, 2 \tag{2.21}$$

从中解出

$$\bar{v} = \frac{m_1 v_{1n} + m_2 v_{2n}}{m_1 + m_2} = \frac{m_1 V_{1n} + m_2 V_{2n}}{m_1 + m_2} \tag{2.22}$$

根据 Poisson 恢复系数的定义, 得

$$m_1 V_{1n} - m_1 \bar{v} = e_P (m_1 \bar{v} - m_1 v_{1n}) \tag{2.23}$$

将速度 $\bar{v}$ 代入上式，结果与方程 (2.19) 相同，即 $e_{\mathrm{P}} = e_{\mathrm{N}}$。因此碰撞后的速度为

$$
\begin{cases}
V_{i\mathrm{t}} = v_{i\mathrm{t}} \\
V_{i\mathrm{n}} = v_{i\mathrm{n}} + (-1)^{i-1} \dfrac{\bar{m}}{m_i}(1 + e_{\mathrm{P}})(v_{2\mathrm{n}} - v_{1\mathrm{n}})
\end{cases}, \quad i = 1, 2 \tag{2.24}
$$

式中，$\bar{m} = m_1 m_2/(m_1 + m_2)$。碰撞导致的系统动能损耗为

$$
\Delta T = \frac{1}{2}\sum_{i=1}^{2} m_i v_i^2 - \frac{1}{2}\sum_{i=1}^{2} m_i V_i^2 = \frac{1}{2}\bar{m}(1 - e_{\mathrm{P}}^2)(v_{2\mathrm{n}} - v_{1\mathrm{n}})^2 \tag{2.25}
$$

当 $e_{\mathrm{P}} = 0$ 时，碰撞是完全非弹性的，能量损耗最大；当 $e_{\mathrm{P}} = 1$ 时，碰撞是完全弹性的，无能量损耗。需要说明的是，当计入接触面的摩擦作用时，若采用 Poisson 恢复系数计算碰撞后的系统动能，结果可能违背能量守恒定律，即碰撞后系统的能量会有增加，根据 Stronge 的研究结果 [1]，对于某些具体模型而言，采用 Newton 恢复系数也有可能违反能量守恒定律。

2.1.3.2 非光滑接触面碰撞

当双质点的接触面非光滑时，$P_{\mathrm{t}} \neq 0$。此时，从式 (2.17) 可知

$$
m_1 V_{1s} + m_2 V_{2s} = m_1 v_{1s} + m_2 v_{2s}, \quad s = \mathrm{n,t} \tag{2.26}
$$

上述 2 个方程含有 4 个未知量，故需要补充 2 个条件方能确定碰撞后的速度和冲量。采用 Newton 恢复系数的定义，有

$$
V_{2\mathrm{n}} - V_{1\mathrm{n}} = -e_{\mathrm{N}}(v_{2\mathrm{n}} - v_{1\mathrm{n}}) \tag{2.27}
$$

引入冲量比 $\mu = I_{\mathrm{t}}/I_{\mathrm{n}}$，有

$$
m_1 V_{1\mathrm{t}} + \mu m_2 V_{2\mathrm{n}} = m_1 v_{1\mathrm{t}} + \mu m_2 v_{2\mathrm{n}} \tag{2.28}
$$

定义向量 $\boldsymbol{V}^{\mathrm{T}} = \left\{ \begin{array}{cccc} V_{1\mathrm{n}} & V_{1\mathrm{t}} & V_{2\mathrm{n}} & V_{2\mathrm{t}} \end{array} \right\}$ 和 $\boldsymbol{v}^{\mathrm{T}} = \left\{ \begin{array}{cccc} v_{1\mathrm{n}} & v_{1\mathrm{t}} & v_{2\mathrm{n}} & v_{2\mathrm{t}} \end{array} \right\}$，将线性方程组 (2.26)~(2.28) 表示成矩阵形式

$$
\boldsymbol{AV} = \boldsymbol{Bv} \tag{2.29}
$$

其中

$$
\boldsymbol{A} = \begin{bmatrix} m_1 & 0 & m_2 & 0 \\ 0 & m_1 & 0 & m_2 \\ -1 & 0 & 1 & 0 \\ 0 & m_1 & -\mu m_2 & 0 \end{bmatrix}, \quad \boldsymbol{B} = \begin{bmatrix} m_1 & 0 & m_2 & 0 \\ 0 & m_1 & 0 & m_2 \\ e_{\mathrm{N}} & 0 & -e_{\mathrm{N}} & 0 \\ 0 & m_1 & -\mu m_2 & 0 \end{bmatrix} \tag{2.30}
$$

从中解得

$$\begin{Bmatrix} V_{1n} \\ V_{1t} \\ V_{2n} \\ V_{2t} \end{Bmatrix} = \begin{bmatrix} 1-a & 0 & a & 0 \\ -\mu a & 1 & \mu a & 0 \\ b & 0 & 1-b & 0 \\ \mu b & 0 & -\mu b & 1 \end{bmatrix} \begin{Bmatrix} v_{1n} \\ v_{1t} \\ v_{2n} \\ v_{2t} \end{Bmatrix} \tag{2.31}$$

式中，$a = (1+e_N)/(1+m_1/m_2)$，$b = (1+e_N)/(1+m_2/m_1)$。法向冲量满足

$$e_N I_n = -(1+e_N)\bar{m}(V_{2n} - V_{1n}) \tag{2.32}$$

从式 (2.32) 可知，若 $e_N = 0$，则 $V_{2n} = V_{1n}$，为完全非弹性碰撞；若 $e_N = -1$，则 $I_n = 0$，此时质点发生横穿另一质点表面的碰撞行为。

　　对于碰撞发生时的切向滑动问题，其简要说明如下。定义相对速度为 V_{rt}：

$$V_{rt} = V_{1t} - V_{2t} = v_{rt} - \mu(1+e_N)v_{rn} \tag{2.33}$$

式中，$v_{rs} = v_{1s} - v_{2s}$，$s = \text{n, t}$。将 V_{rt} 看作 v_{rt} 的线性方程，其关系如图 2.7 所示。

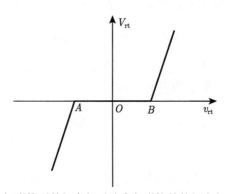

图 2.7　两质点之间碰撞后的切向相对速度与碰撞前的切向相对速度之间的关系

　　从图 2.7 可见，在 $\overline{AB}$ 段，碰撞结束时的相对切向速度变为零，即在碰撞末滑动结束，此时由 $V_{rt} = 0$ 可得一摩擦系数临界值：

$$\mu_0 = \frac{1}{1+e_N}\frac{v_{2t} - v_{1t}}{v_{2n} - v_{1n}} \tag{2.34}$$

可以预计，在碰撞期间相对切向速度可能在某时刻减小到零，随后，相对运动可能黏滞或逆向。黏滞与滑动逆向运动会对接触期间的冲量产生影响，进而改变碰撞前后速度或角速度的量值。

2.1.3.3 碰撞期间的能量损失

碰撞期间能量的变化反映了碰撞期间冲击力之做功情况。根据碰撞期间的能量损失可以刻画诸如恢复系数、冲量比等之间的关系，从而得到碰撞前后系统的运动状态。下面考察两个质点之间的碰撞过程，借助积分中值定理，碰撞期间冲击力之功可以表示为

$$
\begin{aligned}
W &= \int_{t_k}^{t_k+\Delta t} \boldsymbol{F} \cdot \boldsymbol{v}_{1c}\mathrm{d}t + \int_{t_k}^{t_k+\Delta t} (-\boldsymbol{F}) \cdot \boldsymbol{v}_{2c}\mathrm{d}t \\
&= \int_{t_k}^{t_k+\Delta t} \boldsymbol{v}_c\mathrm{d}\boldsymbol{I} = \boldsymbol{I} \cdot \bar{\boldsymbol{v}}_c = \frac{1}{2}\boldsymbol{I} \cdot (\boldsymbol{V}_r + \boldsymbol{v}_r)
\end{aligned}
\tag{2.35}
$$

式中，$\boldsymbol{v}_{ic}(i=1,2)$ 表示接触期间两个质点的速度，$\bar{\boldsymbol{v}}_c$ 为其相对速度的均值。在理论上，式 (2.35) 对于任何碰撞条件都成立，然而根据 Ivanov[4] 的研究结果，在某些情况下则需要慎用。例如，当研究在多个冲击力作用下的碰撞问题时，需要冲击力满足一定的条件。

碰撞期间系统的动能损失应等于碰撞力所做之负功，即 $\Delta T + W = 0$，由方程 (2.35) 得

$$
\Delta T = -\frac{1}{2}[I_\mathrm{n}(V_\mathrm{rn} + v_\mathrm{rn}) + I_\mathrm{t}(V_\mathrm{rt} + v_\mathrm{rt})]
\tag{2.36}
$$

将结果式 (2.31) 代入上式并简化后有

$$
\Delta T = \frac{1}{2}\bar{m}(v_{2\mathrm{n}} - v_{1\mathrm{n}})^2(1+e_\mathrm{N})[(1-e_\mathrm{N}) + 2\mu\gamma - (1+e_\mathrm{N})\mu^2]
\tag{2.37}
$$

式中，$\gamma = (v_{2\mathrm{t}} - v_{1\mathrm{t}})/(v_{2\mathrm{n}} - v_{1\mathrm{n}})$。若 $\mu = 0$，则上式结果即为式 (2.25)。为便于分析，我们将上式作归一化处理：

$$
\begin{aligned}
\Delta\bar{T}(e_\mathrm{N}, \mu, \gamma) &= \frac{2\Delta T}{\bar{m}[(v_{2\mathrm{n}} - v_{1\mathrm{n}})^2 + (v_{2\mathrm{t}} - v_{1\mathrm{t}})^2]} \\
&= \frac{(1+e_\mathrm{N})[(1-e_\mathrm{N}) + 2\mu\gamma - (1+e_\mathrm{N})\mu^2]}{1+\gamma^2}
\end{aligned}
\tag{2.38}
$$

由上式可见，对于无摩擦的完全弹性碰撞 $(\mu = 0, e_\mathrm{N} = 1)$，系统无能量损失或称之为最小能量损失。

可以根据能量损失为非负条件来确定 μ 值的合理取值范围，其中最大能量损失对应的 μ 值为

$$
\mu_\mathrm{m} = \frac{\gamma}{1+e}
\tag{2.39}
$$

式 (2.39) 的结果与碰撞末相对速度为零的临界值 μ_0 相同，且都与系统的质量无关。定义临界冲量比 μ_c，即 $\mu_c = \mu_m = \mu_0$，将碰撞相对切向速度表示成

$$V_{rt} = V_{2t} - V_{1t} = \left(1 - \frac{\mu}{\mu_c}\right)(v_{2t} - v_{1t}) \tag{2.40}$$

从式 (2.40) 可见，当 $\mu/\mu_c < 1$ 时，$V_{rt} > 0$，表明初始滑动沿单方向一直持续到碰撞末，能量损失随 μ 的增加而增大；当 $\mu/\mu_c = 1$ 时，$V_{rt} = 0$，此时两个质点以零的相对速度结束碰撞，相应的能量损失最大；当 $\mu/\mu_c > 1$ 时，$V_{rt} < 0$，说明在碰撞末发生了逆向滑动，能量损失随 μ 的增加而减小，此时在碰撞过程中系统吸收了先前储存的部分能量。值得注意的是，若切向力来自于摩擦力一类的耗散力，则因其总是消耗系统的能量，此时反映切向力特征的 μ 值应当局限于 $\mu \leqslant \mu_c$ 范围，否则将违背能量守恒定律。

实验观察和理论分析表明，在含摩擦的碰撞中，两个质点在切向存在因摩擦而导致的弹性剪切效应，因此有时可将切向速度的变化假设为

$$V_{2t} - V_{1t} = -e_t(v_{2t} - v_{1t}) \tag{2.41}$$

式中，e_t 称为切向恢复系数。此时，碰撞后的切向速度具有如下形式：

$$V_{it} = v_{it} + (-1)^{i-1}\frac{\bar{m}}{m_i}(1 + e_t)(v_{2t} - v_{1t}) \tag{2.42}$$

与式 (2.31) 给出的解相比，当式 (2.43) 满足时，基于切向恢复系数与基于冲量比的结果相同，即

$$\mu = \frac{1 + e_t}{1 + e_N}\frac{v_{2t} - v_{1t}}{v_{2n} - v_{1n}} \tag{2.43}$$

借助上式我们建立了参数 μ 和 e_t 之间的等价关系，但应注意到，这两个参数反映了不同的物理现象，即碰撞期间接触面之间的摩擦作用和剪切弹性效应。

2.2 弹簧振子碰撞

机械系统部件之间的低速往复碰撞会导致机械系统发生非稳定的运动，系统出现典型的碰撞振动 (impact-vibration)，甚至会导致结构出现疲劳损伤。对于重复碰撞系统，为了方便分析系统的非线性行为，一般将碰撞系统简化为单自由度系统或少量自由度的多自由度系统 [3]。该系统一般是由质点、弹簧和阻尼组成的弹簧振子模型 [5]。此类系统是典型的非线性动力系统，其动力学微分方程的非线性特性主要由接触状态非线性 (主要是接触状态的不连续，更具体是接触

状态是接触和分离反复出现的情况) 导致。文献 [3] 充分讨论了各种自由度下的机械系统碰撞振动，限于篇幅，本节仅介绍单自由度系统的碰撞振动理论。此外，若考虑弹簧的材料本构模型 (并不简单地服从胡克定律)，系统会有部分的材料非线性，这里对材料非线性不做深入讨论。

2.2.1 自由系统的碰撞振动

在单自由度碰撞振动系统中，可以根据碰撞的往复性寻求周期碰撞振动及其存在区域，并通过解析方法分析周期解的稳定性问题。

质量为 m、线性刚度为 k、同固定约束相距为 Δ 的单自由度无阻尼完全弹性碰撞振动系统，如图 2.8 所示。对于未发生碰撞的线性系统，其运动微分方程为

$$\ddot{x} + \omega^2 x = 0 \tag{2.44}$$

式中，$\omega = \sqrt{k/m}$ 为线性系统的固有角频率。式 (2.44) 的通解为

$$x = C_1 \cos \omega t + C_2 \sin \omega t \tag{2.45}$$

其中，C_1, C_2 为常数。

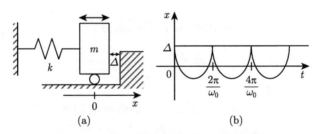

图 2.8 单自由度碰撞系统及其周期响应

考虑周期碰撞振动，在一个碰撞振动的周期内，即 $t \in [0, 2\pi/\omega_0]$，这里 ω_0 为周期碰撞振动的基频，碰撞运动的边界条件为 $t = 0$，$x = \Delta$；$t = 2\pi/\omega_0$，$x = \Delta$。将这组边界条件代入式 (2.45)，得到周期碰撞振动为

$$x = \frac{\Delta}{\cos(\pi\omega/\omega_0)} \cos\left(\omega t - \pi\frac{\omega}{\omega_0}\right) \tag{2.46}$$

对于瞬时碰撞，从图 2.9 不同间隙下的碰撞振动相平面图可知

$$\begin{cases} 0.5 < \dfrac{\omega}{\omega_0} \leqslant 1, & \Delta > 0 \\[2mm] \dfrac{\omega}{\omega_0} = 0.5, & \Delta = 0 \\[2mm] \dfrac{\omega}{\omega_0} < 0.5, & \Delta < 0 \end{cases} \tag{2.47}$$

同时，从图 2.9(a) 可知，当频率比 ω_0/ω 增大时，碰撞振动幅值相应增加，此时系统变现为**硬特性**；从图 2.9(c) 可知，当频率比 ω_0/ω 增大时，碰撞振动幅值相应减小，此时系统变现为**软特性**。

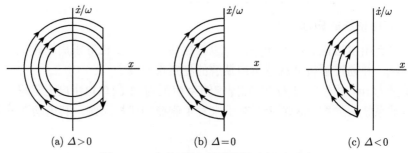

(a) $\Delta > 0$　　　　　　　(b) $\Delta = 0$　　　　　　　(c) $\Delta < 0$

图 2.9　不同间隙下的碰撞振动相平面图

为了分析碰撞振动幅值随频率比的变化，将碰撞响应的一半定义为碰撞振动的振幅，即

$$a_0 = \frac{1}{2}\left(\Delta - x_0\right), \quad a_0 > 0 \tag{2.48}$$

式中，$x_0 = x|_{t=\pi/\omega_0} = \Delta/\cos\left(\pi\omega/\omega_0\right)$，因而求得

$$a_0 = \frac{\Delta}{2}\left(1 - \frac{1}{\cos\left(\pi\omega/\omega_0\right)}\right) \tag{2.49}$$

图 2.10 表示了自由碰撞响应振幅，即**脊骨线**随频率比的变化。从图 2.10 中可见，该幅频响应和相图结果一致，即在 $\omega_0/\omega < 2$ 频段，对应系统的硬特性；当在 $\omega_0/\omega > 2$ 频段时，对应系统的软特性；$\omega_0/\omega = 2$ 为其分界线。上述结果表明，碰撞系统具有非线性振动特征。

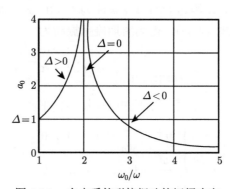

图 2.10　自由系统碰撞振动的幅频响应

2.2.2 受迫系统的碰撞振动

2.2.2.1 周期碰撞振动的存在性

在图 2.8 所示的系统上施加外激励 $f \cos(\bar{\omega}t + \varphi)$, 未发生碰撞振动的线性系统的运动微分方程为

$$\ddot{x} + \omega^2 x = a_f \cos(\bar{\omega}t + \varphi) \tag{2.50}$$

其中, $a_f = f/m$, φ 为初相角。方程 (2.50) 的通解为

$$x = C_1 \cos \omega t + C_2 \sin \omega t + a \cos(\bar{\omega}t + \varphi) \tag{2.51}$$

其中

$$a = \frac{a_f}{\omega^2 |1 - \varsigma^2|} \tag{2.52}$$

式中, $\varsigma = \bar{\omega}/\omega$ 为激励频率与系统固有频率之比。下面寻求每过 $l \in Z$ 个激励周期系统发生一次碰撞的运动, 这样的周期碰撞满足下述条件:

$$x(0) = \Delta, \quad \dot{x}(0) = \dot{x}^+; \quad x\left(\frac{2\pi l}{\bar{\omega}}\right) = \Delta, \quad \dot{x}\left(\frac{2\pi l}{\bar{\omega}}\right) = \dot{x}^- \tag{2.53}$$

式中, $\dot{x}^-$, $\dot{x}^+$ 分别为碰撞前后的质点速度。根据上述条件并应用 Newton 碰撞恢复系数 $e_N = -\dot{x}^+/\dot{x}^-$, 从通解式 (2.51) 得到

$$C_1 = \Delta - a \cos \varphi, \quad C_2 = C_1 \tan \frac{\pi l}{\varsigma} \tag{2.54}$$

$$\sin \varphi = \frac{BD}{a\omega} \dot{x}^- \tag{2.55}$$

$$\cos \varphi = \left(1 - \frac{D}{\Delta \omega} \dot{x}^-\right) \frac{\Delta}{a} \tag{2.56}$$

式中

$$B = \frac{1}{\varsigma} \left(\frac{1 - e_N}{1 + e_N}\right) \tan \frac{\pi l}{\varsigma}, \quad D = -\frac{1}{2}(1 + e_N) \cot \frac{\pi l}{\varsigma} \tag{2.57}$$

从式 (2.55) 和 (2.56) 消去相位角可得碰撞前的速度:

$$\dot{x}^- = \frac{\left[1 \pm \sqrt{1 - (1 - a^2/\Delta^2)(1 + B^2)}\right] \Delta \omega}{(1 + B^2) D} \tag{2.58}$$

上式有实数解的条件为根式中数值为正，即

$$\frac{|\Delta|}{a} \leqslant \sqrt{1 + \frac{1}{B^2}} \tag{2.59}$$

由此可见，碰撞振动可以在 $0 < \Delta < a$ 或 $|\Delta| > a$ 范围内发生，后一种情形的幅频曲线具有硬特性，从而当激励频率增大时，系统的振幅随之增加以致系统可以发生初始碰撞运动。同时，从式 (2.58) 可知，在一定的条件下，碰撞前的速度具有两个解，这种多解性是非线性系统的一个特征，这从一个侧面反映了碰撞振动所具有的典型非线性振动特征。

此外，该周期碰撞运动必须满足下述约束条件

$$x(t) \leqslant \Delta \tag{2.60}$$

同时，碰撞前的速度应满足

$$\dot{x}^- \geqslant 0 \tag{2.61}$$

不等式 (2.59)~(2.61) 给出了每 $l \in Z$ 个周期运动只发生一次碰撞的存在条件，下面分别对此作详细分析。

在满足实数解的条件下，与 $\dot{x}^- \geqslant 0$ 相应的条件是：

$$\frac{\Delta}{D} > 0 : 1 - \left(1 - \frac{a^2}{\Delta^2}\right)(1 + B^2) \begin{cases} < 1 \Rightarrow |\Delta| > a \ (\text{双解}) \\ > 1 \Rightarrow |\Delta| < a \ (\text{单解}) \end{cases} \tag{2.62}$$

$$\frac{\Delta}{D} < 0 : 1 - \left(1 - \frac{a^2}{\Delta^2}\right)(1 + B^2) > 1 \Rightarrow |\Delta| < a \ (\text{单解}) \tag{2.63}$$

根据方程 (2.59)，将条件 $\Delta/D > 0$ 描述为

$$\begin{cases} \Delta > 0 : D > 0 \Rightarrow \dfrac{l}{m} < \varsigma < \dfrac{2l}{2m-l}, \\ \Delta < 0 : D < 0 \Rightarrow \dfrac{2l}{2m-l} < \varsigma < \dfrac{l}{m-l}, \end{cases} \quad m = 1, 2, 3, \cdots \tag{2.64}$$

相应地，对于 $\Delta/D < 0$，有

$$\begin{cases} \Delta > 0 : D < 0 \Rightarrow \dfrac{l}{2m-l} < \varsigma < \dfrac{l}{m-l}, \\ \Delta < 0 : D > 0 \Rightarrow \dfrac{l}{m} < \varsigma < \dfrac{2l}{2m-l}, \end{cases} \quad m = 1, 2, 3, \cdots \tag{2.65}$$

上述两个条件给出的频段彼此相邻，故当间隙 $|\Delta| < a$ 时，对于每一个 $l \in Z$，系统存在一次碰撞振动；若间隙 $|\Delta| > a$，则系统存在两次碰撞振动，此时对于每一个 $l \in Z$，碰撞振动只在式 (2.64) 所给出的频段内存在。

下面分析条件式 (2.60)。根据式 (2.54)，解式 (2.51) 可以写成下述形式

$$x = \frac{\Delta - a\cos\varphi}{\cos(\pi l/\varsigma)}\cos\frac{\bar\omega t - \pi l}{\varsigma} + a\cos(\bar\omega t + \varphi) \tag{2.66}$$

从极值条件 $\dot x = 0$ 可知，当 $t = \pi l/\bar\omega$，$\sin\varphi = 0$ 时，x 为一极值，该极值应满足条件式 (2.60)，即

$$x\left(\frac{\pi l}{\bar\omega}\right) = \frac{\Delta - a\cos\varphi}{\cos(\pi l/\varsigma)} + (-1)^l a\cos\varphi \leqslant \Delta \tag{2.67}$$

将 $a\cos\varphi = \pm a\Delta/|\Delta|$ 代入上式，结果为

$$\begin{cases} \dfrac{\Delta}{\cos(\pi l/\bar\omega)} > 0 : \dfrac{|\Delta|}{a} < \pm\cot^2\dfrac{\pi l}{2\varsigma}, \\[3mm] \dfrac{\Delta}{\cos(\pi l/\bar\omega)} < 0 : \dfrac{|\Delta|}{a} > \pm\cot^2\dfrac{\pi l}{2\varsigma}, \end{cases} \quad l = 1,\ 3,\ 5,\ \cdots \tag{2.68}$$

$$\begin{cases} \dfrac{\Delta}{\cos(\pi l/\bar\omega)} > 0 : \dfrac{|\Delta|}{a} < \pm 1, \\[3mm] \dfrac{\Delta}{\cos(\pi l/\bar\omega)} < 0 : \dfrac{|\Delta|}{a} > \pm 1, \end{cases} \quad l = 2,\ 4,\ 6,\ \cdots \tag{2.69}$$

不等式 (2.59)、(2.64)、(2.68) 和 (2.69) 确定了受迫系统周期碰撞振动的存在范围。

为了分析系统激励对于碰撞振动的影响，将反映线性系统幅频关系的方程 (2.52) 改写为

$$\frac{\Delta\omega^2}{a_f} = \frac{1}{|1-\varsigma^2|}\frac{\Delta}{a} \tag{2.70}$$

基于不等式 (2.59)、(2.68) 以及方程 (2.70)，在参数平面 ς-$\Delta\omega^2/a_f$ 上可以给出 $\Delta > 0$ 时系统激励对碰撞振动的影响。详细的算例可以参考文献《碰撞振动与控制》[3]。

2.2.2.2 周期碰撞振动的稳定性

实际碰撞系统可能受到外界环境的干扰，这些扰动对上述周期碰撞振动将产生影响。某些周期碰撞运动可能对扰动具有鲁棒性，保持相对稳定的行为，也可能呈现不稳定现象。稳定的碰撞运动是实际可发生的运动，而不稳定的碰撞运动实际上不能长期存在。

为了分析碰撞系统周期解的稳定性问题，将线性系统式 (2.50) 满足初始条件 $x(0)$，$\dot x(0)$ 的解表示成如下形式

$$\begin{cases} x(t) = \bar S_1(t)x(0) + \bar S_2(t)\dot x(0) + \bar S_3(t)\sin\varphi + \bar S_4(t)\cos\varphi \\ \dot x(t) = \bar S_5(t)x(0) + \bar S_6(t)\dot x(0) + \bar S_7(t)\sin\varphi + \bar S_8(t)\cos\varphi \end{cases} \tag{2.71}$$

式中

$$\bar{S}_1(t) = \cos \omega t, \quad \bar{S}_2(t) = \frac{1}{\omega} \sin \omega t, \quad \bar{S}_3(t) = \frac{a_f}{\omega^2 - \bar{\omega}^2} (\varsigma \sin \omega t - \sin \bar{\omega} t)$$

$$\bar{S}_4(t) = \frac{a_f}{\omega^2 - \bar{\omega}^2} (-\cos \omega t + \cos \bar{\omega} t), \quad \bar{S}_5(t) = -\omega \sin \omega t, \quad \bar{S}_6(t) = \cos \omega t$$

$$\bar{S}_7(t) = \frac{a_f \bar{\omega}}{\omega^2 - \bar{\omega}^2} (\cos \omega t - \cos \bar{\omega} t), \quad \bar{S}_8(t) = \frac{a_f}{\omega^2 - \bar{\omega}^2} (\omega \sin \omega t - \bar{\omega} \sin \bar{\omega} t)$$

设振子的周期碰撞振动 $x(t)$ 在某时刻 t_p 受到一小扰动的作用, 扰动后碰撞振动沿新的路径运动, 如图 2.11 虚线所示。

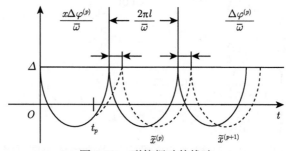

图 2.11   碰撞振动的扰动

在图 2.11 中, $\tilde{x}^{(p)}$ 表示受到初始扰动的振子位于第 p 次碰撞与第 $p+1$ 次碰撞之间的运动, 即扰动运动发生第 p 次碰撞后的一段自由振动。可见, 若扰动运动经过无数次碰撞后又回到未扰动周期碰撞振动 $x(t)$, 即 p 增大时 $\tilde{x}^{(p)}(t)$ 趋近于 $x(t)$, 则该周期碰撞是稳定的。为了进行稳定性分析, 考虑扰动运动

$$\tilde{x}^{(p)}(t) = x(t) + \Delta x^{(p)}(t), \quad \dot{x}^{(p)}(t) = \dot{x}(t) + \Delta \dot{x}^{(p)}(t) \tag{2.72}$$

其中线性化增量可从方程 (2.71) 得到

$$\begin{cases} \Delta x^{(p)}(t) = \dfrac{\partial x(t)}{\partial x(0)} \Delta x^{(p)}(0) + \dfrac{\partial x(t)}{\partial \dot{x}(0)} \Delta \dot{x}^{(p)}(0) + \dfrac{\partial x(t)}{\partial \varphi} \Delta \varphi^{(p)} \\ \qquad = \bar{S}_1(t) \Delta x^{(p)}(0) + \bar{S}_2(t) \Delta \dot{x}^{(p)}(0) + \left[\bar{S}_3(t) \cos \varphi - \bar{S}_4(t) \sin \varphi \right] \Delta \varphi^{(p)} \\ \Delta \dot{x}^{(p)}(t) = \dfrac{\partial \dot{x}(t)}{\partial x(0)} \Delta x^{(p)}(0) + \dfrac{\partial \dot{x}(t)}{\partial \dot{x}(0)} \Delta \dot{x}^{(p)}(0) + \dfrac{\partial \dot{x}(t)}{\partial \varphi} \Delta \varphi^{(p)} \\ \qquad = \bar{S}_5(t) \Delta x^{(p)}(0) + \bar{S}_6(t) \Delta \dot{x}^{(p)}(0) + \left[\bar{S}_7(t) \cos \varphi - \bar{S}_8(t) \sin \varphi \right] \Delta \varphi^{(p)} \end{cases} \tag{2.73}$$

根据碰撞方程 (2.53)，周期性碰撞条件可写成如下形式

$$x(0) = \Delta, \quad x(0) = x\left(\frac{2\pi l}{\bar{\omega}}\right), \quad \dot{x}(0) = -e_{\mathrm{N}}\dot{x}^-, \quad \dot{x}^- = \dot{x}\left(\frac{2\pi l}{\bar{\omega}}\right) \tag{2.74}$$

若将第 p 次碰撞记为零起始时刻，则相邻两次扰动运动满足下述关系

$$\begin{cases} \tilde{x}^{(p)}(0) = \Delta \\ \tilde{x}^{(p+1)}(0) = \tilde{x}^{(p)}\left\{\left[2\pi l + \Delta\varphi^{(p+1)} - \Delta\varphi^{(p)}\right]/\bar{\omega}\right\} \\ \dot{\tilde{x}}^{(p+1)}(0) = -e_{\mathrm{N}}\dot{\tilde{x}}^{(p)}\left\{\left[2\pi l + \Delta\varphi^{(p)} - \Delta\varphi^{(p)}\right]/\bar{\omega}\right\} \end{cases} \tag{2.75}$$

考虑到式 (2.72) 和 (2.74)，将上式在 $2\pi l$ 处展开并略去二阶以上高阶小量得

$$\begin{cases} \Delta x^{(p)}(0) = 0 \\ \Delta x^{(p+1)}(0) = \Delta x^{(p)}(2\pi l/\bar{\omega}) + \dot{x}(2\pi l/\bar{\omega})\left(\Delta\varphi^{(p+1)} - \Delta\varphi^{(p)}\right)/\bar{\omega} \\ \Delta\dot{x}^{(p+1)}(0) = -e_{\mathrm{N}}\left[\Delta\dot{x}^{(p)}(2\pi l/\bar{\omega}) + \ddot{x}(2\pi l/\bar{\omega})\left(\Delta\varphi^{(p+1)} - \Delta\varphi^{(p)}\right)/\bar{\omega}\right] \end{cases} \tag{2.76}$$

在上式中，令

$$\begin{cases} \Delta x^{(p+1)}(0) = \lambda\Delta x^{(p)}(0) \\ \Delta\dot{x}^{(p+1)}(0) = \lambda\Delta\dot{x}^{(p)}(0) \\ \Delta\varphi^{(p+1)} = \lambda\Delta\varphi^{(p)} \end{cases} \tag{2.77}$$

同时将式 (2.73) 在 $2\pi l/\bar{\omega}$ 处的解代入，获得如下齐次线性方程组

$$\begin{cases} S_2\Delta\dot{x}^{(p)}(0) + \left[S_3\cos\varphi - S_4\sin\varphi + \dfrac{\lambda-1}{\bar{\omega}}\dot{x}\left(\dfrac{2\pi l}{\bar{\omega}}\right)\right]\Delta\varphi^{(p)} = 0 \\ \left(S_6 + \dfrac{\lambda}{e}\right)\Delta\dot{x}^{(p)}(0) + \left[S_7\cos\varphi - S_8\sin\varphi + \dfrac{\lambda-1}{\bar{\omega}}\ddot{x}\left(\dfrac{2\pi l}{\bar{\omega}}\right)\right]\Delta\varphi^{(p)} = 0 \end{cases} \tag{2.78}$$

式中，$S_i = \bar{S}_i(t)|_{t=2\pi l/\bar{\omega}}$ $(i = 1, 2, \cdots)$。方程 (2.78) 具有非零解 $[\Delta\dot{x}^{(p)}(0) \quad \Delta\varphi^{(p)}]^{\mathrm{T}}$ 的条件是

$$\begin{vmatrix} a_{11} & a_{12} \\ a_{21} & a_{22} \end{vmatrix} = 0 \tag{2.79}$$

其中

$$a_{11} = S_2, \quad a_{12} = S_3\cos\varphi - S_4\sin\varphi + \frac{\lambda-1}{\bar{\omega}}\dot{x}\left(\frac{2\pi l}{\bar{\omega}}\right)$$

$$a_{21} = S_6 + \frac{\lambda}{e}, \quad a_{22} = S_7\cos\varphi - S_8\sin\varphi + \frac{\lambda-1}{\bar{\omega}}\ddot{x}\left(\frac{2\pi l}{\bar{\omega}}\right)$$

式中，$\dot{x}(2\pi l/\bar{\omega})$ 和 $\ddot{x}(2\pi l/\bar{\omega})$ 根据式 (2.71) 计算。展开行列式 (2.79) 得到特征方程

$$a_0\lambda^2 + a_1\lambda + a_2 = 0 \tag{2.80}$$

为使结果简洁，应用 Maple、Matlab 或 Mathematica 软件推导特征方程的系数时，注意应用关系式 $\Delta = x(2\pi l/\bar{\omega})$，从中解出 Δ，之后代入系数表达式得到

$$\begin{cases} a_0 = \dfrac{\dot{x}^-}{\bar{\omega}}, \quad a_2 = \dfrac{e^2\dot{x}^-}{\bar{\omega}} \\ a_1 = \Delta\varsigma(1+e)\sin\dfrac{2\pi l}{\varsigma} + \dfrac{\dot{x}^-}{2\bar{\omega}}\left[(1+e)^2\left(2\varsigma^2\cos^2\dfrac{\pi l}{\varsigma} - 1\right) - (1-e)^2\cos\dfrac{2\pi l}{\varsigma}\right] \end{cases}$$
$$\tag{2.81}$$

若特征方程 (2.80) 的根 $|\lambda_{1,2}| < 1$，则由式 (2.77) 可见，当 p 增大时，$\Delta x^{(p)}(0)$，$\Delta\dot{x}^{(p)}(0)$ 和 $\Delta\varphi^{(p)}$ 趋近于零，碰撞运动是渐近稳定的。特征根位于单位圆内的条件可由下述 Schur-Cohno 判据确定

$$\left|\dfrac{a_2}{a_0}\right| < 1, \quad \left|\dfrac{a_1}{a_0 + a_2}\right| < 1 \tag{2.82}$$

上式可简化为

$$\begin{cases} -a_0 < a_2 < a_0 & \text{(a)} \\ a_1 + a_0 + a_2 > 0 & \text{(b)} \\ a_1 - a_0 - a_2 < 0 & \text{(c)} \end{cases} \tag{2.83}$$

条件式 (2.83)(a) 对应 $e_N^2 < 1$，恒成立。考虑到式 (2.57)，条件式 (2.83)(b) 为

$$\dfrac{\Delta\omega}{D\dot{x}^-} < 1 + B^2 \tag{2.84}$$

将式 (2.58) 代入上式得到

$$\left[1 \pm \sqrt{1 - \left(1 - \dfrac{\Delta^2}{a^2}\right)(1 + B^2)}\right]^{-1} < 1 \tag{2.85}$$

对于负根式，稳定性条件为

$$\dfrac{|\Delta|}{a} < 1 \tag{2.86}$$

上式与单解的存在性条件式 (2.62) 和 (2.63) 一致，说明单解满足稳定性条件式 (2.83)(b)。对应于正根式，稳定性条件为

$$\dfrac{|\Delta|}{a} < \sqrt{1 + \dfrac{1}{B^2}} \tag{2.87}$$

该稳定性区域位于双解的存在域内。此外，双解的稳定性还取决于 $\dot{x}^-$ 值，由条件式 (2.83)(c) 确定。条件式 (2.83)(c) 为

$$\frac{1}{1 \pm \sqrt{1 - \left(1 - \dfrac{\Delta^2}{a^2}\right)(1 + B^2)}} > \frac{1 - C^2}{1 + B^2} \tag{2.88}$$

式中，$C^2 = 1/\left\{\left[\varsigma \cos(\pi l/\varsigma)\right]^2 + \left[(1-e)/(1+e)/\varsigma\right]^2\right\}$。对于正根式，稳定性条件式 (2.88) 简化成

$$\frac{|\Delta|}{a} > \frac{|1 - C^2|}{\sqrt{B^2 + C^2}} \tag{2.89}$$

对于负根式，存在如下两种情况

$$\begin{cases} C < 1: & 1 - \sqrt{1 - \left(1 - \dfrac{\Delta^2}{a^2}\right)(1 + B^2)} > 0 \Rightarrow \dfrac{|\Delta|}{a} > 1 & \text{(a)} \\[4mm] C > 1: & \begin{cases} 1 - \sqrt{1 - \left(1 - \dfrac{\Delta^2}{a^2}\right)(1 + B^2)} > 0 \Rightarrow \dfrac{|\Delta|}{a} > 1 & \text{(b)} \\[4mm] 1 - \sqrt{1 - \left(1 - \dfrac{\Delta^2}{a^2}\right)(1 + B^2)} < 0 \Rightarrow \dfrac{|\Delta|}{a} < 1 & \text{(c)} \end{cases} \end{cases} \tag{2.90}$$

只有条件式 (2.90)(c) 满足负根式要求的稳定性条件式 (2.86)，即 $|\Delta|/a < 1$。将式 (2.90)(c) 简化得

$$\frac{|\Delta|}{a} < \frac{C^2 - 1}{\sqrt{B^2 + C^2}} \tag{2.91}$$

即为 $|\Delta|/a < 1$ 内单解的稳定性条件。

2.2.2.3 受迫碰撞振动的幅频特征

类似于自由碰撞情形，将受迫碰撞响应量值的一半定义为受迫碰撞振动的振幅。根据受迫碰撞振动响应的极值解式 (2.67) 和式 (2.48)，当 $\Delta \neq 0$ 时，受迫碰撞振动的振幅为

$$a_x = \frac{\Delta}{2}\left(1 - \frac{1}{\cos(\pi l/\varsigma)}\right) - a \cos\left((-1)^l - \frac{1}{\cos(\pi l/\varsigma)}\right) \tag{2.92}$$

上式给出了受迫碰撞振动的幅频关系。因 $\cos\varphi$ 取决于 $\dot{x}^-$，根据式 (2.58)，碰撞前的速度可能出现双解，故碰撞系统的幅频响应会呈现多值现象，这个特征与光滑非线性系统幅频响应曲线的多解特征一致，而自由碰撞振动的幅频响应即脊骨线将这两条幅频曲线分开。

在不同的参数条件下，各幅频曲线的最大值与脊骨线相交，此时由式 (2.92) 可知 $a\cos\varphi = 0$，根据方程 (2.55)~(2.58) 可得 $\Delta = a/B$，对该式两边乘以 $[1 - 1/\cos(\pi l/\varsigma)]/2$，获得碰撞系统幅频响应的最大值满足下述方程：

$$\frac{\Delta}{2}\left(1 - \frac{1}{\cos(\pi l/\varsigma)}\right) = a_{xm} \tag{2.93}$$

其中

$$a_{xm} = \frac{a_f}{2\omega^2}\frac{1+e}{1-e}\frac{\varsigma\tan[\pi l/(2\varsigma)]}{\varsigma^2 - 1} \tag{2.94}$$

特别地，当 $\Delta = 0$ 时，从式 (2.58) 解出碰撞前的速度为

$$\dot{x}^- = \frac{\pm a}{D\sqrt{1+B^2}} \tag{2.95}$$

相应的幅频响应方程是

$$a_x = \pm\frac{1}{2\omega\sqrt{1+B^2}}\left[(-1)^l - \frac{1}{\cos(\pi l/\varsigma)}\right] \tag{2.96}$$

当 $\varsigma \to \infty$ 时，方程 (2.93) 取极限可以获得碰撞发生的极值间隙为

$$|\Delta| < \frac{a_f}{\pi l\omega^2}\frac{1+e}{1-e} \tag{2.97}$$

上式表明，当间隙 Δ 位于该范围时会产生碰撞振动；而当间隙大于极值后碰撞不会发生，此时系统为非碰撞受迫振动系统。

参 考 文 献

[1] Stronge W J. Impact Mechanics. 2nd ed. Cambridge: Cambridge University Press, 2018.

[2] 哈尔滨工业大学理论力学教研室. 理论力学 (II) (第 9 版). 北京：高等教育出版社, 2023.

[3] 金栋平, 胡海岩. 碰撞振动与控制 (非线性动力学丛书 3). 北京：科学出版社, 2008.

[4] Ivanov A P. Impact Oscillations: linear theory of stability and bifurcation. Journal of Sound and Vibration, 1994, 178(3): 361-378.

[5] 沈煜年, 顾金红. 柔性梁含摩擦斜碰撞的刚体-弹簧-质点混合模型研究. 振动工程学报, 2016, 29(1): 1-7.

第 3 章 平面刚体碰撞理论

詹姆斯·克拉克·麦克斯韦 (James Clerk Maxwell): ————————————————

"碰撞过程是物体之间能量和动量交换的时刻。"(Collisions are the moments when objects exchange energy and momentum.)

——麦克斯韦在气体动力学中提出了分子碰撞理论，强调了碰撞对能量和动量交换的重要性。

————————————————

由于刚体模型具有计算效率高的优点，因此在碰撞理论研究的前期，科学家仍喜欢采用刚体模型假设作为研究的基础。这一习惯也承袭了一般力学研究的范式，因而并不奇怪，这也是为什么至今很多学者仍然寻求采用刚体碰撞理论求解实际工程中的碰撞问题 [1,2]。鉴于刚体碰撞理论具有重要的历史地位和现实应用价值，本章将对平面刚体碰撞的基础理论作详细介绍。

3.1 单一刚体动力学

刚体可以表示为具有固定距离的一组质点。当刚体移动时，刚体上不同点之间的相对速度仅由刚体的角速度 ω 和质点间的距离所决定，通过相关推导可建立单一刚体动力学基本理论 [3]。

3.1.1 平动动量和动量矩

假设一个质量为 M 的刚体由 n 个质量为 $M_i(i = 1, 2, \cdots, n)$ 的质点构成，每个质点 i 的位置矢量 ρ_i 可以表达为一组在以 O 点为坐标原点的惯性参考系内的坐标。如图 3.1 所示，这组质点系统的质心位置矢量 $\hat{\rho}$ 可表示为

$$\hat{\rho} = M^{-1} \sum_{i=1}^{n} M_i \rho_i, \quad M - \sum_{i=1}^{n} M_i \tag{3.1}$$

质心速度为 $\hat{V} \equiv \mathrm{d}\rho/\mathrm{d}t = M^{-1} \sum_{i=1}^{n} M_i V_i$。因此，对于构成这个刚体的质点系，其平动方程可以表示为

$$\frac{\mathrm{d}}{\mathrm{d}t}(M\hat{\boldsymbol{V}}) = \sum_{i=1}^{n} \boldsymbol{F}_i \tag{3.2}$$

对于一个质量为 M 的刚体，此牛顿定律的积分形式显示了平动动量 $M\hat{\boldsymbol{V}}$ 的时间变化率等于作用在物体上的外力的合力 $\sum_{i=1}^{n} \boldsymbol{F}_i$。

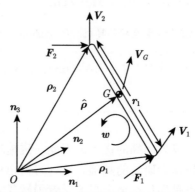

图 3.1　由质点 B_1 和 B_2 以及两者之间一根轻质刚性杆组成的一个基本刚体。两个质点的质量分别为 M_1 和 M_2 且分别受力 $\boldsymbol{F}_1$ 和 $\boldsymbol{F}_2$ 的作用

刚体对 O 点的动量矩可以表示为刚体平动动量 $M\hat{\boldsymbol{V}}$ 的矩加上刚体转动动量。首先，注意质点 i 的位置矢量 $\boldsymbol{\rho}_i$ 可以分解为质心的位置矢量 $\hat{\boldsymbol{\rho}}$ 加上第 i 个质点相对于质心的位置矢量，即 $\boldsymbol{\rho}_i = \hat{\boldsymbol{\rho}} + \boldsymbol{r}_i$。因而，刚体对 O 点的动量矩进一步写为

$$\boldsymbol{h}_O = \hat{\boldsymbol{h}} + \hat{\boldsymbol{\rho}} \times M\hat{\boldsymbol{V}} \tag{3.3}$$

其中，$\hat{\boldsymbol{h}}$ 是系统关于质心 G 的动量矩。

$$\hat{\boldsymbol{h}} = \sum_{i=1}^{n} \boldsymbol{r}_i \times M\hat{\boldsymbol{V}} = \sum_{i=1}^{n} M_i \boldsymbol{r}_i \times (\omega \times \boldsymbol{r}_i) \equiv \hat{\boldsymbol{I}} \cdot \omega \tag{3.4}$$

同时 $\hat{\boldsymbol{I}}$ 为对质心 G 的惯性并矢 (inertia dyadic)[①]。

因此对 O 点的动量矩 $\boldsymbol{h}_O$ 的变化率可以表示为

$$\frac{\mathrm{d}\boldsymbol{h}_O}{\mathrm{d}t} = \frac{\mathrm{d}}{\mathrm{d}t}(\hat{\boldsymbol{\rho}} \times M\hat{\boldsymbol{V}}) + \frac{\mathrm{d}}{\mathrm{d}t}(\hat{\boldsymbol{I}} \cdot \omega) = \sum_{i=1}^{n} (\hat{\boldsymbol{\rho}} + \boldsymbol{r}_i) \times \boldsymbol{F}_i \tag{3.5}$$

---

① 对于一个原点为 G 点，并与相互垂直的单位矢量 $\boldsymbol{n}_j (j = 1, 2, 3)$ 对齐的笛卡儿坐标系，惯性并矢表示为 $\hat{\boldsymbol{I}} \equiv \hat{I}_{jk} \boldsymbol{n}_j \boldsymbol{n}_k$，其中下角标代表了笛卡儿坐标的方向。物体的旋转惯性含有通过积分整个物体质量而得到的系数，$\hat{I}_{jj} = \int (\boldsymbol{r} \cdot \boldsymbol{r} - r_j r_j) \mathrm{d}M$ 和 $\hat{I}_{jk} = -\int r_j r_k \mathrm{d}M$，$j \neq k$，其中 r_j 为在笛卡儿坐标系中位置矢量 $\boldsymbol{r}$ 的第 j 个分量，并且重复下标不隐含求和。

根据这个质点位置矢量 $\boldsymbol{\rho}_i = \hat{\boldsymbol{\rho}} + \boldsymbol{r}_i$ 的分量，可将对 O 点的动量矩变化率的方程进一步地区分为作用在质心 G 上刚体的平动动量矩和相对于 G 点的转动动量矩。

注意从公式 (3.2) 和 (3.5)，可得到任意一个施加冲量的微分 $\mathrm{d}\boldsymbol{I}_i = \boldsymbol{F}_i\mathrm{d}t$，即对于一个刚体，存在三个独立的并用施加冲量 $\mathrm{d}\boldsymbol{I} = \sum\limits_{i=1}^{n} \mathrm{d}\boldsymbol{I}_i$ 表示的运动方程

$$
\begin{aligned}
\mathrm{d}(M\hat{\boldsymbol{V}}) &= \mathrm{d}\boldsymbol{I} \\
\mathrm{d}(\hat{\boldsymbol{\rho}} \times M\hat{\boldsymbol{V}}) &= \hat{\boldsymbol{\rho}} \times \mathrm{d}\boldsymbol{I} \\
\mathrm{d}(\hat{\boldsymbol{I}} \cdot \boldsymbol{\omega}) &= \sum_{i=1}^{n} \boldsymbol{r}_i \times \mathrm{d}\boldsymbol{I}_i
\end{aligned}
\tag{3.6}
$$

公式 (3.6) 的第二行表示物体平动动量对 O 点的矩的微分。

3.1.2 动能

对于一些问题，最好使用标量去度量物体的运动。比如，使用动能 T 而不是用式 (3.6) 那种矢量表达式。考虑一个由 n 个质点组成的物体，其动能可以表示为

$$
T = \frac{1}{2} \sum_{i=1}^{n} M_i \boldsymbol{V}_i \cdot \boldsymbol{V}_i
\tag{3.7}
$$

刚体动能 T 可以进一步地分解为平动动能 T_v 和转动动能 T_ω

$$
\begin{aligned}
T_v &\equiv \frac{1}{2}M\hat{\boldsymbol{V}} \cdot \hat{\boldsymbol{V}} = \frac{1}{2}M(\hat{V}_1 \cdot \hat{V}_1 + \hat{V}_2 \cdot \hat{V}_2 + \hat{V}_3 \cdot \hat{V}_3) \\
T_\omega &\equiv \frac{1}{2}\boldsymbol{\omega} \cdot \hat{\boldsymbol{I}} \cdot \boldsymbol{\omega} \\
&= \frac{1}{2}M(\omega_1^2 \cdot \hat{I}_{11} + \omega_2^2 \cdot \hat{I}_{22} + \omega_3^2 \cdot \hat{I}_{33} + 2\omega_1\omega_2\hat{I}_{12} + 2\omega_2\omega_3\hat{I}_{23} + 2\omega_3\omega_1\hat{I}_{31})
\end{aligned}
\tag{3.8}
$$

其中，$\hat{\boldsymbol{V}}$ 为质心的速度，$\boldsymbol{\omega}$ 为刚体的角速度，$\hat{\boldsymbol{I}}$ 为对质心的惯性并矢。

公式 (3.8) 的第一个等式两边点乘 $\hat{\boldsymbol{V}}$，第二个等式两边点乘 $\boldsymbol{\omega}$，我们可以得到运动方程，

$$
\mathrm{d}T_v = \hat{\boldsymbol{V}} \cdot \mathrm{d}\boldsymbol{I}, \quad \mathrm{d}T_\omega = \boldsymbol{\omega} \cdot \sum_{i=1}^{n} \boldsymbol{r}_i \times \mathrm{d}\boldsymbol{I}_i
\tag{3.9}
$$

上述运动方程等式右手边分别为施加冲量的功率的微分和对质心施加扭矩的功率的微分。表达式 (3.9) 为反映一个刚体受 n 个主动冲量 $\boldsymbol{I}_i$ 作用下状态变化度量的标量方程。

3.2　平面刚体对心碰撞

　　刚体碰撞分析是基于物体变形可以忽略不计的理论。因此，碰撞时间可以认为是瞬时的。在这种瞬时冲击过程中，碰撞体的速度发生了变化，但形状没有变化；即惯性特性保持不变 [3]。如图 3.2 所示，两个物体，命名为 B 和 B′，以一个初始的速度差相遇并发生碰撞。在瞬间接触过程中，物体 B 表面的 C 点与物体 B′ 表面的 C′ 点重合。如果物体 B 或 B′ 中至少有一个在接触点 (即曲面具有连续曲率) 处具有拓扑光滑的曲面，则在 C 处存在与该曲面相切的平面；重合的接触点 C 和 C′ 位于此切平面内。如果两个物体都是凸的并且曲面在接触点附近具有连续的曲率，那么这个切平面与两个在 C 点处接触的曲面都是切向的；即碰撞体的表面具有公共的切平面。这个方向称为公共法线方向。接触点 C 处的接触力和相对速度变化将分解为沿公切平面法向和切向的分量。

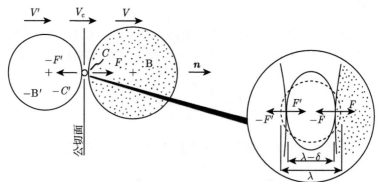

图 3.2　两个 “刚性” 物体的共线碰撞，接触点被一个无限小的可变形颗粒分隔。颗粒代表接
触区域的微小局部变形

3.2.1　正碰撞的相对运动方程

　　正碰撞时，两碰撞体的质心在过接触点 C 的公法线上，C 处的接触力作用于公法线方向。因此，对于两个物体，碰撞过程中的所有速度变化均在公法线方向上进行，可将其视为一维问题进行分析。考虑两个碰撞体 B 和 B′，其质量分别为 M 和 M′，平行于 n 方向上的时变速度分别为 $V(t)$ 和 $V'(t)$。在直接碰撞中，这些物体在碰撞时不产生旋转，从而使每个物体在每一点的速度都是均匀且相同的。

　　接触过程中，在接触点 C 和 C′ 处产生大小相等但方向相反的压缩反力；这些力抵抗干涉或重叠接触面。在共线体之间直接撞击的情况下，接触点 C 和 C′ 之间的相对速度的任何变化在整个接触时间内都在平行于公法线的方向上。接触点处由于局部接触区域的压缩而产生反作用力；这种力能抵抗接触时的相对运动。在直接碰撞中，反作用力沿法向方向作用；即与图 3.1 所示的质心速度一致。如果碰撞体是坚硬的，则与任一体力相比，接触力是非常大的。因此，在刚体碰撞理论中，与接触点 C 处的反作用力相比，有限大小的物体或施加的接触力可以忽略不计。有限物体的体力是可以忽略的，因为它们在瞬时碰撞过程产生的微小位移中不起作用，这就是为什么重力等体积力不会影响碰撞中发生的速度变化。在刚体之间的碰撞过程中，唯一的作用力是接触点处的反作用力。这些反作用力无限大；然而，它们产生一个有限的脉冲，在接触的瞬间不断地改变相对速度。

冲量在接触点处，物体 B 和 B′ 分别受到接触力 $\boldsymbol{F}(t)$ 和 $\boldsymbol{F}'(t)$，其力的法向分量分别为 $F_n(t) = \boldsymbol{F} \cdot \boldsymbol{n}$ 和 $F_n'(t) = \boldsymbol{F}' \cdot \boldsymbol{n}$。这些相互作用产生了冲量的法向部分 $I_n(t)$ 和 $I_n'(t)$，有

$$\mathrm{d}I_n = F \cdot \mathrm{d}t \ \text{和} \ \mathrm{d}I_n' = F' \cdot \mathrm{d}t \tag{3.10}$$

每个物体在 $\boldsymbol{n}$ 方向上的平动运动方程可以表示为

$$M \cdot \mathrm{d}V = \mathrm{d}I_n \ \text{和} \ M' \cdot \mathrm{d}V' = \mathrm{d}I_n' \tag{3.11}$$

设接触点处可变形粒子相对速度的法向分量为 $v = V - V'$。通过该模型认识到，由于可变形粒子的质量可以忽略不计，作用在该粒子两侧的接触冲量大小相等，方向相反。因此，相同的接触冲量作用于每个碰撞的物体，但这些脉冲的方向是相反的，即

$$\mathrm{d}I_n = -\mathrm{d}I_n' \tag{3.12}$$

将物体 B 上的冲量定义为正，且令 $\mathrm{d}i_n \equiv \mathrm{d}I_n$，并将平动运动方程代入接触点之间相对速度的定义方程，给出了相对速度一般分量变化的微分方程：

$$\mathrm{d}v = m^{-1}\mathrm{d}i_n \tag{3.13}$$

其中，等效质量 m 的定义为

$$m \equiv \left(M^{-1} + {M'}^{-1}\right)^{-1} = \frac{MM'}{M + M'} \tag{3.14}$$

等式集成后，式 (3.14) 应用初始条件 $v(0) \equiv v_0 = V(0) - V'(0)$，得到了法向相对速度 $v(i_n)$ 作为法冲量冲 i_n 的函数：

$$v = v_0 + m^{-1}\mathrm{d}i_n, \quad v_0 < 0 \tag{3.15}$$

因此，碰撞过程中相对速度的法向分量是法向冲量的线性函数。

计算冲击过程中速度变化的关键是找到一种评估分离时刻终端冲量 i_f 的方法。如果终端冲量能够基于物理考虑，那么刚体冲击理论将更有用，如果实验获得的物理参数的值能够代表潜在的耗散源，那么这些冲击参数将在一定的入射速度范围内适用。在 3.2.5 节中，终端冲量与 Stronge 恢复系数有关；该系数表示接触点周围区域非弹性变形引起的 (动能) 能量耗散。

3.2.2 碰撞的压缩和恢复阶段

碰撞体初次接触后，随着可变形颗粒被压缩，接触力 $F(t)$ 上升。令 δ 为可变形颗粒的压下量或压缩 (颗粒代表总质量中具有显著变形的小部分的柔度，即围绕接触点 C 的物体的区域)。没有碰撞体柔度的详细信息，无法直接获得压下量 δ。然而，如果柔度与速率无关，则最大压下量和最大力同时发生。

当相对速度的法向分量消失时。图 3.3(a) 表示法向接触力随相对压下量 δ 的变化，图 3.3(b) 表示法向接触力随时间的变化。图 3.3(b) 显示了接触时间分离为初接近或压缩阶段和随后的恢复阶段。

在压缩过程中，接触力将相对运动的动能转化为变形的内能，接触力做功降低了碰撞体的初始法向相对速度，同时一个大小相等但方向相反的接触力做功使可变形颗粒发生变形并增加其内能。当触点法向相对速度消失时，压缩阶段结束，恢复原状开始。在随后的恢复原状阶段，释放内能的弹性部分。压缩过程中储存的弹性应变能在恢复过程中产生驱动物体分离的力，这种力所做的功恢复了相对运动的部分初始动能。变形区域在恢复过程中的柔度小于压缩过程中的柔度，因此当接触终止时，可变形颗粒最终存在一定的残余压下量 δ_{f}。

在入射后的任意时刻 t，接触力 F 的法向分量有一个冲量 i_{n}，其数值等于图 3.3(b) 所示的力曲线下的面积。由于法向力总是压缩的，所以冲量的法向分量单调增加，如图 3.3(c) 所示。因此，冲量 i_{n} 可以代替时间 t 作为自变量。在压缩过程中，增加的冲量使 B′ 减慢，B 的速度增加，如图 3.3(d) 所示。设压下量从压缩到恢复的瞬间为 t_{c}。碰撞体在接触点之间存在相对速度，在压缩结束时相对速度消失，$v(t_{\mathrm{c}}) = 0$，即当接触点在法线方向具有相同的速度 V_{c} 时，压缩终止。图 3.3(e) 说明了每个物体的接触点在接触点 C 处的速度变化与法向接触冲量成正比，如公式 (3.15) 所示。

将使两物体达到共同速度的接触冲量 $i_{\mathrm{nc}} = \int_0^{t_{\mathrm{c}}} F(t)\mathrm{d}t$ 称为压缩冲量，这种冲量是一个对分析碰撞过程有用的特征量。压缩阶段的法向冲量可由公式 (3.14) 和压缩结束时相对速度法向分量消失的条件 $v(i_{\mathrm{nc}}) = 0$ 得。因此，法向压缩冲量是等效质量和初始相对速度在 C 处的乘积 $i_{\mathrm{nc}} = -mv_0$，其中 $v_0 < 0$。

3.2.3 法向相对运动的动能

在碰撞过程中，每个物体都经历速度的变化，可以表示为冲量 i_{n} 的法向分量的函数：

$$V = V_0 + M^{-1}i_{\mathrm{n}} \text{ 和 } V' = V_0' + M'^{-1}i_{\mathrm{n}} \tag{3.16}$$

这些方程给出了相对速度 $v(i_{\mathrm{n}})$ 的法向分量的变化：

$$\text{当 } v = V - V' \text{ 时}, \quad v = v_0 + m^{-1}i_{\mathrm{n}} \tag{3.17}$$

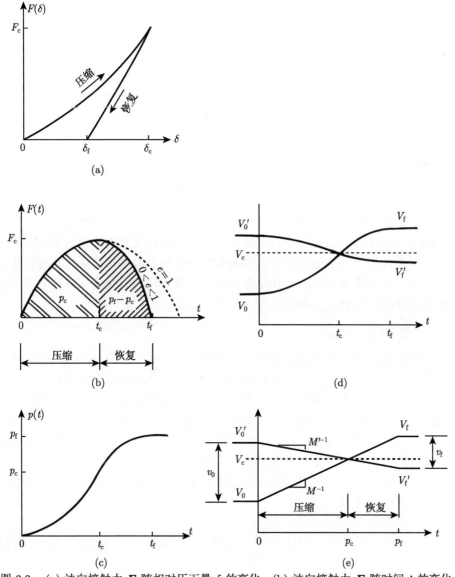

图 3.3 (a) 法向接触力 $\boldsymbol{F}$ 随相对压下量 δ 的变化；(b) 法向接触力 $\boldsymbol{F}$ 随时间 t 的变化；(c) 冲量 $\boldsymbol{i}_{\mathrm{n}}\,(t)$ 随时间 t 的变化；(d) 碰撞体法向速度 $\boldsymbol{V}$、$\boldsymbol{V}'$ 随时间 t 的变化；(e) 碰撞体法向速度 $\boldsymbol{V}$、$\boldsymbol{V}'$ 随法向冲量 $\boldsymbol{i}_{\mathrm{n}}$ 的变化

当两个物体具有共同的速度法向分量时，压缩终止；这发生在正常压缩冲量时。在这个法向冲量下，物体具有法向速度，可以表示为

$$V(i_{\mathrm{nc}}) = V_0 - \frac{m}{M}v_0 \text{ 和 } V'(i_{\mathrm{nc}}) = V_0' - \frac{m}{M'}v_0 \tag{3.18}$$

若系统具有初始动能 T_0，

$$T_0 = \frac{1}{2}MV_0^2 + \frac{1}{2}MV_0'^2 \tag{3.19}$$

然后是系统动能从压缩到恢复的转变

$$T_c \equiv T(i_{nc}) = \frac{M + M'}{2} \cdot V_c^2 \tag{3.20}$$

系统动能将被简化为

$$T_c = T_0 - \frac{1}{2}mv_0^2 \tag{3.21}$$

压缩过程中损失的动能称为 C 处法向相对运动的动能。对于物体 B 和 B′ 之间的共线碰撞，这等于相对运动的初始动能中由于相对速度的法向分量而损失的部分。在压缩过程中，接触力作用于碰撞体，使这种法向相对运动的动能转化为变形的内能。对于弹性变形，这种储存在体内的内能称为应变能。弹性应变能是碰撞恢复阶段驱动接触点分离的力的法向分量的来源。

3.2.4　法向接触力的功

法向接触力在压缩和恢复的不同阶段所做的功给出了压缩时施加的冲量 i_{nf} 与分离时的终止冲量 i_{nf} 之间的关系。在压缩过程中，法向接触力对可变形颗粒 (实际上，在初始接触点周围的每个体中的小变形区域) 做功，该功使颗粒变形并提高其内能。当然，与压缩颗粒的力相对应的是一个大小相等但方向相反的力，其作用是减小法向相对运动的动能。颗粒压缩过程中吸收的部分能量在恢复原状时是可恢复的，其中可恢复部分称为弹性应变能。

力 F 的法向分量对可压缩粒子做的功 W_n 可以通过识别力与冲量的微分关系 $di_n = Fdt$ 来计算，因此

$$W_n = \int_0^t Fvdt' = \int_0^p vdi_n' \tag{3.22}$$

3.2.5　碰撞恢复系数

除非碰撞速度极小，否则碰撞中存在能量耗散，这可能是由于塑性变形、弹性振动以及黏塑性等依赖速率的过程。无论何种原因，都会导致接触力 F 的法向分量与压缩量 δ 之间的关系发生变化。这种耗散导致卸载 (恢复) 时的柔度小于加载 (压缩) 时的柔度；即图 3.4(a) 给出的力-挠度曲线表现出滞后性。加载过程中相对运动的动能转化为变形的内能等于图 3.4(a) 中加载曲线下的面积；这个区域用 $W_c \equiv W_n(i_{nc})$ 表示。另一方面，卸载曲线下的面积等于变形区在恢复过程

中释放的弹性应变能; 在图 3.4(a) 中用 $W_f - W_c \equiv W_n(i_{nf}) - W_n(i_{nc})$ 表示。在恢复阶段, 弹性卸载产生的接触力增加了相对运动的动能。这些能量的转换是由于接触力所做的功。如果将相对速度的变化作为法向冲量的函数, 则由反作用力所做的功可以很容易地计算出压缩和恢复的分离阶段, 如图 3.4(b) 所示; 接触开始后, 在这些分离阶段所做的功正比于在任何脉冲下描述法向相对速度的横轴和直线之间的面积。

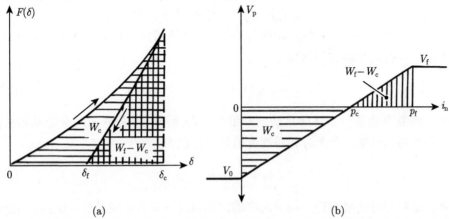

图 3.4 (a) 压缩过程中法向接触力 $\boldsymbol{F}$ 对物体做的功 $\boldsymbol{W}_c$ 和恢复过程中恢复的功 $\boldsymbol{W}_f - \boldsymbol{W}_c$ 随接触点法向相对压下量 δ 的变化关系; (b) 压缩过程 $i_n < i_{nc}$ 中法向接触力做的功和恢复过程 $i_{nc} < i_n < i_{nf}$ 中法向相对速度变化的功

在正碰撞中, 碰撞体间的作用力方向为共切面的法线方向。在压缩阶段, 法向接触力冲量对小变形区周围的刚体做的功为 $W_n(i_{nc})$, 这个功等于压缩变形区吸收的变形内能, 其表达式是通过对方程 (3.15) 积分并代入 $p_c = -mv_0$ 得到的。

$$W_n(i_{nc}) = \int_0^{i_{nc}} v(i_n')\mathrm{d}i_n' = v_0 i_{nc} + \frac{1}{2}m^{-1}i_{nc}^2 = -\frac{1}{2}mv_0^2 \qquad (3.23)$$

这正是压缩过程中损失的法向相对运动动能。在恢复的后续阶段, 由于接触力做功 $W_n(i_{nf}) - W_n(i_{nc})$ 加速了刚体的分离, 因此刚体重新获得了部分这种法向相对运动的动能:

$$W_n(i_{nf}) - W_n(i_{nc}) = \int_{i_{nc}}^{i_{nf}} (v_0 + m^{-1}i_n')\mathrm{d}i_n' = \frac{1}{2}mv_0^2\left(\frac{i_{nf}}{i_{nc}} - 1\right) \qquad (3.24)$$

这个功来自并等于在恢复过程中释放的弹性应变能。方程 (3.23) 和 (3.24) 给出了这个转化能量中不可逆的部分, 可以用来定义一个 Stronge 恢复系数 e_S, 又称为能量恢复系数。

定义：恢复系数的平方 e_S^2 是恢复过程中释放的弹性应变能与压缩过程中吸收的变形内能之比的负值。

$$e_S^2 = -\frac{W_n(i_{nf}) - W_n(i_{nc})}{W_n(i_{nc})} \tag{3.25}$$

该系数的取值范围为 $0 \leqslant e_S \leqslant 1$，其中 0 表示完全塑性碰撞 (也就是说，没有最终分离，以至于法向相对运动的初始动能没有被恢复)，取值为 1 表示完全弹性碰撞 (即没有法向相对运动动能的损失)。由方程 (3.23) 和 (3.24)，对于正碰撞，终止冲量 i_{nf} 和动能总损失与碰撞恢复系数 e_S 直接相关。利用方程 (3.25) 中的负平方根，可得到分离时的脉冲为

$$i_{nf} = -mv_0(1 + e_S) = i_{nf}(1 + e_S) \tag{3.26}$$

因此，恢复系数是一个将终止法向冲量与内部能量耗散源联系起来的基本关系。对于正向对心碰撞，分离时相对速度的法向分量为

$$v_f = v_0 + m^{-1}i_{nf} \tag{3.27}$$

因此，最终相对速度和初始相对速度的比值以及恢复和压缩过程中法向冲量的比值也与 e_S 直接相关。

$$e_S = -\frac{v_f}{v_0} \text{ 和 } e_S = \frac{i_{nf} - i_{nc}}{i_{nc}} \tag{3.28}$$

式中第一项与运动学恢复系数 (又称 Newton 恢复系数) 的定义相同，即为碰撞前后物体在接触点的法向相对速度之比，$e_N \equiv -v_f/v_0$。Newton 首先在测量完全相同的球碰撞中的能量损失的基础上定义了这个碰撞参数。Newton (不正确地) 推定恢复系数是物质属性。他在《自然哲学的数学原理》中给出了由钢 ($e_N = 5/9$)、玻璃 ($e_N = 15/16$)、软木 ($e_N = 5/9$) 和压缩羊毛 ($e_N = 5/9$) 制成的球体的 e_N 值。

式 (3.28) 中第二项与动力学恢复系数的定义相同，即为法向恢复力冲量与法向压缩力冲量之比，$e_p \equiv (i_{nf} - i_{nc})/i_{nc}$。该恢复系数由 Poisson 定义，他认识到，如果滑移方向不变，则它等价于粗糙体之间正碰撞的运动学恢复系数。

总结可知，碰撞恢复系数目前有三种定义方式，分别是 Newton 恢复系数、Poisson 恢复系数，还有一种是基于能量得到的 Stronge 恢复系数。在碰撞的过程中，碰撞恢复系数是一个很重要的参量。碰撞恢复系数反映了在碰撞发生的时候物体从发生形变到恢复的能力，只与碰撞物体的材料有关。需要指出的是在对含摩擦的碰撞问题进行分析的过程中，不少学者发现，基于 Newton 恢复系数求得的碰撞前后物体的运动状态违背了能量守恒定律，即由 Kane[4]，Brach 和 Keller

等得到的 Kane 悖论。有时候基于 Poisson 恢复系数求得的碰撞前后系统的能量也会出现不守恒的情况。然而，Stronge 恢复系数则可以保持住系统在碰撞前后能量守恒。

3.3 平面刚体斜碰撞的光滑动力学解法

本章首先介绍了刚体系统含摩擦斜碰撞问题的基本假设，之后建立了刚体碰撞的理论模型，通过动力学方程推导得出了用光滑动力学方法 [5] 描述物体碰撞过程的运动方程，即以法向接触冲量为自变量的碰撞接触点处相对运动速度方程。并且介绍了 Newton 碰撞恢复系数、Poisson 碰撞恢复系数和 Stronge 碰撞恢复系数。

3.3.1 基本假设

本节中关于斜碰撞的分析均基于 Stronge 的两个基本假设 [3]：

(1) 碰撞物体为刚体；

(2) 碰撞过程中接触持续时间非常短暂。

这些假设的成立要求实际碰撞物十分坚硬，有足够的刚度来防止发生较大形变，这样就可以保证碰撞过程中接触面很小，而且弹性振动造成的能量损失也很小。将研究对象视为 "刚体" 的原因在于虽然在研究过程中认为接触点处一个极小的区域是存在形变的，但总体上的形变相对于碰撞物体的几何尺寸而言十分微小，可以忽略不计。而接触持续时间非常短暂保证了碰撞过程中惯性参量为恒定，且接触力相对于碰撞过程中可能出现的体力大得多，故通常可以忽略体力对接触力的影响。

如图 3.5 所示，两个物体 B 和 B′ 在接触点 C 处发生碰撞，其中相对速度的法向分量初始值 $v_n(0) < 0$。在接触点 C 处，两物体均存在微小变形，由此产生的法向接触力使两个物体之间不存在互相贯通。碰撞过程中，两个物体受法向接触力的作用，其法向相对速度逐渐减小。当法向相对速度为 0 时，对应的法向冲量为 I_{nc}，即 $v_n(I_{nc}) = 0$。随后，在两个物体的微小变形恢复的过程中产生的法向接触力使得二者逐渐分离，直到最后法向冲量趋于定值 I_{nf}，此时法向接触力消失。因此，在碰撞的过程中，接触冲量的法向分量和相对速度的法向分量可以分为压缩和恢复两个阶段进行研究。

同样，两个物体间存在切向的初始相对滑动 $v_t(0) > 0$。由于摩擦力的影响，切向相对速度逐渐减小，在法向冲量 I_n 达到 I_{ns} 的时候停止，即 $v_t(I_{ns}) = 0$ 后，两个物体间可能发生相互黏滞或者沿初始相对滑动的相反方向滑动。因此，两个物体碰撞的过程中，冲量的切向分量和相对速度的切向分量可以分为初始滑动 $0 < I_n < I_{ns}$ 和黏滞 (或者反向滑动) $I_{ns} < I_n < I_{nf}$ 两个阶段。其中，I_n 是冲

量的法向分量，以时间为自变量单调增加。以法向冲量 I_n 作为自变量，可以得到碰撞过程中其他因变量的连续函数，避免了求解碰撞过程中弹性体的力-位移的变化关系[6-9]。

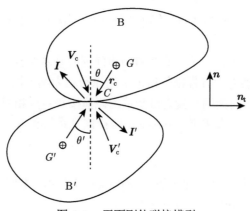

图 3.5　平面刚体碰撞模型

本节中的分析包括相对速度和碰撞过程中的能量变化等表达式。在推导的过程当中，涉及了多个与相对滑动方向、碰撞物体的惯性系数和摩擦系数有关的参量。相似的参量在 Nordmark[10]、Djerassi[11]、Yao[12] 中也得到了定义和计算，根据初始相对滑动在碰撞过程中发生反向滑动、黏滞或初始相对滑动在碰撞过程中持续滑动三种情况，共得到了五种不同的碰撞类型。

对于初始滑动在碰撞的过程中停止的情况，碰撞过程的区分取决于初始相对滑动停止发生在初始压缩阶段还是恢复阶段，同时还要考虑初始滑动停止后，碰撞物体间会继续产生相对滑动还是二者发生黏滞现象。在这里，定义了一个新的变量 ψ_0，表示初始碰撞发生的时候接触点 C 处相对速度的角度，其表达式为

$$\psi_0 = -\arctan \frac{v_t(0)}{v_n(0)} \tag{3.29}$$

该参量表示了初始滑动停止时的法向冲量与压缩阶段结束时的法向冲量的比例。该参数的使用减少了表示碰撞结果的因变量的数量。

3.3.2　库仑摩擦定律

关于刚体之间含摩擦斜碰撞的研究，因为受到摩擦力的影响一直是一个很复杂的问题。这主要是因为碰撞的过程中接触点处的摩擦力或许不是连续、定向的。摩擦力的影响主要是分为这样几种情况：

(1) 使得碰撞后的微小初始滑动在分离前停止；

(2) 使得碰撞后沿与初始滑动相反的方向滑动;

(3) 滑动黏滞 (如果摩擦力足够大的话)。

库仑摩擦定律通过摩擦力和法向力的关系定义了摩擦系数 μ。根据库仑摩擦定律, 可以得到滑动和黏滞状态下对应的摩擦力条件。由于对冲量的微分可以得到力, 因此对于不同的滑动状态, 我们得到如下与接触冲量有关的关系式:

$$\text{黏滞}: |\mathrm{d}I_\mathrm{t}| < \mu_\mathrm{s}\mathrm{d}I_\mathrm{n} \tag{3.30}$$

$$\text{临界滑动状态}: |\mathrm{d}I_\mathrm{t}| = \mu_\mathrm{s}\mathrm{d}I_\mathrm{n} \tag{3.31}$$

$$\text{滑动状态}: |\mathrm{d}I_\mathrm{t}| = \mu\mathrm{d}I_\mathrm{n} \tag{3.32}$$

其中, I_t 是切向接触冲量; I_n 是法向接触冲量; μ_s 和 μ 分别是静摩擦系数和动摩擦系数, 而且 $\mu_\mathrm{s} > \mu$。在滑动状态下, $\mathrm{d}I_\mathrm{t}$ 的方向始终与相对滑动速度方向相反。在本书后续分析不同滑动状态转换时, 不考虑静摩擦系数的影响, 即所有情况下 $|\mathrm{d}I_\mathrm{t}| = \mu\mathrm{d}I_\mathrm{n}$。

3.3.3 解析模型和平面相对运动方程

刚体碰撞模型示于图 3.5, 刚体 B 的质量为 M, B′ 的质量为 M', 二者发生碰撞, 接触点为 C, C 点与至少一个刚体存在连续曲率。在接触点处存在共切面, 垂直于共切面的方向为 $\boldsymbol{n}$。公切线在共切面内, 方向为 $\boldsymbol{t}$, 是碰撞发生时的初始相对滑动速度的方向。位置矢量 $\boldsymbol{r} = \boldsymbol{r}_\mathrm{n} + \boldsymbol{r}_\mathrm{t}$ 和 $\boldsymbol{r}' = \boldsymbol{r}'_\mathrm{n} + \boldsymbol{r}'_\mathrm{t}$ 始于两个物体的质心 G 和 G', 指向碰撞接触点 C, 表示了碰撞系统的构型。物体 B 和 B′ 绕质心的回转半径分别为 $\hat{\boldsymbol{k}}_\mathrm{r}$ 和 $\hat{\boldsymbol{k}}'_\mathrm{r}$, 角速度分别为 ω 和 ω', 质心运动速度分别为 $\hat{\boldsymbol{V}}$ 和 $\hat{\boldsymbol{V}}'$。

碰撞发生时, 两个物体在接触点 C 处的相互作用力为

$$\boldsymbol{F} = F_\mathrm{t}\boldsymbol{n} + F_\mathrm{n}\boldsymbol{t} \tag{3.33}$$

$$\boldsymbol{F}' = F'_\mathrm{t}\boldsymbol{n} + F'_\mathrm{n}\boldsymbol{t} \tag{3.34}$$

其中, $\boldsymbol{F}$ 和 $\boldsymbol{F}'$ 是两个物体的相互作用力矢量, F_t、F'_t 和 F_n、F'_n 分别为两个相互作用力的切向和法向投影分量。

光滑动力学理论中, 以法向接触冲量替代时间作为自变量描述碰撞过程。冲量定义为一个随时间改变的力对时间的累积效果, 即力对时间的积分。因此想要得到碰撞过程中的接触冲量, 需要碰撞物体间的相互作用力 $\boldsymbol{F}$ 对时间 t 求积分。接触冲量 $\boldsymbol{I}$ 可表示为

$$\boldsymbol{I} = \int \boldsymbol{F}\mathrm{d}t \tag{3.35}$$

两个碰撞物体冲量的微分形式可表示为

$$\begin{cases} \mathrm{d}I_i = F_i \mathrm{d}t \\ \mathrm{d}I_i' = F_i' \mathrm{d}t \end{cases} \quad (i = \mathrm{t}, \mathrm{n}) \tag{3.36}$$

根据牛顿第三定律, 碰撞物体间的相互作用力大小相等, 方向相反。故两个物体间的相互作用冲量有如下关系

$$\mathrm{d}I_i = -\mathrm{d}I_i' \quad (i = \mathrm{t}, \mathrm{n}) \tag{3.37}$$

在接触点 C 处物体 B 和 B′ 的速度分别为 $\boldsymbol{V}$ 和 $\boldsymbol{V}'$, 可以得到点 C 处的相对运动速度 $\boldsymbol{v}$ 为

$$\boldsymbol{v} = \boldsymbol{V} - \boldsymbol{V}' \tag{3.38}$$

物体 B 和 B′ 在接触点 C 处的运动速度可以由刚体平动速度和角速度得到。两物体在接触点 C 处的速度公式分别为

$$\boldsymbol{V} = \hat{\boldsymbol{V}} + \boldsymbol{\omega} \times \boldsymbol{r} \tag{3.39}$$

$$\boldsymbol{V}' = \hat{\boldsymbol{V}}' + \boldsymbol{\omega}' \times \boldsymbol{r}' \tag{3.40}$$

式 (3.39) 和 (3.40) 的分量形式可分别表示为

$$\begin{cases} V_i = \hat{V}_i + \varepsilon_{ijk}\omega_j r_k \\ V_i' = \hat{V}_i' + \varepsilon_{ijk}\omega_j' r_k' \end{cases} \quad (i = \mathrm{t}, \mathrm{n}) \tag{3.41}$$

下面开始建立相对速度 $\boldsymbol{v}$ 与法向接触冲量 $\boldsymbol{I}_\mathrm{n}$ 的关系。

根据式 (3.41) 可知, 建立相对速度 $\boldsymbol{v}$ 与法向接触冲量 $\boldsymbol{I}_\mathrm{n}$ 的关系的前提条件是, 首先要分别建立质心运动速度 $\boldsymbol{V}$ 及刚体旋转角速度 $\boldsymbol{\omega}$ 与接触冲量 $\boldsymbol{I}_\mathrm{n}$ 的关系。

根据牛顿第二定律: $\boldsymbol{F} = m\boldsymbol{a} = m\dfrac{\mathrm{d}\boldsymbol{V}}{\mathrm{d}t}$, 结合式 (3.36) 可以得到两个碰撞物体的质心运动速度与接触冲量的关系。两个物体质心运动的动力学方程如下

$$\begin{cases} \mathrm{d}\hat{V}_i = M^{-1}\mathrm{d}I_i \\ \mathrm{d}\hat{V}_i' = M'^{-1}\mathrm{d}I_i' \end{cases} \quad (i = \mathrm{t}, \mathrm{n}) \tag{3.42}$$

刚体旋转角速度与接触冲量的关系可以由动量矩定理得到

$$\boldsymbol{J}\boldsymbol{\alpha} = \boldsymbol{r} \times \boldsymbol{F} \tag{3.43}$$

$$\boldsymbol{\alpha} = \frac{\mathrm{d}\boldsymbol{\omega}}{\mathrm{d}t} \tag{3.44}$$

$$\boldsymbol{r} \times \boldsymbol{F} = \boldsymbol{r} \times \frac{\mathrm{d}\boldsymbol{I}}{\mathrm{d}t} = \varepsilon_{ijk} r_j \frac{\mathrm{d}I_k}{\mathrm{d}t} \tag{3.45}$$

$$\varepsilon_{ijk} = \begin{cases} 1, & i,j,k \text{ 为 } (1,2,3) \text{ 的偶数列} \\ -1, & i,j,k \text{ 为 } (1,2,3) \text{ 的奇数列} \\ 0, & i,j,k \text{ 中至少两个指标相同} \end{cases} \tag{3.46}$$

式 (3.46) 所述 (1,2,3) 中，1 对应本刚体碰撞模型的切向方向 $\boldsymbol{t}$，3 对应本模型的法向方向 $\boldsymbol{n}$。

物体 B 的转动惯量为 $\boldsymbol{J} = \boldsymbol{M}\hat{\boldsymbol{k}}_{\mathrm{r}}^2$，结合式 (3.43) 和式 (3.46) 可以得到物体 B 的旋转角速度与接触冲量的关系如下

$$(\boldsymbol{M}\hat{\boldsymbol{k}}_{\mathrm{r}}^2)\frac{\mathrm{d}\boldsymbol{\omega}_i}{\mathrm{d}t} = \varepsilon_{ijk}\boldsymbol{r}_j \frac{\mathrm{d}\boldsymbol{I}_k}{\mathrm{d}t} \tag{3.47}$$

同理，得到物体 B′ 的旋转角速度与接触冲量的关系如下

$$(\boldsymbol{M}'\hat{\boldsymbol{k}}_{\mathrm{r}}'^2)\frac{\mathrm{d}\boldsymbol{\omega}_i'}{\mathrm{d}t} = \varepsilon_{ijk}\boldsymbol{r}_j \frac{\mathrm{d}\boldsymbol{I}_k'}{\mathrm{d}t} \tag{3.48}$$

根据式 (3.47) 和 (3.48) 得到两个物体角速度的微分形式如下

$$\begin{cases} \mathrm{d}\omega_i = (M\hat{k}_{\mathrm{r}}^2)^{-1}\varepsilon_{ijk}r_j \mathrm{d}I_k \\ \mathrm{d}\omega_i' = (M'\hat{k}_{\mathrm{r}}'^2)'\varepsilon_{ijk}r_j \dfrac{\mathrm{d}I_k'}{\mathrm{d}t} \end{cases} \quad (i = \mathrm{t},\mathrm{n}) \tag{3.49}$$

现在得到了刚体碰撞的两个动力学方程，即质心运动速度及刚体旋转角速度与接触冲量的关系，分别为式 (3.42) 和式 (3.49)。依据式 (3.38) 和式 (3.41) 得到接触点 C 处切向相对速度和法向相对速度的微分形式分别如下

$$\mathrm{d}v_{\mathrm{t}} = m^{-1}\left(1 + \frac{mr_{\mathrm{n}}^2}{M\hat{k}_{\mathrm{r}}^2} + \frac{mr_{\mathrm{n}}'^2}{M'\hat{k}_{\mathrm{r}}'^2}\right)\mathrm{d}I_{\mathrm{t}} - m^{-1}\left(\frac{mr_{\mathrm{t}}r_{\mathrm{n}}}{M\hat{k}_{\mathrm{r}}^2} + \frac{mr_{\mathrm{t}}'r_{\mathrm{n}}'}{M'\hat{k}_{\mathrm{r}}'^2}\right)\mathrm{d}I_{\mathrm{n}} \tag{3.50}$$

$$\mathrm{d}v_{\mathrm{n}} = m^{-1}\left(1 + \frac{mr_{\mathrm{t}}^2}{M\hat{k}_{\mathrm{r}}^2} + \frac{mr_{\mathrm{t}}'^2}{M'\hat{k}_{\mathrm{r}}'^2}\right)\mathrm{d}I_{\mathrm{t}} - m^{-1}\left(\frac{mr_{\mathrm{t}}r_{\mathrm{n}}}{M\hat{k}_{\mathrm{r}}^2} + \frac{mr_{\mathrm{t}}'r_{\mathrm{n}}'}{M'\hat{k}_{\mathrm{r}}'^2}\right)\mathrm{d}I_{\mathrm{n}} \tag{3.51}$$

其中，$m = (M^{-1} + M'^{-1})^{-1}$。

结合式 (3.50) 与式 (3.51) 得到

$$\begin{bmatrix} \mathrm{d}v_{\mathrm{t}} \\ \mathrm{d}v_{\mathrm{n}} \end{bmatrix} = m^{-1}\begin{bmatrix} \beta_1 & -\beta_2 \\ -\beta_2 & \beta_3 \end{bmatrix}\begin{bmatrix} \mathrm{d}I_{\mathrm{t}} \\ \mathrm{d}I_{\mathrm{n}} \end{bmatrix} \tag{3.52}$$

式 (3.52) 中

$$
\begin{cases}
\beta_1 = 1 + \dfrac{mr_{\mathrm{n}}^2}{M\hat{k}_{\mathrm{r}}^2} + \dfrac{mr_{\mathrm{n}}'^2}{M'\hat{k}_{\mathrm{r}}'^2} \\[2mm]
\beta_2 = \dfrac{mr_{\mathrm{t}}r_{\mathrm{n}}}{M\hat{k}_{\mathrm{r}}^2} + \dfrac{mr_{\mathrm{t}}'r_{\mathrm{n}}'}{M'\hat{k}_{\mathrm{r}}'^2} \\[2mm]
\beta_3 = 1 + \dfrac{mr_{\mathrm{t}}^2}{M\hat{k}_{\mathrm{r}}^2} + \dfrac{mr_{\mathrm{t}}'^2}{M'\hat{k}_{\mathrm{r}}'^2}
\end{cases}
$$

对于不同的碰撞构型而言，始终存在 $\beta_1 > 0, \beta_3 > 0, \beta_1\beta_3 - \beta_2^2 > 0$。当碰撞构型为共线碰撞时，即碰撞物体质心连线与碰撞点处共切面相互垂直，有 $r_{\mathrm{t}} = r_{\mathrm{t}}' = 0$, $\beta_2 = 0, \beta_3 = 1$。

通常情况下，如果 $\beta_2 = \dfrac{mr_{\mathrm{t}}r_{\mathrm{n}}}{M\hat{k}_{\mathrm{r}}^2} + \dfrac{mr_{\mathrm{t}}'r_{\mathrm{n}}'}{M'\hat{k}_{\mathrm{r}}'^2}$，则相应的碰撞构型视为平衡构型。

3.3.2 节中介绍了库仑摩擦定律，根据库仑摩擦定律得到切向接触冲量 I_{t} 与法向接触冲量 I_{n} 的关系为 $|\mathrm{d}I_{\mathrm{t}}| = \mu\mathrm{d}I_{\mathrm{n}}$，表示成微分形式如下

$$
\mathrm{d}I_{\mathrm{t}} = -\mu s(v_{\mathrm{t}})\mathrm{d}I_{\mathrm{n}} \tag{3.53}
$$

其中，$s(v_{\mathrm{t}}) = \dfrac{v_{\mathrm{t}}(I_{\mathrm{n}})}{|v_{\mathrm{t}}(I_{\mathrm{n}})|}$ 表示碰撞过程中切向滑动的方向。

将式 (3.53) 代入式 (3.52) 得

$$
\begin{bmatrix} \mathrm{d}v_{\mathrm{t}} \\ \mathrm{d}v_{\mathrm{n}} \end{bmatrix} = m^{-1} \begin{bmatrix} \beta_1 & -\beta_2 \\ -\beta_2 & \beta_3 \end{bmatrix} \begin{bmatrix} -\mu s(v_{\mathrm{t}})I_{\mathrm{n}} \\ I_{\mathrm{n}} \end{bmatrix} \tag{3.54}
$$

积分可得相对运动速度与法向接触冲量的关系式，即刚体碰撞平面相对运动方程

$$
\begin{bmatrix} v_{\mathrm{t}}(I_{\mathrm{n}}) \\ v_{\mathrm{n}}(I_{\mathrm{n}}) \end{bmatrix} = \begin{bmatrix} v_{\mathrm{t}}(0) \\ v_{\mathrm{n}}(0) \end{bmatrix} + m^{-1} \begin{bmatrix} \beta_1 & -\beta_2 \\ -\beta_2 & \beta_3 \end{bmatrix} \begin{bmatrix} -\mu s(v_{\mathrm{t}})\mathrm{d}I_{\mathrm{n}} \\ \mathrm{d}I_{\mathrm{n}} \end{bmatrix} \tag{3.55}
$$

对于正向初始滑动的情况 $(0 \leqslant I_{\mathrm{n}} \leqslant I_{\mathrm{ns}})$：切向相对滑动速度 $v_{\mathrm{t}}(I_{\mathrm{n}}) > 0$，所以 $s(v_{\mathrm{t}}) = \dfrac{v_{\mathrm{t}}(I_{\mathrm{n}})}{|v_{\mathrm{t}}(I_{\mathrm{n}})|} = 1$。

代入式 (3.54) 求积分得到相对运动速度方程为

$$
v_{\mathrm{t}}(I_{\mathrm{n}}) = v_{\mathrm{t}}(0) + m^{-1}A_+I_{\mathrm{n}} \tag{3.56}
$$

其中，$A_+ = -\beta_2 - \mu\beta_1$,

$$v_{\mathrm{n}}(I_{\mathrm{n}}) = v_{\mathrm{n}}(0) + m^{-1}B_{+}I_{\mathrm{n}} \tag{3.57}$$

其中，$B_{+} = \beta_3 + \mu\beta_2$。

对于初始滑动在碰撞过程中停止后反向滑动的情况 $(I_{\mathrm{ns}} \leqslant I_{\mathrm{n}} \leqslant I_{\mathrm{nf}})$：

切向相对滑动速度 $v_{\mathrm{t}}(I_{\mathrm{n}}) < 0$，所以 $s(v_{\mathrm{t}}) = \dfrac{v_{\mathrm{t}}(I_{\mathrm{n}})}{|v_{\mathrm{t}}(I_{\mathrm{n}})|} = -1$。代入式 (3.54) 求积分得到相对运动速度方程为

$$v_{\mathrm{t}}(I_{\mathrm{n}}) = v_{\mathrm{t}}(I_{\mathrm{ns}}) + m^{-1}A_{+}(I_{\mathrm{n}} - I_{\mathrm{ns}}) \tag{3.58}$$

其中，$A_{-} = -\beta_2 + \mu\beta_1$，

$$v_{\mathrm{n}}(I_{\mathrm{n}}) = v_{\mathrm{n}}(I_{\mathrm{ns}}) + m^{-1}B_{-}(I_{\mathrm{n}} - I_{\mathrm{ns}}) \tag{3.59}$$

其中，$B_{-} = \beta_3 - \mu\beta_2$。

对于初始滑动在碰撞过程中停止后黏滞的情况 $(I_{\mathrm{ns}} \leqslant I_{\mathrm{n}} \leqslant I_{\mathrm{nf}})$：

$$\frac{\mathrm{d}v_{\mathrm{t}}(I_{\mathrm{n}})}{\mathrm{d}I_{\mathrm{n}}} = 0 \tag{3.60}$$

把式 (3.58) 代入式 (3.60) 得到

$$m^{-1}A_{-} = 0 \tag{3.61}$$

由于 m^{-1} 仅与碰撞物体的质量有关，恒为正，故式 (3.61) 转化为

$$A_{-} = -\beta_2 + \mu\beta_1 = 0 \tag{3.62}$$

此时

$$\mu = \frac{\beta_2}{\beta_1} \tag{3.63}$$

定义黏滞阶段的摩擦系数为 $\bar{\mu} = \beta_2/\beta_1$，代入式 (3.59) 和式 (3.60) 得到黏滞阶段相对运动速度方程为

$$v_{\mathrm{t}}(I_{\mathrm{n}}) = v_{\mathrm{t}}(I_{\mathrm{ns}}) + m^{-1}A_0(I_{\mathrm{n}} - I_{\mathrm{ns}}) = 0 \tag{3.64}$$

其中，$A_0 = -\beta_2 + \bar{\mu}\beta_1$，

$$v_{\mathrm{n}}(I_{\mathrm{n}}) = v_{\mathrm{n}}(I_{\mathrm{ns}}) + m^{-1}B_0(I_{\mathrm{n}} - I_{\mathrm{ns}}) \tag{3.65}$$

其中，$B_0 = \beta_3 - \bar{\mu}\beta_2$。碰撞过程中出现黏滞情况的前提是摩擦系数 $\mu > |\bar{\mu}|$。

3.3.4　斜碰撞响应的光滑化解法

在第 2 章中，我们基于 Stronge 假设，运用光滑动力学方法，得到了碰撞接触点处以法向冲量为自变量表示的相对运动速度的方程及三种不同恢复系数的表达式。本章将根据第 2 章得到的结果分五种碰撞类型进行详细讨论，得到每种碰撞类型中，不同阶段的具体速度表达式以及各个恢复系数的具体表达式。

3.3.4.1　初始切向滑动停止于压缩阶段，并发生黏滞

对于初始切向滑动停止于压缩阶段，并发生黏滞的碰撞情况，在研究相对运动速度时，其碰撞过程分为初始滑动阶段 $(0 \leqslant I_n \leqslant I_{ns})$ 和黏滞阶段 $(I_{ns} \leqslant I_n \leqslant I_{nf})$ 两部分，在研究碰撞恢复系数时，其碰撞过程分为初始滑动阶段 $(0 \leqslant I_n \leqslant I_{ns})$、压缩黏滞阶段 $(I_{ns} \leqslant I_n \leqslant I_{nc})$ 和恢复黏滞阶段 $(I_{nc} \leqslant I_n \leqslant I_{nf})$ 三部分。

1) 不同阶段的相对运动速度和恢复系数的表达式

如图 3.6 所示，在这种碰撞过程中有

$$\begin{cases} v_n(I_{nc}) = 0 \\ v_t(I_{ts}) = 0 \\ v_t(I_{tc}) = 0 \\ v_t(I_{nf}) = 0 \end{cases}$$

初始滑动阶段相对运动速度公式由式 (3.56) 和式 (3.57) 得到

$$v_t(I_n) = v_t(0) + m^{-1}A_+I_n \quad (0 \leqslant I_n \leqslant I_{ns}) \tag{3.66}$$

$$v_n(I_n) = v_n(0) + m^{-1}B_+I_n \quad (0 \leqslant I_n \leqslant I_{ns}) \tag{3.67}$$

黏滞阶段相对运动速度公式由式 (3.64) 和式 (3.65) 得到

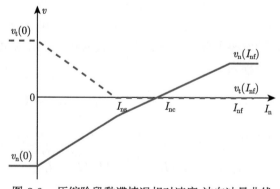

图 3.6　压缩阶段黏滞情况相对速度-法向冲量曲线

$$v_t(I_n) = v_t(I_{ns}) + m^{-1}A_0(I_n - I_{ns}) = 0 \quad (I_{ns} \leqslant I_n \leqslant I_{nf}) \tag{3.68}$$

$$v_n(I_n) = v_n(I_{ns}) + m^{-1}B_0(I_n - I_{ns}) = 0 \quad (I_{ns} \leqslant I_n \leqslant I_{nf}) \tag{3.69}$$

通过式 (3.66) 求得初始滑动停止时对应的法向冲量

$$I_{ns} = -\frac{mv_t(0)}{A_+} \tag{3.70}$$

将式 (3.70) 代入式 (3.67) 求得

$$v_n(I_{ns}) = v_n(0) - \frac{B_+}{A_+}v_t(0) \tag{3.71}$$

通过式 (3.69) 可得

$$0 = v_n(I_{nc}) = v_n(I_{ns}) + m^{-1}B_0(I_{nc} - I_{ns}) \tag{3.72}$$

联立式 (3.70)、式 (3.71) 和式 (3.72) 可得压缩阶段终止时对应的法向冲量

$$I_{nc} = -\frac{mv_n(0)}{B_+}\left[\hat{\Psi}_0 + \frac{B_+}{B_0}(1 - \hat{\Psi}_0)\right] \tag{3.73}$$

式 (3.73) 中 $\hat{\Psi}_0 \equiv \dfrac{B_+ v_t(0)}{A_+ v_n(0)}$，表示初始相对运动速度的角度。

　　碰撞过程中，法向接触力所做的功分三段求解，分别为初始滑动阶段做的功 $E_{n0\text{-}s}$、压缩黏滞阶段做的功 $E_{ns\text{-}c}$ 和恢复黏滞阶段做的功 $E_{nc\text{-}f}$。

　　初始滑动阶段，即 $0 \leqslant I_n \leqslant I_{ns}$ 时，结合式 (3.67) 可得

$$E_{n0\text{-}s} = \int_0^{t_s} F_n v_n dt = \int_0^{I_{ns}} v_n dI_n = \int_0^{I_{ns}} \left[v_n(0) + m^{-}B_+ I_n\right]dI_n \tag{3.74}$$

$$E_{n0\text{-}s} = -\frac{mv_n^2(0)}{2B_+}\hat{\Psi}_0(2 - \hat{\Psi}_0) \tag{3.75}$$

压缩黏滞阶段，即 $I_{ns} \leqslant I_n \leqslant I_{nc}$ 时，结合式 (3.69) 和式 (3.71) 可得

$$E_{ns\text{-}c} = \int_{I_{ns}}^{I_{nc}} v_n dI_n = \int_{I_{ns}}^{I_{nc}} \left[v_n(I_{ns}) + m^{-1}B_0(I_n - I_{ns})\right]dI_n \tag{3.76}$$

$$E_{ns\text{-}c} = -\frac{mv_n^2(0)B_+}{2B_+ B_0}(1 - \hat{\Psi}_0)^2 \tag{3.77}$$

恢复黏滞阶段，即 $I_{\text{nc}} \leqslant I_{\text{n}} \leqslant I_{\text{nf}}$ 时，结合式 (3.69)

$$E_{\text{nc-f}} = \int_{I_{\text{nc}}}^{I_{\text{nf}}} v_{\text{n}} \mathrm{d}I_{\text{n}} = \int_{I_{\text{nc}}}^{I_{\text{nf}}} [v_{\text{n}}(I_{\text{nc}}) + m^{-1} B_0 (I_{\text{n}} - I_{\text{nc}})] \mathrm{d}I_{\text{n}} \tag{3.78}$$

$$E_{\text{nc-f}} = \frac{B_0 (I_{\text{nf}} - I_{\text{nc}})^2}{2m} \tag{3.79}$$

根据 3.2.5 节中介绍的 Stronge 恢复系数的定义可得

$$e_{\text{S}}^2 = -\frac{\Delta E_{\text{nr}}}{\Delta E_{\text{nc}}} = -\frac{E_{\text{nc-f}}}{E_{\text{n0-s}} + E_{\text{ns-c}}} \tag{3.80}$$

$$e_{\text{S}}^2 = \frac{B_0^2}{\dfrac{B_0}{B_+} \hat{\Psi}_0 (2 - \hat{\Psi}_0) + (1 - \hat{\Psi}_0)^2} \left(\frac{I_{\text{nf}} - I_{\text{nc}}}{m v_{\text{n}}(0)} \right)^2 \tag{3.81}$$

根据式 (3.81) 可以得到碰撞终止时的法向接触冲量 I_{nf}

$$I_{\text{nf}} = I_{\text{nc}} - e_{\text{S}} \frac{m v_{\text{n}}(0)}{B_0} \sqrt{\frac{B_0}{B_+} \hat{\Psi}_0 (2 - \hat{\Psi}_0) + (1 - \hat{\Psi}_0)^2} \tag{3.82}$$

将式 (3.82) 代入式 (3.69) 可以得到碰撞终止时的法向相对速度

$$v_{\text{n}}(I_{\text{nf}}) = -e_{\text{S}} v_{\text{n}}(0) \sqrt{\frac{B_0}{B_+} \hat{\Psi}_0 (2 - \hat{\Psi}_0) + (1 - \hat{\Psi}_0)^2} \tag{3.83}$$

通过式 (2.13) 和式 (3.83) 得到 Newton 恢复系数与 Stronge 恢复系数的关系如下

$$e_{\text{N}} = e_{\text{S}} \sqrt{\frac{B_0}{B_+} \hat{\Psi}_0 (2 - \hat{\Psi}_0) + (1 - \hat{\Psi}_0)^2} \tag{3.84}$$

通过式 (2.19)、式 (3.73) 和式 (3.72) 得到 Poisson 恢复系数与 Stronge 恢复系数的关系如下

$$e_{\text{P}} = e_{\text{S}} \sqrt{\frac{\dfrac{B_0}{B_+} \hat{\Psi}_0 (2 - \hat{\Psi}_0) + (1 - \hat{\Psi}_0)^2}{1 - \hat{\Psi}_0 + \dfrac{B_0}{B_+} \hat{\Psi}_0}} \tag{3.85}$$

2) 符合本碰撞类型的碰撞构型判定条件

从图 3.6 可知，本碰撞过程要求在初始滑动阶段，即 $0 \leqslant I_{\text{n}} \leqslant I_{\text{ns}}$ 时

$$\frac{\mathrm{d}v_\mathrm{t}}{\mathrm{d}I_\mathrm{n}} < 0, \quad \frac{\mathrm{d}v_\mathrm{n}}{\mathrm{d}I_\mathrm{n}} > 0 \tag{3.86}$$

结合式 (3.66) 和式 (3.67) 可得

$$\beta_2 > 0 \text{ 或 } \beta_2 < 0 \text{ 且 } \mu > -\beta_2/\beta_1 = -\bar{\mu} \tag{3.87}$$

$$\beta_2 > 0 \text{ 或 } \beta_2 < 0 \text{ 且 } \mu < -\beta_3/\beta_2 \tag{3.88}$$

在碰撞黏滞阶段，即 $I_\mathrm{ns} \leqslant I_\mathrm{n} \leqslant I_\mathrm{nf}$ 时

$$\frac{\mathrm{d}v_\mathrm{t}}{\mathrm{d}I_\mathrm{n}} = 0, \quad \frac{\mathrm{d}v_\mathrm{n}}{\mathrm{d}I_\mathrm{n}} > 0 \tag{3.89}$$

结合式 (3.68) 和式 (3.69) 可得

$$\beta_2 > 0 \text{ 且 } \mu \geqslant \bar{\mu} \text{ 或 } \beta_2 < 0 \text{ 且 } \mu \geqslant -\bar{\mu} \tag{3.90}$$

$$\beta_2 > 0 \text{ 且 } \mu \geqslant 0 \text{ 或 } \beta_2 < 0 \text{ 且 } \mu \geqslant 0 \tag{3.91}$$

同时，由 $I_\mathrm{ns} < I_\mathrm{nc}$ 可得

$$0 < \hat{\varPsi}_0 < 1 \tag{3.92}$$

综合式 (3.87)、式 (3.88)、式 (3.90)、式 (3.91) 和式 (3.92) 可以得到对应本碰撞过程的构型条件为

$$0 < \hat{\varPsi}_0 < 1, \quad \beta_2 > 0 \text{ 且 } \mu \geqslant \bar{\mu} \tag{3.93}$$

或者

$$0 < \hat{\varPsi}_0 < 1, \quad \beta_2 < 0 \text{ 且 } -\bar{\mu} \leqslant \mu < -\beta_3/\beta_2 \tag{3.94}$$

3.3.4.2　初始切向滑动停止于恢复阶段，并发生黏滞

对于初始切向滑动停止于恢复阶段，并发生黏滞的碰撞情况，在研究切向相对运动速度时，其碰撞过程分为初始滑动阶段 ($0 \leqslant I_\mathrm{n} \leqslant I_\mathrm{ns}$) 和黏滞阶段 ($I_\mathrm{ns} \leqslant I_\mathrm{n} \leqslant I_\mathrm{nf}$) 两部分，在研究碰撞恢复系数时，其碰撞过程分为初始滑动阶段 ($0 \leqslant I_\mathrm{n} \leqslant I_\mathrm{nc}$)、恢复滑动阶段 ($I_\mathrm{nc} \leqslant I_\mathrm{n} \leqslant I_\mathrm{ns}$) 和恢复黏滞阶段 ($I_\mathrm{ns} \leqslant I_\mathrm{n} \leqslant I_\mathrm{nf}$) 三部分。

1) 不同阶段的相对运动速度和恢复系数的表达式

如图 3.7 所示，在这种碰撞过程中有

$$\begin{cases} v_\mathrm{n}(I_\mathrm{nc}) = 0 \\ v_\mathrm{t}(I_\mathrm{ns}) = 0 \\ v_\mathrm{t}(I_\mathrm{nf}) = 0 \end{cases}$$

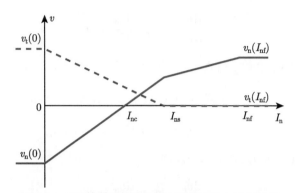

图 3.7　恢复阶段黏滞情况相对速度-法向冲量曲线

初始滑动阶段相对运动速度公式由式 (3.56) 和式 (3.57) 得到

$$v_t(I_n) = v_t(0) + m^{-1}A_+ I_n \quad (0 \leqslant I_n \leqslant I_{ns}) \tag{3.95}$$

$$v_n(I_n) = v_n(0) + m^{-1}B_+ I_n \quad (0 \leqslant I_n \leqslant I_{ns}) \tag{3.96}$$

黏滞阶段相对运动速度公式由式 (3.64) 和式 (3.65) 得到

$$v_t(I_n) = v_t(I_{ns}) + m^{-1}A_0(I_n - I_{ns}) = 0 \quad (I_{ns} \leqslant I_n \leqslant I_{nf}) \tag{3.97}$$

$$v_n(I_n) = v_n(I_{ns}) + m^{-1}B_0(I_n - I_{ns}) = 0 \quad (I_{ns} \leqslant I_n \leqslant I_{nf}) \tag{3.98}$$

通过式 (3.98) 求得初始滑动停止时对应的法向冲量

$$I_{ns} = -\frac{mv_t(0)}{A_+} \tag{3.99}$$

将式 (3.99) 代入式 (3.96) 求得

$$v_n(I_{ns}) = v_n(0) - \frac{B_+}{A_+}v_t(0) \tag{3.100}$$

通过式 (3.96) 可得压缩阶段终止时对应的法向冲量

$$I_{nc} = -\frac{mv_n(0)}{B_+} \tag{3.101}$$

通过式 (3.98) 可得碰撞终止时对应的法向相对速度

$$v_n(I_{nf}) = v_n(I_{ns}) + m^{-1}B_0(I_{nf} - I_{ns}) \tag{3.102}$$

碰撞过程中，法向接触力所做的功分三段求解，初始滑动阶段做的功为 $E_{\text{n0-c}}$，恢复滑动阶段做的功为 $E_{\text{nc-s}}$，恢复黏滞阶段做的功为 $E_{\text{ns-f}}$。

初始滑动阶段，即 $0 \leqslant I_{\text{n}} \leqslant I_{\text{nc}}$ 时，结合式 (3.96) 可得

$$E_{\text{n0-c}} = \int_0^{I_{\text{nc}}} v_{\text{n}} \mathrm{d}I_{\text{n}} = -\frac{mv_{\text{n}}^2(0)}{2B_+} \tag{3.103}$$

恢复滑动阶段，即 $I_{\text{nc}} \leqslant I_{\text{n}} \leqslant I_{\text{ns}}$ 时，结合式 (3.96) 得

$$E_{\text{nc-s}} = \int_{I_{\text{nc}}}^{I_{\text{ns}}} v_{\text{n}} \mathrm{d}I_{\text{n}} = \frac{mv_{\text{n}}^2(0)}{2B_0}(1 - \hat{\Psi}_0)^2 \tag{3.104}$$

恢复黏滞阶段，即 $I_{\text{ns}} \leqslant I_{\text{n}} \leqslant I_{\text{nf}}$ 时，结合式 (3.98) 和式 (3.100) 得

$$E_{\text{ns-f}} = \int_{I_{\text{ns}}}^{I_{\text{nf}}} v_{\text{n}} \mathrm{d}I_{\text{n}} = \frac{B_0(I_{\text{nf}} - I_{\text{ns}})^2}{2m} + v_{\text{n}}(0)(1 - \hat{\Psi}_0)(I_{\text{nf}} - I_{\text{ns}}) \tag{3.105}$$

根据 3.2.5 节中介绍的 Stronge 恢复系数的定义可得

$$e_{\text{S}}^2 = -\frac{\Delta E_{\text{nr}}}{\Delta E_{\text{nc}}} = -\frac{E_{\text{nc-s}} + E_{\text{ns-f}}}{E_{\text{n0-c}}} \tag{3.106}$$

$$e_{\text{S}}^2 = (1 - \hat{\Psi}_0)^2 + 2B_+(1 - \hat{\Psi}_0)\frac{I_{\text{nf}} - I_{\text{ns}}}{mv_{\text{n}}(0)} + B_+B_0 \left(\frac{I_{\text{nf}} - I_{\text{ns}}}{mv_{\text{n}}(0)}\right)^2 \tag{3.107}$$

根据式 (3.107) 可以得到碰撞终止时的法向接触冲量 I_{nf}

$$I_{\text{nf}} = I_{\text{ns}} - \frac{mv_0(0)}{B_0} \left[(1 - \hat{\Psi}_0) + \sqrt{\left(1 - \frac{B_0}{B_+}\right)(1 - \hat{\Psi}_0)^2 + \frac{B_0}{B_+}e_{\text{S}}^2}\right] \tag{3.108}$$

通过式 (3.66) 和式 (3.102) 得到 Newton 恢复系数与 Stronge 恢复系数的关系如下

$$e_{\text{N}} = \sqrt{\left(1 - \frac{B_0}{B_+}\right)(1 - \hat{\Psi}_0)^2 + \frac{B_0}{B_+}e_{\text{S}}^2} \tag{3.109}$$

通过式 (3.68)、式 (3.99)、式 (3.101) 和式 (3.108) 得到 Poisson 恢复系数与 Stronge 恢复系数的关系如下

$$e_{\text{P}} = \frac{B_+}{B_0} \left[\left(1 - \frac{B_+}{B_0}\right)(1 - \hat{\Psi}_0) + \sqrt{\left(1 - \frac{B_0}{B_+}\right)(1 - \hat{\Psi}_0)^2 + \frac{B_0}{B_+}e_{\text{S}}^2}\right] \tag{3.110}$$

2) 符合本碰撞类型的碰撞构型判定条件

从图 3.7 可知，本碰撞过程要求在初始滑动阶段，即 $0 \leqslant I_\mathrm{n} \leqslant I_\mathrm{ns}$ 时

$$\frac{\mathrm{d}v_\mathrm{t}}{\mathrm{d}I_\mathrm{n}} < 0, \quad \frac{\mathrm{d}v_\mathrm{n}}{\mathrm{d}I_\mathrm{n}} > 0 \tag{3.111}$$

在黏滞阶段，即 $I_\mathrm{ns} \leqslant I_\mathrm{n} \leqslant I_\mathrm{nf}$ 时

$$\frac{\mathrm{d}v_\mathrm{t}}{\mathrm{d}I_\mathrm{n}} = 0, \quad \frac{\mathrm{d}v_\mathrm{n}}{\mathrm{d}I_\mathrm{n}} > 0 \tag{3.112}$$

同时有 $(I_\mathrm{nc} \leqslant I_\mathrm{ns} \leqslant I_\mathrm{nf})$

$$1 < \hat{\varPsi}_0 < \frac{B_+ I_\mathrm{nf}}{m v_\mathrm{n}(0)} \tag{3.113}$$

综合上述可以得到对应本碰撞过程的构型条件为

$$1 < \hat{\varPsi}_0 < -\frac{B_+ I_\mathrm{nf}}{m v_\mathrm{n}(0)}, \quad \beta_2 > 0 \text{ 且 } \mu \geqslant \bar{\mu} \tag{3.114}$$

或者

$$1 < \hat{\varPsi}_0 < -\frac{B_+ I_\mathrm{nf}}{m v_\mathrm{n}(0)}, \quad \beta_2 < 0 \text{ 且 } -\bar{\mu} \leqslant \mu < -\beta_3/\beta_2 \tag{3.115}$$

3.3.4.3　初始切向滑动停止于压缩阶段，并发生反向滑动

对于初始切向滑动停止于压缩阶段，并发生反向的碰撞情况，在研究相对运动速度时，其碰撞过程分为初始滑动阶段 $(0 \leqslant I_\mathrm{n} \leqslant I_\mathrm{ns})$ 和反向滑动阶段 $(I_\mathrm{ns} \leqslant I_\mathrm{n} \leqslant I_\mathrm{nf})$ 两部分。在研究碰撞恢复系数时，其碰撞过程分为初始滑动阶段 $(0 \leqslant I_\mathrm{n} \leqslant I_\mathrm{ns})$、压缩反向滑动阶段 $(I_\mathrm{ns} \leqslant I_\mathrm{n} \leqslant I_\mathrm{nc})$ 和恢复反向滑动阶段 $(I_\mathrm{nc} \leqslant I_\mathrm{n} \leqslant I_\mathrm{nf})$ 三部分。

1) 不同阶段的相对运动速度和恢复系数的表达式

如图 3.8 所示，在这种情况下，有

$$\begin{cases} v_\mathrm{n}(I_\mathrm{nc}) = 0 \\ v_\mathrm{t}(I_\mathrm{ns}) = 0 \end{cases}$$

初始滑动阶段相对运动速度公式由式 (3.56) 和式 (3.57) 得到

$$v_\mathrm{t}(I_\mathrm{n}) = v_\mathrm{t}(0) + m^{-1} A_+ I_\mathrm{n} \quad (0 \leqslant I_\mathrm{n} \leqslant I_\mathrm{ns}) \tag{3.116}$$

$$v_\mathrm{n}(I_\mathrm{n}) = v_\mathrm{n}(0) + m^{-1} B_+ I_\mathrm{n} \quad (0 \leqslant I_\mathrm{n} \leqslant I_\mathrm{ns}) \tag{3.117}$$

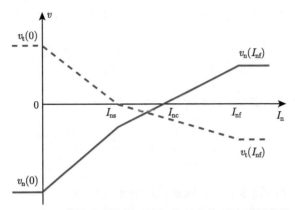

图 3.8　压缩阶段反向滑动情况相对速度-法向冲量曲线

反向滑动阶段相对运动速度公式由式 (3.58) 和式 (3.59) 得到

$$v_t(I_n) = v_t(I_{ns}) + m^{-1}A_-(I_n - I_{ns}) \quad (I_{ns} \leqslant I_n \leqslant I_{nf}) \tag{3.118}$$

$$v_n(I_n) = v_n(I_{ns}) + m^{-1}B_-(I_n - I_{ns}) \quad (I_{ns} \leqslant I_n \leqslant I_{nf}) \tag{3.119}$$

通过式 (3.116) 求得初始滑动停止时对应的法向冲量

$$I_{ns} = -\frac{mv_t(0)}{A_+} \tag{3.120}$$

将式 (3.120) 代入式 (3.117) 求得

$$v_n(I_{ns}) = v_n(0) - \frac{B_+}{A_+}v_t(0) \tag{3.121}$$

通过式 (3.119) 可得

$$v_n(I_{nc}) = v_n(I_{ns}) + m^{-1}B_-(I_{nc} - I_{ns}) \tag{3.122}$$

联立式 (3.120)、式 (3.121) 和式 (3.122) 可得压缩阶段终止时对应的法向冲量

$$I_{nc} = -\frac{mv_n(0)}{B_+}\left[\hat{\Psi}_0 + \frac{B_+}{B_-}(1 - \hat{\Psi}_0)\right] \tag{3.123}$$

碰撞过程中，法向接触力所做的功分三段求解，初始滑动阶段做的功为 $E_{n0\text{-}s}$，压缩反向滑动阶段做的功为 $E_{ns\text{-}c}$，恢复反向滑动阶段做的功为 $E_{nc\text{-}f}$。

初始滑动阶段，即 $0 \leqslant I_n \leqslant I_{ns}$ 时，结合式 (3.117) 可得

$$E_{n0\text{-}s} = \int_0^{I_{ns}} v_n \mathrm{d}I_n = -\frac{mv_n^2(0)}{2B_+}\hat{\Psi}_0(2 - \hat{\Psi}_0) \tag{3.124}$$

压缩反向滑动阶段，即 $I_{\mathrm{ns}} \leqslant I_{\mathrm{n}} \leqslant I_{\mathrm{nc}}$ 时，结合式 (3.119) 和式 (3.121)

$$E_{\mathrm{ns\text{-}c}} = \int_{I_{\mathrm{ns}}}^{I_{\mathrm{nc}}} v_{\mathrm{n}} \mathrm{d}I_{\mathrm{n}} = -\frac{m v_{\mathrm{n}}^2(0)}{2B_-}(1 - \hat{\Psi}_0)^2 \tag{3.125}$$

恢复反向滑动阶段，即 $I_{\mathrm{nc}} \leqslant I_{\mathrm{n}} \leqslant I_{\mathrm{nf}}$ 时，结合式 (3.119)

$$E_{\mathrm{nc\text{-}f}} = \int_{I_{\mathrm{nc}}}^{I_{\mathrm{nf}}} v_{\mathrm{n}} \mathrm{d}I_{\mathrm{n}} = \frac{B_-(I_{\mathrm{nf}} - I_{\mathrm{nc}})^2}{2m} \tag{3.126}$$

根据 3.2.5 节中介绍的 Stronge 恢复系数的定义可得

$$e_{\mathrm{S}}^2 = -\frac{\Delta E_{\mathrm{nr}}}{\Delta E_{\mathrm{nc}}} = -\frac{E_{\mathrm{nc\text{-}f}}}{E_{\mathrm{n0\text{-}s}} + E_{\mathrm{ns\text{-}c}}} \tag{3.127}$$

$$e_{\mathrm{S}}^2 = \frac{B_-^2}{\dfrac{B_-}{B_+}\hat{\Psi}_0(2 - \hat{\Psi}_0) + (1 - \hat{\Psi}_0)^2} \left(\frac{I_{\mathrm{nf}} - I_{\mathrm{nc}}}{m v_{\mathrm{n}}(0)} \right)^2 \tag{3.128}$$

根据式 (3.128) 可以得到碰撞终止时的法向接触冲量 I_{nf}

$$I_{\mathrm{nf}} = I_{\mathrm{nc}} - e_{\mathrm{S}} \frac{m v_{\mathrm{n}}(0)}{B_-} \sqrt{\frac{B_-}{B_+}\hat{\Psi}_0(2 - \hat{\Psi}_0) + (1 - \hat{\Psi}_0)^2} \tag{3.129}$$

将式 (3.129) 代入式 (3.119) 可以得到碰撞终止时的法向相对速度

$$v_{\mathrm{n}}(I_{\mathrm{nf}}) = -e_{\mathrm{S}} v_{\mathrm{n}}(0) \sqrt{\frac{B_-}{B_+}\hat{\Psi}_0(2 - \hat{\Psi}_0) + (1 - \hat{\Psi}_0)^2} \tag{3.130}$$

通过式 (2.13) 和式 (3.130) 得到 Newton 恢复系数与 Stronge 恢复系数的关系如下

$$e_{\mathrm{N}} = e_{\mathrm{S}} \sqrt{\frac{B_-}{B_+}\hat{\Psi}_0(2 - \hat{\Psi}_0) + (1 - \hat{\Psi}_0)^2} \tag{3.131}$$

通过式 (2.19)、式 (3.123) 和式 (3.129) 得到 Poisson 恢复系数与 Stronge 恢复系数的关系如下

$$e_{\mathrm{P}} = e_{\mathrm{S}} \frac{\sqrt{\dfrac{B_-}{B_+}\hat{\Psi}_0(2 - \hat{\Psi}_0) + (1 - \hat{\Psi}_0)^2}}{1 - \hat{\Psi}_0 + \dfrac{B_-}{B_+}\hat{\Psi}_0} \tag{3.132}$$

2) 符合本碰撞类型的碰撞构型判定条件

从图 3.8 可知，本碰撞过程要求在初始滑动阶段，即 $0 \leqslant I_n \leqslant I_{ns}$ 时

$$\frac{dv_t}{dI_n} < 0, \quad \frac{dv_n}{dI_n} > 0 \tag{3.133}$$

在碰撞过程中的反向滑动阶段，即 $I_{ns} \leqslant I_n \leqslant I_{nf}$ 时

$$\frac{dv_t}{dI_n} < 0, \quad \frac{dv_n}{dI_n} > 0 \tag{3.134}$$

同时，由 $I_{ns} < I_{nc}$ 可得

$$0 < \hat{\Psi}_0 < 1 \tag{3.135}$$

综合上述得到对应本碰撞过程的构型条件为

$$0 < \hat{\Psi}_0 < 1, \quad \beta_2 > 0 \text{ 且 } \mu < \bar{\mu} \tag{3.136}$$

3.3.4.4 初始切向滑动停止于恢复阶段，并发生反向滑动

对于初始切向滑动停止于恢复阶段，并发生反向的碰撞情况，在研究相对运动速度时，其碰撞过程分为初始滑动阶段 ($0 \leqslant I_n \leqslant I_{ns}$) 和反向滑动阶段 ($I_{ns} \leqslant I_n \leqslant I_{nf}$) 两部分。在研究碰撞恢复系数时，其碰撞过程分为初始滑动阶段 ($0 \leqslant I_n \leqslant I_{nc}$)、恢复滑动阶段 ($I_{nc} \leqslant I_n \leqslant I_{ns}$) 和恢复反向滑动阶段 ($I_{ns} \leqslant I_n \leqslant I_{nf}$) 三部分。

1) 不同阶段的相对运动速度和恢复系数的表达式

如图 3.9 所示，在这种碰撞情况下，有

$$\begin{cases} v_n(I_{nc}) = 0 \\ v_t(I_{ns}) = 0 \end{cases}$$

初始滑动阶段相对运动速度公式由式 (3.56) 和式 (3.57) 得到

$$v_t(I_n) = v_t(0) + m^{-1}A_+ I_n \quad (0 \leqslant I_n \leqslant I_{ns}) \tag{3.137}$$

$$v_n(I_n) = v_n(0) + m^{-1}B_| I_n \quad (0 \leqslant I_n \leqslant I_{ns}) \tag{3.138}$$

反向滑动阶段相对运动速度公式由式 (3.58) 和式 (3.59) 得到

$$v_t(I_n) = v_t(I_{ns}) + m^{-1}A_-(I_n - I_{ns}) \quad (I_{ns} \leqslant I_n \leqslant I_{nf}) \tag{3.139}$$

$$v_n(I_n) = v_n(I_{ns}) + m^{-1}B_-(I_n - I_{ns}) \quad (I_{ns} \leqslant I_n \leqslant I_{nf}) \tag{3.140}$$

通过式 (3.137) 求得初始滑动停止时对应的法向冲量

$$I_{\mathrm{ns}} = -\frac{m v_{\mathrm{t}}(0)}{A_+} \tag{3.141}$$

将式 (3.141) 代入式 (3.138) 求得

$$v_{\mathrm{n}}(I_{\mathrm{ns}}) = v_{\mathrm{n}}(0) - \frac{B_+}{B_-} v_{\mathrm{t}}(0) \tag{3.142}$$

通过式 (3.138) 可得压缩阶段终止时对应的法向冲量

$$I_{\mathrm{nc}} = -\frac{m v_{\mathrm{n}}(0)}{B_+} \tag{3.143}$$

通过式 (3.140) 可得碰撞终止时对应的法向相对速度

$$v_{\mathrm{n}}(I_{\mathrm{nf}}) = v_{\mathrm{n}}(I_{\mathrm{ns}}) + m^{-1} B_-(I_{\mathrm{nf}} - I_{\mathrm{ns}}) \tag{3.144}$$

碰撞过程中，法向接触力所做的功分三段求解，初始滑动阶段做的功为 $E_{\mathrm{n0\text{-}c}}$，恢复滑动阶段做的功为 $E_{\mathrm{nc\text{-}s}}$，恢复反向滑动阶段做的功为 $E_{\mathrm{ns\text{-}f}}$。

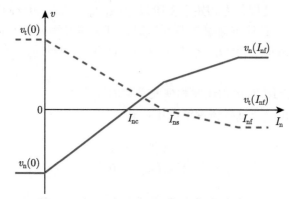

图 3.9 恢复阶段反向滑动情况相对速度-法向冲量变化曲线

初始滑动阶段，即 $0 \leqslant I_{\mathrm{n}} \leqslant I_{\mathrm{nc}}$ 时，结合式 (3.138) 可得

$$E_{\mathrm{n0\text{-}c}} = \int_0^{I_{\mathrm{nc}}} v_{\mathrm{n}} \mathrm{d}I_{\mathrm{n}} = -\frac{m v_{\mathrm{n}}^2(0)}{2 B_+} \tag{3.145}$$

恢复滑动阶段，即 $I_{\mathrm{nc}} \leqslant I_{\mathrm{n}} \leqslant I_{\mathrm{ns}}$ 时，结合式 (3.138) 得

$$E_{\mathrm{nc\text{-}s}} = \int_{I_{\mathrm{nc}}}^{I_{\mathrm{ns}}} v_{\mathrm{n}} \mathrm{d}I_{\mathrm{n}} = \frac{m v_{\mathrm{n}}^2(0)}{2 B_-}(1 - \hat{\varPsi}_0)^2 \tag{3.146}$$

恢复反向滑动阶段, 即 $I_{ns} \leqslant I_n \leqslant I_{nf}$ 时, 结合式 (3.140) 和式 (3.142) 得

$$E_{ns\text{-}f} = \int_{I_{ns}}^{I_{nf}} v_n \mathrm{d}I_n = \frac{B_-(I_{nf}-I_{ns})^2}{2m} + v_n(0)(1-\hat{\Psi}_0)(I_{nf}-I_{ns}) \qquad (3.147)$$

根据 3.2.5 节中介绍的 Stronge 恢复系数的定义可得

$$e_S^2 = \frac{\Delta E_{nr}}{\Delta E_{nc}} = -\frac{E_{nc\text{-}s} + E_{ns\text{-}f}}{E_{n0\text{-}c}} \qquad (3.148)$$

$$e_S^2 = (1-\hat{\Psi}_0)^2 + 2B_+(1-\hat{\Psi}_0)\frac{I_{nf}-I_{ns}}{mv_n(0)} + B_+B_-\left(\frac{I_{nf}-I_{ns}}{mv_n(0)}\right)^2 \qquad (3.149)$$

根据式 (3.149) 可以得到碰撞终止时的法向接触冲量 I_{nf}

$$I_{nf} = I_{ns} - \frac{mv_n(0)}{B_-}\left[(1-\hat{\Psi}_0) + \sqrt{\left(1-\frac{B_-}{B_+}\right)(1-\hat{\Psi}_0)^2 + \frac{B_-}{B_+}e_S^2}\right] \qquad (3.150)$$

通过式 (2.13) 和式 (3144) 得到 Newton 恢复系数与 Stronge 恢复系数的关系如下

$$e_N = \sqrt{\left(1-\frac{B_-}{B_+}\right)(1-\hat{\Psi}_0)^2 + \frac{B_-}{B_+}e_S^2} \qquad (3.151)$$

通过式 (2.19)、式 (3.143) 和式 (3.150) 得到 Poisson 恢复系数与 Stronge 恢复系数的关系如下

$$e_P = \frac{B_+}{B_-}\left[\left(1-\frac{B_-}{B_+}\right)(1-\hat{\Psi}_0) + \sqrt{\left(1-\frac{B_-}{B_+}\right)(1-\hat{\Psi}_0)^2 + \frac{B_-}{B_+}e_S^2}\right] \qquad (3.152)$$

2) 符合本碰撞类型的碰撞构型判定条件

从图 3.9 可知, 本碰撞过程要求在初始滑动阶段, 即 $0 \leqslant I_n \leqslant I_{ns}$ 时

$$\frac{\mathrm{d}v_t}{\mathrm{d}I_n} < 0, \qquad \frac{\mathrm{d}v_n}{\mathrm{d}I_n} > 0 \qquad (3.153)$$

在碰撞过程中的反向滑动阶段, 即 $I_{ns} \leqslant I_n \leqslant I_{nf}$ 时

$$\frac{\mathrm{d}v_t}{\mathrm{d}I_n} < 0, \qquad \frac{\mathrm{d}v_n}{\mathrm{d}I_n} > 0 \qquad (3.154)$$

同时, 由 $I_{nc} \leqslant I_{ns} \leqslant I_{nf}$ 可得

$$1 < \hat{\Psi}_0 < -\frac{B_+ I_{nf}}{mv_n(0)} \qquad (3.155)$$

综上可以得到对应本碰撞过程的构型条件为

$$1 < \hat{\Psi}_0 < -\frac{B_+ I_{\text{nf}}}{m v_{\text{n}}(0)}, \quad \beta_2 > 0 \text{ 且 } \mu < \bar{\mu} \tag{3.156}$$

3.3.4.5   初始切向滑动在碰撞过程中持续滑动

对于初始切向滑动在碰撞过程中持续滑动的情况,在研究相对运动速度时,不需要分段。在研究碰撞恢复系数时,其碰撞过程分为压缩阶段 $(0 \leqslant I_{\text{n}} \leqslant I_{\text{nc}})$ 和恢复阶段 $(I_{\text{nc}} \leqslant I_{\text{n}} \leqslant I_{\text{nf}})$ 两部分。

1) 不同阶段的相对运动速度和恢复系数的表达式

如图 3.10 所示,在这种碰撞情况下有

$$v_{\text{n}}(I_{\text{nc}}) = 0$$

整个碰撞过程中相对运动速度公式由式 (3.56) 和式 (3.57) 得到

$$v_{\text{t}}(I_{\text{n}}) = v_{\text{t}}(0) + m^{-1} A_+ I_{\text{n}} \quad (0 \leqslant I_{\text{n}} \leqslant I_{\text{nf}}) \tag{3.157}$$

$$v_{\text{n}}(I_{\text{n}}) = v_{\text{n}}(0) + m^{-1} B_+ I_{\text{n}} \quad (0 \leqslant I_{\text{n}} \leqslant I_{\text{nf}}) \tag{3.158}$$

通过式 (3.158) 可得压缩阶段终止时对应的法向冲量

$$I_{\text{nc}} = -\frac{m v_{\text{n}}(0)}{B_+} \tag{3.159}$$

将式 (3.159) 代入式 (3.158) 可得

$$v_{\text{n}}(I_{\text{nf}}) = v_{\text{n}}(I_{\text{nc}}) + m^{-1} B_+ (I_{\text{nf}} - I_{\text{nc}}) \tag{3.160}$$

碰撞过程中,法向接触力所做的功分两段求解,压缩阶段做的功为 $E_{\text{n0-c}}$,恢复阶段做的功为 $E_{\text{nc-f}}$。

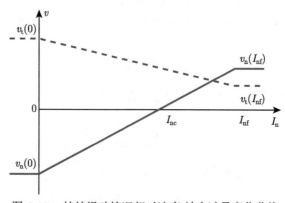

图 3.10   持续滑动情况相对速度-法向冲量变化曲线

压缩阶段，即 $0 \leqslant I_\text{n} \leqslant I_\text{nc}$ 时，结合式 (3.158) 得

$$E_\text{n0-c} = \int_0^{I_\text{nc}} v_\text{n} \mathrm{d}I_\text{n} = -\frac{mv_\text{n}^2(0)}{2B_+} \tag{3.161}$$

恢复阶段，即 $I_\text{nc} \leqslant I_\text{n} \leqslant I_\text{nf}$ 时，结合式 (3.158) 得

$$E_\text{nc-f} = \int_{I_\text{nf}}^{I_\text{nc}} v_\text{n} \mathrm{d}I_\text{n} = -\frac{m^{-1}B_+}{2}(I_\text{nf} - I_\text{nc})^2 \tag{3.162}$$

根据 3.2.5 节中介绍的 Stronge 恢复系数的定义可得

$$e_\text{S}^2 = -\frac{\Delta E_\text{nr}}{\Delta E_\text{nc}} = -\frac{E_\text{nc-f}}{E_\text{n0-c}} \tag{3.163}$$

$$e_\text{S} = -\frac{B_+(I_\text{nf} - I_\text{nc})}{mv_\text{n}(0)} \tag{3.164}$$

通过式 (3.164) 可得碰撞结束时的法向冲量 I_nf

$$I_\text{nf} = I_\text{nc} - e_\text{S}\frac{mv_\text{n}(0)}{B_+} \tag{3.165}$$

通过式 (2.13) 和式 (3.160) 得到 Newton 恢复系数与 Stronge 恢复系数的关系如下

$$e_\text{N} = -\frac{B_+(I_\text{nf} - I_\text{nc})}{mv_\text{n}(0)} = e_\text{S} \tag{3.166}$$

通过式 (2.19) 和式 (3.159) 得到 Poisson 恢复系数与 Stronge 恢复系数的关系如下

$$e_\text{P} = -\frac{B_+(I_\text{nf} - I_\text{nc})}{mv_\text{n}(0)} = e_\text{S} \tag{3.167}$$

对于初始切向滑动在碰撞过程中持续滑动的情况，三个恢复系数相等，即

$$e_\text{N} = e_\text{P} = e_\text{S} \tag{3.168}$$

2) 符合本碰撞类型的碰撞构型判定条件

从图 3.10 可知，本碰撞过程要求在碰撞过程中，即 $0 \leqslant I_\text{n} \leqslant I_\text{nf}$ 时

$$\frac{\mathrm{d}v_\text{n}}{\mathrm{d}I_\text{n}} > 0 \tag{3.169}$$

同时，由于初始滑动在碰撞过程中持续滑动，因此 $I_{\mathrm{ns}} > I_{\mathrm{nf}}$，得到

$$\hat{\Psi}_0 > -\frac{B_+ I_{\mathrm{nf}}}{m v_{\mathrm{n}}(0)} \tag{3.170}$$

综上可以得到对应本碰撞过程的构型条件为

$$\hat{\Psi}_0 > -\frac{B_+ I_{\mathrm{nf}}}{m v_{\mathrm{n}}(0)}, \quad \beta_2 > 0 \tag{3.171}$$

或

$$\hat{\Psi}_0 > -\frac{B_+ I_{\mathrm{nf}}}{m v_{\mathrm{n}}(0)}, \quad \beta_2 < 0 \text{ 且 } \mu < -\beta_3/\beta_2 \tag{3.172}$$

3.3.4.6   本节总结

在这一章中，我们运用光滑动力学方法，将刚体碰撞过程分为五种不同的碰撞类型进行讨论。针对每种不同的碰撞类型，根据其切向相对运动的不同黏滑状态，分段得到了以法向冲量为自变量表示的相对速度方程，以及相应的 Stronge 恢复系数的表达式。同时得到了 Stronge 恢复系数与 Newton 恢复系数和 Poisson 恢复系数关系的表达式。此外，还得到了每种碰撞类型对应的与碰撞构型及初始速度条件相关的参量的取值范围，可以用于碰撞类型的判定。

3.4   平面刚体斜碰撞的非光滑动力学解法

3.4.1   混合分析模型

混合分析接触模型考虑了接触点附近区域的接触变形，并且假设接触区域的质量忽略不计。此模型在接触平面的法向采用双线性刚度单元，在接触平面的切向采用线弹性单元；双线性单元即考虑了塑性变形的影响。其余部分假设为刚体，由于接触时间非常短，假设冲击状态不随时间变化。

考虑物体 B 和物体 B′ 单点接触，其接触点分别为 C 和 C'。假设至少有一个物体的表面是光滑的，因此过 C 点存在一个公切面。定义单位矢量 $\boldsymbol{t}$ 和 $\boldsymbol{n}$ 分别为公切面的切向和法向单位矢量。本节考虑的是平面碰撞问题，速度的变化发生在 $(\boldsymbol{t}, \boldsymbol{n})$ 平面内。接触点 C 和 C' 的绝对位移分别为 $\boldsymbol{U}_C = [U_{Ct}, \ U_{Cn}]^{\mathrm{T}}$ 和 $\boldsymbol{U}_{C'} = [U_{C't}, \ U_{C'n}]^{\mathrm{T}}$。接触点 C 和 C' 的相对位移定义为 $\boldsymbol{u}_{CC'} = \boldsymbol{U}_C - \boldsymbol{U}_{C'} = [u'_t, \ u'_n]^{\mathrm{T}}$。从 $t = 0$ 时刻开始接触，使得相对速度的初始法向分量 $\dot{\boldsymbol{u}}_{CC'}(0) \cdot \boldsymbol{n} = \dot{u}'_n(0) < 0$，初始切向分量 $\dot{\boldsymbol{u}}_{CC'}(0) \cdot \boldsymbol{t} = \dot{u}'_t(0) > 0$。在压缩过程中，接触点 C 和 C' 的法向相对速度 $\dot{u}'_n(t)$ 一直小于 0，直到压缩阶段结束时刻 t_{c}，此时 $\dot{u}'_n(t_{\mathrm{c}}) = 0$。在接触点

C 和 C' 处分别受到等值反向的接触力 $\boldsymbol{F} = [F_\mathrm{t}, F_\mathrm{n}]^\mathrm{T}$ 和 $\boldsymbol{F}' = [F_\mathrm{t}', F_\mathrm{n}']^\mathrm{T}$ 作用，从而使两物体分开。

假设冲击期间非常短暂，因此在冲击过程中系统的配置是不变的，而速度在变化。从各自的质心到接触点的位置向量分别是 $\boldsymbol{r} = [r_\mathrm{t}, r_\mathrm{n}]^\mathrm{T}$ 和 $\boldsymbol{r}' = [r_\mathrm{t}', r_\mathrm{n}']^\mathrm{T}$。

1) 柔性接触模型

假设碰撞的物体除了接触点周围的无限小区域外都是刚体，那么这个小接触区域的弹性可以使用集中参数模型表示 [3,13]，其中局部接触区的柔度在法向和切向都采用柔性单元进行描述。这些单元和一个无质量的质点 P 相连接，这个质点可以在第二个物体的表面滑动或者黏滞，如图 3.11 所示。设质点 P 的绝对位移 $\boldsymbol{U}_P = [U_{P\mathrm{t}}, U_{P\mathrm{n}}]^\mathrm{T}$。类似 C 和 C' 之间相对位移的定义，C 和 P 的相对位移定义为 $\boldsymbol{u}_{CP} = \boldsymbol{U}_C - \boldsymbol{U}_P = [u_\mathrm{t}, u_\mathrm{n}]^\mathrm{T}$。$C'$ 和 P 的相对位移定义为 $\boldsymbol{u}_{PC'} = \boldsymbol{U}_P - \boldsymbol{U}_{C'} = [u_\mathrm{t}'', u_\mathrm{n}'']^\mathrm{T}$，在接触时 $u_\mathrm{n}'' = 0$。位移 u_t 和 u_n 分别是切向和法向柔性单元的变形量。令 $v_i = \dot{u}_i$ 和 $V_i = \dot{u}_i'(i = \mathrm{t}, \mathrm{n})$ 分别表示柔性单元的变形速率和 C、C' 之间的相对速度。注意，在图示坐标系中已经定义了 $V_\mathrm{t}(0) > 0$，$V_\mathrm{n}(0) < 0$。

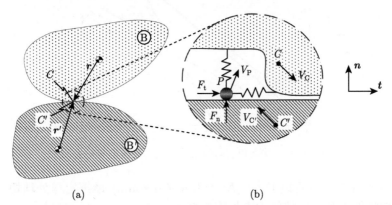

(a)   (b)

图 3.11   平面摩擦碰撞混合分析接触模型：(a) 整体碰撞模型；(b) 局部弹性接触模型

接触区域的柔度在切向为线性的，在法向为双线性的；法向双线性柔度在初始压缩阶段 $0 \leqslant t \leqslant t_\mathrm{c}$ 的刚度为 k，在恢复阶段 $t_\mathrm{c} < t \leqslant t_\mathrm{f}$ 的刚度为 ke_s^{-2}（e_s 为能量恢复系数）。这种双线性柔度仅包含法向柔性元件的滞后特性，接触力 F_i 与不同阶段柔性单元的小变形量 u_i（压下量）的关系由下式给出：

$$\left\{\begin{array}{c} F_\mathrm{t} \\ F_\mathrm{n} \end{array}\right\} = -k \begin{bmatrix} \eta^{-2} & 0 \\ 0 & e_\mathrm{s}^{-2} \end{bmatrix} \left\{\begin{array}{c} u_\mathrm{t} \\ u_\mathrm{n} \end{array}\right\} + k \left\{\begin{array}{c} 0 \\ (e_\mathrm{s}^{-2} - 1)u_\mathrm{nc} \end{array}\right\}$$

$$(\dot{u}_\mathrm{n} > 0, t_\mathrm{c} < t \leqslant t_\mathrm{f}\text{——恢复阶段})$$

$$\begin{Bmatrix} F_t \\ F_n \end{Bmatrix} = -k \begin{bmatrix} \eta^{-2} & 0 \\ 0 & 1 \end{bmatrix} \begin{Bmatrix} u_t \\ u_n \end{Bmatrix} \quad (\dot{u}_n < 0, 0 \leqslant t \leqslant t_c \text{——压缩阶段})$$

(3.173)

其中，η^{-2} 是切向和法向柔性单元的刚度系数的比值，即 $\eta^{-2} = k_t/k_n$。t_c 是压缩和恢复转换的时间节点，即 $v_n(t_c) = 0$，$u_{nc} = -k^{-1}F_n(t_c)$ 为法向柔性单元的最大压缩量。这些关系给出了法向接触力的加卸载滞后回线，这等同于能量恢复系数 e_s。法向变形的残余量与能量恢复系数的关系 $u_n(t_f) = (1 - e_s^2)u_{nc}$。切向力与切向位移的关系是线性的。法向力和切向力与变形量的关系如图 3.12 所示，其中假设初始时刻 $\dot{u}_n(0) < 0$。在最大压缩时刻 t_c 碰撞阶段将进入 $\dot{u}_n(0) > 0$ 的恢复阶段。这些柔性关系适用于由速率无关的弹塑性材料组成的物体，这些物体在中等速度下碰撞不会产生显著的塑性变形。

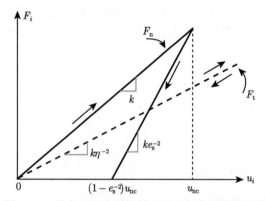

图 3.12   法向和切向弹性单元的力与变形量的关系

本节还引用了阿蒙顿-库仑 (Amontons-Coulomb) 摩擦定律处理切向运动过程。法向接触力和切向接触力有如下关系，

$$\begin{cases} |F_t| < \mu F_n, & \text{黏滞状态} \\ F_t = -s\mu F_n, & \text{滑动状态} \end{cases}$$

(3.174)

其中滑动的方向 $s = \mathrm{sgn}(\dot{u}_t'') = \mathrm{sgn}(V_t - v_t)$，$\dot{u}_t''$ 为质点 P 的滑动速度，μ 为接触面之间的摩擦系数。

2) 平面斜碰撞的运动方程

冲击系统的运动方程如下所示

$$\begin{Bmatrix} \mathrm{d}^2 u_t/\mathrm{d}t^2 \\ \mathrm{d}^2 u_n/\mathrm{d}t^2 \end{Bmatrix} = m^{-1} \begin{bmatrix} \beta_1 & -\beta_2 \\ -\beta_2 & \beta_3 \end{bmatrix} \begin{Bmatrix} F_t \\ F_n \end{Bmatrix}, \quad m^{-1} = M^{-1} + M'^{-1} \quad (3.175)$$

这个表达式对包括物体的转动和平移速度的初始条件是有效。$\beta_i(i = 1, 2, 3)$ 为惯性矩阵的逆矩阵的元素，定义为

$$\beta_1 = 1 + \frac{mr_n^2}{Mk^2} + \frac{mr_n'^2}{M'k'^2}, \quad \beta_2 = \frac{mr_t r_n}{Mk^2} + \frac{mr_t' r_n'}{M'k'^2}, \quad \beta_3 = 1 + \frac{mr_t^2}{Mk^2} + \frac{mr_t'^2}{M'k'^2} \quad (3.176)$$

这个混合柔性模型的接触力取决于系统的状态，即切向力的表达式在黏滞和滑动时不同，而法向力在压缩和恢复期间有不同的表达式。因此，在将式 (3.173) 代入式 (3.175) 之后，运动方程可以总结为以下四种不同的状态。

A. 压缩阶段

黏滞状态：

$$\left\{ \begin{array}{c} \mathrm{d}^2 u_t/\mathrm{d}t^2 \\ \mathrm{d}^2 u_n/\mathrm{d}t^2 \end{array} \right\} + \omega_0^2 \left[\begin{array}{cc} \beta_1 \eta^{-2} & -\beta_2 \\ -\beta_2 \eta^{-2} & \beta_3 \end{array} \right] \left\{ \begin{array}{c} u_t \\ u_n \end{array} \right\} = \left\{ \begin{array}{c} 0 \\ 0 \end{array} \right\}, \quad \omega_0^2 = \frac{k}{m} \quad (3.177)$$

滑动状态：

$$\left\{ \begin{array}{l} u_t = -s\mu\eta^2 u_n \\ \dfrac{\mathrm{d}^2 u_n}{\mathrm{d}t^2} + \omega_0^2 \beta_{32} u_n = 0 \end{array} \right. \quad (3.178)$$

其中 $\beta_{32} = \beta_3 + s\mu\beta_2$。注意，对于正向初始滑动，$\beta_{32} > 0$ 意味着 $\beta_2 > 0$ 或 $\mu < -\beta_3/\beta_2$。

B. 恢复阶段

黏滞状态：

$$\left\{ \begin{array}{c} \mathrm{d}^2 u_t/\mathrm{d}t^2 \\ \mathrm{d}^2 u_n/\mathrm{d}t^2 \end{array} \right\} + \omega_0^2 \left[\begin{array}{cc} \beta_1 \eta^{-2} & -\beta_2 e_s^{-2} \\ -\beta_2 \eta^{-2} & \beta_3 e_s^{-2} \end{array} \right] \left\{ \begin{array}{c} u_t \\ u_n \end{array} \right\} = \omega_0^2 \left\{ \begin{array}{c} -\beta_2(e_s^{-2} - 1)u_{nc} \\ \beta_3(e_s^{-2} - 1)u_{nc} \end{array} \right\}$$

$$(3.179)$$

滑动状态：

$$\left\{ \begin{array}{l} u_t = -s\mu\eta^2 [e_s^{-2} u_n - (e_s^{-2} - 1)u_{nc}] \\ \dfrac{\mathrm{d}^2 u_n}{\mathrm{d}t^2} + \omega_0^2 \beta_{32} e_s^{-2} u_n = \omega_0^2 \beta_{32}(e_s^{-2} - 1)u_{nc} \end{array} \right. \quad (3.180)$$

为了选择正确的方程，需要评估接触状态是在压缩阶段还是恢复阶段，以及是在黏滞状态还是滑动状态。当接触状态变化时，需要重新考虑并选择对应新状态的运动方程。因此，运动方程的积分是事件驱动的，准确识别状态非常重要，每个状态的准则在下一小节中详细给出。

接触点 C 和 C' 之间的法向相对位移 u_n' 始终等于 u_n，因为质点 P 在整个冲击过程中始终与物体 B′ 的表面保持接触。然而，接触点 C 和 C' 之间的切向

相对位移 u_{t}' 通常不等于 u_{t}。相对位移 u_{t}' 在初始黏滞期间等于 u_{t}，但在滑动期间，它从以下方程获得

$$\frac{\mathrm{d}^2 u_{\mathrm{t}}'}{\mathrm{d}t^2} = \begin{cases} \omega_0^2 \beta_{21} u_{\mathrm{n}}, & \text{压缩阶段} \\ \omega_0^2 \beta_{21}(e_{\mathrm{s}}^{-2} u_{\mathrm{n}} - (e_{\mathrm{s}}^{-2} - 1)u_{\mathrm{nc}}), & \text{恢复阶段} \end{cases} \tag{3.181}$$

其中 $\beta_{21} = \beta_2 + s\mu\beta_1$。

3) 不同接触过程判断准则

假设碰撞初始时刻 $t = 0$，此时弹性单元的变形量 $u_i = 0$。本书将设定接触过程中几个具有标志性的时间点。设 t_{c} 时刻为运动过程从压缩阶段切换为恢复阶段的时间点；t_{01} 时刻为运动状态由黏滞状态转变为滑动状态的时间点；t_{10} 时刻为运动状态从滑动状态转变为黏滞状态的时间点。

A. 初始状态

在初始时刻 $(t = 0)$，接触一定处于压缩阶段。假设初始状态为滑动压缩状态，找出其滑动状态转变为黏滞状态的时间点 t_{10}，由库仑摩擦定律可以得出初始状态为黏滞状态时入射角的临界值。然后使时间 $t_{10} \to 0$，即可得到切向初速度和法向初速度的临界比值。因此，初始状态为黏滞状态的条件为

$$|V_{\mathrm{t}}(0)/V_{\mathrm{n}}(0)| < \mu\eta^2 \tag{3.182}$$

B. 压缩或恢复

碰撞的第一个接触阶段一定为压缩阶段。上面已经设 t_{c} 时刻为压缩阶段结束和恢复阶段开始时刻，临界情况为法向相对速度消失，即

$$\dot{u}_{\mathrm{n}}(t_{\mathrm{c}}) = 0 \tag{3.183}$$

C. 黏滞或滑动

由库仑摩擦定律知，在黏滞状态下满足 $|F_{\mathrm{t}}(t)| \leqslant \mu F_{\mathrm{n}}(t)$。因此，黏滞状态和滑动状态转换的临界情况应当满足 $|F_{\mathrm{t}}(t)| = \mu F_{\mathrm{n}}(t)$。如果系统处于黏滞状态，当切向接触力和法向接触力的比值等于摩擦系数时，记为 t_{01} 时刻，运动状态由黏滞状态转变为滑动状态。并且，切向接触力的方向与相对滑动速度之间要满足协调关系。

$$\left|\frac{F_{\mathrm{t}}(t_{01})}{F_{\mathrm{n}}(t_{01})}\right| = \mu, \quad F_{\mathrm{t}}(t_{01})\dot{F}_{\mathrm{t}}(t_{01}) > 0 \tag{3.184}$$

另外，如果系统处于滑动状态，当质点 P 和接触点 C' 间的相对速度消失时，为 t_{10} 时刻，系统开始由滑动状态转变为黏滞状态，满足

$$\dot{u}_{\mathrm{t}}''(t_{10}) = V_{\mathrm{t}}(t_{10}) - v_{\mathrm{t}}(t_{10}) = 0 \tag{3.185}$$

D. 碰撞结束

在 $t_f - \varepsilon$ 时刻法向接触力为正, 即 $F_n(t_f - \varepsilon) > 0$, 其中 $\varepsilon_+ \to 0$. 碰撞结束的时刻, 记为 t_f 时刻, 法向接触力满足

$$F_n(t_f) = 0 \tag{3.186}$$

也就是说, 在 t_f 时刻分离.

4) 计算流程

计算过程通常分为两个阶段, 即压缩阶段 ($0 \leqslant t \leqslant t_c$) 和恢复阶段 ($t_c \leqslant t \leqslant t_f$). 每个阶段都可能包括纯滑动、滑动-黏滞、黏滞-滑动, 其中黏滞和滑动交替发生. 压缩阶段可以是纯滑动, 但在恢复阶段一定以滑动结束.

A. 第一阶段——压缩阶段

发生接触后的第一阶段是压缩阶段. 在压缩阶段初始根据初始接触状态是滑动还是黏滞建立系统运动方程. 如果初始是黏滞压缩状态, 由式 (3.173) 建立黏滞压缩状态的动力学方程, 其转换条件为 (3.184); 如果初始是滑动压缩状态, 那么法向接触力由式 (3.173)、切向接触力由式 (3.174) 建立相应的动力学方程, 其转换条件为式 (3.185).

在 $t = 0$ 的初始时刻通过条件式 (3.182) 判断其初始黏滑状态. 如果初始处于黏滞状态并且 $t_{01} \leqslant t_c$, 那么在 t_{01} 时刻系统由黏滞压缩转换成滑动压缩.

注意, 以上计算并不完整, 应该一直计算到压缩阶段结束时刻 t_c.

B. 第二阶段——恢复阶段

在恢复阶段的初始时刻, 根据压缩阶段结束时刻 t_c 系统所处的黏滑状态选择计算接触力的公式为式 (3.173) 或者式 (3.174), 建立系统动力学方程.

同时注意, 计算到分离时法向接触力等于零的时刻 t_f 为止.

5) 不同黏滞或滑动状态的参数限制

对于具有局部接触柔性的直线冲击的物体, Stronge[3] 发现其滑动过程可能经历三种滑动和黏滞的顺序, 这仅取决于撞击角度. 这些顺序可以是黏滞-末滑动、滑动-黏滞-末滑动, 或者全程 (连续) 滑动.

对于具有局部接触柔性的非直线冲击的物体, 切向行为的顺序并不像直线冲击那样简单, 因为惯性系数 β_2 和 β_3 取决于冲击情况. 接触的详细过程不能仅通过初始条件提前知道. 滑动-黏滞过渡时间可能发生在压缩期或恢复期. 末滑动的方向可能与初始状态相同, 也可能相反. 尽管如此, 非直线冲击的切向行为也可以分为三种模式, 这些模式由小角度撞击、中等角度撞击或大角度撞击产生. 对于小角度撞击, 黏滞从初始接触开始. 如果是中等角度撞击, 是滑动-黏滞-末滑动. 对于大角度撞击, 整个接触期间持续滑动, 即全程滑动.

不同模式的非直线冲击的界限比直线冲击更为复杂。它们取决于撞击角度和其他参数，如 β_1，β_2，β_3 和 μ。这里我们只考虑 $-V_t(0)/V_n(0) > 0$ 的情况；$-V_1(0)/V_3(0) < 0$ 这种情况的界限可以通过对称性获得。图 3.13 展示了在任何给定初始条件和参数值的情况下，确定撞击初始时刻切向黏-滑状态的决策过程，其中参数 $R = \beta_{21}/\beta_{32}$，$N = e_s^{-2}\mu s\eta^2$，速度比 C_c 由 $\mathrm{d}^2V_n(0)/\mathrm{d}t^2 = 0$ 得出。需要注意的是，这些界限是根据 3.4.1 节 3) 小节的标准获得的。

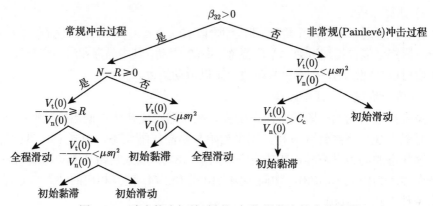

图 3.13　确定撞击初始时刻切向黏-滑状态的决策过程

3.4.2　斜碰撞中 Painlevé 悖论的模拟与讨论

1) 经典 Painlevé 示例

在本小节将回顾滑动杆的 Painlevé 示例问题。冲击系统为一根倾斜的刚性均匀杆以一个端点 C 斜向撞击粗糙的半空间，如图 3.14 所示。

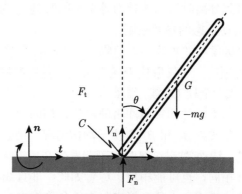

图 3.14　一端在刚性半空间上滑动的杆

最初，杆的质心沿半空间的表面平移且杆不旋转。杆的长度为 $2l$，质量为 m，对质心的转动惯量为 $J_{\mathrm{G}} = ml^2/3$，杆与切平面法线之间的夹角为 θ。只有在存在摩擦且使得杆的质心落在接触点 C 之后，即 $\theta < 0$ 时，才会发生 Painlevé 现象。假设接触点 C 处的库仑摩擦定律成立，摩擦系数为 $\mu > 0$。设 $G = (x, y)^{\mathrm{T}}$ 和 $C = (x_{\mathrm{c}}, y_{\mathrm{c}})^{\mathrm{T}}$ 分别为质心和接触点在伽利略坐标系下笛卡儿坐标。系统具有三个自由度，由质心的位置向量 $\boldsymbol{q} = (x, y, \theta)^{\mathrm{T}}$ 表示。杆上的接触点与半空间之间的距离为 $y_C = y - l\cos\theta$。接触点 C 与半空间表面上的参考点之间的相对切向位移为 $x_C = x - l\sin\theta$。如图 3.14 所示，杆上的接触点 C 与半空间之间的切向和法向相对速度分别为 $V_{\mathrm{t}} = \dot{x}_C$ 和 $V_{\mathrm{n}} = \dot{y}_C$。假设切向力 F_{t}、法向力 F_{n} 和一个可忽略的力矩作用在接触点上，因此系统的运动方程为

$$\boldsymbol{M}\ddot{\boldsymbol{q}} - \boldsymbol{h} - \boldsymbol{W}_{\mathrm{n}}F_{\mathrm{n}} - \boldsymbol{W}_{\mathrm{t}}F_{\mathrm{t}} = \boldsymbol{0} \tag{3.187}$$

对于一根重杆，这个 Painlevé 示例具有系统矩阵

$$\boldsymbol{M} = \begin{bmatrix} m & 0 & 0 \\ 0 & m & 0 \\ 0 & 0 & J_{\mathrm{G}} \end{bmatrix}, \quad \boldsymbol{h} = \begin{bmatrix} 0 \\ -mg \\ 0 \end{bmatrix}, \quad \boldsymbol{W}_{\mathrm{n}} = \begin{bmatrix} 0 \\ 1 \\ l\sin\theta \end{bmatrix}, \quad \boldsymbol{W}_{\mathrm{t}} = \begin{bmatrix} 1 \\ 0 \\ -l\cos\theta \end{bmatrix}$$

假设刚性杆最初在粗糙的刚性半空间上沿正方向滑动，即 $y_C = 0$，$\dot{y}_C = 0$ 和 $\dot{x}_C > 0$。根据库仑摩擦定律，接触力的法向和切向分量之间的关系为 $F_{\mathrm{t}} = -\mu F_{\mathrm{n}}$。在时间 $t = 0$ 时，存在一个小的扰动使杆加速。这个正向滑动状态下的系统运动方程可以表示为法向接触力的函数

$$\begin{cases} m\ddot{x} = -\mu F_{\mathrm{n}} \\ m\ddot{y} = -mg + F_{\mathrm{n}} \\ J_{\mathrm{G}}\ddot{\theta} = l(F_{\mathrm{n}}\sin\theta + \mu F_{\mathrm{n}}\cos\theta) \end{cases} \tag{3.188}$$

为了考虑接触点 C 处法向力的单边特性 $(F_{\mathrm{n}}(t) \geqslant 0)$，需要引入法向力 F_{n} 和接触点 C 的法向加速度 $\ddot{y}_C$ 之间的互补约束。这可以表示为

$$\ddot{y}_C \geqslant 0, \quad F_{\mathrm{n}} \geqslant 0, \quad F_{\mathrm{n}}\ddot{y}_C = 0 \tag{3.189}$$

为了解决这个正滑动期间的单边约束问题，它已经被简化为线性互补问题 (LCP)，

$$\ddot{y}_C = AF_{\mathrm{n}} + b \geqslant 0, \quad F_{\mathrm{n}} \geqslant 0, \quad F_{\mathrm{n}}\ddot{y}_C = 0 \tag{3.190a}$$

其中

$$A(\theta, \mu) = \frac{1}{m}[1 + 3\sin\theta(\sin\theta + \mu\cos\theta)], \quad b(\theta, \dot{\theta}) = l\dot{\theta}^2\cos\theta - g \tag{3.190b}$$

该 LCP 基于滑动接触期间接触点 C 的法向加速度为零，即 $\ddot{y}_C = 0$，以及在跳跃期间，即 $y_C > 0$ 时物体的法向接触力为零。根据系数 A 和 b 的符号，LCP 的可能解为图 3.15 中的线和坐标轴的交点。不一致性 (LCP 没有解，即当 $A<0$, $b<0$ 时) 或不确定性 (非唯一性，即当 $A<0$, $b>0$ 时) 的解则被称为 Painlevé 悖论。

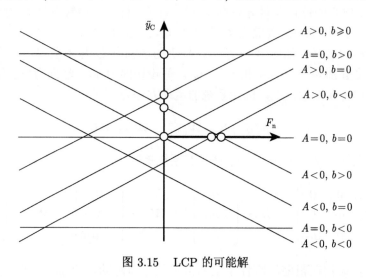

图 3.15　LCP 的可能解

相关问题的刚体斜碰撞也有初始滑动。对于粗糙刚体的斜碰撞问题，Moreau[14]、Johansson[15] 和 Payr 与 Glocker[16] 开发了类似的线性互补问题 (LCP) 公式。这些公式可以导出涉及两个系数 A 和 b 的线性方程，其中 A 与方程 (3.190b) 相同。当 $A < 0$ 且摩擦系数 μ 和倾斜角度 θ 满足下式条件时，Painlevé 悖论发生

$$-\frac{\pi}{2} < \theta < 0, \quad \mu \geqslant -\frac{1 + 3\sin^2\theta}{3\sin\theta\cos\theta} \tag{3.191}$$

如果参数 $\mu\theta$ 位于图 3.16 所示的区域，并且变量 b 满足相应的条件，则粗糙刚体之间发生斜碰撞时会出现 Painlevé 悖论现象。导致 Painlevé 悖论的摩擦系数如图 3.16 所示。

2) 混合分析模型的唯一解

在本小节中，使用上文引入的混合分析模型来研究斜碰撞问题中的 Painlevé 悖论。冲击系统与图 3.14 所示一致。该斜碰撞系统的惯性参数为

$$\beta_1 = 1 + 3\cos^2\theta, \quad \beta_2 = 3\sin\theta\cos\theta, \quad \beta_3 = 1 + 3\sin^2\theta$$

$$\beta_{32} = \beta_3 + s\mu\beta_2 = 1 + 3\sin\theta(\sin\theta + s\mu\cos\theta)$$

在以下部分中，使用考虑接触点局部柔性的分析模型来分析具有足够摩擦的刚体冲击中出现的 Painlevé 悖论。假设碰撞杆的接触端具有球形表面；对于泊松

比为 $\nu = 0.3$ 的弹性半空间的接触，有 $\eta^2 = 1.21$。除非另有说明，角度 $\theta = -\pi/4$。在 $t = 0$ 时刻，杆以匀速平移，接触点处存在负向的法向相对速度（即 $\dot{\theta} = 0$，$V_3(0) < 0$）。这里选择了一个较大的切向与法向的入射速度比，以确保该接触最初为正向滑动（即 $-V_1(0)/V_3(0) \geqslant \mu\eta^2$，$V_1(0) > 0$ 和 $s = 1$）。因此，如果 $\beta_{32} \leqslant 0$ 且 $b \neq 0$，则由刚性杆撞击刚性半空间组成的系统会发生 Painlevé 悖论。

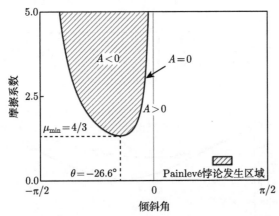

图 3.16　斜匀速杆在半空间上正向滑动时发生 Painlevé 悖论所需的摩擦系数

对于 Painlevé 悖论发生区域内的参数（即 $\beta_{32} \leqslant 0$）和 $b < 0$，基于刚体模型的 LCP 预测这些参数没有解。然而，将局部接触柔性纳入考虑的混合分析模型在这些情况下获得了唯一解，如图 3.17 所示。

图 3.17 展示了不同摩擦系数下的无量纲接触力随时间变化的曲线，这些摩擦系数位于图 3.16 中 Painlevé 悖论发生的区域内。正的浅色曲线和负的深色曲线分别是无量纲法向接触力 $f_n = F_n(t)/[m\omega_0 V_n(0)]$ 和通过将无量纲切向接触力 $f_t = F_t(t)/[m\omega_0 V_n(0)]$ 除以摩擦系数 μ 得到的商 f_t/μ。当摩擦系数 μ 足够小（例如 $\mu = 2/3$ 时），存在全程滑动，即初始滑动在整个接触过程中持续存在。但较大的 μ，即 $\beta_{32} \leqslant 0$ 时，将使接触进入初始黏附状态。然而，随着接触的最后阶段法向力的减小，再次出现末滑动。例如，如果 $\mu = 5/3$ 或 $8/3$，则会发生初始滑动-黏滞-末滑动的接触过程，如图 3.17 所示。有时滑动方向不会变化（见图 3.17(a)），但在其他情况下，初始滑动将停止，然后方向反转（见图 3.17(b)）。较大的摩擦系数 μ 也会导致较大的法向接触力分量。随着冲击状态和摩擦系数接近并进入 Painlevé 悖论区域，法向反作用力将逐渐增加。

图 3.18 展示了随着入射角增加，由混合分析模型计算得到的无量纲接触力的变化。正的浅色曲线和负的深色曲线分别代表无量纲法向接触力 f_n 和商 f_t/μ。结果表明，对于 $\beta_{32} < 0$，入射角 $\arctan[-V_t(0)/V_n(0)]$ 的变化不会改变切向行为

的顺序, 该顺序始终经历三个阶段: 滑动-黏滞-末滑动。这与 $\beta_{32} > 0$ 的情况不同, 在该情况下, 当切向相对速度较大时, 切向行为的顺序可以是全程滑动。随着入射角 $\arctan[-V_t(0)/V_n(0)]$ 的增加, 斜碰撞接近于擦碰。对于 $\beta_{32} < 0$, 无论入射角如何, 碰撞都具有相似的动态行为。当 $-V_t(0)/V_n(0) = 224$ 时, 斜碰撞可以近似为擦碰。通过观察图 3.18, 应注意的是, 当 $\beta_{32} < 0$ (即发生 Painlevé 现象) 时, 擦碰也始终经历初始滑动-黏滞-末滑动三个阶段。

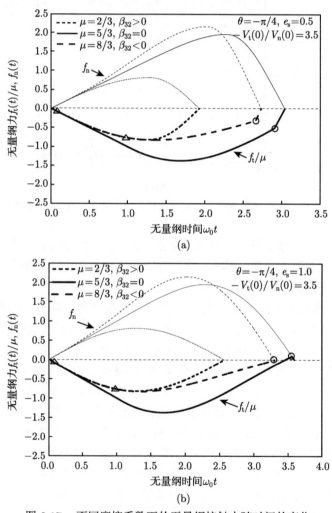

图 3.17　不同摩擦系数下的无量纲接触力随时间的变化

3) 自锁过程

自锁是在初始滑动过程中, 相对速度的法向分量由于接触点的正法向加速度而增加的过程。在 2000 年 Strong 为了研究平面碰撞中的自锁现象,采用了可变形质点分隔接触点的刚体分析方法。他指出,只有在 $\beta_2 < 0$ 的斜碰撞下,且摩擦系数较大 $(\mu > -\beta_3/\beta_2)$,同时初始滑动方向为正的情况下,才会发生自锁现象。这个加速度主要是由于大摩擦力产生的刚体旋转加速度。如果满足条件 $\beta_{32} < 0$,则会发生自锁现象。这一现象也通过混合分析模型得到了验证,如图 3.19 和图 3.20 所示。

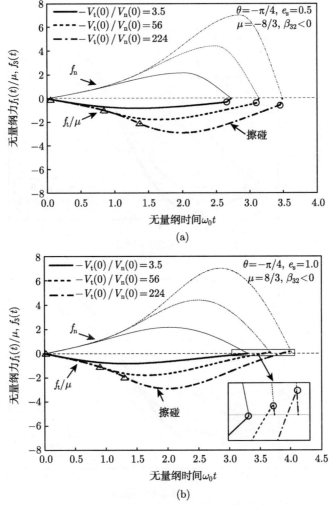

图 3.18   不同入射角下的无量纲接触力随时间的变化

图 3.19 展示了不同摩擦系数下接触点 C 与质点 P 之间的无量纲法向相对速度。如图 3.19 所示,在斜碰撞过程中,自锁的条件与 Painlevé 悖论的条件相同,除了极限情况 $\beta_{32} = 0$,即对于初始滑动方向为正的情况,Painlevé 悖论要求

$\beta_{32} < 0$ 或者等价的 $\beta_2 < 0$ 且 $\mu > -\beta_3/\beta_2$。自锁过程解释了为什么在完全刚体碰撞的情况下会发生 Painlevé 悖论。运动方程由于大摩擦力产生的大旋转加速度，导致接触区域的法向相对加速度为负；然而互补约束条件表达的是接触点处的法向相对加速度必须为正。这种矛盾导致了基于二维刚体模型的 LCP 中 Painlevé 悖论的产生。本质上，该悖论源于完全刚体模型的假设。有两种方法可以解决这个问题：①引入接触柔性；②考虑杆的柔性。

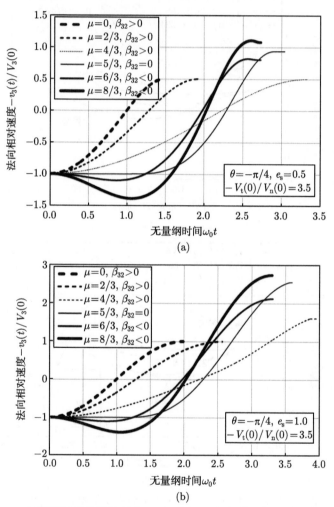

图 3.19　不同摩擦系数下接触点 C 与质点 P 之间的无量纲法向相对速度

图 3.20 展示了接近擦碰入射角时接触点 C 与质点 P 之间的无量纲法向相对速度，即滑动速度。这里自锁的典型特性很明显，即随着切向相对速度的增加，

由压缩加速度产生的初始的压缩法向相对速度增加。随着入射角的增加，接触持续时间也增加。

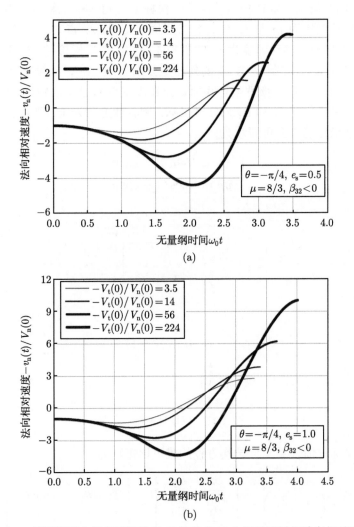

图 3.20　接近擦碰入射角时接触点 C 与质点 P 之间的无量纲法向相对速度

3.5　双连杆切向滑动 Painlevé 悖论的线性互补理论

3.5.1　双连杆的刚体摩擦动力学模型

本部分根据刚体动力学理论引入图 7.16 中双连杆机械臂系统的理论模型，并根据 Moreau 提出的线性互补理论 (linear complementarity problem) 求出杆端

B 点发生 Painlevé 悖论的构型条件，分析了接触端四种运动模式。再利用数值计算研究机械臂双杆的质量比、杆长比、摩擦系数对悖论构型区域的影响。

如图 3.21 所示，双连杆系统由第一根杆 OA 杆与第二根杆 AB 杆组成，两杆的质量与长度均为 m 与 l，O 点铰接于固定位置，O 点与 A 点处为铰接，AB 杆末端 B 点与一个移动速度为 v_t 的粗糙表面的滑动平板接触，固定点 O 到平板上表面距离为 H，关节 O 与 A 的外扭矩分别为 τ_1、τ_2，接触点 B 的切向力与法向力分别为 F_t、F_n。惯性坐标系原点设在固定点 O 上，x 轴、y 轴方向如图所示。我们设关节角度 θ_1 和 θ_2 为广义坐标，顺时针方向为正，则接触端 B 的广义坐标与惯性坐标的关系可表示为

$$\begin{cases} x_B = l(\sin\theta_1 + \sin\theta_2) \\ y_B = l(\cos\theta_1 + \cos\theta_2) \end{cases} \tag{3.192}$$

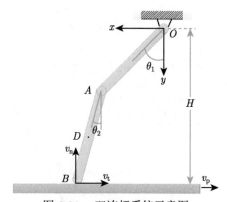

图 3.21　双连杆系统示意图

广义坐标与惯性系坐标转换方程的雅可比矩阵为

$$\boldsymbol{J}\begin{pmatrix} \theta_1 & \theta_2 \end{pmatrix} = \begin{bmatrix} \dfrac{\partial x}{\partial \theta_1} & \dfrac{\partial y}{\partial \theta_1} \\ \dfrac{\partial x}{\partial \theta_2} & \dfrac{\partial y}{\partial \theta_2} \end{bmatrix} = \begin{bmatrix} l\cos\theta_1 & -l\sin\theta_1 \\ l\cos\theta_2 & -l\sin\theta_2 \end{bmatrix}$$

对转换方程 (3.192) 二次求导得

$$\ddot{x} = \boldsymbol{J}^{\mathrm{T}}\ddot{\boldsymbol{q}} + \boldsymbol{S} \tag{3.193}$$

其中，$\boldsymbol{S}$ 为二次求导产生的附属矩阵，方程 (3.193) 展开可得

$$\begin{cases} \ddot{x}_B = \ddot{\theta}_1 l\cos\theta_1 + \ddot{\theta}_2 l\cos\theta_2 - \dot{\theta}_1^2 l\sin\theta_1 - \dot{\theta}_2^2 l\sin\theta_2 \\ \ddot{y}_B = -\ddot{\theta}_1 l\sin\theta_1 - \ddot{\theta}_2 l\sin\theta_2 - \dot{\theta}_1^2 l\cos\theta_1 - \dot{\theta}_2^2 l\cos\theta_2 \end{cases} \tag{3.194}$$

即可以将雅可比矩阵 $\boldsymbol{J}$ 和附属矩阵 $\boldsymbol{S}$ 分别写为

$$\boldsymbol{J}_{2\times 2} = \begin{bmatrix} l\cos\theta_1 & -l\sin\theta_1 \\ l\cos\theta_2 & -l\sin\theta_2 \end{bmatrix}$$

$$\boldsymbol{S} = \begin{bmatrix} -l\dot{\theta}_1^2\sin\theta_1 & -l\dot{\theta}_2^2\sin\theta_2 \\ -l\dot{\theta}_1^2\cos\theta_1 & -l\dot{\theta}_2^2\cos\theta_2 \end{bmatrix}$$

OA 杆的动能 T_{OA} 为

$$T_{OA} = \frac{J_O\omega^2}{2} = \frac{1}{2}\cdot\frac{1}{3}ml^2\dot{\theta}_1^2 = \frac{1}{6}ml^2\dot{\theta}_1^2 \tag{3.195}$$

系统的 AB 杆中点 D 的坐标可表示为

$$\begin{cases} x_D = l(\sin\theta_1 + \sin\theta_2/2) \\ y_D = l(\cos\theta_1 + \cos\theta_2/2) \end{cases} \tag{3.196}$$

D 点切向与法向的速度分别为

$$\begin{cases} \dot{x}_D = l\dot{\theta}_1\cos\theta_1 + \dfrac{1}{2}l\dot{\theta}_2\cos\theta_2 \\ \dot{y}_D = -l\dot{\theta}_1\sin\theta_1 - \dfrac{1}{2}l\dot{\theta}_2\sin\theta_2 \end{cases} \tag{3.197}$$

则可以计算得到 D 点速度 v_D，即

$$v_D^2 = \dot{x}_D^2 + \dot{y}_D^2 = \dot{\theta}_1^2 l^2 + \frac{1}{4}\dot{\theta}_2^2 l^2 + \dot{\theta}_1\dot{\theta}_2 l^2\cos(\theta_1-\theta_2) \tag{3.198}$$

同理，可以得到 AB 杆的动能 T_{AB} 为

$$T_{AB} = \frac{J_D\omega^2}{2} + \frac{1}{2}mv_D^2 = \frac{1}{2}ml^2\dot{\theta}_1^2 + \frac{1}{6}ml^2\dot{\theta}_2^2 + \frac{1}{2}ml^2\dot{\theta}_1\dot{\theta}_2\cos(\theta_1-\theta_2) \tag{3.199}$$

则，双连杆系统总动能 T 为 OA 与 AB 两杆动能之和，即

$$T = T_{OA} + T_{AB} = \frac{2}{3}ml^2\dot{\theta}_1^2 + \frac{1}{6}ml^2\dot{\theta}_2^2 + \frac{1}{2}ml^2\dot{\theta}_1\dot{\theta}_2\cos(\theta_1-\theta_2) \tag{3.200}$$

其中，

$$T = \frac{1}{2}\dot{\boldsymbol{x}}^{\mathrm{T}}\boldsymbol{M}\dot{\boldsymbol{x}} = \frac{1}{2}M_{11}\dot{\theta}_1^2 + \frac{1}{2}(M_{21}+M_{12})\dot{\theta}_1\dot{\theta}_2 + \frac{1}{2}M_{22}\dot{\theta}_2^2 \tag{3.201}$$

这样由公式 (3.200) 和 (3.201) 可得系统质量矩阵

$$\boldsymbol{M}_{2\times 2} = \left[\begin{array}{cc} M_{11} & M_{12} \\ M_{21} & M_{22} \end{array}\right] = \left[\begin{array}{cc} \dfrac{4}{3}ml^2 & \dfrac{1}{2}ml^2\cos(\theta_1 - \theta_2) \\ \dfrac{1}{2}ml^2\cos(\theta_1 - \theta_2) & \dfrac{1}{3}ml^2 \end{array}\right]$$

双连杆系统的第二类拉格朗日方程为

$$\frac{\mathrm{d}}{\mathrm{d}t}\left(\frac{\partial T}{\partial \dot{q}_k}\right) - \frac{\partial T}{\partial q_k} - Q_k = 0 \quad (k = 1, 2) \tag{3.202}$$

$$\frac{\mathrm{d}}{\mathrm{d}t}\left(\frac{\partial T}{\partial \dot{\theta}_1}\right) = \frac{4}{3}ml^2\ddot{\theta}_1 + \frac{1}{2}ml^2\ddot{\theta}_2\cos(\theta_1 - \theta_2) + \frac{1}{2}ml^2\dot{\theta}_2\sin(\theta_1 - \theta_2)\left(\dot{\theta}_2 - \dot{\theta}_1\right) \tag{3.203}$$

$$\frac{\partial T}{\partial \theta_1} = -\frac{1}{2}ml^2\dot{\theta}_1\dot{\theta}_2\sin(\theta_1 - \theta_2) \tag{3.204}$$

$$\frac{\mathrm{d}}{\mathrm{d}t}\left(\frac{\partial T}{\partial \dot{\theta}_2}\right) = \frac{1}{3}ml^2\ddot{\theta}_2 + \frac{1}{2}ml^2\ddot{\theta}_1\cos(\theta_1 - \theta_2) + \frac{1}{2}ml^2\dot{\theta}_1\sin(\theta_1 - \theta_2)\left(\dot{\theta}_2 - \dot{\theta}_1\right) \tag{3.205}$$

$$\frac{\partial T}{\partial \theta_2} = \frac{1}{2}ml^2\dot{\theta}_1\dot{\theta}_2\sin(\theta_1 - \theta_2) \tag{3.206}$$

系统广义力 $\boldsymbol{Q}_k = \dfrac{\delta \boldsymbol{W}_F}{\delta q_k}$，其中 $k = 1, 2$。由此可以计算得到系统的广义力为

$$\begin{cases} \boldsymbol{Q}_1 = -\tau_1 + \tau_2 - \dfrac{3}{2}mgl\sin\theta_1 + F_{\mathrm{t}}l\cos\theta_1 - F_{\mathrm{n}}l\sin\theta_1 \\ \boldsymbol{Q}_2 = -\tau_2 - \dfrac{1}{2}mgl\sin\theta_2 + F_{\mathrm{t}}l\cos\theta_2 - F_{\mathrm{n}}l\sin\theta_2 \end{cases} \tag{3.207}$$

把式 (3.203)～(3.207) 代入方程 (3.202) 之中可得

$$\begin{cases} \dfrac{4}{3}ml^2\ddot{\theta}_1 + \dfrac{1}{2}ml^2\ddot{\theta}_2\cos(\theta_1 - \theta_2) + \dfrac{1}{2}ml^2\dot{\theta}_2^2\sin(\theta_1 - \theta_2) \\ = -\tau_1 + \tau_2 - \dfrac{3}{2}mgl\sin\theta_1 + F_{\mathrm{t}}l\cos\theta_1 - F_{\mathrm{n}}l\sin\theta_1 \\ \dfrac{1}{3}ml^2\ddot{\theta}_2 + \dfrac{1}{2}ml^2\ddot{\theta}_1\cos(\theta_1 - \theta_2) - \dfrac{1}{2}ml^2\dot{\theta}_1^2\sin(\theta_1 - \theta_2) \\ = -\tau_2 - \dfrac{1}{2}mgl\sin\theta_2 + F_{\mathrm{t}}l\cos\theta_2 - F_{\mathrm{n}}l\sin\theta_2 \end{cases} \tag{3.208}$$

将式 (3.208) 用矩阵形式可以表示为

$$\boldsymbol{M}\ddot{\boldsymbol{q}} + \boldsymbol{R} = \boldsymbol{J}\boldsymbol{F} + \boldsymbol{W} \tag{3.209}$$

则可得

$$\ddot{\boldsymbol{q}} = \boldsymbol{M}^{-1}\boldsymbol{J}\boldsymbol{F} + \boldsymbol{M}^{-1}\left(-\boldsymbol{R} + \boldsymbol{W}\right) \tag{3.210}$$

其中，$\boldsymbol{W}$、$\boldsymbol{R}$ 和 $\boldsymbol{F}$ 三个矩阵分别为

$$\boldsymbol{W} = \begin{bmatrix} -\tau_1 + \tau_2 - \dfrac{3}{2}mgl\sin\theta_1 \\[2mm] -\tau_2 - \dfrac{1}{2}mgl\sin\theta_2 \end{bmatrix}, \quad \boldsymbol{R} = \begin{bmatrix} \dfrac{1}{2}ml^2\dot{\theta}_2^2\sin(\theta_1 - \theta_2) \\[2mm] -\dfrac{1}{2}ml^2\dot{\theta}_1^2\sin(\theta_1 - \theta_2) \end{bmatrix}, \quad \boldsymbol{F} = \begin{bmatrix} F_{\mathrm{t}} \\[2mm] F_{\mathrm{n}} \end{bmatrix}$$

将方程 (3.210) 代入方程 (3.193) 中可以得到

$$\ddot{x} = \boldsymbol{K}\boldsymbol{F} + \boldsymbol{J}^{\mathrm{T}}\boldsymbol{M}^{-1}\left(-\boldsymbol{R} + \boldsymbol{W}\right) + \boldsymbol{S} \tag{3.211}$$

其中，

$$\boldsymbol{K} = \boldsymbol{J}^{\mathrm{T}}\boldsymbol{M}^{-1}\boldsymbol{J} = \frac{6}{16m - 9m\cos^2(\theta_1 - \theta_2)}\begin{bmatrix} K_{11} & K_{12} \\ K_{21} & K_{22} \end{bmatrix}$$

$$K_{11} = 2\cos^2\theta_1 + 8\cos^2\theta_2 - 6\cos\theta_1\cos\theta_2\cos(\theta_1 - \theta_2)$$

$$K_{12} = -2\sin\theta_1\cos\theta_1 - 8\sin\theta_2\cos\theta_2 + 3\sin(\theta_1 + \theta_2)\cos(\theta_1 - \theta_2)$$

$$K_{21} = -2\sin\theta_1\cos\theta_1 - 8\sin\theta_2\cos\theta_2 + 3\sin(\theta_1 + \theta_2)\cos(\theta_1 - \theta_2)$$

$$K_{22} = 2\sin^2\theta_1 + 8\sin^2\theta_2 - 6\sin\theta_1\sin\theta_2\cos(\theta_1 - \theta_2)$$

由库仑摩擦定律可知接触点 B 的切向力 F_{t} 和法向力 F_{n} 的关系为 $F_{\mathrm{t}} = \mu F_{\mathrm{n}}$。其中，$\mu = \mu_0$，若 $\dot{x}_B < 0$，则 $\mu = -\mu_0$；若 $\dot{x}_B > 0$，则 $\mu = \mu_0$。

机械臂接触端的切向加速度以及法向加速度可以分别表示为

$$\begin{cases} \ddot{y} = A\left(\theta, \mu\right)F_{\mathrm{n}} + B(\theta, \dot{\theta}) \\ \ddot{x} = C\left(\theta, \mu\right)F_{\mathrm{t}} + D(\theta, \dot{\theta}) \end{cases} \tag{3.212}$$

其中，

$$A\left(\theta, \mu\right) = \mu k_{21} + k_{22}$$

$$= \frac{6}{16m - 9m\cos^2(\theta_1 - \theta_2)}[\mu(-2\sin\theta_1\cos\theta_1$$

$$- 8\sin\theta_2\cos\theta_2 + 3\sin(\theta_1 + \theta_2)\cos(\theta_1 - \theta_2))$$

$$+ 2\sin^2\theta_1 + 8\sin^2\theta_2 - 6\sin\theta_1\sin\theta_2\cos(\theta_1 - \theta_2)]$$

$$B\left(\theta, \dot{\theta}\right) = \boldsymbol{J}_2^{\mathrm{T}} \boldsymbol{M}^{-1} \left(-\boldsymbol{R} + \boldsymbol{W}\right) + \boldsymbol{S}_2$$

$$= \frac{6}{16ml^2 - 9ml^2 \cos^2(\theta_1 - \theta_2)} \Big\{ [-2l\sin\theta_1 + 3l\sin\theta_2 \cos(\theta_1 - \theta_2)]$$

$$\cdot \left[-\frac{1}{2}ml^2\dot{\theta}_2^2 \sin(\theta_1 - \theta_2) - \tau_1 + \tau_2 - \frac{3}{2}mgl\sin\theta_1 \right]$$

$$+ \left[-8l\sin\theta_2 + 3l\sin\theta_1 \cos(\theta_1 - \theta_2) \right]$$

$$\cdot \left[\frac{1}{2}ml^2\dot{\theta}_1^2 \sin(\theta_1 - \theta_2) - \tau_2 - \frac{1}{2}mgl\sin\theta_2 \right] \Big\}$$

$$- l\dot{\theta}_1^2 \cos\theta_1 - l\dot{\theta}_2^2 \cos\theta_2$$

基于空间单边约束下互补性假设，法向加速度与法向接触力需满足以下互补条件：

$$\ddot{y} \geqslant 0, \quad F_{\mathrm{n}} \geqslant 0, \quad 且 \ \ddot{y} \cdot F_{\mathrm{n}} = 0 \tag{3.213}$$

即当第二根杆端部所处的状态不同时，参数 $A(\theta, \ \mu)$ 和 $B(\theta, \ \dot{\theta})$ 也会有对应的不同数值。同样，得到了参数 $A(\theta, \ \mu)$ 和 $B(\theta, \ \dot{\theta})$ 的数值大小，则可以确定双杆末端的运动状态。根据线性并协问题的理论，以及公式 (3.212) 和 (3.213)，机械臂接触端可以得到如表 3.1 所示的四种运动模式。

表 3.1　机械臂四种运动模式

模式	参数 A	参数 B	线性互补问题 (LCP) 的解
M_1	$A > 0$	$B > 0$	$\boldsymbol{F}_{\mathrm{n}} = 0$
M_2	$A > 0$	$B > 0$	$\boldsymbol{F}_{\mathrm{n}} = -B/A$
M_3	$A > 0$	$B > 0$	$\boldsymbol{F}_{\mathrm{n}} = 0$ 或 (不确定)
M_4	$A > 0$	$B > 0$	无解 (不协调)

3.5.2　Painlevé 悖论的 LCP 解与分析

通过理论推导，由线性互补理论得出机械臂的四种运动模式情况。其中模式 M_1 与模式 M_2 均有定解，机械臂有相对应动力学方程解的运动学状态，而模式 M_3 有两个解，通常称之为不确定状态，模式 M_4 无解，被称为不协调状态。不确定状态无法向力存在，接触被破坏，以往文献中研究人员通常会将其法向接触力设置为零来作为这种情况的解决方法；而不协调状态，接触力有冲击的特性，并导致接触分离，根据冲击假设，通常认为此时发生了切向冲击，以此来克服 Painlevé 悖论的发生。

方程 (3.212) 中的参数 A 可由 θ 和 μ 表示，参数 B 可由 θ 和 $\dot{\theta}$ 表示，即机械臂是否会出现悖论情况，完全取决于 μ、θ 和 $\dot{\theta}$ 三个参数的值。机械臂 Painlevé

悖论状态发生于模式 M_3 和 M_4 之中，当系统处于固定高度 H 时，显然可以得到如下几何关系：

$$l(\cos\theta_1 + \cos\theta_2) = H \tag{3.214}$$

根据线性互补理论，参数 A 与参数 B 可以用 $\dot\theta_1$ 和 μ 来表示，且当摩擦系数 μ 等于特定摩擦系数 μ_0 时，特定高度 H，通过解参数 A 与 R 的值，可以得到上述不同运动状态模式的特定区域。图 3.22 所示的机械臂系统参数分别为：摩擦系数 $\mu = 0.5$，高度 $H = 5/3\,\text{m}$，$m = 1\,\text{kg}$，$l = 1\,\text{m}$，$g = 9.8\,\text{m/s}^2$，通过将系统参数 $B = 0$ 的绿色曲线与 $A = 0$ 的红色直线表示在横坐标为 θ_1、纵坐标为角速度 $\dot\theta_1$ 的坐标系中，可以将系统的不同运动模式区域在图中表示出来。

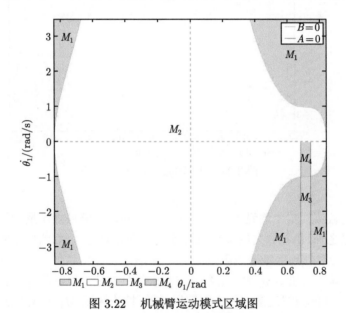

图 3.22　机械臂运动模式区域图

系统固定高度 H 取 $5/3\text{m}$ 时，横坐标 θ_1 取值范围为 $-0.8411 \sim 0.8411\,\text{rad}$，超出这个范围时第二杆接触不到下方平板。纵坐标为角速度 $\dot\theta_1$，单位为 rad/s，由图 3.22 可知，图中大部分区域为模式 M_1 与模式 M_2，模式 M_1 主要处于图中四个角的灰色区域，机械臂接触端处于惯性飞行状态；模式 M_2 主要处于图中中间白色区域，机械臂接触端处于正常滑动；而模式 M_3 与模式 M_4 只占据右下方狭小的条形区域，发生 Painlevé 悖论导致机械臂接触端卡阻弹跳。

两条 $A=0$ 与 $B=0$ 线的交点称为转戾点，图中两转戾点可将 M_3 与 M_4 清晰区分出来，转戾点上方为 M_4 区域，下方为 M_3 区域。当改变系统高度 H 时，转戾点在图中的位置也随之变化，即模式 M_3 与模式 M_4 会随高度 H 变化。如图 3.23 所示，机械臂系统参数同样为：摩擦系数 $\mu = 0.5$，$m = 1\,\text{kg}$，$l = 1\,\text{m}$，$g = 9.8\,\text{m/s}^2$，

$\tau_1 = \tau_2 = 0\text{N·m}$，随着高度 H 从 1.9m 下降到 1.4m，转戾点在区域图中的位置越来越高，图中转戾点的颜色也越来越浅。两个转戾点 P_1 和 P_2 之间的距离也越来越大。显然随着高度增高，角度 θ_1 变小，悖论区域变得更大。

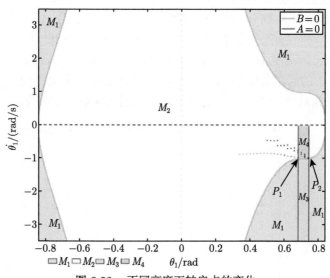

图 3.23　不同高度下转戾点的变化

上述的数值模拟中均设置了 $\tau_1 = \tau_2 = 0\text{N·m}$，忽略摩擦阻尼的影响，实验中除了有阻尼之外，机械臂之间会有扭簧等提供额外的力矩，如两杆之间有被动的扭矩，其大小会对悖论区域造成影响。图 3.24 展示了当机械臂系统双杆之间加装扭簧，即提供额外的扭矩 τ_2 时，用数值方法求解到的悖论区域的变化。随着扭矩 τ_2 的增大，$B = 0$ 的曲线逐渐在图中向四周扩散，悖论区域 M_3 与 M_4 在上范围不变，

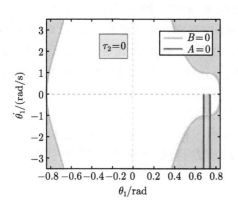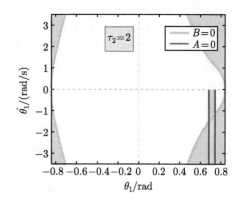

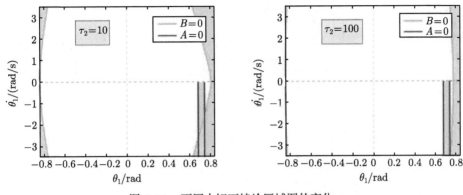

图 3.24　不同力矩下悖论区域图的变化

但在整个坐标系中,不协调模式的区域逐渐变大,不确定模式 M_3 的区域逐渐变小,力矩 τ_2 等于 100 乃至趋近于无穷时,代表 $B=0$ 的线即绿色的线在 $\theta_1 = 0.778$ 处趋近于竖直的直线,与 $A=0$ 的红色直线无交点。即不确定模式 M_3 完全消失,全部变为不协调模式。τ_2 趋近于无穷时,双杆机械臂已经变为折杆,不再是可以自由活动的双杆,显然将一直处于卡死的状态。

3.5.3　系统参数对 Painlevé 悖论的影响

机械臂系统是否处于不确定模式或者不协调模式的悖论区域,首先取决于 A 值是正值还是负值。由前面 LCP 解的讨论可知显然 $A<0$ 时,才会有悖论情况发生。对于固定的摩擦系数 μ,A 仅与 θ_1 和 θ_2 的值有关,当机械臂处于某一高度时,θ_1 和 θ_2 可以是不同的值,机械臂的构型可以有很多种,但 θ_1 和 θ_2 满足公式 (3.214) 的几何条件。研究杆的质量 m 或杆的长度 l 对 A 值的影响至关重要,3.5.1 节和 3.5.2 节中双杆的质量与杆长均为 m 与 l。设系统参数 $m_1 = m_2 = 0.3\,\text{kg}$,$l_1 = l_2 = 0.21\,\text{m}$,$\mu = 0.5$,如图 3.25 所示,绿色曲线为 $H = 370\,\text{mm}$ 时 θ_1 与 θ_2 满足的几何条件形成的曲线,蓝色曲线内为 $A<0$,两奇点 P_1 和 P_2 之间为 $A<0$ 的 θ_1 的值,即满足 $30.4° < \theta_1 < 36.8°$ 时 $A<0$,该范围内有悖论情况发生。

同样令系统参数 $m_1 = m_2 = 0.3\,\text{kg}$,$l_1 = l_2 = 0.21\,\text{m}$,通过数值解来研究不同摩擦系数 μ 值对机械臂 $A<0$ 悖论区域的影响,令 μ 逐渐从 0.2 递增到 1.8,求出不同 μ 值时系统的 $A<0$ 悖论构型区域图。如图 3.26 所示,在横纵坐标分别为 θ_1 和 θ_2 的坐标系中,随着 μ 不断增大,悖论发生区域 (蓝色区域) 逐渐增大,并趋近于某一块状区域。当摩擦系数足够小时,悖论区域仅发生于 θ_1 和 θ_2 很小的区间,其他大部分区域为非悖论区域,即可以通过减小系统的摩擦,来减小发生 Painlevé 悖论的构型区域。

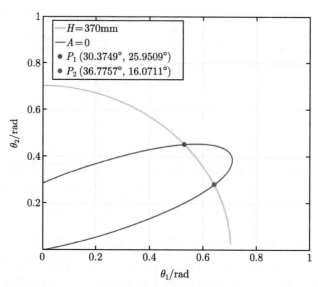

图 3.25　$H = 370$mm 固定角度扭簧时，高度 H 与 A 的关系

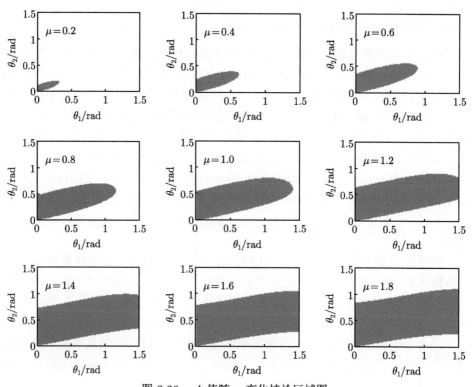

图 3.26　A 值随 μ 变化悖论区域图

在系统控制中，质量也是一项重要的控制参数，为了研究杆质量比 δ (link-mass ratio) 对悖论区域的影响，同样令 $l_1 = l_2 = 0.21\,\mathrm{m}$，$\mu = 0.5$，$m_1 = 0.3\,\mathrm{kg}$。其中当杆质量比 δ 不变时，单纯增加双杆质量 m_1 与 m_2，$A < 0$ 悖论区域并不会改变。如图 3.27 所示，控制杆质量比 δ 分别为 0.25、1、4 和 16，其中 $\delta = m_1/m_2$。悖论区域随不同杆质量比在坐标系中的变化，其中横坐标与纵坐标分别为 θ_1 和 θ_2。蓝色为 $A < 0$ 悖论区域，白色为非悖论区域。很明显，随着质量比的增加悖论区域变得更加狭窄，悖论发生区域变小，所以可以通过设置较高的质量比来减小悖论区域。

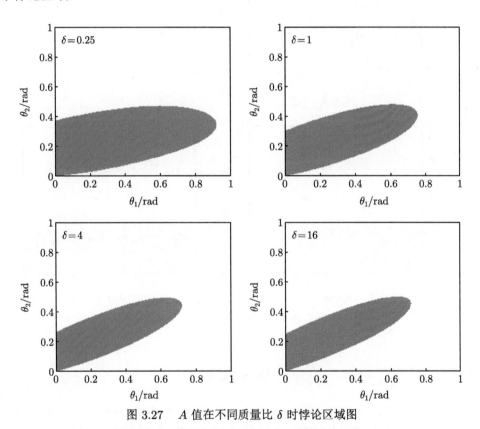

图 3.27 A 值在不同质量比 δ 时悖论区域图

机械臂长度也是另外一项重要的控制参数，同样令 $m_1 = m_2 = 0.3\,\mathrm{kg}$，$\mu = 0.5$，$l_1 = 0.21\,\mathrm{m}$，来研究杆长比 γ (link-length ratio) 对悖论区域的影响。当杆长比 γ 不变时，单纯增加双杆长度 l_1 与 l_2，$A < 0$ 悖论区域同样不会改变。控制杆长比 γ 分别为 0.5、1、2 和 4，其中 $\gamma = l_1/l_2$。如图 3.28 所示，悖论区域随不同杆长比在坐标系中的变化，其中横坐标与纵坐标分别为 θ_1 和 θ_2。蓝色为 $A < 0$ 悖论区域，白色为非悖论区域。很明显，杆长比从 1 开始增加时，悖论区域变大

且集中于图中下方条形区域，然而杆长比由 1 到 0.5 悖论区域变大且区域变得不规则，说明 $\gamma = 1$ 时不论增大或减小杆长比都会使悖论区增大，设计合适杆长比对减小并规避悖论区很重要。

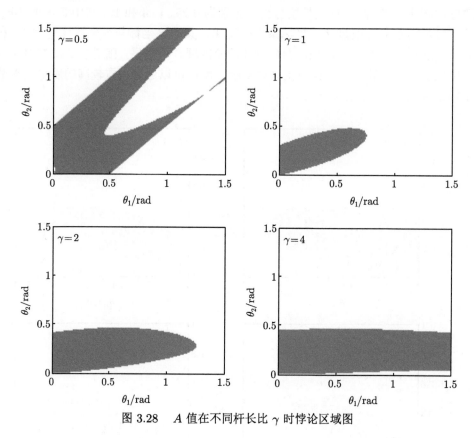

图 3.28　A 值在不同杆长比 γ 时悖论区域图

参 考 文 献

[1] Shen Y N, Kuang Y. Frictional impact analysis of an elastoplastic multi-link robotic system using a multi-timescale modelling approach. Nonlinear Dynamics, 2019, 98: 1999-2018.

[2] Kuang Y, Shen Y N. Painlevé paradox and dynamic self-locking during passive walking of bipedal robot. European Journal of Mechanics/A Solids, 2019, 77: 103811.

[3] Stronge W J. Impact Mechanics. 2nd ed. Cambridge: Cambridge University Press, 2018.

[4] Kane T R, Levinson D A. Dynamics, Theory and Applications. New York: McGraw-Hill, 1985.

[5] Song P, Kraus P, Kumar V, et al. Analysis of rigid-body dynamic models for simulation of systems with frictional contacts. Transactions of ASME Journal of Applied Mechanics, 2001, 68(1): 118-128.

[6] Zhang X, Vu-Quoc L. An accurate elasto-plastic frictional tangential force-displacement model for granular-flow simulations: displacement-driven formulation. Journal of Computational Physics, 2007, 225(1): 730-752.

[7] Vu-Quoc L, Zhang X. An elasto plastic contact force-displacement model in the normal direction: displacement-driven version. Proc. Roy. Soc. Lond., Ser. A. 1999, 455(1991): 4013-4044.

[8] Vu-Quoc L, Zhang X, Lesburg L. Normal and tangential force-displacement relations for frictional elasto-plastic contact of spheres. International Journal of Solids & Structures, 2001, 38(36-37): 6455-6489.

[9] Zhang Y, Sharf I. Validation of nonlinear viscoelastic contact force models for low speed impact. Transactions of ASME Journal of Applied Mechanics, 2009, 76(5): 911-914.

[10] Nordmark A, Dankowicz H, Champneys A. Discontinuity-induced bifurcations in systems with impacts and friction: discontinuities in the impact law. Int. J. Non-Linear Mech., 2009, 44(10): 1011-1023.

[11] Djerassi S. Collision with friction: Part B: Poisson's and Stornge's hypotheses. Multibody Syst. Dyn., 2009, 21(1): 55-70.

[12] Yao W, Chen B, Liu C. Energetic coefficient of restitution for planar impact in multi-rigid-body systems with friction. Int. J. Impact. Eng., 2004, 31(3): 255-265.

[13] Shen Y N, Stronge W J. Painlevé Paradox during oblique impact with friction. European Journal of Mechanics A/Solids, 2011, 30(4): 457-467.

[14] Moreau J J. Some numerical methods in multibody dynamics: application to granular materials. Eur. J. Mech. A/Solids, 1994, 13: 93-114.

[15] Johansson L, Klarbring A. Study of frictional impact using a nonsmooth equations solver. ASME J. Appl. Mech., 2000, 67: 267-273.

[16] Payr M, Glocker C. Oblique frictional impact of a bar: analysis and comparison of different impact law. Nonlinear Dyn., 2005, 41: 361-383.

第 4 章　局部接触约束 (力) 模型

乔治·加布里埃尔·斯托克斯 (George Gabriel Stokes)：————————————

"*碰撞是动力学中一个最基本的过程，它帮助我们理解力与运动的关系。*"(Collisions are one of the most fundamental processes in dynamics, helping us understand the relationship between force and motion.)

————斯托克斯对动力学 (尤其是流体力学和碰撞力学) 有重要贡献，他强调了碰撞在力学中的核心地位。

———

在碰撞力学中，接触力与约束的建模是分析动态相互作用的核心问题。当两个或多个物体发生接触时，接触区域的局部力学行为决定了系统的整体动力学响应，包括能量耗散、应力分布及运动轨迹的突变。局部接触约束 (力) 模型旨在通过数学与物理方法，描述接触界面处的瞬时力演化规律及其对系统运动的影响，为工程设计与科学分析提供理论工具。

接触现象的本质在于微观尺度下的复杂相互作用，如弹性/塑性变形、摩擦耗散及应力波传播等。然而，在宏观动力学分析中，直接模拟微观细节往往不可行。局部接触约束模型通过引入合理的简化假设，将接触区域的力学行为抽象为集中力或分布力的数学表达，并建立其与系统运动学参数的关联。经典模型如 Hertz 接触理论基于弹性假设，建立了法向接触力与变形深度的非线性关系；而考虑塑性变形的修正模型则进一步扩展了适用范围。切向接触力模型则需结合库仑摩擦定律或动态摩擦效应，以描述滑动与黏滞状态的切换。

随着工程应用场景的复杂化 (如柔性体碰撞、多体系统动力学)，局部接触模型的构建需兼顾精度与计算效率。离散接触模型 (如弹簧-阻尼器模型) 因其计算简便，广泛应用于多体系统仿真；而连续介质模型 (如基于有限元的接触算法) 则更适合高精度应力分析。此外，接触约束的数学描述需与全局动力学方程耦合，常涉及非光滑动力学理论或变分不等式方法，以处理接触状态的突变性与非连续性。

本章从基础理论出发，介绍了一些常见的弹性/弹塑性接触理论、摩擦模型等。对于一些新颖和特殊的局部接触约束 (力) 模型，可参见相关论文和后续章节内容。

4.1 经典 Hertz 接触理论

在弹性力学理论中，两个三维弹性体的接触问题通常难以通过数学方法获得理论解和解析解。最早的弹性接触理论于 1881 年由 Hertz[1] 提出，它基于以下基本假设：①接触对象为线弹性材料；②接触面连续且非贴合，接触区附近接触体表面可近似为二次曲面；③接触区相对于接触体的尺寸很小，变形为小变形；④接触表面无摩擦。由于该理论在解决接触问题中具有重要意义，因此，满足以上假设条件的接触问题，被后来的学者称为 Hertz 接触问题，相应的理论被称为 Hertz 弹性接触理论。

在 Hertz 接触问题中，由于接触区附近的变形受到周围介质的强烈约束，因而各点处于三向应力状态，且接触应力的分布呈高度局部性，随离接触面距离的增加而迅速衰减。此外，接触应力和外加压力与材料的弹性模量和泊松比有关，呈非线性关系。当接触区相对于接触体的尺寸足够小时，Hertz 接触问题可以被简化为在半空间椭圆表面上、作用法向 Hertz 压力分布的弹性理论问题。根据弹性理论，可以获得接触变形、接触应力的理论解，进而获得 Hertz 弹性接触理论解。

以两弹性圆球接触问题，推导 Hertz 接触公式 [2]。如图 4.1 所示，两个小球接触，上方小球半径为 R_1，下方小球半径为 R_2，当两球之间没有作用力时，两球之间为点接触，接触点为 O 点。设上下两球体表面上存在距公共法线为 r 的 M_1 点及 M_2 点，它们距公共切面的距离分别为 z_1 和 z_2，则由几何关系有

$$\begin{cases} (R_1 - z_1)^2 + r^2 = R_1^2 \\ (R_2 - z_2)^2 + r^2 = R_2^2 \end{cases} \tag{4.1}$$

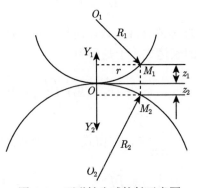

图 4.1 两弹性小球接触示意图

由此可以得出 $z_1 = r^2/(2R_1 - z_1)$, $z_2 = r^2/(2R_2 - z_2)$。如果 M_1 及 M_2 离接触点 O 很近，则 z_1 远小于 $2R_1$，z_2 远小于 $2R_2$。可以认为

$$\begin{cases} z_1 = r^2/(2R_1) \\ z_2 = r^2/(2R_2) \end{cases} \tag{4.2}$$

而 M_1 与 M_2 之间的距离为

$$z_1 + z_2 = r^2 \left(\frac{1}{2R_1} + \frac{1}{2R_2} \right) = \frac{R_1 + R_2}{2R_1R_2} r^2 \tag{4.3}$$

当两球体以某一力 F 相压时, 在接触点附近将发生局部形变而出现一个边界为圆形的接触面。由于接触面的边界半径总是远小于 R_1 及 R_2, 故可用半空间体位移求解来分析此种局部形变。令 M_1 沿 Y_1 方向的位移及 M_2 沿 Y_2 方向的位移分别为 w_1 及 w_2, 并令 Y_1 轴上及 Y_2 轴上 "距 O 较远处" 的两点相互趋近的距离为 α, 则 M_1 与 M_2 之间的距离缩短为 $\alpha - (w_1 + w_2)$。这里所谓 "距 O 较远处", 是指该处的形变已经可以忽略不计。假定在发生局部形变之后, M_1 及 M_2 成为接触面上的同一点 M, 则由几何关系有

$$\alpha - (w_1 + w_2) = z_1 + z_2 \tag{4.4}$$

于是可见 $w_1 + w_2 = \alpha - (z_1 + z_2)$, 并通过式 (4.3) 得出 $w_1 + w_2 = \alpha - \beta r^2$, 其中

$$\beta = \frac{R_1 + R_2}{2R_1R_2} \tag{4.5}$$

M 点表示上方的球体在接触面上一点 (即为变形以前的 M_1), 该点的位移为

$$w_1 = \frac{1 - \mu_1^2}{\pi E_1} \iint q \mathrm{d}s \mathrm{d}\psi \tag{4.6}$$

其中, μ_1 及 E_1 为上方球体的弹性常数, 而积分应包括整个接触面。对于下方的球体, 也可以写出相似的表达式。于是得到

$$w_1 + w_2 = (k_1 + k_2) \iint q \mathrm{d}s \mathrm{d}\psi \tag{4.7}$$

其中, $k_1 = \dfrac{1 - \mu_1^2}{\pi E_1}$, $k_2 = \dfrac{1 - \mu_2^2}{\pi E_2}$, 并由式 (4.7) 及式 (4.5) 得到

$$(k_1 + k_2) \iint q \mathrm{d}s \mathrm{d}\psi = \alpha - \beta r^2 \tag{4.8}$$

Hertz 指出, 如果在接触面的边界上作半圆球面, 而用它在各点的高度代表压力 q 在各点处的大小, 则式 (4.7) 可以满足, 证明如下。令 q_0 为半圆球面在 O

点处的高度, 亦即 q 的最大值, 则表示压力大小的比例尺的因子为 q_0/a。沿着通过 M 点的弦 mn, 如图 4.2 所示, 压力的变化如虚线半圆所示。因此, 沿着弦 mn 的积分值为 $\int q \mathrm{d}s = q_0 A/a$, 其中 A 为该半圆的面积, 即 $\dfrac{\pi}{2}(a^2 - r^2 \sin^2 \psi)$。代入式 (4.8), 得

$$(k_1 + k_2)2 \int_0^{\frac{\pi}{2}} \frac{q_0}{a} \frac{\pi}{2}(a^2 - r^2 \sin^2 \psi)\mathrm{d}\psi = \alpha - \beta r^2 \tag{4.9}$$

积分求解以后得

$$(k_1 + k_2)\frac{\pi^2 q_0}{4a}(2a^2 - r^2) = \alpha - \beta r^2 \tag{4.10}$$

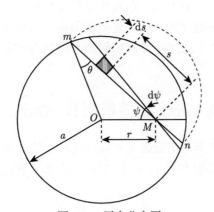

图 4.2　压力分布图

为了这一条件在 r 为任何值时都能满足, 可以取两边的常数项相等, r^2 的系数也相等, 即

$$\begin{cases} (k_1 + k_2)\dfrac{\pi^2 a q_0}{2} = \alpha \\[3mm] (k_1 + k_2)\dfrac{\pi^2 q_0}{4a} = \beta \end{cases} \tag{4.11}$$

这样, 式 (4.8) 也就可以满足。为了得到最大压力 q_0, 只需命上述半圆球的体积等于总的压力 F, 即

$$\frac{q_0}{a} \frac{2}{3}\pi a^3 = F \tag{4.12}$$

由此推出最大压力

$$q_0 = \frac{3F}{2\pi a^2} \tag{4.13}$$

它等于平均压力 $F/(\pi a^2)$ 的 1.5 倍。将式 (4.5) 及 (4.13) 代入式 (4.11) 中，求解 a、α 和 F，即得

$$a = \left[\frac{3\pi F\left(k_1 + k_2\right) R_1 R_2}{4\left(R_1 + R_2\right)}\right]^{1/3}$$

$$\alpha = \left[\frac{9\pi^2 F^2\left(k_1 + k_2\right)^2\left(R_1 + R_2\right)}{16 R_1 R_2}\right]^{1/3}$$

$$F = \frac{4\left(R_1 + R_2\right)}{3\pi\left(k_1 + k_2\right) R_1 R_2} a^3 \tag{4.14}$$

Hertz 弹性接触理论解提供了三个重要物理量的关系，即接触力与压下量的关系，接触力与接触半径的关系，以及压下量与接触半径的关系。利用这三个关系可以表征局部弹性接触行为，从而避免使用复杂的位移场、应变场和应力场的数学求解式。其中，对于求解弹性接触问题，接触力与压下量的关系是 Hertz 接触模型的核心。

4.2　Kelvin-Voigt 摩擦模型和 Karnopp 摩擦模型

为了准确地描述球面与半无限大平面间接触力的大小，采用考虑局部变形效应和能量耗散的开尔文-沃伊特 (Kelvin-Voigt) 黏弹性接触模型 [3]，其法向接触力表达式为

$$F_{\mathrm{n}} = \begin{cases} c_{\mathrm{n}}\dot{\delta} + k_{\mathrm{n}}\delta, & \delta \geqslant 0 \\ 0, & \delta < 0 \end{cases} \tag{4.15}$$

其中，$\delta(\delta = u_N - u_X)$ 为接触区域的压下量；$\dot{\delta}$ 为压下量速率；k_{n} 为接触刚度系数；c_{n} 为接触阻尼系数，代表撞击中能量的丢失。u_N 为第 N 个节点的位移，u_X 为目标体的位移。

采用 Karnopp 摩擦模型 [4] (如图 4.3(b) 所示)，以研究目标体在水平面黏-滑运动时的切向摩擦力 F_{t}，

$$F_{\mathrm{t}} = F_{\mathrm{slip}}(v)[\lambda(v)] + F_{\mathrm{stick}}(F_{\mathrm{n}})[1 - \lambda(v)] \tag{4.16}$$

其中，$\lambda(v) = \begin{cases} 1, & |v| > a, a > 0 \\ 0, & |v| \leqslant a \end{cases}$，$F_{\mathrm{stick}}$ 和 F_{slip} 分别为静摩擦力和滑动摩擦力，v 为切向相对速度。而 a 是一个正无穷小量，在黏-滑摩擦补偿器的理论设计中，被看作为零。在计算机数值算法中，a 的值必须是非零的，才可保证数值积

分算法的收敛性。静摩擦力 F_{stick} 的大小依赖于外接触力的大小，其满足以下关系式：

$$F_{\text{stick}} = \begin{cases} F_{\text{e}}, & F_{\text{e}} \leqslant F_{\text{s}}, |v| < a \\ F_{\text{s}}, & F_{\text{e}} > F_{\text{s}}, |v| < a \end{cases} \tag{4.17}$$

其中，F_{e} 为切向外载荷，F_{s} 为最大静摩擦力。

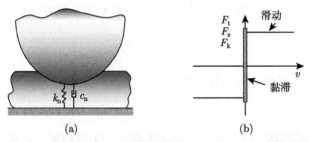

(a)　　　　　　　　　　　(b)

图 4.3　(a) Kelvin-Voigt 接触模型; (b) Karnopp 摩擦模型

4.3　点-面接触模型

4.3.1　接触条件

现在考虑一根柔性梁的半球形末端与一个粗糙平面在碰撞时刻的接触问题。假设其为理想化的点-面接触 [5]，则柔性梁末端距斜面的法向距离 δ 即可确定为碰撞接触条件。

$$\begin{cases} \delta > 0, & \text{未接触} \\ \delta = 0, & \text{开始接触或开始脱离} \\ \delta < 0, & \text{两体嵌入的深度} \end{cases} \tag{4.18}$$

4.3.2　法向接触模型

当 $\delta \leqslant 0$ 时，柔性梁半球形末端与粗糙平面之间处于接触碰撞阶段，其法向接触力 F_{n} 为

$$F_{\text{n}} = (F_{\text{k}} + F_{\text{d}}) L(\delta) \tag{4.19}$$

式中，$L(\delta)$ 为逻辑函数，F_{k} 为接触过程中的弹簧恢复力，F_{d} 为接触过程中的阻尼力。

$$L(\delta) = \begin{cases} 0, & \text{当 } \delta \geqslant 0 \text{ 时} \\ 1, & \text{当 } \delta < 0 \text{ 时} \end{cases} \tag{4.20}$$

弹簧恢复力 F_{k} 由 Hertz 接触理论确定

$$F_{\text{k}} = k\delta^{3/2} \tag{4.21}$$

式中，k 为接触刚度，k 值一般与接触体的几何形状和材料有关

$$k = (4/3)\left\{ q_{\mathrm{k}}/\left(Q_1 + Q_2\sqrt{(A+B)} \right) \right\} \tag{4.22}$$

其中，A, B, q_{k} 分别为两碰撞体接触点处几何形状的函数，$Q_1 = (1-\mu_1^2)/(E_1\pi)$，$Q_2 = (1-\mu_2^2)/(E_2\pi)$，$\mu_i$ 和 E_i 分别为两碰撞体的泊松比和弹性模量。

为满足接触边界条件，采用非线性阻尼模型确定接触过程中的阻尼力 F_{d}

$$F_{\mathrm{d}} = C_1 \delta \dot{\delta} \tag{4.23}$$

式中，C_1 为阻尼系数，它与恢复系数 e 和接触刚度 k 有关。

4.3.3 切向接触模型

为考虑由于黏滞运动带来的摩擦力的变化，采用如图 4.4 所示的切向接触碰撞模型计算切向接触力，图中 K_y 为切向接触刚度，$z(t)$ 为切向相对位移，$y(t)$ 为接触区域的切向弹性变形，F_{t} 为切向摩擦力。

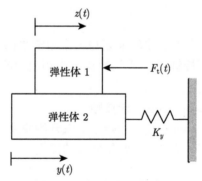

图 4.4   切向接触碰撞模型

假设最大静摩擦系数与滑动摩擦系数相同，即不考虑运动过程中的跳跃现象，并假定相对切向速度与摩擦力之间的关系曲线如图 4.5 所示。图中虚线代表两体之间的切向运动为相对滑动时的滑动摩擦力 F_{slip}，实线代表两体之间的切向运动为黏滞运动时的静摩擦力 F_{stick}。

设 t_1 为相对切向速度为零的时刻，当两体之间的切向运动为相对滑动时，摩擦力为滑动摩擦力 F_{slip}

$$F_{\mathrm{slip}} = \mu F_{\mathrm{n}}\mathrm{sign}\,(\dot{z}) \tag{4.24}$$

式中，μ 为滑动摩擦系数，$\dot{z}$ 为相对切向速度，sign 为符号函数。

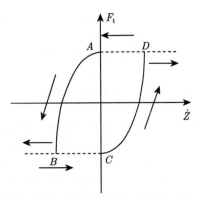

图 4.5 相对切向速度与摩擦力关系曲线

当两体之间的切向运动为黏滞运动时，摩擦力为静摩擦力 F_{stick}

$$F_{\text{stick}} = \mu F_{\text{n}} \text{sign}\left(\dot{z}\left(t_1^-\right)\right) - K_y y\left(t\right) \tag{4.25}$$

式中 $y\left(t\right)$ 为接触区的切向弹性变形

$$y\left(t\right) = \left(z\left(t_1\right) - z\left(t\right)\right) \text{sign}\left(\dot{z}\left(t_1^-\right)\right) \tag{4.26}$$

当静摩擦力 F_{stick} 的幅值超过滑动摩擦力 F_{slip} 时，系统的运动由黏滞运动变为相对滑动，摩擦力的大小变为滑动摩擦力幅值。

4.4 其他接触模型

还有很多接触模型，如单轴压缩 (UC) 弹塑性接触模型 [6]、钝压痕 (BI) 弹塑性接触模型 [7]、Yigit[8−10] 的弹塑性接触模型、Stronge[11,12] 混合接触模型等。此外，随着 20 世纪末各种离散数值方法的成熟，在包括有限元法、离散元法、无网格法 (物质点法) 等在内的数值仿真软件中，用于处理复杂形状变形体的接触约束的种接触算法 [13] 也已被提出并得到了大量应用，比如罚函数法、拉格朗日 (Lagrangian) 乘子法和广义罚函数法等。这里篇幅受限，不予一一详细说明。

参 考 文 献

[1] Hertz H. On the contact of elastic solids. J. Für Die Reine und Angewandte Mathematik, 1881, (92): 156-171.

[2] 徐芝纶. 弹性力学. 5 版. 北京：高等教育出版社, 2016.

[3] Hunt K H, Crossley F R E. Coefficient of restitution interpreted as damping in Vibroimpact. ASME Journal of Applied Mechanics, 1975, 7: 440-445.

[4] Karnopp D. Computer simulation of stick-slip friction in mechanical dynamic systems. ASME Journal of Dynamics of System, Measurement and Control, 1985, 107: 100-103.

[5] 刘才山, 陈滨. 作大范围回转运动柔性梁斜碰撞动力学研究. 力学学报, 2000, 32(4): 457-465.

[6] Abrate S. Impact on Composite Structures. Cambridge: Cambridge University Press, 1998.

[7] Ruan H H, Yu T X. Local deformation models in analyzing beam-on-beam collisions. International Journal of Mechanical Sciences, 2003, (45): 397-423.

[8] Yigit A S, Christoforou A P. On the impact of a spherical indenter and an elastic-plastic transversely isotropic half-space. Composites Engineering, 1994, 4(11): 1143-1152.

[9] Christoforou A P, Yigit A S. Effect of flexibility on low velocity impact response. Journal of Sound and Vibration, 1998, 217(3): 563-578.

[10] Christoforou A P, Yigit A S. Transient response of a composite beam subject to elasto-plastic impact. Composites Engineering, 1995, 5(5): 459-470.

[11] Stronge W J. Impact Mechanics. Cambridge: Cambridge University Press, 2000.

[12] Shen Y N, Stronge W J. Painlevé paradox during oblique impact with friction. European Journal of Mehcanics A/Solid, 2011, 30(4): 457-467.

[13] 彼得·艾伯哈特, 胡斌. 现代接触动力学. 南京: 东南大学出版社, 2003.

第 5 章 变形体正碰撞的解析方法

卡尔·弗里德里希·高斯 (Carl Friedrich Gauss)：————————————————

"科学的任务是探索物质和运动的基本规律，这包括碰撞和相互作用的本质。"(The task of science is to explore the fundamental laws of matter and motion, including the nature of collisions and interactions.)

————高斯的这句话揭示了碰撞力学在物理学研究中的核心地位，它是理解物质运动和力学相互作用的基础。

——

碰撞的解析方法历来是广受人们青睐的基础知识，这不仅因为它能够直接导出碰撞响应的精确解析解，更在于其深刻揭示了变形体在正面碰撞过程中的内在机理、固有属性和基本运动规律。然而，面对现实问题的错综复杂，解析方法的准确性高度依赖于所构建力学模型的合理性。本章内容旨在全面展示变形体正面碰撞领域的多种解析策略，这些策略既覆盖了初等力学教材中常见的动载荷实用计算技巧，也触及了弹性动力学、波动力学等高级专业力学著作中的深奥理论，更融入了近年来涌现的一些创新方法。通过对这些方法的对比分析，读者将能更透彻地把握每种方法的优势与局限，从而在实际应用中做出更加明智的选择。

5.1 材料力学动载荷实用计算法

锻造时，锻锤与锻件接触的非常短暂的时间内，速度发生很大变化，这种现象称为碰撞或冲击。以重锤打桩，用铆钉枪进行铆接，高速转动的飞轮或砂轮突然刹车等，都是冲击问题。在上述的一些例子中，重锤、飞轮等为冲击物，而被打的桩和固接飞轮的轴等则是承受冲击的构件。在冲击物与受冲构件的接触区域内，应力状态非常复杂，且冲击持续时间非常短，接触力随时间的变化难以准确分析。这些都使冲击问题的精确计算十分困难。在材料力学中，通常采用能量方法 [1] 求解碰撞冲击问题，因其概念简单，且大致上可以估算出冲击时的位移和应力，虽然误差较大，但在工程中不失为一种有效的近似方法，下文将对该方法进行介绍。

由材料力学知识可知，承受各种变形的弹性杆件都可看作是一个弹簧。例如

图 5.1 中受拉伸、弯曲和扭转的杆件的变形分别是

$$\Delta l = \frac{Fl}{EA} = \frac{F}{EA/l}$$

$$w = \frac{Fl^3}{48EI} = \frac{F}{48EI/l^3}$$

$$\varphi = \frac{M_e l}{GI_p} = \frac{M_e}{GI_p/l}$$

其中，E、A、l、I、G 和 I_p 分别为图中杆件的杨氏弹性模量、横截面积、长度、惯性矩、剪切弹性模量和极惯性矩。

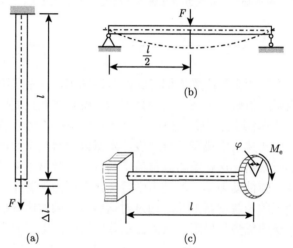

图 5.1　杆件的三种基本变形：(a) 拉伸；(b) 弯曲；(c) 扭转

可见，当把这些杆件视作弹簧时，其弹簧刚度系数分别是：$EA/l, 48EI/l^3$ 和 GI_p/l。因而任一弹性杆件或结构都可简化成图 5.2 中的弹簧。现在回到冲击问题。设重量为 P 的冲击物一经与受冲弹簧接触 (图 5.2(a))，就相互附着做共同运动。

如忽略弹簧的质量，只考虑其弹性，便简化成一个自由度的运动系统。设冲击物与弹簧开始接触的瞬时动能为 T。由于弹簧的阻抗，当弹簧变形到达最大位置时 (图 5.2(b))，系统的速度变为零，弹簧的变形为 Δ_d。从冲击物与弹簧开始接触到变形发展到最大位置，动能由 T 变为零，其变化为 $\Delta T = T$。重量为 P 的物体向下移动的距离为 Δ_d，势能的变化为

$$\Delta V = P\Delta_d \tag{5.1}$$

若以 $V_{\varepsilon d}$ 表示弹簧的应变能，并忽略冲击过程中变化不大的其他能量 (如热

能), 根据能量守恒定律, 冲击系统的动能和势能的变化应等于弹簧的应变能, 即

$$\Delta T + \Delta V = V_{\varepsilon d} \tag{5.2}$$

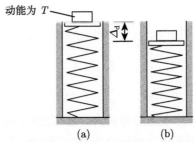

图 5.2　质量块竖向碰撞弹性杆的弹簧-质量块等效模型: (a) 初始接触状态; (b) 弹簧最大压缩状态 (此时质量块的速度为零)

设系统的速度为零时作用于弹簧上的动载荷为 F_d, 在材料服从胡克定律的情况下, 它与弹簧的变形成正比, 且都是从零开始增加到最终值。所以, 冲击过程中动载荷做的功为 $\frac{1}{2}F_d\Delta_d$, 它等于弹簧的应变能, 即

$$V_{\varepsilon d} = \frac{1}{2}F_d\Delta_d \tag{5.3}$$

若重物 P 以静载的方式作用于构件上, 例如图 5.2 中的载荷, 构件的静变形和静应力分别为 Δ_{st} 和 σ_{st}。在动载荷 F_d 作用下, 相应的变形和应力分别为 Δ_d 和 σ_d。在线弹性范围内, 载荷、变形和应力均成正比, 故有

$$\frac{F_d}{P} = \frac{\Delta_d}{\Delta_{st}} = \frac{\sigma_d}{\sigma_{st}} \tag{5.4}$$

或者写成

$$F_d = \frac{\Delta_d}{\Delta_{st}}P, \quad \sigma_d = \frac{\Delta_d}{\Delta_{st}}\sigma_{st} \tag{5.5}$$

把上式中的 F_d 代入式 (5.3), 得

$$V_{\varepsilon d} = \frac{1}{2}\frac{\Delta_d^2}{\Delta_{st}}P \tag{5.6}$$

将式 (5.1) 和式 (5.6) 代入式 (5.2) 并注意到 $\Delta T = T$, 经过整理, 得

$$\Delta_d^2 - 2\Delta_{st}\Delta_d - \frac{2T\Delta_{st}}{P} = 0 \tag{5.7}$$

从以上方程中解出

$$\Delta_{\mathrm{d}} = \Delta_{\mathrm{st}} \left(1 + \sqrt{1 + \frac{2T}{P\Delta_{\mathrm{st}}}} \right) \tag{5.8}$$

引用记号

$$K_{\mathrm{d}} = \frac{\Delta_{\mathrm{d}}}{\Delta_{\mathrm{st}}} = 1 + \sqrt{1 + \frac{2T}{P\Delta_{\mathrm{st}}}} \tag{5.9}$$

K_{d} 称为冲击动荷因数。这样，式 (5.8) 和式 (5.5) 就可写成

$$\Delta_{\mathrm{d}} = K_{\mathrm{d}}\Delta_{\mathrm{st}}, \quad F_{\mathrm{d}} = K_{\mathrm{d}}P, \quad \sigma_{\mathrm{d}} = K_{\mathrm{d}}\sigma_{\mathrm{st}} \tag{5.10}$$

可见，以 K_{d} 乘静载荷、静变形和静应力，即可求得冲击时的载荷、变形和应力。这里 F_{d}、Δ_{d} 和 σ_{d} 分别指受冲构件达到最大变形位置冲击物速度等于零时的瞬时载荷、变形和应力。过此瞬时后，构件的变形将即刻减小，引起系统的振动。在有阻尼的情况下，运动最终归于消失。当然，我们需要计算的，正是冲击过程中变形和应力的瞬时最大值。

若冲击是因重为 P 的物体从高为 h 处自由下落造成的 (图 5.3)，则物体与弹簧接触时，$v^2 = 2gh$，于是 $T = \frac{1}{2}\frac{P}{g}v^2 = Ph$，代入公式 (5.9) 得

$$K_{\mathrm{d}} = 1 + \sqrt{1 + \frac{2h}{\Delta_{\mathrm{st}}}} \tag{5.11}$$

这是物体从 h 高度自由下落时的动荷因数。突然加于构件上的载荷，相当于物体自由下落时 $h = 0$ 的情况。由公式 (5.11) 可知，$K_{\mathrm{d}} = 2$。所以在突加载荷下，构件的应力和变形皆为静载时的 2 倍。

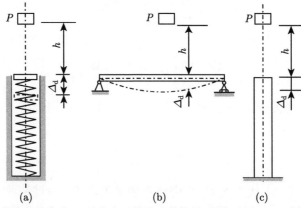

图 5.3 重为 P 的物体从高为 h 处自由下落造成的接触-碰撞示例: (a) 碰撞系统的弹簧-质量块等效模型; (b) 质量块从高处落下横向碰撞简支梁; (c) 质量块从高处落下纵向碰撞弹性杆

对于水平放置的系统,如图 5.4 所示情况,冲击过程中系统的势能不变,$\Delta V = 0$。若冲击物与杆件接触时的速度为 v,则动能 $T = Pv^2/(2g)$。将 ΔV,$\Delta T = T$ 和式 (5.6) 中的 $V_{\varepsilon d}$ 代入公式 (5.2),得

$$\frac{1}{2}\frac{P}{g}v^2 = \frac{1}{2}\frac{\Delta_d^2}{\Delta_{st}}P$$

$$\Delta_d = \sqrt{\frac{v^2}{g\Delta_{st}}}\Delta_{st} \tag{5.12}$$

由式 (5.5) 又可求出

$$F_d = \sqrt{\frac{v^2}{g\Delta_{st}}}P, \quad \sigma_d = \sqrt{\frac{v^2}{g\Delta_{st}}}\sigma_{st} \tag{5.13}$$

以上各式中带根号的系数就是动荷因数 $K_d = \sqrt{\dfrac{v^2}{g\Delta_{st}}}$。

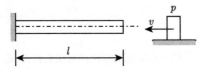

图 5.4　质量块水平碰撞固支弹性杆示意图

从公式 (5.9)、公式 (5.11) 和式 (5.13) 都可看到,在冲击问题中,如能增大静位移 Δ_{st},就可以降低冲击载荷和冲击应力。这是因为静位移的增大表示构件较为柔软,因而能更多地吸收冲击物的能量。但是,增加静变形 Δ_{st}。应尽可能地避免增加静应力 σ_{st},否则,降低了动荷因数 K_d,却又增加了 σ_{st},结果动应力未必就会降低。汽车大梁与轮轴之间安装叠板弹簧,火车车厢架与轮轴之间安装压缩弹簧,某些机器或零件上加上橡皮坐垫或垫圈,都是为了既能增大静变形 Δ_{st},又不改变构件的静应力。这样可以明显地降低冲击应力,起到很好的缓冲作用。又如把承受冲击的汽缸盖螺栓,由短螺栓改为长螺栓,增加了螺栓的静变形 Δ_{st},可以提高其承受冲击的能力。

上述计算方法,忽略了其他各种能量的损失。事实上,冲击物所减少的动能和势能不可能全部转变为受冲构件的应变能。所以,按上述方法算出的受冲构件的应变能的数值偏高。

5.2　一维杆纵向正碰撞的特征线法

5.2.1　一维有限长杆与刚性质量块的纵向正碰撞

现在我们讨论一个具有质量 M 的刚体以初速度 v_0 对原来处于静止自然状态的远端固定的有限长杆的撞击 (图 5.5)，忽略杆的重力影响。下面介绍采用特征线法 [2,3] 求解此问题的瞬态响应。

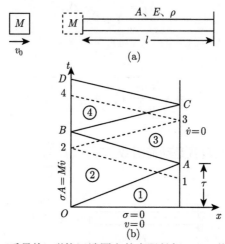

图 5.5　刚体 (质量块) 碰撞远端固定的有限长杆：(a) 碰撞系统示意图；
(b) 波传播特征线示意图

显然撞击端的应力小于零时，表示刚体与杆接触。该端的应力不能出现正值，计算过程中一旦出现正号应力的情况，说明刚体与杆脱开，碰撞过程也就结束了。这个问题边界条件的提法应当是，只要 $\sigma(0, t) < 0$，则有

$$\sigma(0, t)A = Mv(0, t) \tag{5.14}$$

否则 $\sigma(0, t) = 0$。计算时先假定 $\sigma(0, t) < 0$，若求得的 $\sigma(0, t) > 0$，就改用 $\sigma(0, t) = 0$ 的边界条件。

图 5.5 中的①区是未扰动区，该区为零值的恒值区，于是在 OA 段上 $\sigma = v = 0$。欲确定②区的状态，必须先确定 OB 段的边界条件。考虑 OB 段上任意一点 "2"。利用沿左行特征线 2-1 的特征条件，有

$$\sigma_2 + \rho c_0 v_2 = \sigma_1 + \rho c_0 v_1 = 0 \tag{5.15}$$

由式 (5.14) 可知

$$\sigma_2 = \frac{M\dot{v}_2}{A} \tag{5.16}$$

综上可得

$$\frac{M}{A}\dot{v}_2 + \rho c_0 v_2 = 0 \tag{5.17}$$

解此方程得

$$v_2 = v_0 e^{-\frac{\rho c_0 A}{M}t} = v_0 e^{-\beta t/\tau} \tag{5.18}$$

将式 (5.18) 代入式 (5.16)，得

$$\sigma_2 = -\rho c_0 v_0 e^{-\beta t/\tau} \tag{5.19}$$

此处 $\beta = \dfrac{\rho Al}{M} = \dfrac{\text{杆的质量}}{\text{刚体质量}}$, $\tau = l/c_0$。

点 "2" 是 OB 段上的任意点，于是 OB 段的边界条件由式 (5.18)、(5.19) 给出。进而②区的解便容易确定。

为了确定③区的状态，需先确定 AC 段上各点的状态。AC 段上速度已知恒为零，该段上任意点的应力如 "3" 点的应力可由沿右行特征线上的特征条件而得到

$$\sigma_3 = \sigma_2 - \rho c_0 v_2 = 2\sigma_2 \tag{5.20}$$

上式表明 "3" 点的应力是 "2" 点应力的两倍，又一次证明了固定端反射的结论。但注意到在时间上 "3" 点比 "2" 点落后 τ，因此有

$$\sigma_3 = -2\rho c_0 v_0 e^{-\beta(t-\tau)/\tau} \tag{5.21}$$

AC 段上每点的应力由上式求得后，接着③区的状态便迎刃而解了。

同样在确定④区的状态之前，必须先确定 BD 段上任意点 "4" 的状态。"4" 点的状态应满足

$$\left. \begin{array}{l} \sigma_4 + \rho c_0 v_4 = \sigma_3 + \rho c_0 v_3 = \sigma_3 = -2\rho c_0 v_0 e^{-\beta(t-2\tau)/\tau} \\[2mm] \sigma_4 = \dfrac{M}{A}\dot{v}_4 \end{array} \right\} \tag{5.22}$$

或

$$\frac{M}{A}\dot{v}_4 + \rho c_0 v_4 = -2\rho c_0 v_0 e^{-\beta(t-2\tau)/\tau} \tag{5.23}$$

当 $t = 2\tau$ 时，$v_4 = v_2$，即

$$v_4(2\tau) = v_0 e^{-2\beta} \tag{5.24}$$

在初始条件式 (5.24) 下解微分方程 (5.23) 得

$$v_4 = v_0 \left(e^{-2\beta} - 2\beta \frac{t-2\tau}{\tau} \right) e^{-\beta(t-2\tau)/\tau} \tag{5.25}$$

将式 (5.25) 代入式 (5.22) 的第二式得

$$\sigma_4 = \rho c_0 v_0 \left\{ 2\beta \left(\frac{t}{\tau} - 2 \right) - \left(2 + e^{-2\beta} \right) \right\} e^{-\beta(t - 2\tau)/\tau} \tag{5.26}$$

式 (5.25) 和 (5.26) 在 $2\tau \leqslant t \leqslant 4\tau$ 范围内有效, 后续的计算取决于 σ_4 的正负号。若在某点出现正号, 则撞击于该时刻终止, 在此时刻以后杆中波的传播过程可按 $\sigma(0, t) = 0$ 的边界条件进一步讨论下去。如果直到 $t = 4\tau$, σ_4 尚为负值, 那么可按以上步骤进一步讨论 $4\tau \leqslant t \leqslant 6\tau$ 范围内撞击端的边界条件, 从而④区以后各区的解也随之得到。

如令 $\beta = 1$, $e^{-2\beta} = e^{-2} = 0.135$, 则由式 (5.26) 大括号中的项为零, 有

$$2 \left(\frac{t}{\tau} - 2 \right) - (2 + e^{-2}) = 0 \tag{5.27}$$

解得 $t = 3.068\tau$。说明在此情况下, $2\tau \leqslant t \leqslant 4\tau$ 范围内, 撞击终止。撞击端的边界条件如图 5.6 所示。

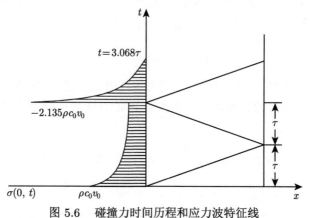

图 5.6　碰撞力时间历程和应力波特征线

本节主要介绍的是等截面弹性直杆与质量块纵向碰撞的特征线法的求解问题, 变截面弹性直杆 [4], 甚至是弹塑性直杆 [5] 与质量块的纵向碰撞的解析解已有很多人做过相关研究, 感兴趣的读者可查阅相关文献。

5.2.2　一维有限长杆之间的纵向正碰撞

如图 5.7 所示的两截面尺寸相同的弹性杆 1 和 2, 特征阻抗分别为 $\rho_1 c_{01}$ 和 $\rho_2 c_{02}$, 两杆分别以 v_1 和 $v_2 (v_1 > v_2)$ 的速度沿同一轴线同向运动。当杆 1 追上杆 2 时, 将发生共轴撞击形成两个压缩波, 一个沿杆 1 向左行进, 另一个沿杆 2 向

右行进。由撞击面处的连续条件和平衡条件知，这两个压缩波的应力 σ 和质点速度 v 应该相同，σ 和 v 的数值可用特征条件来确定。

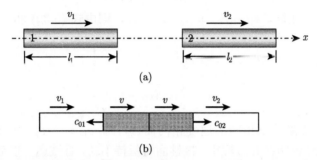

(a)

(b)

图 5.7 两有限长杆的共轴碰撞 [2]：(a) 示意图；(b) 碰撞激发应力波初期在杆中的传播

接下来利用特征线法求共轴碰撞后接触面的质点速度和应力，关于特征线的具体理论本书不做赘述，详情请见参考文献 [2]。

在图 5.8 中，沿 PA 特征线有

$$\sigma = \rho_1 c_{01}(v - v_1) \tag{5.28}$$

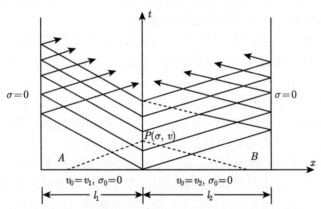

图 5.8 两弹性杆的纵向共轴碰撞的应力波特征线

沿 PB 特征线有

$$\sigma = -\rho_2 c_{02}(v - v_2) \tag{5.29}$$

由式 (5.28) 和 (5.29) 可解得 v 和 σ 分别为

$$v = \frac{\rho_1 c_{01} v_1 + \rho_2 c_{02} v_2}{\rho_1 c_{01} + \rho_2 c_{02}} \tag{5.30}$$

$$\sigma = \frac{v_2 - v_1}{\dfrac{1}{\rho_2 c_{02}} + \dfrac{1}{\rho_1 c_{01}}} \tag{5.31}$$

如果两杆的材料相同，即 $\rho_1 c_{01} = \rho_2 c_{02} = \rho c_0$，则由式 (5.30) 和 (5.31) 可得

$$\left.\begin{array}{l} v = \dfrac{1}{2}(v_1 + v_2) \\[2mm] \sigma = \dfrac{1}{2}\rho c_0(v_2 - v_1) \end{array}\right\} \tag{5.32}$$

又若两杆碰撞前以相同的速度相向而行，即 $v_1 = -v_2$，则撞击后 $v = 0$，$\sigma = -\rho c_0 v_1$。这说明在此过程中，接触面将保持不动，且波通过以后的区段，质点速度均为零。以上讨论只适用于撞击后产生的两个压缩波尚未到达自由边界的情况。由于杆是有限长的，经过时间 l_1/c_{01} 和 l_2/c_{02} 时，两个压缩波将分别在两杆的自由端反射而形成拉伸波。由对杆性质突变处的反射和透射的讨论可知，反射的拉伸波与入射的压缩波的应力是大小相等而符号相反的。当两杆材料相同，长度相同时，杆中的压缩波将同时经受反射，反射后的拉伸波同时于 $t = 2l_1/c_0$ 时返回到接触面。拉伸波通过的区段应力将变为零，而杆 1 和杆 2 的质点速度分别变成 v_2 和 v_1，即撞击后两杆速度互换。在 $t > 2l_1/c_0$ 后两杆各自只有刚体运动。特别地，当杆 2 原来处于静止状态，则撞击后杆 1 保持不动，而杆 2 以杆 1 原来的速度做刚体运动，杆 1 的能量全部转移给杆 2。

我们考虑两杆材料相同，但杆长不同的情况，不妨我们假定 $l_1 < l_2$，碰撞开始阶段的情况与上述情况相同。但经过 $2l_1/c_0$ 之后，短杆 1 中的反射拉伸波将穿过接触面而沿杆 2 传播，此阶段两杆如同是一根杆一样。注意到短杆 1 中的反射拉伸波经过的区域应力都降低为零，速度降为 v_2。于是当次拉伸波进入杆 1 以后，两杆接触面处应力已被抵消为零，但两杆仍然保持接触，接触面前进的速度就是 v_2。此后杆 2 中将传播保持长度为 $2l_1$ 的应力脉冲。当 $t = 2l_2/c_0$ 时，长杆 2 中的反射拉伸波到达接触面处，由于接触面处应力不能大于零，此时两杆才脱开。脱开以后杆 2 并不是整体做刚体运动，其中仍有应力波在来回地传播。整个过程示于图 5.9 中。如果两杆材料不相同，也不难得到问题的解，请读者按照以上步骤自己予以讨论。

从上面讨论看出，材料相同而长度不同的两杆相撞后，在长杆中得到一个长度为短杆长度二倍的应力脉冲。如要得到不同长度的脉冲，只需改变短杆长度就可。在波的传播实验研究中，经常用这一方法获得不同长度的应力脉冲。

由于波动方程是线性的，因此当两个波相互作用时符合波的叠加原理。也就是说，两列相向行进的波相遇，相互作用的合应力或合速度可由这两个波单独作用时的应力或速度的代数和而得到。相互作用完毕后，各自保持原来的形状而继

续前进。考虑两个矩形的脉冲相向运动 (图 5.10)。在这两个波相遇时，分界面的两侧质点速度不同，左侧速度为 v_1，右侧速度为 v_2，这和我们上面讨论的两杆共轴碰撞的情况极为类似。两个弹性波的相互作用就相当于在杆的内部发生了撞击，这个过程常称为内撞击。和两杆共轴相撞一样，两波内撞后也形成两个波，它们离开撞击面分别沿杆向左和向右传播，为了与原来的波相区别，这两个波称为二次波。二次波的应力和速度仍可由撞击面的连续条件和平衡条件来确定。实际上由叠加原理直接可得

$$\begin{cases} \sigma_3 = \sigma_1 + \sigma_2 \\ v_3 = v_1 + v_2 \end{cases} \tag{5.33}$$

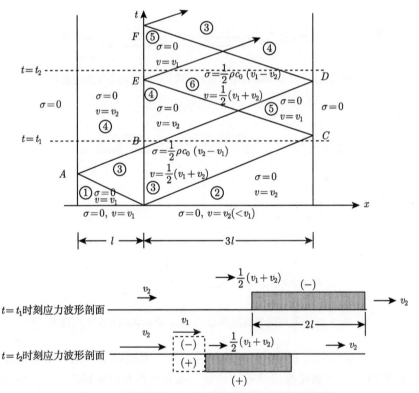

图 5.9 碰撞激发应力波的传播过程及其特征线图

我们考虑图 5.11 所示的两个长度相同、应力相等的矩形应力脉冲在杆中相向运动的情况，设两脉冲的应力为 σ，则右行脉冲的质点速度为 $v_1 = -\sigma/(\rho c_0)$，而左行脉冲的质点速度为 $v_2 = \sigma/(\rho c_0)$，那么二次波的应力为 2σ，速度为零。且两波相遇的截面 m-n 处，速度恒为零，在波的传播过程中这个截面始终保持不动相

当于杆的固定端。原来的脉冲相互作用完毕后，仍保持原来的形状沿原来的方向继续传播。

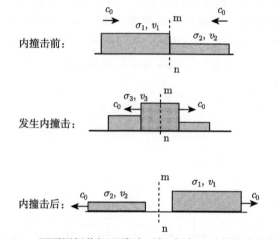

图 5.10   两不同幅值矩形脉冲 (波) 相向运动并发生内撞击

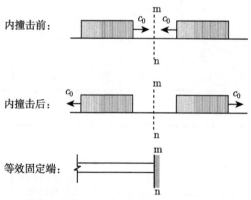

图 5.11   两相同幅值矩形脉冲 (波) 相向运动并发生内撞击

这一节主要介绍的是等截面杆的共轴碰撞，根据特征线法也不难推出变截面杆或弹塑性杆 [6] 共轴碰撞问题的理论解。本书不再对此做详细介绍，感兴趣的读者可以自行推导或查阅已发表的相关文章。

5.3   一维杆纵向正碰撞的 Saint-Venant 法

为了检验动态子结构法解的精度和收敛性，本节给出一维有限长杆与刚性质量块的纵向正碰撞的解析解。由于这个问题是经典问题，且结构较为简单，所以人们对此问题的弹性波的传播规律已有充分认识，已经获得了相应解析表达。随着计算机能力的提高，符号运算法能够帮助我们快速进行公式推导，得出完整的理论解 [7,8]。下面仍然针对图 5.12 所示的 Saint-Venant 碰撞问题，基于碰撞界面波函数，根据碰撞界面的速度连续条件 [8]，运用 Matlab 符号运算法，得到碰撞时全面的波传播解析解。

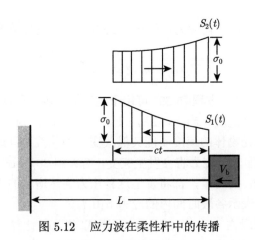

图 5.12 应力波在柔性杆中的传播

根据 Saint-Venant 碰撞理论，轴向弹性波在杆中传播的控制方程为

$$\frac{\partial^2 u(x,t)}{\partial t^2} = c^2 \frac{\partial^2 u(x,t)}{\partial x^2} \tag{5.34}$$

其中，u 为杆任意截面的轴向位移，$c = \sqrt{E/\rho}$ 为轴向弹性波的传播速度。截面的应力和速度之间的关系为

$$v(x,t) = v(x,t_0) + \frac{\sigma(x,t) - \sigma(x,t_0)}{c\rho} \tag{5.35}$$

其中，$v(x,t_0)$ 和 $\sigma(x,t_0)$ 分别为波到达前的速度和应力条件。在碰撞开始的瞬时 $t=0$，$v(x,0) = 0$ 且 $\sigma(x,0) = 0$，杆端各质点的速度为 V_b。

任意质点的速度 $v(x,t)$ 可简写为

$$v(x,t) = \sigma(x,t)\sqrt{E\rho} \tag{5.36}$$

而接触面的初始压应力 σ'_0 可由上式求得为

$$\sigma'_0 = V_b/\sqrt{E\rho} \tag{5.37}$$

由于杆的内部阻力，运动体的速度及其对于杆的压力都将逐渐降低，于是得到一个沿杆长传播，而压应力逐渐降低的压缩波 (如图 5.12 中的 $S_1(t)$)。压应力随时间的变化很容易由刚性块的运动方程求得为

$$M_b \frac{\mathrm{d}V(0,t)}{\mathrm{d}t} + A\sigma(0,t) = 0 \tag{5.38}$$

其中，$\sigma(0,t)$ 为杆端的变化应力，$V(0,t)$ 为刚性块的变化速度。将方程 (5.38) 代入方程 (5.37)，得

$$\sigma(0,t) = \sigma_0' \mathrm{e}^{-tA\sqrt{E\rho}/M_b} \tag{5.39}$$

当 $t \in (0, 2L/c)$ 时，方程 (5.39) 可用于描述碰撞界面的应力，其中 $c = \sqrt{E/\rho}$ 为轴向弹性波的传播速度。当 $t = 2L/c$ 时，波前压应力为 σ_0' 的压缩波将折回到碰撞界面。由于运动物体的速度不能突然改变，因此波如同遇到固定端一样，将反射回来，而碰撞面的压应力将会发生突变，增大到 $2\sigma_0'$。在一次碰撞过程中，在每段时间 $T = 2L/c$ 的终了，都将发生这种压力突然增大的现象，因此，必须用分段函数的形式，表示各段时间内的应力 $\sigma(0,t)$。

在第一个时间段内 $t \in (0, 2L/c)$，可用式 (5.39) 计算。在第二个时间段内 $t \in [2L/c, 4l/c]$，存在如图 5.12 所示的情况，压应力 $\sigma(0,t)$ 是由两个离开碰撞端的波和一个移近该碰撞端的波叠加引起的。

用 $S_1(t)$、$S_2(t)$、$S_3(t)$、$\cdots$ 分别代表经过时间 T、$2T$、$3T$、$\cdots$ 之后，所有离开碰撞端的波在这一端引起的总压应力。由于在杆中来回传播一次，经历时间 T，因此，回到碰撞端的波，就是前一时序离开的波。所以，只需把前一段时序内，离开碰撞端的波引起的压应力的表达式中的 t 用 $t - T$ 替换，就可得到由回到碰撞端的波所引起的压应力。于是，在任意时间 $t \in (nT, (n+1)T)(n = 1, 2, \cdots)$ 内总压应力的一般表达式是

$$\sigma(0,t) = S_n(t) + S_{n-1}(t - T) \tag{5.40}$$

碰撞界面质点的速度，应为压力波 $S_n(t)$ 的速度减去压力波 $S_{n-1}(t - T)$ 的速度。于是根据方程 (5.36) 得

$$\begin{cases} V_0(t) = \dfrac{1}{\sqrt{E\rho}} S_0(t), & t \in (0, T) & \text{(a)} \\[3mm] V_n(t) = \dfrac{1}{\sqrt{E\rho}} (S_n(t) - S_{n-1}(t - T)), & t \in [nT, (n+1)T],\ n = 1, 2, \cdots & \text{(b)} \end{cases}$$
$$\tag{5.41}$$

将式 (5.40) 和 (5.41) 代入方程 (5.38)，可以得到

$$\begin{cases} S_0(t) = \sigma_0' \mathrm{e}^{-\frac{2\alpha t}{T}}, & t \in (0, T) \quad\quad\quad\quad\quad\quad\text{(a)} \\[2mm] S_n(t) = S_{n-1}(t - T) - \dfrac{4\alpha}{T}\mathrm{e}^{-\frac{2\alpha t}{T}} \\[2mm] \quad\quad \cdot \left[\displaystyle\int \mathrm{e}^{\frac{2\alpha t}{T}} S_{n-1}(t - T)\mathrm{d}t + C_n \right], & t \in [nT, (n+1)T],\ n = 1, 2, \cdots \quad\text{(b)} \end{cases}$$

$$\text{(5.42)}$$

其中，$\alpha = AL\rho/M_b$ 为杆与刚性块的质量比，C_n 为积分常数。

下面的主要工作就是根据边界条件求取 C_n。Timoshenko 和 Goodier[9] 根据碰撞端压应力的边界条件计算 C_n，但是在每个阶段很难确定碰撞端的压应力。本书采用文献 [8] 的方法，根据碰撞界面的速度在两个阶段之间的连续性条件，即

$$V_{n-1}(nT) = V_n(nT) \tag{5.43}$$

求取 C_n。这样，通过 Matlab 强大的符号运算功能，反复迭代积分公式 (5.35)，即可求得碰撞界面完整的波传播表达。由于积分公式异常庞大，这里仅给出前面四个阶段的表达式，它们分别是

$$S_0 = \sigma_0' \mathrm{e}^{-\frac{2\alpha t}{T}} \tag{5.44}$$

$$S_1 = \sigma_0' \mathrm{e}^{-\frac{2\alpha t}{T}} + \sigma_0' \mathrm{e}^{-2\alpha\left(\frac{t}{T} - 1\right)} \left(1 + 4\alpha\left(1 - \frac{t}{T}\right) \right)$$

$$S_2 = \sigma_0' \mathrm{e}^{-2\alpha\frac{t}{T}} + \sigma_0' \mathrm{e}^{-2\alpha\left(\frac{t}{T} - 1\right)} \left(1 + 4\alpha\left(1 - \frac{t}{T}\right) \right) + \sigma_0' \mathrm{e}^{-2\alpha\left(\frac{t}{T} - 2\right)}$$
$$\cdot \left(1 + 8\alpha\left(2 - \frac{t}{T}\right) + 8\alpha^2\left(2 - \frac{t}{T}\right)^2 \right)$$

$$S_3 = \sigma_0' \mathrm{e}^{-2\alpha\frac{t}{T}} + \sigma_0' \mathrm{e}^{-2\alpha\left(\frac{t}{T} - 1\right)} \left(1 + 4\alpha\left(1 - \frac{t}{T}\right) \right) + \sigma_0' \mathrm{e}^{-2\alpha\left(\frac{t}{T} - 2\right)}$$
$$\cdot \left(1 + 8\alpha\left(2 - \frac{t}{T}\right) + 8\alpha^2\left(2 - \frac{t}{T}\right)^2 \right) + \sigma_0' \mathrm{e}^{-2\alpha\left(\frac{t}{T} - 3\right)}$$
$$\cdot \left(1 + 12\alpha\left(3 - \frac{t}{T}\right) + 24\alpha^2\left(3 - \frac{t}{T}\right)^2 + \frac{32}{3}\alpha^3\left(3 - \frac{t}{T}\right)^3 \right)$$

$$S_4 = \sigma_0' \mathrm{e}^{-2\alpha\frac{t}{T}} + \sigma_0' \mathrm{e}^{-2\alpha\left(\frac{t}{T} - 1\right)} \left(1 + 4\alpha\left(1 - \frac{t}{T}\right) \right) + \sigma_0' \mathrm{e}^{-2\alpha\left(\frac{t}{T} - 2\right)}$$
$$\cdot \left(1 + 8\alpha\left(2 - \frac{t}{T}\right) + 8\alpha^2\left(2 - \frac{t}{T}\right)^2 \right) + \sigma_0' \mathrm{e}^{-2\alpha\left(\frac{t}{T} - 3\right)}$$

$$\cdot \left(1 + 12\alpha\left(3 - \frac{t}{T}\right) + 24\alpha^2\left(3 - \frac{t}{T}\right)^2 + \frac{32}{3}\alpha^3\left(3 - \frac{t}{T}\right)^3\right)$$

$$+ \sigma_0' \mathrm{e}^{-2\alpha\left(\frac{t}{T} - 4\right)} \Big(\frac{1}{3}(192T^4\alpha - 1152T^3\alpha^2 t - 48t\alpha T^3 + 144T^2\alpha^2 t^2 + 8192T^4\alpha^3$$

$$- 128T\alpha^3 t^3 + 1536T^2\alpha^3 t^2 + 3T^4 + 2304T^4\alpha^2 - 6144T^3\alpha^3 t + 32\alpha^4 t^4$$

$$+ 8192T^4\alpha^4 - 8192\alpha^4 tT^3 + 3072\alpha^4 t^2 T^2 - 512\alpha^4 t^3 T)/T^4\Big)$$

根据方程 (5.41)，可以由杆端的速度积分，推导出杆端的位移函数，为

$$U(0, t) = \sum_{n=0}^{N} \int_{nT}^{(n+1)T} V_n \mathrm{d}t + \int_{NT}^{t} V_N \mathrm{d}t, \quad N = \mathrm{Ceil}(t/T) \tag{5.45}$$

综合以上的分析，就得到了碰撞端的位移、速度和应力的解析表达式。

在刚性块和柔性杆第一次碰撞结束后，仍然可能出现二次碰撞现象 [10]。一般存在以下两种情况：

(1) 第一碰撞结束后，刚性块的速度方向仍然指向杆端，就会发生二次碰撞；

(2) 第一次碰撞结束后，刚性块的速度反向，但是由于速度较慢，柔性杆的自由振动仍然能迫使杆端追上刚性块，从而发生第二次碰撞。

当刚性块和柔性杆质量比为 $\alpha = 1$ 时，会出现第二种"二次碰撞现象"。根据计算，第二次接触力峰值、第二次碰撞开始时间、碰撞持续时间和碰撞结束时刚性块的速度分别为 $0.27\sigma_0'$、$2.1284T$、$0.0347T$ 和 $-0.6922V_b$。

如需了解关于二次碰撞更加详细的内容，包括曲线和分析等，可以参阅参考文献 [10-12] 以及本书第 6 章内容。

5.4　杆件结构正碰撞的波函数展开法

5.4.1　桥梁多次重撞击响应的瞬态波函数法

5.4.1.1　引言

1975 年，Eringen 和 Suhubi[13] 在《弹性动力学》一书中，详细介绍了通过特征函数展开法 (分离变量法) 求解弹性动力学方程的过程，并应用在了有限条片初值问题、柱面波的初值问题，一端固定而另一端受到动态曳力作用的有限条片问题，以及球形域、柱形域的本征函数问题上。应用该方法，Cinelli[14]、Marchi 和 Zgrablich[15] 分别研究了厚壁圆筒和球的动态问题，Liu 和 Qu[16] 分析了圆盘中瞬态波的扩展问题，Timoshenko 等 [17] 探讨了杆和梁的强迫振动问题。需要注意的是，Gong 和 Wang[18] 在应用该方法研究单层厚壁圆筒中瞬态波的传播时，发

现通常使用的 Eringe 和 Suhubi 著作中的公式存在着计算结果有可能不满足应力边界条件的问题。Yin 和 Wang[19] 对这一问题进行深入讨论后发现，只有当边界上不作用外力时，该公式才是正确的，并提出了针对一般结构动态问题的修正后的公式，其通过对多层筒系统以及悬臂梁与杆系统的瞬态波响应分析均验证了修正公式的正确性。

本章采用瞬态波特征函数展升法 [20,21]，对于桥跨结构和桥墩间可能发生的竖向多次重撞击这一复杂问题，考虑复杂的波动效应，给出其瞬态波特征函数解。

5.4.1.2 桥梁结构多次重撞击问题的描述

针对竖向地震作用下桥梁桥跨结构和桥墩可能发生的多次重撞击现象，以一双跨连续梁桥为例计算其撞击瞬态响应。双跨连续梁桥由桥跨结构、桥墩和连接二者的支座组成。如图 5.11 所示，对竖向地震作用下连续梁桥的撞击模型进行了如下的简化处理：

(1) 本书只探讨竖向地震动对桥梁结构动力学行为的影响，没有考虑水平地震动，所以能够忽略桥跨的转动惯性和扭转效应，因此将桥跨结构简化为 Bernoulli-Euler 梁，其自重作为均布外载 q 施加在梁上。

(2) 将桥墩简化为采用 Saint-Venant 理论的杆模型，其顶部为自由端，底部与地面固结。并假设桥跨与桥墩的撞击仅发生在撞击接触面的法线方向，忽略接触面上的摩擦，撞击力在撞击接触面上均匀分布，地震过程中整体结构始终处于弹性阶段。

(3) 忽略沿桥梁厚度的波传播效应，不考虑自由表面的透射、折射和反射现象，桥梁为二维模型。

(4) 假设桥跨结构与桥墩之间放置的支座在 y 方向上没有约束，且支座的弹性变形量较小，弹性应力波在支座中的传播时间远远小于在桥墩中的传播时间，则桥跨结构与桥墩可能分离，发生多次重撞击，这一过程中支座对桥梁地震响应的影响可以忽略。本书中的连续梁桥采用满足上述条件的支座，为了简化计算起见，在模型中不再考虑支座的作用。

(5) 将竖向地震激励的作用等效为基础运动 $B(t)$，地震波同时从桥跨的两端和桥墩的固结端传入。

在图 5.13 所示的双跨连续梁桥中，桥跨的长为 x_0，横截面积为 A，截面惯性矩为 I，弹性模量为 E，密度为 ρ。桥墩高为 L，横截面积为 A_r，弹性模量为 E_r，密度为 ρ_r。桥跨两端界面设为 Γ_A 和 Γ_B，桥跨与桥墩撞击接触面为 Γ_C，桥墩固支界面为 Γ_D。

考虑撞击产生的瞬态波的传播，梁 Ω_1 和杆 Ω_2 的波动方程分别为

$$\rho A\ddot{y} - \nabla \cdot \nabla \cdot M_{\mathrm{b}} = q, \quad \text{在 } \Omega_1 \text{ 中}$$
$$\rho_{\mathrm{r}}\ddot{u} - \nabla \cdot \sigma_{\mathrm{r}} = f, \quad \text{在 } \Omega_2 \text{ 中} \tag{5.46}$$

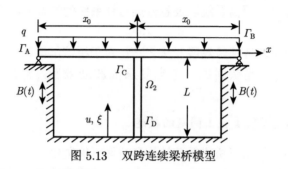

图 5.13　双跨连续梁桥模型

在撞击接触过程中，梁 Ω_1 和杆 Ω_2 的边界条件分别为

$$y = B(t), \quad M_{\mathrm{b}} = 0, \quad \text{在 } \Gamma_{\mathrm{A}} \text{和} \Gamma_{\mathrm{B}} \text{上}$$
$$u = B(t), \quad \text{在 } \Gamma_{\mathrm{D}} \text{上} \tag{5.47}$$

在分离过程中，梁 Ω_1 和杆 Ω_2 的边界条件分别为

$$y = B(t), \quad M_{\mathrm{b}} = 0, \quad \text{在 } \Gamma_{\mathrm{A}} \text{和} \Gamma_{\mathrm{B}} \text{上}$$
$$u = B(t), \quad \text{在 } \Gamma_{\mathrm{D}} \text{ 上}; \quad \sigma_{\mathrm{r}} = 0, \text{ 在 } \Gamma_{\mathrm{C}} \text{上} \tag{5.48}$$

其中，$y(x,t)$ 和 $u(\xi,t)$ 分别为梁的挠度和杆的轴向位移，$\sigma_{\mathrm{r}}(\xi,t)$ 为杆的轴向应力，$M_{\mathrm{b}}(x,t)$ 为梁的弯矩，不计体力时 $f = 0$。

　　若桥跨结构与桥墩之间发生多次重撞击，则当重撞击力为零时，桥跨结构脱离桥墩，进入分离过程；当桥跨结构与桥墩再次接触在一起时，进入撞击过程。整个地震作用过程被分割为若干个交替出现的分离和撞击过程。在可能发生撞击的接触界面 Γ_{C} 上，梁和杆的力连续性条件和位移连续性条件为

$$\begin{cases} \sigma_{\mathrm{r}} \geqslant 0, \quad u \leqslant y & \text{(a)} \\ \sigma_{\mathrm{r}}(u - y) = 0 & \text{(b)} \\ A_{\mathrm{r}}\sigma_{\mathrm{r}} = Q_{\mathrm{b2}} - Q_{\mathrm{b1}}, \quad \sigma_{\mathrm{r}} > 0 & \text{(c)} \end{cases} \tag{5.49}$$

其中，Q_{b1} 和 Q_{b2} 分别为从左端和右端计算的梁中部的剪力。条件 (5.49)(a) 分别表示了梁和杆在撞击过程中的应力特性和分离过程中的位移特性，条件 (5.49)(b) 表示了梁和杆的撞击接触条件和分离条件，条件 (5.49)(c) 表示了撞击接触过程中梁和杆的力连续性条件，撞击接触过程的位移连续性条件亦表示于条件 (5.49)(b) 中。

5.4.1.3 瞬态波特征函数展开法的基本理论

瞬态波特征函数展开法是求解弹性动力学问题的基本方法之一，是 Sturm-Liouville 常微分方程特征理论的推广，它将位移按瞬态波函数展开成特征函数的形式。其求解的思路和过程，理论上适用于求解弹性动力学中的一般问题。

对于波动控制方程式，应用瞬态波特征函数展开法进行求解时，将位移场分布 $\boldsymbol{u}(x,t)$ 分解为准静态项 $\boldsymbol{u}_{\mathrm{s}}(x,t)$ 和动态项 $\boldsymbol{u}_{\mathrm{d}}(x,t)$

$$\boldsymbol{u}(x,t) = \boldsymbol{u}_{\mathrm{s}}(x,t) + \boldsymbol{u}_{\mathrm{d}}(x,t), \quad t \in [0,\infty] \tag{5.50}$$

其中，构造准静态项，使之满足平衡微分方程、边界条件和连续性条件；构造动态项，使之满足波动方程 (无载荷 q)、力边界条件、零位移边界条件、连续性条件；使叠加解式 (5.50) 满足波动方程、边界条件、连续性条件和初始条件。根据弹性动力学解的唯一性定理，所得到的瞬态波响应解即为精确理论解。

动态项 $\boldsymbol{u}_{\mathrm{d}}(x,t)$ 可展开为

$$\boldsymbol{u}_{\mathrm{d}}(x,t) = \sum_n q_n(t)\boldsymbol{\varphi}_n(x) \tag{5.51}$$

其中，$\boldsymbol{\varphi}_n(x)$ 为特征函数，由特征值问题定义，应满足特征方程、零位移边界条件，以及应力和位移连续性条件。

5.4.1.4 多次重撞击响应的计算理论

1) 初始条件

地震发生前，桥梁处于静止状态。考虑桥跨的自重，将其作为均布外载 q 施加在梁上，桥墩与桥跨之间有一垂直于桥面的静接触力 F，因此梁-杆结构为静不定结构。

采用力法求解该静不定结构，变形协调方程为

$$\Delta_q + \delta \cdot F = u(L,0) \tag{5.52}$$

解得

$$F = -5qx_0^4/(24EIL/(E_{\mathrm{r}}A_{\mathrm{r}}) + 4x_0^3) \tag{5.53}$$

梁和杆的初始位移和速度可分别表示为

$$\begin{aligned}
y(x,0) &= [q(-5x_0^4 + 6x^2x_0^2 - x^4) - 2F(2x_0^3 - x^3 - 3x^2x_0)]/(24EI) \\
&\quad \ddot{y}(x,0), \quad \text{在 } \Omega_1 \text{ 上} \\
u(\xi,0) &= F\xi/(E_{\mathrm{r}}A_{\mathrm{r}}) \\
\dot{u}(\xi,0) &= 0
\end{aligned} \tag{5.54}$$

2) 撞击接触过程

在撞击接触过程中，梁和杆的边界条件为式 (5.47)，同时满足位移连续性条件式 (5.49) 和力连续性条件式 (5.49)，求解波动方程 (5.47)，使其响应解满足上述条件。

不考虑结构中瞬态波的传播效应，由静力学平衡原理分析得到的结构位移响应即为准静态位移解。对图 5.13 所示的双跨连续梁桥组合结构求解平衡微分方程

$$\frac{\partial^4 y_{\mathrm{s}}}{\partial x^4} + \frac{q}{EI} = 0$$
$$\frac{\partial^2 \boldsymbol{u}_{\mathrm{s}}}{\partial \xi^2} = 0 \tag{5.55}$$

其中，$y_{\mathrm{s}}(x,t)$ 和 $u_{\mathrm{s}}(\xi,t)$ 分别为上式中梁和杆的准静态位移解。这里我们使解 $\boldsymbol{u}_{\mathrm{s}}(x,t) = [y_{\mathrm{s}}(x,t), u_{\mathrm{s}}(\xi,t)]^{\mathrm{T}}$ 满足边界条件和连续性条件，解得准静态 $\boldsymbol{u}_{\mathrm{s}}(x,t)$ 为

$$\boldsymbol{u}_{\mathrm{s}}(x,t) = \left[\begin{array}{c} [q(-5x_0^4 + 6x^2x_0^2 - x^4) - 2F(2x_0^3 - x^3 - 3x^2x_0)]/(24EI) + B(t) \\ F\xi/(E_{\mathrm{r}}A_{\mathrm{r}}) + B(t) \end{array} \right]$$
$$\tag{5.56}$$

该解满足平衡微分方程、边界条件和连续性条件。

对于动态位移解，应求解系统无载荷 q 时的波动方程

$$\frac{\partial^4 y_{\mathrm{d}}}{\partial x^4} + \frac{1}{a^2}\frac{\partial^2 y}{\partial t^2} = 0$$
$$\frac{\partial^2 \boldsymbol{u}}{\partial \xi^2} - \frac{1}{c^2}\frac{\partial^2 \boldsymbol{u}_{\mathrm{d}}}{\partial t^2} = 0 \tag{5.57}$$

令 $\boldsymbol{u}(x,t) = \mathrm{e}^{\mathrm{i}\omega t}\boldsymbol{\varphi}(x)$ 代入该方程，得到波模态方程

$$\boldsymbol{C}^2\boldsymbol{\varphi}^n(x) + \omega_n^2\boldsymbol{\varphi}(x) = 0$$
$$\boldsymbol{C} = \left[\begin{array}{cc} a & 0 \\ 0 & c_{\mathrm{r}} \end{array} \right] \tag{5.58}$$

式中，$\omega_n(n = 1, 2, 3, \cdots)$ 为组合结构的 n 阶共有振动频率，梁的弯曲波速度 $a = \sqrt{EI/(\rho A)}$ 和杆的轴向波相速度 $c_{\mathrm{r}} = \sqrt{E_{\mathrm{r}}/\rho_{\mathrm{r}}}$。

波模态函数 $\boldsymbol{\varphi}(x)$ 的解为

$$\boldsymbol{\varphi}_n(x) = \left[\begin{array}{c} \varphi_{\mathrm{b}n} \\ \varphi_{\mathrm{r}n} \end{array} \right] = \left[\begin{array}{c} A_n \sin k_{\mathrm{b}n}x + B_n \cos k_{\mathrm{b}n}x + C_n \sinh k_{\mathrm{b}n}x + D_n \cosh k_{\mathrm{b}n}x \\ E_n \sin k_{\mathrm{r}n}\xi + F_n \cos k_{\mathrm{r}n}\xi \end{array} \right]$$
$$\tag{5.59}$$

其中，波数和频率的关系为 $\boldsymbol{k}_n = [k_{\mathrm{b}n}, k_m]^{\mathrm{T}} = [\sqrt{\omega_n/a}, \omega_n/c_{\mathrm{r}}]^{\mathrm{T}}$。$\boldsymbol{A}_n^* = [A_n, B_n, C_n, D_n, E_n, F_n]^{\mathrm{T}}$ 为梁和杆波模态的待定系数。

梁弯曲波模态和杆轴向波模态组成了一个正交集。采用类似于以往组合结构的研究方法，由特征方程及其对应的边界条件和连续性条件可以导出正交性条件为

$$\int_{-x_0}^{x_0} \rho \boldsymbol{\varphi}_{\mathrm{b}i} \boldsymbol{\varphi}_{\mathrm{b}j} A \mathrm{d}x + \int_0^L \rho_{\mathrm{r}} \boldsymbol{\varphi}_{\mathrm{r}i} \boldsymbol{\varphi}_{\mathrm{r}j} A_{\mathrm{r}} \mathrm{d}\xi = \boldsymbol{\delta}_{ij} \tag{5.60}$$

其中，$\boldsymbol{\delta}_{ij}$ 为克罗内克 (Kronecker) 函数。

将波模态函数代入动态位移解的边界条件和连续性条件，得到 $\boldsymbol{A}_n^*$ 的系数矩阵方程。由非平凡解存在的条件，导出 $\boldsymbol{A}_n^*$ 的系数矩阵行列式为零，从而得到频率方程为

$$E_{\mathrm{r}} A_{\mathrm{r}} k_{\mathrm{r}n} \cos k_{\mathrm{r}n} L (\tan k_{\mathrm{b}n} x_0 - \tanh k_{\mathrm{b}n} x_0) + 4EI k_{\mathrm{b}n}^3 \sin k_{\mathrm{r}n} L = 0 \tag{5.61}$$

由 $\boldsymbol{A}_n^*$ 的系数矩阵方程和波模态正交性条件，可求解出系数 $\boldsymbol{A}_n^*$，从而求解出波模态 $\boldsymbol{\varphi}_n(x)$。

将位移解式 (5.50) 代入波动方程 (5.46)，并应用正交归一化条件得到时间函数的微分方程为

$$\ddot{\boldsymbol{q}}_n(t^*) + \omega_n^2 \boldsymbol{q}_n(t^*) = \ddot{\boldsymbol{Q}}_n(t^*)$$

$$\boldsymbol{Q}_n(t^*) = -\int_{-x_0}^{x_0} \rho A \boldsymbol{\varphi}_{\mathrm{b}n}(x) y_{\mathrm{s}}(x, t^*) \mathrm{d}x - \int_0^L \rho_{\mathrm{r}} A_{\mathrm{r}} \boldsymbol{\varphi}_{\mathrm{r}n}(x) u_{\mathrm{s}}(\xi, t^*) \mathrm{d}\xi \tag{5.62}$$

其中，$t^* = t - t_{2k}$ 为第 k 次撞击过程的时间变量 (设首次撞击为 $k = 0$)，t_{2k} 为第 k 次撞击的开始时间。首次撞击开始时间和其他各次撞击开始时间均由相对位移条件确定。

通过拉普拉斯 (Laplace) 变换求解，可得

$$\boldsymbol{q}_n(t^*) = \boldsymbol{q}_n(0) \cos(\omega_n t^*) + \frac{1}{\omega_n} \dot{\boldsymbol{q}}_n(0) \sin(\omega_n t^*)$$

$$+ \frac{1}{\omega_n} \int_0^{t^*} \ddot{\boldsymbol{Q}}_n(t_{2k} + \tau) \sin(\omega_n \cdot (t^* - \tau)) \mathrm{d}\tau$$

$$\boldsymbol{q}_n(0) = \int_{-x_0}^{x_0} \rho A \boldsymbol{\varphi}_{\mathrm{b}n}(x) y_{\mathrm{s}}(x, t_{2k}^-) \mathrm{d}x + \int_0^L \rho_{\mathrm{r}} A_{\mathrm{r}} \boldsymbol{\varphi}_{\mathrm{r}n}(x) u_{\mathrm{s}}(\xi, t_{2k}^-) \mathrm{d}\xi + \boldsymbol{Q}_n(\boldsymbol{0})$$

$$\dot{\boldsymbol{q}}_n(0) = \int_{-x_0}^{x_0} \rho A \boldsymbol{\varphi}_{\mathrm{b}n}(x) \dot{y}_{\mathrm{s}}(x, t_{2k}^-) \mathrm{d}x + \int_0^L \rho_{\mathrm{r}} A_{\mathrm{r}} \boldsymbol{\varphi}_{\mathrm{r}n}(x) \dot{u}_{\mathrm{s}}(\xi, t_{2k}^-) \mathrm{d}\xi + \dot{\boldsymbol{Q}}_n(\boldsymbol{0})$$

$$\tag{5.63}$$

其中, $y_s(x, t_{2k}^-)$, $\dot{y}_s(x, t_{2k}^-)$, $u_s(\xi, t_{2k}^-)$, $\dot{u}_s(\xi, t_{2k}^-)$ 分别为梁和杆第 k 次撞击开始时刻的初始位移和初始速度分布, 它们为上次分离阶段结束时刻的位移和速度分布。因此, 本书在研究撞击过程时能够考虑上一次分离过程的残余波动, 从而完成了从分离过程向撞击过程过渡时对瞬态波传播的连续求解。

3) 分离过程

在分离过程中, 梁和杆不再发生相互作用, 以各自固有的特征频率 ω_{bm} 和 ω_{rm}, 独立运动, 仍可用位移解式 (5.50) 的形式求解, 并按相同的方法求解波模态、频率、波模态系数和时间函数。

对于梁和杆的准静态位移解, 可分别独立求解平衡微分方程 (同撞击过程), 并使解满足边界条件和连续性条件, 从而解得

$$u_s(x, t) = \begin{bmatrix} q(-5x_0^4 + 6x^2 x_0^2 - x^4)/(24EI) + B(t) \\ B(t) \end{bmatrix} \tag{5.64}$$

由特征函数展开, 梁和杆的动态位移解可表示为

$$u_d(x, t) = \begin{bmatrix} \displaystyle\sum_m q_{bm}(t^*) \phi_{bm}(x) \\ \displaystyle\sum_m q_{rm}(t^*) \phi_{rm}(\xi) \end{bmatrix} \tag{5.65}$$

其中, $t^* = t - t_{2k+1}$ 为第 k 次分离过程的时间变量 (首次分离为 $k = 1$), t_{2k+1} 为第 k 次分离的开始时间。

分离过程中, 梁和杆的波模态方程分别为

$$a^2 \phi_{bm}^{n(4)}(x) + \omega_{bm}^2 \phi_{bm}(x) = 0$$
$$c_r^2 \phi_{rm}^n(\xi) + \omega_{rm}^2 \phi_{rm}(\xi) = 0 \tag{5.66}$$

式中, ω_{bm} 和 ω_{rm} 分别为梁和杆的 n 阶振动频率。

解得波模态函数分别为

$$\phi_{bm}(x) = A_{bm} \sin \bar{k}_{bm}(x + x_0)$$

$$\phi_{rm}(x) = A_{rm} \sin \bar{k}_{rm}\xi$$

$$\bar{k}_{bm} = \sqrt{\omega_{bm}/a} = m\pi/(2x_0)$$

$$\bar{k}_{rm} = \omega_{rm}/c_r = (2m-1)\pi/(2L) \tag{5.67}$$

根据正交归一化条件，可确定

$$A_{bm} = 1/\sqrt{\rho A x_0}, \quad A_{rm} = \sqrt{\frac{2}{\rho_r A_r L}}$$

$$m = 1, 2, 3, \cdots \tag{5.68}$$

将准静态位移解和动态位移解代入梁和杆的波动方程，并应用正交归一化条件得到时间函数的微分方程分别为

$$\ddot{q}_{bm}(t^*) + \omega_{bm}^2 q_{bm}(t^*) = \ddot{Q}_{bm}(t^*)$$

$$\ddot{q}_{rm}(t^*) + \omega_{rm}^2 q_{rm}(t^*) = \ddot{Q}_{rm}(t^*)$$

$$Q_{bm}(t^*) = -\int_{-x_0}^{x_0} \rho A \phi_{bm}(x) y_{bs}(x, t^*) dx$$

$$Q_{rm}(t^*) = -\int_{-x_0}^{x_0} \rho_r A_r \phi_{rm}(\xi) u_{rs}(\xi, t^*) d\xi \tag{5.69}$$

通过 Laplace 变换分别求解，可得相应的梁的时间函数为

$$q_{bm}(t^*) = q_{bm}(0)\cos(\omega_{bm}t^*) + \frac{1}{\omega_{bm}}\dot{q}_{bm}(0)\sin(\omega_{bm}t^*)$$

$$+ \frac{1}{\omega_{bm}}\int_0^{t^*}\ddot{Q}_{bm}(t_{2k+1}+\tau)\sin(\omega_{bm}\cdot(t^*-\tau))d\tau$$

$$q_{bm}(0) = \int_{-x_0}^{x_0}\rho A\phi_{bm}(x)y_{bs}(x, t_{2k+1}^-)dx + Q_{bm}(0)$$

$$\dot{q}_{bm}(0) = \int_{-x_0}^{x_0}\rho A\phi_{bm}(x)\dot{y}_{bs}(x, t_{2k+1}^-)dx + \dot{Q}_{bm}(0) \tag{5.70}$$

相应的杆的时间函数为

$$q_{rm}(t^*) = q_{rm}(0)\cos(\omega_{rm}t^*) + \frac{1}{\omega_{rm}}\dot{q}_{rm}(0)\sin(\omega_{rm}t^*)$$

$$+ \frac{1}{\omega_{rm}}\int_0^{t^*}\ddot{Q}_{rm}(t_{2k+1}+\tau)\sin(\omega_{rm}\cdot(t^*-\tau))d\tau$$

$$q_{rm}(0) = \int_0^{L}\rho_r A_r\phi_{rm}(\xi)u_{rs}(\xi, t_{2k+1}^-)d\xi + Q_{rm}(0)$$

$$\dot{q}_{rm}(0) = \int_0^{L}\rho_r A_r\phi_{rm}(\xi)\dot{u}_{rs}(\xi, t_{2k+1}^-)d\xi + \dot{Q}_{rm}(0) \tag{5.71}$$

其中，$y_{bs}(x, t_{2k+1}^-)$，$\dot{y}_{bs}(x, t_{2k+1}^-)$，$u_{rs}(\xi, t_{2k+1}^-)$ 和 $\dot{u}_{rs}(\xi, t_{2k+1}^-)$ 分别为第 k 次分离开始时刻梁和杆的初始位移和初始速度分布，它们为上次撞击接触阶段结束时刻的位移和速度分布，t_{2k+1} 由分离应力条件式 (5.49) 确定。因此，本书在研究分离过程时能够考虑上一次撞击接触过程的残余波动，从而完成了从撞击过程向分离过程过渡时对瞬态波传播的连续求解。

4) 撞击与分离过程的判别

整个地震过程中撞击接触阶段与分离过程循环交替进行，每一个阶段都对应不同的边界条件、连续性条件和初始条件，因而如何确定撞击与分离开始的时间尤为重要。当重撞击力 $P(t)$ 从压力变为零时，可认为桥跨结构从桥墩支承上脱离，进入分离过程，分离条件即为

$$P(t) \leqslant 0, \quad \frac{\mathrm{d}P(t)}{\mathrm{d}(t)} \leqslant 0 \tag{5.72}$$

当桥跨结构与桥墩结束分离，再次接触在一起时，即可视为进入撞击过程。可用梁和杆结构之间的相对位移来表示接触与否，即当梁中点的位移等于或大于杆自由端的位移时，开始发生撞击。撞击条件用数学式表达为

$$\Delta U = u(L, t) - y(0, t) \leqslant 0, \quad \frac{\partial \Delta U}{\partial t} \geqslant 0 \tag{5.73}$$

5) 多次重撞击力的计算

在竖向地震激励下桥跨结构与桥墩撞击的一个显著效果是，产生持续时间短、幅值高、变化迅速的重撞击力。重撞击力是衡量撞击动力学行为的重要参数。相对于瞬态响应，直接测量重撞击力是较为困难的，并且对重撞击力 (重撞击力时间曲线) 的计算一直存在较大的困难。通常直接计算重撞击力的理论公式是由撞击界面位移条件所构造的，形如

$$y(0, t, P(t)) - u(L, t, P(t))|_{\Gamma_C} = 0 \tag{5.74}$$

这是一个重撞击力 $P(t)$ 和撞击界面位移高度耦合的强非线性方程。应用时间离散迭代法求解可能剧烈变化的重撞击力响应，难以保证计算结果的收敛性。

本书将重撞击力视为接触区的瞬态内力 (如图 5.14 所示)，利用已经求解的且不含未知重撞击力的组合体结构的瞬态响应解式 (5.50)，由接触界面上的应力计算出重撞击力响应

$$P(t) = \iint\limits_{\Gamma_C} \sigma_r \mathrm{d}A, \quad t_{2k} \leqslant t \leqslant t_{2k+1} \tag{5.75}$$

避开了使用强非线性方程 (5.74) 求解重撞击力的困难。数值计算表明结果可收敛，并能得到较精确的计算结果。

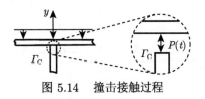

图 5.14 撞击接触过程

5.4.1.5 多次重撞击过程的程序实现

桥跨结构与桥墩在竖向地震作用下是否会发生一次和一次以上的重撞击，事先并不清楚，因此研究方法需要为考虑任意多次重撞击现象而设计。若发生多次重撞击，则撞击接触过程与分离过程将交替进行，上文给出了每一阶段的波动方程、初始条件、边界条件和连续性条件，可以推导出桥梁结构的瞬态波函数理论解。应用 C++ 语言编写计算瞬态响应的程序，其计算流程为：

(1) 计算地震开始前桥跨结构与桥墩之间的静接触力。

(2) 地震开始后，按接触状态计算接触力。若接触力不为零，则增加一个时间步长，再计算一次接触力。若接触力直至地震结束时刻 t_0 都不为零，说明桥跨结构与桥墩之间没有发生重撞击行为；若接触力在某一时刻为零，则开始分离，进入步骤 (3)。

(3) 进行分离阶段的动力学计算。若桥跨结构与桥墩之间的相对位移不为零，则增加一个时间步长，再计算一次相对位移；若相对位移为零，则开始撞击，进入步骤 (4)。

(4) 进行撞击阶段的动力学计算。若撞击力不为零，则增加一个时间步长，再计算一次撞击力；若撞击力为零，则开始分离，进入步骤 (3)。

(5) 在步骤 (3)~(4) 中，若计算时间已到地震结束时间 t_e，则计算结束。

5.4.2 竖向地震下刚构桥瞬态响应的瞬态波函数法数值结果

5.4.2.1 波动方程

本节针对一双跨刚构桥 (图 5.15) 阐述研究方法，研究该桥梁在竖向地震激励作用下的瞬态动力学响应。该连续刚构桥为预应力混凝土桥梁，跨径 $x_0 =55$m，桥梁截面采用单箱单室箱形梁，其截面尺寸如图 5.16 所示。箱梁顶宽 13.49m，底宽 7m，梁底变化曲线为二次抛物线形式，高度由端部的 2.4m 变化到根部的 5.0m。箱梁材料为 C50 混凝土，弹性模量 $E =34.5$GPa，密度 $\rho =2600$kg/m³。其中的纵向预应力钢束采用 $R_y^b=1860$MPa 的低松弛钢绞线。对于支点断面钢束布置，顶板束采用 16 束 $19\phi^j15.24$ 和 22 束 $7\phi^j15.24$，底板束采用 3 束 $12\phi^j15.24$；对于跨中截面, 底板束采用 12 束 $12\phi^{j}15.24$ 和 14 束 $9\phi^{j}15.24$。经计算, 桥跨重量 $m = 1307.22\mathrm{t}$。

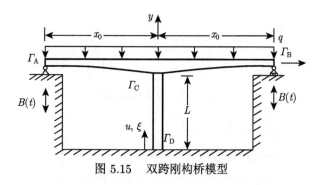

图 5.15　双跨刚构桥模型

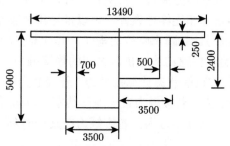

图 5.16　箱形梁横截面 (单位: mm)

桥墩高 $L = 30\mathrm{m}$, 采用 $7\mathrm{m} \times 4\mathrm{m}$ 矩形空心薄壁墩, 壁纵向尺寸为 0.9m, 横向为 0.6m, 横截面积 $A_{\mathrm{r}} = 7.26\mathrm{m}^2$。桥墩材料采用 C40 标号的混凝土, 弹性模量 $E_{\mathrm{c}} = 32.5\mathrm{GPa}$, 密度 $\rho_{\mathrm{c}} = 2600\mathrm{kg/m}^3$。桥墩纵向配筋为 II 级钢筋, 直径 40mm, 基本间距为 100mm, 保护层厚度为 50mm, 沿截面四周均匀布置, 配筋率为 1.3%。箍筋同样为 II 级钢筋, 直径为 16mm。钢筋的抗拉 (压) 设计强度 $f_y = 300\mathrm{MPa}$, 弹性模量为 $E_y = 200\mathrm{GPa}$。

由于桥墩中的混凝土和纵筋的弹性模量不一致, 根据桥墩截面变形一致性假设, 可以计算出桥墩的等效弹性模量 $E_{\mathrm{r}} = (E_{\mathrm{c}}A_{\mathrm{c}} + E_yA_y)/(A_{\mathrm{c}} + A_y)$, 桥墩的等效应力 σ_{r} 为轴力除以桥墩横截面面积, 其中 A_{c} 为截面混凝土面积, A_y 为全部纵向钢筋的截面面积。

该刚构桥主梁截面为变截面, 为方便理论计算起见, 按等刚度原则将变截面梁等效变换为跨度相同的等截面简支梁。对于两跨连续梁, 其等代简支梁的抗弯惯矩 I 可按下式计算

$$I = \chi I_{\mathrm{c}}, \quad \chi = \frac{40}{(29 + 11n)(1 - \nu)} \tag{5.76}$$

其中，$\nu = \dfrac{(95+25n)^2}{128\,(9+n)\,(29+11n)}$，$n = \dfrac{I_c}{I_a}$，$I_c$ 为变截面主梁跨中截面的抗弯惯矩，I_a 为变截面主梁支点截面的抗弯惯矩。经计算，该刚构桥 $I_c = 48.62\text{m}^4$，$I_a = 6.22\text{m}^4$。利用上述公式计算得出等代截面抗弯惯矩 $I = 25.63\text{m}^4$。平均截面面积 $A = \dfrac{m}{\rho x_0} = 9.14\text{m}^2$。从而得出该连续刚构桥的简化模型，如图 5.15 所示。桥跨结构简化为梁 Ω_1，桥墩简化为杆 Ω_2，梁两端界面为 Γ_A 和 Γ_B，梁和杆的固结界面为 Γ_C，杆下端的固支界面为 Γ_D。将梁的自重作为均布外载 q 施加在梁上，竖向地震激励的作用等效为基础运动 $B(t)$，并取竖向地震波到达的时刻为计算的零时刻。

为简化计算起见，将竖向地震激励用主谐波分量简谐运动代替。即取

$$B(t) = B_0 \sin \omega_0 t, \quad \omega_0 = \frac{2\pi}{T} \tag{5.77}$$

其中，T 为竖向地震主谐波分量的激励周期，B_0 为竖向地震振幅。

应用弹性动力学理论，得到刚构桥梁杆结构的波动方程为

$$\rho A \ddot{y} - \nabla \cdot \nabla \cdot M_b = q, \quad \text{在 } \Omega_1 \text{ 上}$$
$$\rho_r \ddot{u} - \nabla \cdot \sigma_r = f, \quad \text{在 } \Omega_2 \text{ 上} \tag{5.78}$$

其中，y 和 u 分别为梁的挠度和杆的轴向位移，M_b 为梁的弯矩，σ_r 为杆的轴向应力，不计桥墩体力时 $f = 0$。

在竖向简谐激励作用下，刚构桥的边界条件为

$$y = B_0 \sin \omega_0 t, \quad M_b = 0, \quad \text{在 } \Gamma_A \text{ 和 } \Gamma_B \text{ 上}$$
$$u = B_0 \sin \omega_0 t, \quad \text{在 } \Gamma_D \text{ 上} \tag{5.79}$$

固结界面 Γ_C 的位移连续性条件和力连续性条件分别为

$$u = y \tag{5.80}$$
$$A_r \sigma_r = Q_{b2} - Q_{b1} \tag{5.81}$$

其中，Q_{b1} 和 Q_{b2} 分别为从左端和右端计算的梁中部的剪力。

5.4.2.2 瞬态波函数理论解

应用瞬态波特征函数展开法，求解满足真实的边界条件 (5.79)、位移连续性条件 (5.80) 和应力连续性条件 (5.81) 的平衡微分方程，解得桥梁结构的准静态项 $\boldsymbol{u}_s(x, t)$ 为

$$\boldsymbol{u}_s(x,t) = \begin{bmatrix} [q(-5x_0^4 + 6x^2x_0^2 - x^4) - 2F(2x_0^3 - x^3 - 3x^2x_0)]/(24EI) + B_0 \sin \omega_0 t \\ F\xi/(E_r A_r) + B_0 \sin \omega_0 t \end{bmatrix}$$
$$\tag{5.82}$$

在竖向地震响应过程中，梁和杆以共同的特征频率 ω_n 运动，动态位移响应满足波动方程 (无载荷 q)、位移连续性条件 (5.80) 和应力连续性条件 (5.81)、初始条件和齐次边界条件

$$y = 0, \quad M_{\rm b} = 0, \quad \text{在 } \varGamma_{\rm A} \text{ 和 } \varGamma_{\rm B} \text{ 上}$$
$$u = 0, \quad \text{在 } \varGamma_{\rm D} \text{ 上} \tag{5.83}$$

动态位移项可表示成如下形式

$$\boldsymbol{u}_{\rm d}(x,t) = \sum_n q_n(t)\,\boldsymbol{\varphi}_n(x) \tag{5.84}$$

其中，梁和杆的波模态函数 $\boldsymbol{\varphi}_n(x) = [\begin{array}{cc} \varphi_{\rm bn} & \varphi_{\rm rn} \end{array}]^{\rm T}$ 满足特征方程

$$\boldsymbol{C}^2\boldsymbol{\varphi}_n''(x) + \omega_n^2\boldsymbol{\varphi}_n(x) = \boldsymbol{0}$$
$$\boldsymbol{C} = \left[\begin{array}{cc} a & 0 \\ 0 & c_{\rm r} \end{array}\right]$$
$$n = 1, 2, 3, \cdots \tag{5.85}$$

式中，梁的弯曲波速度 $a = \sqrt{EI/(\rho A)}$，杆的轴向波相速度 $c_{\rm r} = \sqrt{E_{\rm r}/\rho_{\rm r}}$。

波模态函数 $\boldsymbol{\varphi}_n(x)$ 的解为

$$\boldsymbol{\varphi}_n(x) = \left[\begin{array}{c} \varphi_{\rm bn} \\ \varphi_{\rm rn} \end{array}\right] = \left[\begin{array}{c} A_n \sin k_{\rm bn}x + B_n \cos k_{\rm bn}x + C_n \sinh k_{\rm bn}x + D_n \cosh k_{\rm bn}x \\ E_n \sin k_{\rm rn}\xi + F_n \cos k_{\rm rn}\xi \end{array}\right]$$
$$\tag{5.86}$$

其中，待定系数 $\boldsymbol{A}_n^* = [A_n, B_n, C_n, D_n, E_n, F_n]^{\rm T}$ 可通过齐次边界条件和正交归一化条件计算得出，其解为

$$\left\{\begin{array}{l} A_n = -\dfrac{M_{3n}}{\sqrt{\rho A M_{3n}^2 x_0\left(\dfrac{\sin^2 k_{\rm bn}x_0}{\cos^2 k_{\rm bn}x_0} + \dfrac{\sinh^2 k_{\rm bn}x_0}{\cosh^2 k_{\rm bn}x_0}\right) + \dfrac{1}{2}\rho_{\rm s}A_{\rm s}L + \dfrac{1}{8k_{\rm rn}}\rho_{\rm s}A_{\rm s}\sin 2k_{\rm rn}L}} \\[4mm] B_n = \dfrac{\sin k_{\rm bn}x_0}{\cos k_{\rm bn}x_0} \cdot A_n \\[3mm] C_n = -A_n \\[3mm] D_n = -\dfrac{\sinh k_{\rm bn}x_0}{\cosh k_{\rm bn}x_0} \cdot A_n \\[3mm] E_n = -\dfrac{1}{\sqrt{\rho A M_{3n}^2 x_0\left(\dfrac{\sin^2 k_{\rm bn}x_0}{\cos^2 k_{\rm bn}x_0} + \dfrac{\sinh^2 k_{\rm bn}x_0}{\cosh^2 k_{\rm bn}x_0}\right) + \dfrac{1}{2}\rho_{\rm s}A_{\rm s}L + \dfrac{1}{8k_{\rm rn}}\rho_{\rm s}A_{\rm s}\sin 2k_{\rm rn}L}} \\[4mm] F_n = 0 \end{array}\right.$$
$$\tag{5.87}$$

其中，$M_{3n} = \dfrac{E_{\rm s} A_{\rm s} k_{\rm rn} \cos k_{\rm rn} L}{4EI k_{\rm bn}^3}$。

为进一步确定时间函数 $q_n(t)$，将位移解代入波动方程 (5.48)，并应用正交性条件，可导出时间函数的微分方程为

$$\ddot{q}_n(t) + \omega_n^2 q_n(t) = \ddot{Q}_n(t) \tag{5.88}$$

其中，

$$Q_n(t) = -\int_{-x_0}^{x_0} \rho A \varphi_{{\rm b}n}(x) y_{\rm s}(x,t){\rm d}x - \int_0^L \rho_{\rm r} A_{\rm r} \varphi_{{\rm r}n}(x) u_{\rm s}(\xi,t){\rm d}\xi = -E_n B_{n{\rm B}} B(t)$$

$$B_{n{\rm B}} = \frac{2\rho A M_{3n}}{k_{\rm bn}}\left(2 - \frac{1}{\cos k_{\rm bn} x_0} - \frac{1}{\cosh k_{\rm bn} x_0}\right) + \frac{\rho_{\rm s} A_{\rm s}}{k_{\rm rn}}\left(1 - \cos k_{\rm rn} L\right) \tag{5.89}$$

采用 Laplace 变换求解可得

$$q_n(t) = q_n(0)\cos(\omega_n t) + \frac{1}{\omega_n}\dot{q}_n(0)\sin(\omega_n t) + \frac{1}{\omega_n}\int_0^t \ddot{Q}_n(\tau)\sin(\omega_n \cdot (t-\tau)){\rm d}\tau \tag{5.90}$$

其中，$q_n(0)$ 和 $\dot{q}_n(0)$ 由地震开始时刻梁和杆的位移和速度分布确定。

梁和杆的初始位移和速度可分别表示为

$$y(x,0) = [q(-5x_0^4 + 6x^2 x_0^2 - x^4) - 2F(2x_0^3 - x^3 - 3x^2 x_0)]/(24EI)$$

$$\dot{y}(x,0) = 0, \quad 在 \ \Omega_1 \ 上$$

$$u(\xi,0) = F\xi/(E_{\rm r} A_{\rm r})$$

$$\dot{u}(\xi,0) = 0, \quad 在 \ \Omega_2 \ 上 \tag{5.91}$$

由此解得

$$\begin{cases} q_n(0) = 0 \\ \dot{q}_n(0) = -E_n B_{n{\rm B}} B_0 \omega_0 \end{cases} \tag{5.92}$$

从而得到梁和杆结构的时间函数为

$$q_n(t) = -E_n B_{n{\rm B}} D_n(t) \tag{5.93}$$

其中，

$$D_n(t) = \frac{B_0 \omega_0}{\omega_0^2 - \omega_n^2}\left(\omega_0 \sin \omega_0 t - \omega_n \sin \omega_n t\right) \tag{5.94}$$

最终准静态项和动态项之和满足波动方程、边界条件、连续性条件和初始条件。根据弹性动力学解的唯一性定理，可以得到连续刚构桥模型的瞬态波响应的精确理论解。

按竖向简谐地震激励进行计算，选取激励周期 $T=0.1$s，假设桥梁位于抗震设防烈度为八度的地区，并按罕遇地震作用计算桥梁响应[22]。地震波的水平加速度峰值为 0.62g，按照规范取竖向地震波的加速度峰值为水平峰值的 2/3，即 0.4g。选取地震持续时间为 10s。

接下来，选取地震烈度分别为七度、八度、九度，进行相应的计算分析，来对比研究桥跨结构与桥墩之间的接触界面上承受的接触力响应。

图 5.17 为地震开始后 20ms 内不同地震烈度下接触力的变化情况，图中标记的最大接触力的数值随地震烈度的增加近似于线性增加。在 8.49ms 之前，接触力在静接触力 $F_0=15.95$MN 的基础上作小幅振荡。从 8.49ms 开始，接触力发生了显著的变化，先是迅速上升，然后振荡下行。

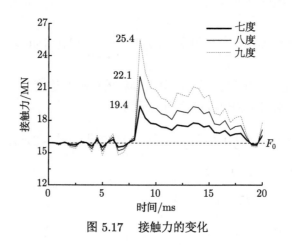

图 5.17　接触力的变化

参 考 文 献

[1] 刘鸿文. 材料力学. 6 版. 北京: 高等教育出版社, 2017.

[2] 杨桂通, 张善元. 弹性动力学. 北京: 中国铁道出版社, 1988.

[3] Shen Y, Yin X. Dynamic substructure analysis of stress waves generated by impacts on non-uniform rod structures. Mechanism and Machine Theory, 2014, 74: 154-172.

[4] Shen Y, Yin X. Analysis of geometric dispersion effect of impact-induced transient waves in composite rod using dynamic substructure method. Applied Mathematical Modelling, 2016, 40(3): 1972-1988.

[5] 孔德平, 骞朋波, 沈煜年, 等. 碰撞激发弹粘塑性波传播的动态子结构方法. 机械工程学报, 2013, 49(1): 95-101.

[6] 孔德平, 尹晓春, 骞朋波, 等. 双柔性杆弹塑性碰撞动态子结构方法的研究. 机械强度, 2014, 36(1): 1-6.

[7] Bathe K J. Finite Element Procedures. Englewood Cliffs, NJ: Prentice-Hall, 1996.

[8] 马炜, 刘才山, 黄琳. 弹性杆轴向碰撞波动问题理论分析. 应用力学进展论文集, 2004.

[9] Timoshenko S P, Goodier J N. Theory of Elasticity. 北京: 清华大学出版社, 2005.

[10] Escalona J L, Mayo J, Domínguez. A new numerical method for the dynamic analysis of impact loads in flexible beams. Mechanism and Machine Theory, 1999, 34: 765-780.

[11] 高玉华. 刚体撞块撞击弹性长杆的二次撞击分析. 上海力学, 1996, (4): 334-338.

[12] Escalona J L, Mayo J, Domínguez. A critical study of the use of the generalized impulse-momentum balance equations in flexible multibody systems. Journal of Sound and Vibration, 1998, 217(3): 523-545.

[13] Eringen A C, Suhubi E S. Elastodynamics, Vol. 2, Linear Theory. New York: Academic Press, 1975.

[14] Cinelli G. Dynamic vibrations and stresses in elastic cylinders and spheres. Journal of Applied Mechanics, 1966, 33(4): 825-830.

[15] Marchi E, Zgrablich G. Elastic vibrations in thick hollow cylinders. Czechoslovak J. Phys. Sect. B, 1965, (15): 204-209.

[16] Liu G, Qu J. Transient wave propagation in a circular annulus subjected to transient excitation on its outer surface. The Journal of the Acoustical Society of America, 1998, (104): 1210-1220.

[17] Timoshenko S, Young D H, Weaver W J R. Vibration Problems in Engineering. New York: John Wiley & Sons Ltd, 1974.

[18] Gong Y N, Wang X. Radial Vibrations and Dynamic Stresses in Elastic Hollow Cylinders. Structural Dynamic: Recent Advances. England: Elsevier Science Publication Ltd, 1991: 137-147.

[19] Yin X C, Wang L G. The effect of multiple impacts on the dynamics of an impact system. Journal of Sound and Vibration, 1999, (228): 995-1015.

[20] 徐然, 尹晓春. 竖向地震作用下桥面与桥墩的多次重撞击力的计算. 工程力学, 2010, 27(10): 124-130.

[21] 徐然, 尹晓春. 竖向地震作用下桥梁结构的瞬态波响应分析. 振动与冲击, 2012, 31(1): 49-55.

[22] 周云, 宗兰, 张文芳, 等. 土木工程抗震设计. 北京: 科学出版社, 2005.

第 6 章 变形体正碰撞的数值方法

钱学森 (Xuesen Qian 或 Hsue-shen Tsien): ——————————————————

"*在科学的道路上，成功永远属于那些不断探索、勇于创新的人。*"(On the road of science, success always belongs to those who continuously explore and dare to innovate.)

————钱学森是中国著名力学家，被誉为"中国航天之父"。钱学森强调了在科学研究中，不断探索和勇于创新的重要性，这是科学进步和发现新知的关键。他的话提醒我们，无论面对多大的困难和挑战，都应该保持好奇心和勇气，不断追求科学真理。

通常情况下，第 5 章介绍的解析方法只能求解简单形状变形体的碰撞问题，当遇到具有复杂材料本构和形状的变形体碰撞时，其往往难以求解或者难以获得精确的瞬态响应。因此，与分析其他类型的力学问题一样，此时需要求助于数值方法对此类碰撞问题进行求解。为了使读者能够比较清晰地明白一些经典数值方法的基本原理，本章将介绍运用模态叠加法、有限单元法 [1] 和动态子结构法求解经典的碰撞问题。当然，截至目前，求解碰撞的数值方法还包括边界元法、离散元法、无网格法、物质点法等许多方法，这些方法各有优点，目前也都有对应的商业软件可供读者使用。本书鉴于篇幅，对这些方法不做过多介绍，有兴趣的读者可以阅读相关方面的专著。

6.1 变形体正碰撞的模态叠加法

6.1.1 刚性质量对悬臂杆的纵向碰撞

如图 6.1 所示，一球体 M_1 纵向碰撞在杆的自由端面上。为了叙述简便，用 m 表示纵向碰撞物体和杆的质量比，v_0 表示纵向碰撞速度，ρ 表示材料密度，m_1 和 m_2 分别表示纵向碰撞物体 M_1 和杆的质量，α 表示纵向碰撞物体 M_1 和杆在接触部位的相对弹性变形，P 为接触碰撞载荷。

现在用模态叠加法 [2] 从几个方面来分析杆的纵向碰撞问题。

6.1.1.1 碰撞阶段的位移协调方程

根据 Hertz 弹性接触理论 [3]，有 $\alpha = K_h P^{2/3}$，K_h 为一常数，它与纵向碰撞物体和杆的材料性质及接触部位的主曲率半径有关。这样位移协调方程为 [4]

$$d = \alpha + w \tag{6.1}$$

其中，物体 M_1 的位移 d 为

$$d = v_0 t - \int_0^t \frac{\mathrm{d}t}{m_1} \int_0^\tau P \mathrm{d}\tau \tag{6.2}$$

而杆的端面位移 w 可以利用模态量叠加法写成下面的杜阿梅尔 (Duhamel) 积分形式

$$w = \sum_{i=1}^\infty \frac{2}{w_i m_2} \int_0^t P \sin[w_i(t-\tau)] \mathrm{d}\tau \tag{6.3}$$

式中时间 $0 \leqslant t \leqslant T_\mathrm{e}$，$T_\mathrm{e}$ 为纵向碰撞时间，而 w_i 是杆的第 i 次固有频率，对于一端固定杆，有 $w_i = (2i-1)\pi c/(2L)$，$c^2 = E/\rho$ 为波传播速度。

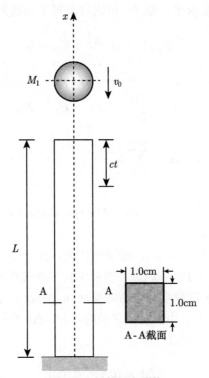

图 6.1　杆的纵向碰撞

把式 (6.2)、式 (6.3) 和 $\alpha = K_\mathrm{h} P^{2/3}$ 一起代入式 (6.1) 得

$$v_0 t - \int_0^t \frac{\mathrm{d}\tau}{m_1} \int_0^\tau P \mathrm{d}\tau = K_\mathrm{h} P^{\frac{2}{3}} + \sum_{i=1}^\infty \frac{2}{w_i m_2} \int_0^t P \sin[w_i(t-\tau)] \mathrm{d}\tau \tag{6.4}$$

对于弹性接触，从式 (6.4) 可知 $P|_{t=0} = 0$。然而对于刚性接触，即 $\alpha = 0$，这个结论不成立，可以这样解释

$$\left.\frac{\partial w}{\partial t}\right|_{t=0-} = 0, \quad \left.\frac{\partial w}{\partial t}\right|_{t=0+} = -v_0 \tag{6.5}$$

显然 P 在 $t = 0$ 时产生阶跃，并且无法从式 (6.4) 确定 $P|_{t=0}$ 值的大小，但解析值为 $P|_{t=0+} = m_1 c v_0 / (mL)$。若考虑接触变形，则速度、加速度都是连续变化的，故 P 的变化也是连续的，不存在阶跃，实际碰撞问题多属于此类。通过求解积分方程 (6.4)，可以得到 P，进而得到位移。

6.1.1.2　方程 (6.4) 的解法

把 $0 \sim T(T \geqslant T_e)$ 分成 N 个相等的小区间，各个区间的大小均为 $\Delta t = T/N$。假设 $P_1, \cdots, P_{n-1}$ 已经求出，则 P_n 可通过求解下面代数方程得到

$$A_n P_n + B_n P_n^{\frac{2}{3}} + C_n = 0$$

其中

$$A_n = \frac{\Delta t^2}{2m_1} + f_n, \quad B_n = K_h$$

$$C_n = -v_0 n \Delta t + \sum_{k=1}^{n-1} \left(\frac{\Delta t^2}{m_1} \left(\frac{1}{2} + n - k \right) + f_k \right) P_k$$

$$f_k = \sum_{i=1}^{\infty} \frac{2}{w_i^2 m_2} \{ \cos[w_i(n-k)\Delta t] - \cos[w_i(n-k+1)]\Delta t \}$$

若 $B_n = 0$，则相当于 $\alpha = 0$，即刚性接触，此时 $P_n = -C_n/A_n$。

若 $B_n \neq 0$，则可令 $P_n^{1/3} = Q_n$，然后求解三次代数方程，即 $P_n = Q_n^3$。

由此可见，P 的求解精度完全由时间区间 Δt 的大小控制，Δt 越小，P 的解精度越高。具体计算时，由于机器字长的限制，Δt 不能太小，凭经验取波传播 $(0.1 \sim 0.5)\mathrm{cm}$ 所需的时间为宜，即

$$\Delta t = (0.1 \sim 0.5)/c \tag{6.6}$$

式中，波传播速度 c 的单位为 cm/s。

例 1　不考虑接触变形。设纵向碰撞物体为一球体，半径 $r = 3\mathrm{cm}, L = 100\mathrm{cm}$，$A = 1\mathrm{cm}^2$，$E = 1.0 \times 10^6 \mathrm{kg/cm}^2 = 98 \times 10^{10} \mathrm{N/m}^2$，$\rho = 7.96 \times 10^{-3} \mathrm{kg/cm}^3$，$v_0 = 1\mathrm{cm/s}$。图 6.2(a) 给出该例的数值解和解析解。曲线 I 和 II 分别为纵向

碰撞载荷和杆的端部位移，$\Delta t = 10^{-3}\text{s}/60$。显然数值积分解和解析解吻合得非常好。

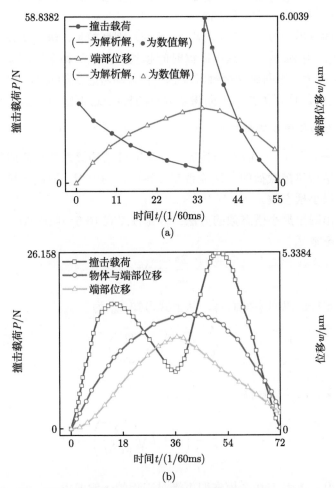

图 6.2　(a) 纵向碰撞载荷和杆的端部位移时间历程图 (模态个数为 150); (b) P 和 w 随时间 t 的变化曲线 (模态个数为 150)

　　从图 6.2(a) 可以看出，当波传到杆的固定端又返回到碰撞端，即 $t \approx 35\Delta t \approx 2L/c$ 时，P 值发生阶跃，同时杆开始回弹，原米的压应力波转变为扩展应力波。当 $t \approx 55\Delta t = 9.195\,\text{ms}$ 时，纵向碰撞球体和杆分离，此时 $P = 0$。

　　例 2　同时考虑球体和杆的接触弹性变形。球体的模量 $E = 21.6 \times 10^{10}\text{N/m}^2$，其余参数同例 1。数值结果见图 6.2(b)。从图中可以看出，仍然是当 $t \approx 35\Delta t = 5.845\,\text{ms}$ 时，杆开始回弹，P 开始回增。当 P 取极值时，α 亦取极值。当 $t \approx$

$72\Delta t = 12.024\,\mathrm{ms}$ 时，纵向碰撞物体和杆端位移相等，此时纵向碰撞物体和杆分开，即 $P = 0(\alpha = 0)$。这种情况的纵向碰撞载荷的峰值小于前一种情况的纵向碰撞载荷的峰值。由于考虑了相对接触变形 α，因此改变了 P 的相位，但不改变 P 曲线的峰值间隔大小 (近似为 $35\Delta t$)。

如果纵向碰撞速度 v_0 不变，若 m 不变，则杆越长，纵向碰撞时间越长；若杆长 L 不变，则 m 越大，纵向碰撞时间越长。如果结构参数不变，若考虑接触变形，则 v_0 越大，纵向碰撞接触时间越短；若不考虑接触变形，则纵向碰撞接触时间和 v_0 无关。这点类似于下面将要分析的杆的横向碰撞问题。

6.1.1.3　模态数对精度的影响

由于积分方程 (6.4) 的右端最后一项是通过结构模态叠加而成的，因此本书介绍的求解结构碰撞载荷的方法能否在工程中得到应用，取决于满足工程精度要求所需要的最小模态数。

下面给出确定最小模态数的方法：首先按照式 (6.5) 确定 Δt，然后根据下式确定最小模态数 I_{m}

$$\frac{2\pi}{\omega_i} = \Delta t \tag{6.7}$$

对于一端固定杆的纵向碰撞而言，从上式可知 I_{m} 为

$$I_{\mathrm{m}} = \frac{1}{2}\left(1 + \frac{4L}{c\Delta t}\right) \tag{6.8}$$

对于两端铰支梁的横向碰撞而言，I_{m} 为

$$I_{\mathrm{m}} = \frac{1}{2}\left(1 + L\sqrt{\frac{2}{\pi c\Delta t}}\right) \tag{6.9}$$

一般来说，选用 150 个模态即可满足工程的一般要求。

由于例 1 对数值误差最为敏感，并且此问题有解析解，因此本书采用例 1 的数据来分析模态数和精度的关系。

若选用的模态数小于 I_{m}，则求解的碰撞载荷将有较大的误差，相关的讨论请见 6.1.2 节内容。

6.1.2　刚性质量对简支梁的横向碰撞

6.1.2.1　接触力响应

现在应用前述模态叠加方法来分析杆的横向碰撞问题。

如图 6.3 所示，假设一球体 M_1 以速度 v_0 碰撞在杆的中点上。若考虑球体和杆接触点的弹性变形，则对于此问题同样可得类似式 (6.4) 的积分方程。只不过在这里杆的主频为 $\omega_i = (2i-1)^2\pi^2 c/L^2$，$c$ 为波的传播速度，$c^2 = EI/(\rho A)$。

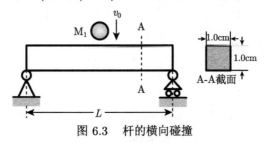

图 6.3　杆的横向碰撞

例 3　同时考虑球体和杆的弹性接触变形。$E = 21.6 \times 10^{10}\mathrm{N/m^2}$，其余参数同例 1。$\Delta t = 5 \times 10^{-4}\mathrm{s}/180 = 2.78\mathrm{\mu s}$。图 6.4 给出了分析结果。图 6.4(a) 对应 $r = 1\mathrm{cm}$，其中位移对应 $L = 15.35\mathrm{cm}$。图 6.4(b) 对应 $r = 2\mathrm{cm}$，其中位移对应 $L = 30.7\mathrm{cm}$。杆的横向弹性碰撞是很复杂的。若 r 保持不变，则不能简单地由杆的长短来判断碰撞时间长短。若 L 保持不变，也不能单由 r 的大小来判断碰撞时间的长短。不过我们经过分析，得出这样的结论：若只考虑杆的弹性接触变形，则 m 越大，碰撞时间越长，这点和杆的纵向碰撞类似。碰撞速度对碰撞接触时间的影响和杆的纵向碰撞情况一致。对于 $L = 15.35\mathrm{cm}$，$r = 1.0\mathrm{cm}$ 和 $L = 30.7\mathrm{cm}$，$r = 2.0\mathrm{cm}$ 这两种情况的碰撞时间和文献 [4] 的相同。

6.1.2.2　模态数对精度的影响

例 4　不考虑接触弹性变形。$L = 300.0\mathrm{cm}$，$r = 2.0\mathrm{cm}$，其余参数同例 3。选用 150 个模态。图 6.5 为本例数值结果，其中 a 表示杆中点加速度，v 表示杆中点碰撞后的速度。从图中可以看出，碰撞载荷曲线的各个峰值之间的时间间隔为 $42\Delta t$ 或 $43\Delta t(\Delta t = 1 \times 10^{-4}\mathrm{s}/1000)$，即峰值的出现是周期性的。因为杆的第 299 个模态对应的周期为 $42.6\Delta t$，所以我们可以推断：碰撞载荷曲线是按照第 299 个模态的频率波动的。由于杆相对较长，因此高频模态起了主要作用。显然，由于 150 小于 $I_\mathrm{m}(I_\mathrm{m} = 977)$，因此碰撞载荷曲线出现了波动现象。图中虚线为选用了 977 个模态的碰撞载荷曲线，它没有波动现象。

对于杆的碰撞问题而言，若杆越短，则各个模态对应的频率越大，这时选用较少的模态就能满足精度要求。如图 6.4 中 $L = 7.675\mathrm{cm}$，$r = 1.0\mathrm{cm}$ 的情况，选用 6 个模态即可满足精度要求。若杆越长，则各个模态对应的频率越小，这时应该选用较多的模态来满足精度要求。

6.1.2.3　结论

本书细致分析了杆的纵向和横向的碰撞问题，并且认为：

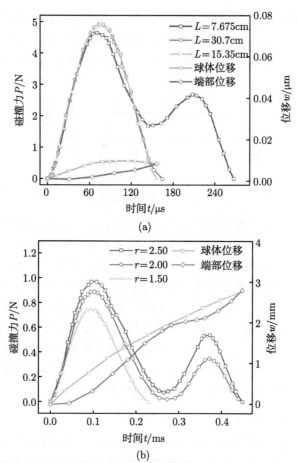

图 6.4 (a) 不同杆长下的时间历程图 (模态个数为 150); (b) 不同半径下的时间历程图
(模态个数为 150)

(1) 用模态叠加法可以识别结构弹性碰撞载荷，并且精度由选用的模态数和积分间隔大小来控制；

(2) 只有考虑了接触变形，碰撞速度才对碰撞接触时间有影响。根据 Hertz 碰撞理论获得弹性碰撞时间的方法，只适用于考虑接触变形同时碰撞载荷曲线是单峰的情况。从碰撞载荷曲线上可以看出，$0 \to P$ 所需时间要小于 $P \to 0$ 所需时间，二者并不相等，因此 Hertz 方法存在一定误差。

另外，本书用波传播理论、弹性接触理论和模态理论等有关知识分析和解释了碰撞动响应规律。发展了可靠的数值积分方法来解决学者和工程界关心的碰撞载荷识别问题，为进一步理论分析和工程应用提供了理论依据。

本书给出的识别碰撞载荷的方法，可以直接用来分析引言中提到的第三类航天及航空复杂结构的碰撞问题。具体运用方法需要进一步细致分析和讨论。

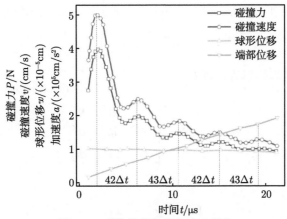

图 6.5　碰撞载荷曲线的波动现象

6.2　变形体正碰撞的有限元法

波的传播问题的解法大致分为两类：特征线法和半离散方法，半离散方法又包括有限差分法和有限单元法。特征线法中，偏微分方程转化为沿可能发生间断的特征线方向积分；而半离散方法则首先将偏微分方程在空间域上离散，然后在时间域上沿平行线积分。

半离散法的缺点：①离散化弥散，不同于物理和几何弥散；②网格存在有限的截断频率，高频输入将产生虚假的振荡。半离散法的优点：①相对简单；②有限单元法的网格划分灵活，单元的类型多，使用方便，且有限差分法有时不收敛。

从计算的精度上看，半离散法要比特征线法低，但在实际应用中特征线法的程序是相当复杂的，而半离散方法比较简单，并可得到期望的精度。

6.2.1　有限元离散化微分方程的推导过程

关于有限单元法的基本理论和详细的推导过程已有海量的书籍和文献可以进行参考，推荐读者可参考清华大学王勖成编写的《有限单元法》和马宏伟的《弹性动力学及其数值方法》。鉴于篇幅，本书仅给出一维杆单元的有限元相关知识的详细推导过程。

1) 离散单元的位移模式和应力-应变的计算

我们直接讨论三维的动力学问题。假定对三维连续体的离散化已经完成，取以下多项式为三维单元的位移模型。

$$\left.\begin{aligned}
u(x,y,z) &= \alpha_1 + \alpha_2 x + \alpha_3 y + \alpha_4 z + \alpha_5 zx + \cdots + \alpha_m z^n \\
v(x,y,z) &= \alpha_{m+1} + \alpha_{m+2} x + \alpha_{m+3} y + \alpha_{m+4} z + \alpha_{m+5} zx + \cdots + \alpha_{2m} z^n \\
w(x,y,z) &= \alpha_{2m+1} + \alpha_{2m+2} x + \alpha_{2m+3} y + \alpha_{2m+4} z + \alpha_{2m+5} zx + \cdots + \alpha_{3m} z^n
\end{aligned}\right\}$$

$$(6.10)$$

此处 u, v, w 是单元内部任意一点的位移分量,令 $\boldsymbol{u}$ 表示位移矢量,则

$$\boldsymbol{u}^{\mathrm{T}} = [u, v, w]$$

将式 (6.10) 写成矩阵形式,则有

$$\boldsymbol{u} = \boldsymbol{\phi} \cdot \boldsymbol{\alpha} = \begin{bmatrix} \boldsymbol{\phi}_2^{\mathrm{T}} & \mathbf{0}^{\mathrm{T}} & \mathbf{0}^{\mathrm{T}} \\ \mathbf{0}^{\mathrm{T}} & \boldsymbol{\phi}_2^{\mathrm{T}} & \mathbf{0}^{\mathrm{T}} \\ \mathbf{0}^{\mathrm{T}} & \mathbf{0}^{\mathrm{T}} & \boldsymbol{\phi}_2^{\mathrm{T}} \end{bmatrix} \boldsymbol{\alpha} \tag{6.11}$$

其中

$$\left. \begin{aligned} \boldsymbol{\phi}_2^{\mathrm{T}} &= \begin{pmatrix} 1 & x & y & z & zx & \cdots & z^n \end{pmatrix} \\ \boldsymbol{\alpha}^{\mathrm{T}} &= \begin{pmatrix} \alpha_1 & \alpha_2 & \cdots & \alpha_{3m} \end{pmatrix} \end{aligned} \right\} \tag{6.12}$$

式 (6.10) 中的多项式可以在任一需要的阶次截断,以得到各种阶次的位移模式。例如对于四面体单元,取到一次幂就得到线性位移模型

$$\left. \begin{aligned} u &= \alpha_1 + \alpha_2 x + \alpha_3 y + \alpha_4 z \\ v &= \alpha_5 + \alpha_6 x + \alpha_7 y + \alpha_8 z \\ w &= \alpha_9 + \alpha_{10} x + \alpha_{11} y + \alpha_{12} z \end{aligned} \right\} \tag{6.13}$$

上述这种位移模型是以 $\boldsymbol{\alpha}$ 的元素作为广义坐标的,这是有限元法中位移模型的基本变形式,常称其为广义坐标的位移模型。为了运算上的简化,有限元法中还常用另外一种以局部坐标系为基础直接与节点位移发生联系的差值位移模型。对于我们讨论建立运动方程的理论来说,至于采用哪种位移模型是无关紧要的。当采用广义坐标位移模型时,广义坐标的数目应该等于能够完全规定单元变形所需的独立节点位移 (可能是位移、转角,也可能是应变) 数目,即等于单元的自由度。

通过位移模型可以把节点位移同广义坐标联系起来。实际上,只要把节点的坐标值代入位移模型表达式,就能算出节点位移,即

$$\boldsymbol{q} = \begin{bmatrix} u_1 \\ u_2 \\ \vdots \\ u_M \end{bmatrix} = \begin{bmatrix} \phi_1 \\ \phi_2 \\ \vdots \\ \phi_M \end{bmatrix} \boldsymbol{\alpha} = \boldsymbol{A}\boldsymbol{\alpha} \tag{6.14}$$

此处 M 为考虑单元的节点总数。由式 (6.14) 我们可以反过来用节点位移矢量 $\boldsymbol{q}$ 来表示广义坐标矢量,即

$$\boldsymbol{\alpha} = \boldsymbol{A}^{-1} \cdot \boldsymbol{q}\alpha \tag{6.15}$$

将式 (6.15) 代入式 (6.11) 可得

$$u = \phi \cdot A^{-1}q = N \cdot q \tag{6.16}$$

式 (6.16) 是用节点位移矢量 q 来表示单元内部任意一点的位移矢量 u。此处 N 称为形函数矩阵，其元素是所求位移处的点的坐标函数。将式 (6.16) 代入几何方程，通过对形函数矩阵的求导运算，可以得到单元内部任意一点处的应变矢量 ε 和节点位移矢量 q 之间的关系。

$$\varepsilon = B \cdot q \tag{6.17}$$

进而利用胡克定律可以写出单元内部任意一点处的应力矢量 σ 和节点位移矢量 q 之间的关系。

$$\sigma = CBq \tag{6.18}$$

其中，C 为材料的弹性矩阵

$$C = \frac{E}{(1+\mu)(1-2\mu)} \begin{bmatrix} 1-\mu & \mu & \mu & 0 & 0 & 0 \\ \mu & 1-\mu & \mu & 0 & 0 & 0 \\ \mu & \mu & 1-\mu & 0 & 0 & 0 \\ 0 & 0 & 0 & \dfrac{1-2\mu}{2} & 0 & 0 \\ 0 & 0 & 0 & 0 & \dfrac{1-2\mu}{2} & 0 \\ 0 & 0 & 0 & 0 & 0 & \dfrac{1-2\mu}{2} \end{bmatrix} \tag{6.19}$$

2) 建立离散单元运动方程的哈密顿变分原理

变分学是研究关于泛函驻值性质的。弹性动力学要考虑变形物体的应变能、外力的势能以及物体的动能。建立包含这些能量的某些泛函，由它们的驻值条件便可得到动力学支配方程及定解条件，这就是变分原理。

变分方法的本质：是要把弹性力学基本方程的定解问题，变成求泛函的极值 (或驻值) 问题；而在求问题的近似解时，泛函的极值 (或驻值) 问题又进而变成函数的极值 (或驻值) 问题。最后归结为求解线性代数方程组。

哈密顿 (Hamilton) 变分原理不考虑初值问题，而是考虑时间域上的边值问题。取 Hamilton 作用量

$$\prod = \int_0^{t_1} L \mathrm{d}t \tag{6.20}$$

其中，Langrang 函数 $L = K - U$，K 为动能，U 为势能。

Hamilton 作用量可转化为矩阵形式

$$\prod = \int_0^{t_1} \iiint_V \left(\frac{1}{2} \rho \dot{u}^{\mathrm{T}} u - \frac{1}{2} \varepsilon^{\mathrm{T}} C \varepsilon + u^{\mathrm{T}} X \right) \mathrm{d}V \mathrm{d}t + \int_0^{t_1} \iint_{s_0} u^{\mathrm{T}} \overline{T} \mathrm{d}s \mathrm{d}t \quad (6.21)$$

此处 X 和 $\overline{T}$ 分别表示给定的体积矢量和面力矢量。

将式 (6.16) 和 (6.17) 代入式 (6.21)，得

$$\prod = \int_0^{t_1} \iiint_V \left(\frac{1}{2} \rho \dot{q}^{\mathrm{T}} N^{\mathrm{T}} N \dot{q} - \frac{1}{2} q^{\mathrm{T}} B^{\mathrm{T}} C B q + q^{\mathrm{T}} N^{\mathrm{T}} X \right) \mathrm{d}V \mathrm{d}t$$
$$+ \int_0^{t_1} \iint_{s_0} q^{\mathrm{T}} N^{\mathrm{T}} \overline{T} \mathrm{d}s \mathrm{d}t \quad (6.22)$$

由一阶变分 $\delta \prod = 0$，可得出真实解 q。

注意 δq 的任意性将上式化简为单元的运动方程

$$\left(\iiint_V \rho N^{\mathrm{T}} N \mathrm{d}V \right) \ddot{q} + \left(\iiint_V B^{\mathrm{T}} C B \mathrm{d}V \right) q = \iiint_V N^{\mathrm{T}} X \mathrm{d}V + \iint_{s_\sigma} N^{\mathrm{T}} \overline{T} \mathrm{d}s \quad (6.23)$$

令 $M = \iiint_V \rho N^{\mathrm{T}} N \mathrm{d}V$ 为单元的一致质量阵，表示单元的惯性特性；$K = \iiint_V B^{\mathrm{T}} C B \mathrm{d}V$ 为单元刚度阵；$f = \iiint_V N^{\mathrm{T}} X \mathrm{d}V + \iint_{s_\sigma} N^{\mathrm{T}} \overline{T} \mathrm{d}s$ 为一致节点载荷矢量。

上式记作

$$M \ddot{q} + K q = f \quad (6.24)$$

当采用协调质量矩阵时，求得的结构的频率将代表真实频率的上限。

3) 一维杆单元运动方程的建立

若取该单元的位移模式为线性插值函数 $u = \alpha_1 + \alpha_2 x$，则造成一个单元内的应力是相等的，不会随着 x 的变化而变化。若想使其是变化的，则位移模式 (即插值函数) 应改为非线性的，比如 2 阶、3 阶等 (如图 6.6 所示)。则

$$u = N \cdot q \quad (6.25)$$

其中，$N = [N_1, N_2]$，$q = [u_1, u_2]^{\mathrm{T}}$，$N_1 = 1 - \xi$，$N_2 = \xi$，$\xi = \dfrac{x - x_1}{x_2 - x_1} = \dfrac{x - x_1}{l_{\mathrm{e}}}$，$l_{\mathrm{e}} = x_2 - x_1$ 为单元长度。

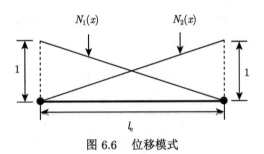

图 6.6　位移模式

根据式 (6.23)，容易写出该单元的运动方程

$$M\ddot{q} + Kq = f \tag{6.26}$$

其中，

$$M = \iiint_V \rho N^{\mathrm{T}} N \mathrm{d}V = \rho \bar{A} l_e \int_0^{l_e} \left\{ \begin{array}{c} 1-\xi \\ \xi \end{array} \right\} \left[\begin{array}{cc} 1-\xi & \xi \end{array} \right] \mathrm{d}\xi = \frac{\rho \bar{A} l_e}{6} \left[\begin{array}{cc} 2 & 1 \\ 1 & 2 \end{array} \right] \tag{6.27}$$

$$K = \iiint_V B^{\mathrm{T}} C B \mathrm{d}V = E\bar{A} \int_0^{l_e} \left\{ \begin{array}{c} -\dfrac{1}{l_e} \\ \dfrac{1}{l_e} \end{array} \right\} \left[\begin{array}{cc} -\dfrac{1}{l_e} & \dfrac{1}{l_e} \end{array} \right] \mathrm{d}\xi = \frac{\bar{A} E}{l} \left[\begin{array}{cc} 1 & -1 \\ -1 & 1 \end{array} \right] \tag{6.28}$$

$$f = \iiint_V N^{\mathrm{T}} X \mathrm{d}V + \iint_{s_\sigma} N^{\mathrm{T}} \overline{T} \mathrm{d}s = \bar{A} l_e \int_0^{l_e} \left[\begin{array}{c} 1-\xi \\ \xi \end{array} \right] \mathrm{d}\xi = \frac{1}{2} \bar{A} l_e X \left[\begin{array}{c} 1 \\ 1 \end{array} \right] \tag{6.29}$$

其中，$\bar{A}$ 为杆的截面积。

由三节点三角形单元的单元内的应力简化可以导出一维杆单元内的应力为

$$[\sigma] = [D][B]\{\delta^e\} \tag{6.30}$$

其中，

$$[B] = \left[\begin{array}{cc} \dfrac{\partial N_1}{\partial x} & \dfrac{\partial N_2}{\partial x} \end{array} \right]$$

$$[D] = \left[\dfrac{E}{1-\mu^2} \right] = E \quad (\text{因为不考虑横向变形所以泊松比为 } 0)$$

$$[S] = \dfrac{E}{l_e} \left[\begin{array}{cc} \dfrac{\partial N_1}{\partial \xi} & \dfrac{\partial N_2}{\partial \xi} \end{array} \right]$$

4) 整个杆件的运动微分方程组的建立 (组集杆单元的运动微分方程)

整个杆件的运动微分方程组可写为

$$M\ddot{\delta} + K\delta = F \tag{6.31}$$

其中,

$$M = \begin{bmatrix} m_{11}^{(1)} & m_{12}^{(1)} & 0 & 0 & 0 \\ m_{21}^{(1)} & m_{22}^{(1)} + m_{11}^{(2)} & m_{12}^{(2)} & 0 & 0 \\ 0 & m_{21}^{(2)} & m_{22}^{(2)} + m_{11}^{(3)} & m_{12}^{(3)} & 0 \\ 0 & 0 & m_{21}^{(3)} & m_{22}^{(3)} + m_{11}^{(4)} & m_{12}^{(4)} \\ 0 & 0 & 0 & m_{21}^{(4)} & m_{22}^{(4)} \end{bmatrix}_{5 \times 5}$$

$$K = \begin{bmatrix} k_{11}^{(1)} & k_{12}^{(1)} & 0 & 0 & 0 \\ k_{21}^{(1)} & k_{22}^{(1)} + k_{11}^{(2)} & k_{12}^{(2)} & 0 & 0 \\ 0 & k_{21}^{(2)} & k_{22}^{(2)} + m_{11}^{(3)} & k_{12}^{(3)} & 0 \\ 0 & 0 & k_{21}^{(3)} & k_{22}^{(3)} + m_{11}^{(4)} & k_{12}^{(4)} \\ 0 & 0 & 0 & k_{21}^{(4)} & k_{22}^{(4)} \end{bmatrix}_{5 \times 5}$$

$$F = \begin{pmatrix} f_{11}^{(1)} \\ f_{21}^{(1)} + f_{11}^{(2)} \\ f_{21}^{(2)} + f_{11}^{(3)} \\ f_{21}^{(3)} + f_{11}^{(4)} \\ f_{21}^{(4)} \end{pmatrix}_{5 \times 1}$$

6.2.2　一维杆与刚性质量块纵向碰撞的有限元计算

一悬臂杆, 左端固定, 右端受一突加力 $P(t)$, $P(t) = 10^4$N, 长 $L = 4$m, 截面积 $\bar{A} = 400 \text{cm}^2$, $E = 10^5 \text{kg/cm}^3$, 密度 $\rho = 2.048 \times 10^{-6} \text{kg/cm}^3$, 杆的波速 $C_0 = \sqrt{E/P} = 2.2136 \times 10^5 \text{cm/s}$, 泊松比 $\mu = \varepsilon'/\varepsilon = 0$。本书拟将杆件划分为 4 个单元, 共 5 个节点 (如图 6.7 所示)。

总体节点的位移矢量为

$$\delta = \begin{bmatrix} u_1 & u_2 & u_3 & u_4 & u_5 \end{bmatrix}^{\text{T}}$$

组集后得到

$$M = \frac{\rho \bar{A} l_e}{6} \begin{bmatrix} 2 & 1 & 0 & 0 & 0 \\ 1 & 4 & 1 & 0 & 0 \\ 0 & 1 & 4 & 1 & 0 \\ 0 & 0 & 1 & 4 & 1 \\ 0 & 0 & 0 & 1 & 2 \end{bmatrix}_{5\times5}, \quad K = \frac{\bar{A} E}{l_e} \begin{bmatrix} 1 & -1 & 0 & 0 & 0 \\ -1 & 2 & -1 & 0 & 0 \\ 0 & -1 & 2 & -1 & 0 \\ 0 & 0 & -1 & 2 & -1 \\ 0 & 0 & 0 & -1 & 1 \end{bmatrix}_{5\times5}$$

$$F = \frac{1}{2} \bar{A} l_e \begin{bmatrix} 1 \\ 2 \\ 2 \\ 2 \\ 1 \end{bmatrix}_{5\times1}$$

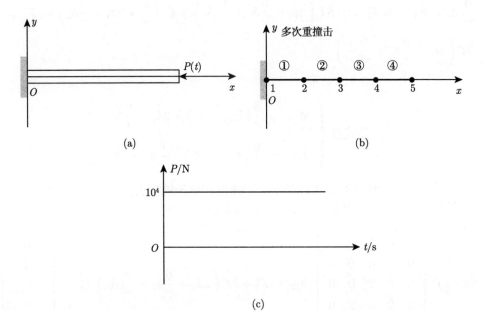

图 6.7   一维悬臂杆端部受突加载荷: (a) 示意图; (b) 有限元离散模型; (c) 突加载荷函数

由于杆体力 X 为 0, 则

$$F = \begin{bmatrix} 0 \\ 0 \\ 0 \\ 0 \\ 0 \end{bmatrix}_{5\times1}$$

波前未来到左端之前，节点向量应力为

$$\boldsymbol{F} = \begin{bmatrix} 0 & 0 & 0 & 0 & -10^4 \end{bmatrix}^{\mathrm{T}} (\mathrm{kg})$$

积分步长一般取为

$$\Delta t = l_{\mathrm{e}}/C_0 = \frac{100}{2.2136 \times 10^5} = 4.5175 \times 10^{-4}(\mathrm{s})$$

确定初始条件：

$$u(x,0) = 0, \quad \dot{u}(x,0) = 0, \quad \ddot{u}(x,0) = 0$$

积分方法采用改进的线性加速度法即威尔逊 θ 法 (Wilson-θ 法)。

解方程组 $\overline{\boldsymbol{K}}\boldsymbol{\delta}_{t+\tau} = \overline{\boldsymbol{F}}_{t+\tau}$，可以得到位移向量 $\boldsymbol{\delta}_{t+\tau}$。其中，$\overline{\boldsymbol{K}} = \boldsymbol{K} + \dfrac{3}{\tau}\boldsymbol{C} + \dfrac{6}{\tau^2}\boldsymbol{M}$，$\overline{\boldsymbol{F}}_{t+\tau} = \boldsymbol{F}_{t+\tau} + \boldsymbol{M}\left(2\ddot{\boldsymbol{\delta}}_t + \dfrac{6}{\tau}\dot{\boldsymbol{\delta}}_t + \dfrac{6}{\tau^2}\boldsymbol{\delta}_t\right) + \boldsymbol{C}\left(\dfrac{\tau}{2} + 2\dot{\boldsymbol{\delta}}_t + \dfrac{3}{\tau}\boldsymbol{\delta}_t\right) = \boldsymbol{F}_{t+\tau} + \boldsymbol{M}\left(2\ddot{\boldsymbol{\delta}}_t + \dfrac{6}{\tau}\dot{\boldsymbol{\delta}}_t + \dfrac{6}{\tau^2}\boldsymbol{\delta}_t\right)$

由于 $0 \leqslant \tau \leqslant 1.4\Delta t$，取 $\tau = \Delta t$

公式有 $\begin{cases} \dot{\boldsymbol{\delta}}_{t+\tau} = \dfrac{3}{\tau}(\boldsymbol{\delta}_{t+\tau} - \boldsymbol{\delta}_t) - 2\dot{\boldsymbol{\delta}}_t - \dfrac{\tau}{2}\ddot{\boldsymbol{\delta}}_t \\ \ddot{\boldsymbol{\delta}}_{t+\tau} = \dfrac{6}{\tau^2}(\boldsymbol{\delta}_{t+\tau} - \boldsymbol{\delta}_t) - \dfrac{6}{\tau}\dot{\boldsymbol{\delta}}_t - 2\ddot{\boldsymbol{\delta}}_t \end{cases}$

1) 求解 Δt 时刻的位移、速度、加速度和单元的应力大小

令 $t = 0$，方程 $\overline{\boldsymbol{K}}\boldsymbol{\delta}_{t+\tau} = \overline{\boldsymbol{F}}_{t+\tau}$ 可转化为

$$12 \times 10^5 \begin{bmatrix} 1 & 0 & 0 & 0 & 0 \\ 0 & 2 & 0 & 0 & 0 \\ 0 & 0 & 2 & 0 & 0 \\ 0 & 0 & 0 & 2 & 0 \\ 0 & 0 & 0 & 0 & 1 \end{bmatrix} \cdot \boldsymbol{\delta}_{\Delta t} = \boldsymbol{F}_\tau + \boldsymbol{M}\left(2\boldsymbol{\delta}_0 + \frac{6}{\tau}\boldsymbol{\delta}_0 + \frac{6}{\tau^2}\boldsymbol{\delta}_0\right) \boldsymbol{F}_\tau = \begin{bmatrix} 0 \\ 0 \\ 0 \\ 0 \\ -10^4 \end{bmatrix}$$

则位移为

$$\begin{bmatrix} u_1 \\ u_2 \\ u_3 \\ u_4 \\ u_5 \end{bmatrix} = \begin{bmatrix} 0 \\ 0 \\ 0 \\ 0 \\ -\dfrac{1}{120} \end{bmatrix} (\mathrm{cm})$$

相应的速度和加速度为

$$
\begin{bmatrix} \dot{u}_1 \\ \dot{u}_2 \\ \dot{u}_3 \\ \dot{u}_4 \\ \dot{u}_5 \end{bmatrix} = \begin{bmatrix} 0 \\ 0 \\ 0 \\ 0 \\ -55.34 \end{bmatrix} \text{(cm/s)}, \quad \begin{bmatrix} \ddot{u}_1 \\ \ddot{u}_2 \\ \ddot{u}_3 \\ \ddot{u}_4 \\ \ddot{u}_5 \end{bmatrix} = \begin{bmatrix} 0 \\ 0 \\ 0 \\ 0 \\ -2.5 \times 10^5 \end{bmatrix} \text{(cm/s}^2\text{)}
$$

单元 4 内的应力为

$$
[\sigma] = [D][B]\{\delta^{\mathrm{e}}\} = [S] \cdot \{\delta^{\mathrm{e}}\} = \frac{E}{l_{\mathrm{e}}} \begin{bmatrix} \dfrac{\partial N_1}{\partial \xi} & \dfrac{\partial N_2}{\partial \xi} \end{bmatrix} \begin{Bmatrix} u_4 \\ u_5 \end{Bmatrix} = -83.33 \mathrm{kg/cm}^2
$$

单元 1、2、3 内的应力均为 0。

2) 求解 $2\Delta t$ 时刻的位移、速度、加速度和单元的应力大小

令 $t = \Delta t$, 方程 $\overline{\boldsymbol{K}}\boldsymbol{\delta}_{t+\tau} = \overline{\boldsymbol{F}}_{t+\tau}$ 可转化为

$$
12 \times 10^5 \begin{bmatrix} 1 & 0 & 0 & 0 & 0 \\ 0 & 2 & 0 & 0 & 0 \\ 0 & 0 & 2 & 0 & 0 \\ 0 & 0 & 0 & 2 & 0 \\ 0 & 0 & 0 & 0 & 1 \end{bmatrix} \cdot \boldsymbol{\delta}_{2\Delta t} = \boldsymbol{F}_{\tau+\Delta t} + \boldsymbol{M} \left(2\boldsymbol{\delta}_{\Delta t} + \frac{6}{\tau}\boldsymbol{\delta}_{\Delta t} + \frac{6}{\tau^2}\boldsymbol{\delta}_{\Delta t} \right) \boldsymbol{F}_{\tau}
$$

则位移为

$$
\begin{bmatrix} u_1 \\ u_2 \\ u_3 \\ u_4 \\ u_5 \end{bmatrix} = \begin{bmatrix} 0 \\ 0 \\ 0 \\ -\dfrac{1}{800} \\ -\dfrac{1.6}{120} \end{bmatrix} \text{(cm)}
$$

相应的速度和加速度为

$$
\begin{bmatrix} \dot{u}_1 \\ \dot{u}_2 \\ \dot{u}_3 \\ \dot{u}_4 \\ \dot{u}_5 \end{bmatrix} = \begin{bmatrix} 0 \\ 0 \\ 0 \\ -8.3 \\ 133.95 \end{bmatrix} \text{(cm/s)}, \quad \begin{bmatrix} \ddot{u}_1 \\ \ddot{u}_2 \\ \ddot{u}_3 \\ \ddot{u}_4 \\ \ddot{u}_5 \end{bmatrix} = \begin{bmatrix} 0 \\ 0 \\ 0 \\ -3.67 \times 10^4 \\ 108.8 \times 10^4 \end{bmatrix} \text{(cm/s}^2\text{)}
$$

单元 4 内的应力为

$$[\sigma] = [D][B]\{\delta^{\mathrm{e}}\} = [S]\cdot\{\delta^{\mathrm{e}}\} = \frac{E}{l_{\mathrm{e}}}\left[\begin{array}{cc} \dfrac{\partial N_1}{\partial \xi} & \dfrac{\partial N_2}{\partial \xi} \end{array}\right]\left\{\begin{array}{c} u_4 \\ u_5 \end{array}\right\} = -120.8\mathrm{kg/cm}^2$$

单元 3 内的应力为

$$[\sigma] = [D][B]\{\delta^{\mathrm{e}}\} = [S]\cdot\{\delta^{\mathrm{e}}\} = \frac{E}{l_{\mathrm{e}}}\left[\begin{array}{cc} \dfrac{\partial N_1}{\partial \xi} & \dfrac{\partial N_2}{\partial \xi} \end{array}\right]\left\{\begin{array}{c} u_3 \\ u_4 \end{array}\right\} = -1.25\mathrm{kg/cm}^2$$

此外，单元 1、2 内的应力均为 0。

6.2.3　动力学微分方程组直接积分法

　　动力学微分方程积分的振型叠加法在理论上是简明的，它是基于线性系统的叠加原理。但应指出，用这一方法计算动力响应时，必须先求解本征值问题，使得计算步骤和程序比较复杂。另外，这个方法必须要求振型关于阻尼矩阵是正交的，因而对阻尼矩阵的形式做了一定的限制。本节介绍求解动力响应的另外一种方法，即直接积分法。这种方法步骤简单，适用范围广，而且容易推广到非线性的动力响应问题中去。然而，这个方法的计算工作量较大。

　　直接积分法的基本思想是：本来运动方程在物体运动的任何时刻都应成立，而直接积分法对时间坐标也进行了离散化，即将我们感兴趣的那段反应过程的时间分成许多小时段，仅要求在这些时间离散点上运动方程被满足，而在每一个小时段内，在位移、速度和加速度之间引入了一个简单关系作为近似。欲求整个过程的各状态矢量，须从初始状态矢量开始逐步推算后一临近时刻的状态矢量，直到我们感兴趣的那段时间过程终了。从整个解题过程来看，实际上是采用了"空间有限元-时间差分"格式对问题进行数值求解。

　　假定我们感兴趣的是 $t = 0$ 到 $t = t_0$ 这段时间的反应，我们就将这段时间分成 n 等分，则每个小时段 $\Delta t = t_0/n$，称其为步长。我们在每一步长内，在位移、速度和加速度之间规定一个简单关系或用位移的变化来描述速度和加速度的变化，或用加速度的变化来描述位移和速度的变化。目的是使得在每一步计算中只包含一个未知的状态矢量。下面我们主要介绍直接积分法中的中心差分法、纽马克 β 法 (Newmark-β 法) 和 Wilson-θ 法。

　　在以下的讨论中，假定时间 $t = 0$ 的位移 $\boldsymbol{\delta}_0$、速度 $\dot{\boldsymbol{\delta}}_0$、加速度 $\ddot{\boldsymbol{\delta}}_0$ 已知。并假定时间求解域 $0 \sim t_0$ 被等分为 n 个时间段。在讨论具体算法时，假定 0，Δt，$2\Delta t$，$\cdots$，t 时刻的解已经求出，计算的目的在于求 $t + \Delta t$ 时刻的解，由此求解过程建立起求解所有离散点解的一般算法步骤。

6.2.3.1 中心差分法

理论上，不同的有限差分表达式都可以用来建立其直接积分法公式，但是从计算效率考虑，现在仅介绍在求解某些问题时很有效的中心差分法。

在中心差分法中，加速度和速度可以用位移分别表示为

$$\ddot{\boldsymbol{\delta}}_t = \frac{1}{\Delta t^2}\left(\boldsymbol{\delta}_{t-\Delta t} - 2\boldsymbol{\delta}_t + \boldsymbol{\delta}_{t+\Delta t}\right) \tag{6.32}$$

$$\dot{\boldsymbol{\delta}}_t = \frac{1}{2\Delta t}\left(-\boldsymbol{\delta}_{t-\Delta t} + \boldsymbol{\delta}_{t+\Delta t}\right) \tag{6.33}$$

时间 $t+\Delta t$ 的位移解答 $\boldsymbol{\delta}_{t+\Delta t}$，可由下面时间 t 的运动方程应得到满足而建立，即

$$\boldsymbol{M}\ddot{\boldsymbol{\delta}}_t + \boldsymbol{C}\dot{\boldsymbol{\delta}}_t + \boldsymbol{K}\boldsymbol{\delta}_t = \boldsymbol{F}_t \tag{6.34}$$

为此将式 (6.32) 和式 (6.33) 代入上式，得到

$$\left(\frac{1}{\Delta t^2}\boldsymbol{M} + \frac{1}{2\Delta t}\boldsymbol{C}\right)\boldsymbol{\delta}_{t+\Delta t} = \boldsymbol{F}_t - \left(\boldsymbol{K} - \frac{2}{\Delta t^2}\boldsymbol{M}\right)\boldsymbol{\delta}_t - \left(\frac{1}{\Delta t^2}\boldsymbol{M} - \frac{1}{2\Delta t}\boldsymbol{C}\right)\boldsymbol{\delta}_{t-\Delta t} \tag{6.35}$$

如已经求得 $\boldsymbol{\delta}_{t-\Delta t}$ 和 $\boldsymbol{\delta}_t$，则从上式可以进一步解出 $\boldsymbol{\delta}_{t+\Delta t}$。所以上式是求解各个离散时间点解的递推公式。需要指出的是，此算法有一个起步问题。因为当 $t=0$ 时，为了计算 $\boldsymbol{\delta}_{\Delta t}$，除了从初始条件中已知的 $\boldsymbol{\delta}_0$ 外，还需要知道 $\boldsymbol{\delta}_{-\Delta t}$，所以必须用专门的起步方法，为此利用式 (6.32) 和式 (6.33) 可以得到

$$\boldsymbol{\delta}_{-\Delta t} = \boldsymbol{\delta}_0 - \Delta t\dot{\boldsymbol{\delta}}_0 + \frac{\Delta t^2}{2}\ddot{\boldsymbol{\delta}}_0 \tag{6.36}$$

式中，$\dot{\boldsymbol{\delta}}_0$ 可从给定的初始条件得到，而 $\ddot{\boldsymbol{\delta}}_0$ 则可以利用 $t=0$ 时的运动方程 (6.34) 得到。

至此，我们可将利用中心差分法逐步求解运动方程的算法步骤归结如下：

(1) 初始计算。

(i) 形成刚度矩阵 $\boldsymbol{K}$、质量矩阵 $\boldsymbol{M}$ 和阻尼矩阵 $\boldsymbol{C}$。

(ii) 给定 $\boldsymbol{\delta}_0$、$\dot{\boldsymbol{\delta}}_0$ 和 $\ddot{\boldsymbol{\delta}}_0$。

(iii) 选择时间步长 $\Delta t, \Delta t < \Delta t_{cx}$，并计算积分常数 $c_0 = 1/\Delta t^2, c_1 = 1/(2\Delta t)$, $c_2 = 2c_0$, $c_3 = 1/c_2$。

(iv) 计算 $\boldsymbol{\delta}_{-\Delta t} = \boldsymbol{\delta}_0 - \Delta t\dot{\boldsymbol{\delta}}_0 + c_3\ddot{\boldsymbol{\delta}}_0$。

(v) 形成有效质量矩阵 $\hat{\boldsymbol{M}} = c_0\boldsymbol{M} + c_1\boldsymbol{C}$。

(vi) 三角分解 $\hat{\boldsymbol{M}} = \boldsymbol{L}\boldsymbol{D}\boldsymbol{L}^{\mathrm{T}}$。

(2) 对于每一时间增量的计算。

(i) 计算时间 t 的有效载荷

$$\hat{\boldsymbol{F}}_t = \boldsymbol{F}_t - (\boldsymbol{K} - c_2\boldsymbol{M})\,\boldsymbol{\delta}_t - (c_0\boldsymbol{M} - c_1\boldsymbol{C})\,\boldsymbol{\delta}_{t-\Delta t}$$

(ii) 求解时间 $t + \Delta t$ 的位移

$$\boldsymbol{LDL}^{\mathrm{T}}\boldsymbol{\delta}_{t+\Delta t} = \hat{\boldsymbol{F}}_t$$

(iii) 如果需要，计算时间 t 的加速度和速度

$$\ddot{\boldsymbol{\delta}}_t = c_0\left(\boldsymbol{\delta}_{t-\Delta t} - 2\boldsymbol{\delta}_t + \boldsymbol{\delta}_{t+\Delta t}\right)$$

$$\dot{\boldsymbol{\delta}}_t = c_1\left(-\boldsymbol{\delta}_{t-\Delta t} + \boldsymbol{\delta}_{t+\Delta t}\right)$$

关于中心差分法我们做以下几点说明：

(1) 中心差分法是显式算法。这是由于递推公式是从时间 t 的运动方程导出的，因此矩阵 $\boldsymbol{K}$ 不出现在递推公式 (6.35) 的左端。当 $\boldsymbol{M}$ 是对角矩阵，$\boldsymbol{C}$ 可以忽略，或也是对角矩阵时，利用递推公式求解运动方程时不需要进行矩阵的求逆，仅需要进行矩阵乘法运算以获得方程右端的有效载荷，然后可用下式得到位移的各个分量

$$\delta_{t+\Delta t}^{(i)} = \hat{F}_t^i / (c_0 M_{it}) \tag{6.37}$$

或

$$\delta_{t+\Delta t}^{(i)} = \hat{F}_t^i / (c_0 M_{it} + c_1 C_{it}) \tag{6.38}$$

其中，$\delta_{t+\Delta t}^{(i)}$ 和 $\hat{F}_t^i$ 分别是向量 $\boldsymbol{\delta}_{t+\Delta t}$ 和 $\hat{\boldsymbol{F}}_t$ 的第 i 分量，M_{it} 和 C_{it} 分别是 $\boldsymbol{M}$ 和 $\boldsymbol{C}$ 的第 i 个对角元素，并假定 $M_{it} > 0$。

显式算法的上述优点在非线性分析中将更有意义。因为非线性分析中每个时间步长的刚度矩阵是被修改了的。这时采用显式算法，避免了矩阵求逆的运算，计算上的好处更加明显。

(2) 中心差分法是条件稳定算法，即利用它求解具体问题时，时间步长 Δt 必须小于由该问题求解方程性质所决定的某个临界值 Δt_{cr}，否则算法将是不稳定的。中心差分法解稳定的条件是

$$\Delta t \leqslant \Delta t_{\mathrm{cr}} = T_{\mathrm{n}}/\pi \tag{6.39}$$

其中，T_{n} 是有限元系统的最小固有振动周期。原则上说可以利用一般矩阵特征值问题的求解方法得到 T_{n}。实际上只需要求解系统中最小尺寸单元的最小固有振动周期 $\min(T_{\mathrm{n}}^{(e)})$ 即可，因为理论上可以证明，系统的最小固有振动周期 T_{n} 总

是大于或等于最小尺寸单元的最小固有振动周期 $\min(T_n^{(e)})$ 的。所以我们可以将 $\min(T_n^{(e)})$ 代入式 (6.39) 以确定临界时间步长 Δt_{cr} 由此可见，网格中最小尺寸的单元将决定中心差分法时间步长的选择。它的尺寸越小，将使 Δt_{cr} 越小，从而使计算费用越高。这点在划分有限元网格时要予以注意，以避免因个别单元尺寸过小，而使计算费用不合理地增加。

(3) 中心差分法比较适合于波传播问题的求解。因为当介质的边界或内界的某个小的区域受到初始扰动以后，是逐步向介质内部或周围传播的。如果我们分析递推公式 (6.35)，将发现，当 $\boldsymbol{M}$ 和 $\boldsymbol{C}$ 是对角矩阵，即算式是显式时，如给定某些节点以初始扰动 (即给 $\boldsymbol{\delta}$ 中的某些分量以非零值)，在经过一个时间步长 Δt 后，和它们相关 (在 $\boldsymbol{K}$ 中处于同一带宽内) 的节点进入运动，即 $\boldsymbol{\delta}$ 中和这些节点对应的分量成为非零量。此特点正好和波传播的特点相一致。另一方面，研究波传播的过程需要采用小的时间步长，这正是中心差分法时间步长需受临界步长限制所要求的。

反之，对于结构动力学问题，如采用中心差分法一般就不太适合了。因为结构的动力响应中通常低频成分是主要的，从计算精度考虑，允许采用较大的时间步长，不必要因 Δt_{cr} 限制而使时间步长太小。因此对于结构动力学问题，通常采用无条件稳定的隐式算法，此时时间步长主要取决于精度要求。以下介绍的 Wilson-θ 法和 Newmark-β 法是应用最为广泛的隐式算法。

6.2.3.2 Wilson-θ 法

假定由 $t \sim t + \Delta t$ 的时间间隔 Δt 内，节点的加速度为线性变化，即假设

$$\ddot{\boldsymbol{\delta}}_{t+\tau} = \ddot{\boldsymbol{\delta}}_t + \frac{\tau}{\Delta t}\left(\ddot{\boldsymbol{\delta}}_{t+\Delta t} - \ddot{\boldsymbol{\delta}}_t\right) \tag{6.40}$$

在时间区域 $[t, \ t + \Delta t]$ 内，将式 (6.40) 积分一次，有

$$\dot{\boldsymbol{\delta}}_{t+\Delta t} = \dot{\boldsymbol{\delta}}_t + \Delta t \ddot{\boldsymbol{\delta}}_t + \frac{\Delta t}{2}\left(\ddot{\boldsymbol{\delta}}_{t+\Delta t} - \ddot{\boldsymbol{\delta}}_t\right) \tag{6.41}$$

将式 (6.40) 积分两次，有

$$\boldsymbol{\delta}_{t+\Delta t} = \boldsymbol{\delta}_t + \Delta t \dot{\boldsymbol{\delta}}_t + \frac{\Delta t^2}{2}\ddot{\boldsymbol{\delta}}_t + \frac{\Delta t^2}{6}\left(\ddot{\boldsymbol{\delta}}_{t+\Delta t} - \ddot{\boldsymbol{\delta}}_t\right) \tag{6.42}$$

再有 $t + \Delta t$ 时刻的动力方程

$$\boldsymbol{M}\ddot{\boldsymbol{\delta}}_{t+\Delta t} + \boldsymbol{C}\dot{\boldsymbol{\delta}}_{t+\Delta t} + \boldsymbol{K}\boldsymbol{\delta}_{t+\Delta t} = \boldsymbol{F}_{t+\Delta t} \tag{6.43}$$

式 (6.41)～式 (6.43) 可以由 $\boldsymbol{\delta}_t$、$\dot{\boldsymbol{\delta}}_t$ 及 $\ddot{\boldsymbol{\delta}}_t$ 解出 $\boldsymbol{\delta}_{t+\Delta t}$、$\dot{\boldsymbol{\delta}}_{t+\Delta t}$ 及 $\ddot{\boldsymbol{\delta}}_{t+\Delta t}$，即由 t 时刻的运动参数推出 $t + \Delta t$ 时刻的运动参数，这也是一种递推关系。在时间间隔 Δt 内假设加速度为线性规律，这是一般的线性加速度法。

为改进求解的稳定性，Wilson-θ 法推广了线加速度法。Wilson-θ 法的基本假设是认为在时间间隔 $\tau\theta\Delta t(\theta \geqslant 1.0)$ 之中加速度向量系线性变化，一般取 $\theta = 1.4$，设 $0 \leqslant \tau \leqslant \Delta t$，故有

$$\ddot{\boldsymbol{\delta}}_{t+\tau} = \ddot{\boldsymbol{\delta}}_t + \tau\left(\Delta\ddot{\boldsymbol{\delta}}_t\right) \tag{6.44}$$

其中，$\Delta\ddot{\boldsymbol{\delta}}_t$ 为常向量。上式积分后并考虑初始条件 $\dot{\boldsymbol{\delta}}_{t+\tau}\,|_{\tau=0} = \dot{\boldsymbol{\delta}}_t$，即有

$$\boldsymbol{\delta}_{t+\tau} = \boldsymbol{\delta}_t + \dot{\boldsymbol{\delta}}_t\tau + \frac{\tau^2}{6}\left(2\ddot{\boldsymbol{\delta}}_t + \ddot{\boldsymbol{\delta}}_{t+\tau}\right) \tag{6.45}$$

以式 (6.44) 中的 $\Delta\ddot{\boldsymbol{\delta}}_t$ 代入上式得

$$\dot{\boldsymbol{\delta}}_{t+\tau} = \dot{\boldsymbol{\delta}}_t + \frac{\tau}{2}\left(\Delta\ddot{\boldsymbol{\delta}}_{t+\tau} + \ddot{\boldsymbol{\delta}}_t\right) \tag{6.46}$$

我们再积分式 (6.45) 且考虑初始条件 $\dot{\boldsymbol{\delta}}_{t+\tau}\,|_{\tau=0} = \dot{\boldsymbol{\delta}}_t$，并又将式 (6.44) 中的 $\Delta\ddot{\boldsymbol{\delta}}_t$ 代入，可以得到

$$\boldsymbol{\delta}_{t+\tau} = \boldsymbol{\delta}_t + \dot{\boldsymbol{\delta}}_t\tau + \frac{\tau^2}{6}\left(2\ddot{\boldsymbol{\delta}}_t + \ddot{\boldsymbol{\delta}}_{t+\tau}\right) \tag{6.47}$$

于是可以从式 (6.45) 及式 (6.47) 二式中解得 $t + \tau$ 时的加速度及速度

$$\left.\begin{aligned} \ddot{\boldsymbol{\delta}}_{t+\tau} &= \frac{6}{\tau^2}\left(\boldsymbol{\delta}_{t+\tau} - \boldsymbol{\delta}_t\right) - \frac{6}{\tau}\dot{\boldsymbol{\delta}}_t - 2\ddot{\boldsymbol{\delta}}_t \\ \dot{\boldsymbol{\delta}}_{t+\tau} &= \frac{3}{\tau}\left(\boldsymbol{\delta}_{t+\tau} - \boldsymbol{\delta}_t\right) - 2\dot{\boldsymbol{\delta}}_t - \frac{\tau}{2}\ddot{\boldsymbol{\delta}}_t \end{aligned}\right\} \tag{6.48}$$

把这些 $t + \tau$ 时的向量代入离散体动力微分方程式后得

$$\boldsymbol{M}\ddot{\boldsymbol{\delta}}_{t+\tau} + \boldsymbol{C}\dot{\boldsymbol{\delta}}_{t+\tau} + \boldsymbol{K}\boldsymbol{\delta}_{t+\tau} = \boldsymbol{F}_{t+\tau} \tag{6.49}$$

把不含 $\boldsymbol{\delta}_{t+\tau}$ 的项移到右边去得到

$$\bar{\boldsymbol{K}}\boldsymbol{\delta}_{t+\tau} = \bar{\boldsymbol{F}}_{t+\tau} \tag{6.50}$$

式中

$$\bar{\boldsymbol{K}} = \boldsymbol{K} + \frac{3}{\tau}\boldsymbol{C} + \frac{6}{\tau^2}\boldsymbol{M} \tag{6.51}$$

$$\bar{\boldsymbol{F}}_{t+\tau} = \boldsymbol{F}_{t+\tau} + \boldsymbol{M}\left(2\ddot{\boldsymbol{\delta}}_t + \frac{6}{\tau}\dot{\boldsymbol{\delta}}_t + \frac{6}{\tau^2}\boldsymbol{\delta}_t\right) + \boldsymbol{C}\left(\frac{\tau}{2}\ddot{\boldsymbol{\delta}}_t + 2\dot{\boldsymbol{\delta}}_t + \frac{3}{\tau}\boldsymbol{\delta}_t\right) \tag{6.52}$$

解方程组 (6.50) 即可得到位移向量 $\boldsymbol{\delta}_{t+\tau}$，于是从式 (6.48) 可以得到加速度 $\ddot{\boldsymbol{\delta}}_{t+\tau}$。时间 $t + \Delta t$ 的位移及速度可以通过线性插值求得

$$\ddot{\boldsymbol{\delta}}_{t+\Delta t} = \left(1 - \frac{1}{\theta}\right)\ddot{\boldsymbol{\delta}}_t + \frac{1}{\theta}\ddot{\boldsymbol{\delta}}_{t+\tau} \tag{6.53}$$

时间 $t + \Delta t$ 的位移及速度可用式 (6.47) 求得。若选择 $\theta > 1.37$，则这个方法是无条件稳定的。

我们将 Wilson-θ 法的计算步骤归结如下：

(1) 初始计算。

(i) 计算下列常数

$$\left.\begin{array}{l} \tau = \theta\Delta t \quad (\theta \geqslant 1.37) \\ a_0 = 6/\tau^2, \quad a_1 = 3/\tau, \quad a_2 = 2a_1, \quad a_3 = \tau/2, \quad a_4 = a_0/\theta \\ a_5 = -a_2/\theta, \quad a_6 = 1 - 3/\theta, \quad a_7 = \Delta t/2, \quad a_8 = \Delta t^2/6 \end{array}\right\} \tag{6.54}$$

(ii) 形成等效刚度矩阵

$$\bar{\boldsymbol{K}} = \boldsymbol{K} + a_1\boldsymbol{C} + a_0\boldsymbol{M} \tag{6.55}$$

(iii) 将 $\bar{\boldsymbol{K}}$ 三角化。

(2) 对于每一时间增量的计算。

(i) 按式 (6.52) 计算等效载荷向量 $\bar{\boldsymbol{F}}_{t+\tau}$；

(ii) 从式 (6.50) 中解出位移向量

$$\boldsymbol{\delta}_{t+\tau} = \left(\bar{\boldsymbol{K}}\right)^{-1}\boldsymbol{F}_{t+\tau} \tag{6.56}$$

(iii) 按下列各式计算 $t + \Delta t$ 时的加速度、速度及位移

$$\left.\begin{array}{l} \ddot{\boldsymbol{\delta}}_{t+\Delta t} = a_4\left(\boldsymbol{\delta}_{t+\tau} - \boldsymbol{\delta}_t\right) + a_5\dot{\boldsymbol{\delta}}_t + a_6\ddot{\boldsymbol{\delta}}_t \\ \dot{\boldsymbol{\delta}}_{t+\Delta t} = \dot{\boldsymbol{\delta}}_t + a_7(\ddot{\boldsymbol{\delta}}_{t+\Delta t} + \ddot{\boldsymbol{\delta}}_t) \\ \boldsymbol{\delta}_{t+\Delta t} = \boldsymbol{\delta}_t + \Delta t\dot{\boldsymbol{\delta}}_t + a_8(\ddot{\boldsymbol{\delta}}_{t+\Delta t} + 2\ddot{\boldsymbol{\delta}}_t) \end{array}\right\} \tag{6.57}$$

式 (6.57) 的第一式可由式 (6.48) 代入式 (6.53) 得到，而后两式可由式 (6.45) 及式 (6.46) 中以 $\tau = \Delta t$ 代入得到。Wilson-θ 法在解决复杂结构的动力响应问题中证明效果良好，无条件地稳定，对于线性及非线性问题亦如此。在大多数问题中取 $\theta = 1.4$ 可得出较好的结果。

6.2.3.3　Newmark-β 积分方法

Newmark-β 积分方法实质上是线性加速度法的一种推广。它采用下列假设

$$\dot{\boldsymbol{\delta}}_{t+\Delta t} = \dot{\boldsymbol{\delta}}_t + \left[(1-\beta)\ddot{\boldsymbol{\delta}}_t + \beta\ddot{\boldsymbol{\delta}}_{t+\Delta t}\right]\Delta t \tag{6.58}$$

$$\boldsymbol{\delta}_{t+\Delta t} = \boldsymbol{\delta}_t + \dot{\boldsymbol{\delta}}_t \Delta t + \left[\left(\frac{1}{2} - \alpha \right) \ddot{\boldsymbol{\delta}}_t + \alpha \ddot{\boldsymbol{\delta}}_{t+\Delta t} \right] \Delta t^2 \tag{6.59}$$

其中，α 和 β 是按积分精度和稳定性要求而决定的参数。当 $\beta = 1/2$ 和 $\alpha = 1/6$ 时，式 (6.58) 和 (6.59) 相应于线性加速度法，因为这时它们可以从下面时间间隔 Δt 内线性假设的加速度表达式的积分中得到

$$\ddot{\boldsymbol{\delta}}_{t+\tau} = \ddot{\boldsymbol{\delta}}_t + \left(\ddot{\boldsymbol{\delta}}_{t+\Delta t} - \ddot{\boldsymbol{\delta}}_t \right) \tau / \Delta t \tag{6.60}$$

式中，$0 \leqslant \tau \leqslant \Delta t$。Newmark-$\beta$ 方法原来是从平均加速度法这样一种无稳定条件积分方案中提出的，这时 $\beta = 1/2$ 和 $\alpha = 1/4$。Δt 内的加速度为

$$\ddot{\boldsymbol{\delta}}_{t+\tau} = \frac{1}{2} \left(\ddot{\boldsymbol{\delta}}_t + \ddot{\boldsymbol{\delta}}_{t+\Delta t} \right) \tag{6.61}$$

和中心差分法不同，Newmark-β 方法中时间 $t + \Delta t$ 的位移解答 $\boldsymbol{\delta}_{t+\Delta t}$ 是通过满足时间 $t + \Delta t$ 的运动方程

$$\boldsymbol{M} \ddot{\boldsymbol{\delta}}_{t+\Delta t} + \boldsymbol{C} \dot{\boldsymbol{\delta}}_{t+\Delta t} + \boldsymbol{K} \boldsymbol{\delta}_{t+\Delta t} = \boldsymbol{F}_{t+\Delta t} \tag{6.62}$$

而得到的。为此首先从式 (6.59) 解得

$$\ddot{\boldsymbol{\delta}}_{t+\Delta t} = \frac{1}{\alpha \Delta t^2} \left(\boldsymbol{\delta}_{t+\Delta t} - \boldsymbol{\delta}_t \right) - \frac{1}{\alpha \Delta t} \dot{\boldsymbol{\delta}}_t - \left(\frac{1}{2\alpha} - 1 \right) \ddot{\boldsymbol{\delta}}_t \tag{6.63}$$

将上式代入式 (6.58)，然后再一并代入式 (6.62)，则得到从 $\boldsymbol{\delta}_t$、$\dot{\boldsymbol{\delta}}_t$、$\ddot{\boldsymbol{\delta}}_t$ 计算 $\boldsymbol{\delta}_{t+\Delta t}$ 的公式

$$\left(\boldsymbol{K} + \frac{1}{\alpha \Delta t^2} \boldsymbol{M} + \frac{\beta}{\alpha \Delta t} \boldsymbol{C} \right) \boldsymbol{\delta}_{t+\Delta t}$$
$$= \boldsymbol{F}_{t+\Delta t} + \boldsymbol{M} \left[\frac{1}{\alpha \Delta t^2} \boldsymbol{\delta}_t + \frac{1}{\alpha \Delta t} \dot{\boldsymbol{\delta}}_t + \left(\frac{1}{2\alpha} - 1 \right) \ddot{\boldsymbol{\delta}}_t \right]$$
$$+ \boldsymbol{C} \left[\frac{\beta}{\alpha \Delta t} \boldsymbol{\delta}_t + \left(\frac{\beta}{\alpha} - 1 \right) \dot{\boldsymbol{\delta}}_t + \left(\frac{\beta}{2\alpha} - 1 \right) \Delta t \ddot{\boldsymbol{\delta}}_t \right] \tag{6.64}$$

至此，我们可将利用 Newmark-β 方法逐步求解运动方程的算法步骤归结如下：

(1) 初始计算。

(i) 形成刚度矩阵 $\boldsymbol{K}$、质量矩阵 $\boldsymbol{M}$ 和阻尼矩阵 $\boldsymbol{C}$。

(ii) 给定 $\boldsymbol{\delta}_0$、$\dot{\boldsymbol{\delta}}_0$、$\ddot{\boldsymbol{\delta}}_0$。

(iii) 选择时间步长 Δt、参数 α 和参数 β，并计算积分常数

$$\beta \geqslant 0.50, \quad \alpha \geqslant 0.25 \left(0.5 + \beta\right)^2$$

$$c_0 = \frac{1}{\alpha \Delta t^2}, \quad c_1 = \frac{\beta}{\alpha \Delta t}, \quad c_2 = \frac{1}{\alpha \Delta t}, \quad c_3 = \frac{1}{2\alpha} - 1$$

$$c_4 = \frac{\beta}{\alpha} - 1, \quad c_5 = \frac{\Delta t}{2}\left(\frac{\beta}{\alpha} - 2\right), \quad c_6 = \Delta t \left(1 - \beta\right), \quad c_7 = \beta \Delta t$$

(iv) 形成有效的刚度矩阵 $\hat{\boldsymbol{K}} = \boldsymbol{K} + c_0 \boldsymbol{M} + c_1 \boldsymbol{C}$。

(v) 三角分解 $\hat{\boldsymbol{K}} = \boldsymbol{LDL}^{\mathrm{T}}$。

(2) 对于每一时间步长。

(i) 计算时间 $t + \Delta t$ 的有效载荷

$$\hat{\boldsymbol{F}}_{t+\Delta t} = \boldsymbol{F}_{t+\Delta t} + \boldsymbol{M}\left(c_0 \boldsymbol{\delta}_t + c_2 \dot{\boldsymbol{\delta}}_t + c_3 \ddot{\boldsymbol{\delta}}_t\right) + \boldsymbol{C}\left(c_1 \boldsymbol{\delta}_t + c_4 \dot{\boldsymbol{\delta}}_t + c_5 \ddot{\boldsymbol{\delta}}_t\right)$$

(ii) 求解时间 $t + \Delta t$ 的位移

$$\boldsymbol{LDL}^{\mathrm{T}} \boldsymbol{\delta}_{t+\Delta t} = \hat{\boldsymbol{F}}_{t+\Delta t}$$

(iii) 计算时间 $t + \Delta t$ 的加速度和速度

$$\ddot{\boldsymbol{\delta}}_{t+\Delta t} = c_0 \left(\boldsymbol{\delta}_{t+\Delta t} - \boldsymbol{\delta}_t\right) - c_2 \dot{\boldsymbol{\delta}}_t - c_3 \ddot{\boldsymbol{\delta}}_t$$

$$\dot{\boldsymbol{\delta}}_{t+\Delta t} = \dot{\boldsymbol{\delta}}_t + c_6 \ddot{\boldsymbol{\delta}}_t + c_7 \ddot{\boldsymbol{\delta}}_{t+\Delta t}$$

从 Newmark-β 方法循环求解方法式 (6.64) 可见，有效刚度矩阵 $\hat{\boldsymbol{K}}$ 中包含了 $\boldsymbol{K}$，而一般情况下 $\boldsymbol{K}$ 总是非对角短阵，因此在求解 $\boldsymbol{\delta}_{t+\Delta t}$ 时，$\boldsymbol{K}$ 的求逆是必须的 (当然，在线性分析中只需分解一次)。这是因为在导出式 (6.64) 时，利用了 $t + \Delta t$ 时刻的运动方程 (6.62)。这种算法称为隐式算法。可以证明，当 $\beta \geqslant 0.50, \alpha \geqslant 0.25 \left(0.5 + \beta\right)^2$ 时，Newmark-β 方法是无条件稳定的，即时间步长 Δt 的大小不影响解的稳定性。此时 Δt 的选择主要根据解的精度确定，具体说可根据对结构响应有主要贡献的若干基本振型的周期来确定。例如 Δt 可选择为 T_p(对应若干基本振型周期中的最小者) 的若干分之一。一般说 T_p 比结构系统的最小振动周期 T_n 大得多，所以无条件稳定的隐式算法以 $\hat{\boldsymbol{K}}$ 求逆为代价换得了比有条件稳定的显式算法可以采用大得多的时间步长 Δt。而且采用较大的 Δt 还可滤掉高阶不精确特征解对系统响应的影响。

6.3 变形体正碰撞的动态子结构法

6.3.1 柔性多次碰撞系统动态子结构法的基本理论

6.3.1.1 引言

动态子结构方法由于具有计算效率高、精度好以及便于和实验相结合的优点，目前已成功地应用于航空航天、汽车、机械领域的振动模态分析和多体动力学方面的研究。本书考虑多次碰撞现象和多次碰撞产生的瞬态波的波动效应，提出了复杂柔性系统多次碰撞动力学动态子结构方法的基本理论体系 [5-8]，并应用多次碰撞动态子结构方法，研究了若干工程中常见的柔性结构系统中的多次碰撞问题 [9]。研究结果为采用动态子结构方法，描述复杂柔性体的多次碰撞过程，分析碰撞瞬态波传播机理，最终为复杂、高精度、高速柔性机械系统的结构动力学优化设计与系统运行的稳定控制，提供有效的数值研究方法。

6.3.1.2　变拓扑多次碰撞过程的描述

如图 6.8 所示，假定两个或多个柔性体在牵引加载和体力的驱动作用下，做大范围的空间运动，并发生多次碰撞事件。设第 n $(n = 1, 2, \cdots, N)$ 次接触发生在 t_c^n 时刻，第 n 次分离发生在 t_e^n 时刻。多次碰撞事件包含三个运动阶段：碰撞前阶段 $(t < t_c^1)$、多次碰撞阶段 $(t_c^1 \leqslant t \leqslant t_e^N)$ 和碰撞后阶段 $(t > t_e^N)$。在多次碰撞过程中，碰撞阶段与分离阶段交替出现 (图 6.8)，其复杂程度远远超过单次碰撞事件。

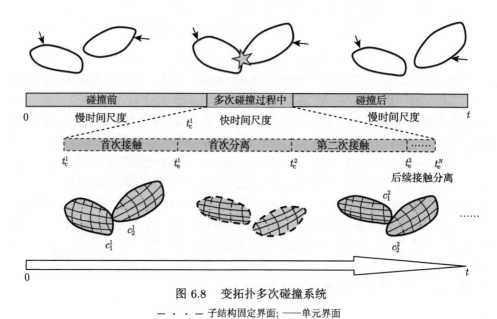

图 6.8　变拓扑多次碰撞系统

— · · — 子结构固定界面;　——单元界面

在碰撞前阶段 $(t < t_c^1)$，柔性体从各自的初始状态开始，在外力作用下，做空间的变形和运动，相互间不接触。碰撞前阶段的运动和变形相对于单次碰撞过程的变形和运动而言，时间尺度较长，运动和变形相对而言较平稳。一般而言，采用一些较为快速的分析方法，就可保证足够的计算精度。如果采用动态子结构法，描述运动和变形的振动模态可以少取，针对控制方程的数值积分求解的时间步长

可以取得较大，其计算速度一般远快于有限元方法。当碰撞前阶段结束时，结束时刻的物体运动状态，可用于计算第一次碰撞运动的初始条件。

在多次碰撞阶段 ($t_c^1 \leqslant t \leqslant t_e^N$)，碰撞阶段和分离阶段快速交替出现。单次碰撞过程的持续时间一般很短，整个多次碰撞阶段可能持续较短的时间，也可能持续较长的时间。例如，斜杆坠地发生的整个多次碰撞阶段的时间不足一毫秒 [10]；阀门反复启闭造成的整个多次碰撞阶段的时间跨度，要由阀门工作时间来定，时间跨度可达几分钟，甚至数小时 [11]。无论如何，单次碰撞的持续时间一般很短 [10,11]，短暂的接触和分离，均会激发柔性体的高频模态，激发出以有限速度传播的瞬态波。

整个多次碰撞阶段结束后，进入碰撞后阶段 ($t > t_e^N$)，柔性体间将不再发生碰撞。柔性体以各自的波动模态/振动模态，开始残余波动。经历相对较长的时间后，波动效应减弱，转为稳定运动/振动状态。采用动态子结构法处理残余波动状态，需要设置小的计算时间步长，而在稳定运动/振动状态，计算时间步长可以取得较大。

可采用添加-删除约束技术 [12] 处理多次碰撞的变拓扑问题：

(1) 在第 n 次碰撞阶段 ($t_c^1 \leqslant t < t_e^N$)，采用接触约束，模拟柔性体间产生的碰撞效应。若接触约束是黏结接触，则参与碰撞的柔性体，以组合体 (由相互碰撞的柔性体组成) 的波/振动模态形式响应碰撞行为，直至进入下一次分离阶段。若接触约束是局部变形接触，则参与碰撞的柔性体之间，存在一对大小相等方向相反的接触力。碰撞结束时刻物体的运动状态，可作为下一分离计算的初始条件。

(2) 在第 n 次分离阶段 ($t_e^n \leqslant t < t_c^{n+1}$)，采用释放柔性体间的接触约束，模拟分离行为。柔性体分别以各自的波/振动模态形式做空间运动和变形，直至进入下一次接触。分离结束时刻的运动状态，可用于计算第一次碰撞运动的初始条件。

6.3.1.3 子结构的划分

对于两个柔性体碰撞问题，两个柔性体构型 K^i ($i = 1, 2$) 共包含边界 Γ^i ($i = 1, 2$) 和内部区域 Ω^i ($i = 1, 2$) 两部分。边界 Γ 由位移边界 Γ_u、应力边界 Γ_a 和接触边界 Γ_c 三部分组成，

$$\Gamma = \Gamma_u \cup \Gamma_a \cup \Gamma_c \tag{6.65}$$

如果在碰撞过程中不出现穿透和侵彻，则要求柔性体满足接触面非穿透性条件。即在任一时刻，任一物体的内点，不能同时属于另一个物体，也就是区域 Ω^1 和 Ω^2 的交集为空集

$$\Omega^1 \cap \Omega^2 = \phi \tag{6.66}$$

子结构的划分主要考虑构型 K^i 的结构形式、边界 Γ^i 的类型和形式三个方面的因素。对于任何一个大型复杂的柔性结构，总可以划分为若干结构件，结构

件划分为子结构。结构件与结构件间靠子结构相连，子结构与子结构间靠边界节点相连。对于不同的边界形式可划分为若干类不同形式的子结构，用来包含边界，对于条件变化剧烈的边界，则相应多划分若干子结构。如果子结构的规模很大，还可以再剖分为若干二级或三级的子结构。当然，这种多重结构的使用，将带来分析流程的复杂化。因此，如何有效地剖分结构，便成了子结构法的一个关键所在。

对于多次碰撞问题，在多次碰撞阶段，新增加了接触界面，需要针对接触界面划分专门的碰撞子结构。由于在多次碰撞阶段，碰撞和分离快速交替出现，每次碰撞的接触点的位置可能会发生变化，可采用两种方法划分碰撞子结构。一种采用动网格技术，在接触局部重新划分子结构，而在远方保持原有子结构。另一种是不再重新划分子结构，而是将涉及碰撞接触的子结构的特性，修改为接触子结构的特性。在分离阶段，碰撞子结构退化为一般子结构，取消碰撞界面，界面自由度变为子结构内部自由度。

6.3.1.4　接触和分离时间的确定

设某一次碰撞的接触时间为 t_c，该次碰撞结束、分离阶段出现的时间为 t_e，并设在该次碰撞中，柔性体 1 的碰撞子结构为 c_1，柔性体 2 的碰撞子结构为 c_2。则接触时间 t_c 可以通过接触条件确定[11,13,14]，该条件与两个碰撞子结构之间的相对距离相关。

如图 6.9 所示，可以用两个坐标三面形 $\{P_i, \boldsymbol{\sigma}_i, \boldsymbol{\tau}_{i1}, \boldsymbol{\tau}_{i2}\}$ $(i = 1, 2)$ 来规定分别位于两个外凸柔性体上的两个即将接触的点 P_i。其中，在接触点处，切向矢量 $\boldsymbol{\tau}_{i1}$ 和 $\boldsymbol{\tau}_{i2}$ 定义一个切平面，法向矢量 $\boldsymbol{\sigma}_i$ 则垂直该平面向外。从点 P_1 到 P_2 的距离矢量为 $\boldsymbol{g}(t)$，两点法向的最短距离为 $g_N = \boldsymbol{\sigma}_1 \cdot \boldsymbol{g} = -\boldsymbol{\sigma}_2 \cdot \boldsymbol{g}$。$g_N = 0$ 是一个理想的接触条件，可以用于确定接触时间 t_c。g_N 同样可以写为

$$g_N = \boldsymbol{\sigma}_1 \cdot (\boldsymbol{r}_{P_1} - \boldsymbol{r}_{P_2}) = 0 \tag{6.67}$$

其中，$\boldsymbol{r}_{P_1}(t)$ 和 $\boldsymbol{r}_{P_2}(t)$ 分别为点 P_1 和 P_2 的位置矢量。$g_N > 0$ 说明没有碰撞发生，相反地，$g_N < 0$ 表示柔性体间存在一个非物理渗透。

然而，在使用时间增量法进行数值计算时，很难通过理想接触条件确定 t_c。该条件 $g_N = 0$ 在使用时需要修正。给定一个误差限制小量 ε_g，在计算中实际应用的可操作的接触条件为

$$g_N(t_c) > 0 \text{ 和 } |g_N(t_c + \Delta t)| < \varepsilon_g \tag{6.68}$$

其中，ε_g 是一个正数小量，它允许一定的计算舍入误差。Δt 是时间计算步长。

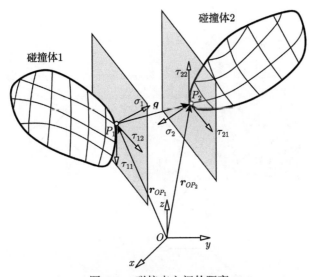

图 6.9　碰撞点之间的距离

分离时间 t_e 可以通过分离条件来确定 [11,13,15]，该条件与碰撞体间的接触力相关。需要说明的是，法向接触约束具有单面性，法向接触力必须是一个压力，即 $F_n \geqslant 0$。因此，分离条件可以表示为法向接触力等于零。与处理理想接触条件的方法类似，在计算中实际应用的可操作的分离条件为

$$F_n(t_e) \geqslant 0, \quad F_n(t_e + \Delta t) < 0, \quad |F_n(t_e + \Delta t)| < \varepsilon_F \tag{6.69}$$

其中，ε_F 是一个正数小量，它允许一定的计算舍入误差。

6.3.1.5　接触约束

在动态子结构法中，可以采用添加-删除约束技术 [12]，在碰撞时添加接触约束考虑碰撞效应，而在分离时删除接触约束。接触约束可以认为表示了碰撞导致的拓扑结果的变化，以及碰撞前后柔性体边界性质的改变。本书的研究针对点接触的方式，故约束添加-删除仅发生在接触子结构的接触节点上。对于更为复杂的线接触和面接触，实际上也可以做类似的处理。

柔性体间的接触约束可以用接触节点约束来表达。如图 6.10 所示，两个分别位于接触点 P_1 和 P_2 处的接触节点 n_1 和 n_2 在碰撞子结构 c_1 和 c_2 之间组成了一个接触节点对。每个节点 n_i $(i = 1, 2)$ 具有 6 个自由度 $(\sigma_i, \tau_{i1}, \tau_{i2}, \theta_{n_i}, \theta_{\tau_{i1}}, \theta_{\tau_{i2}})$，即 3 个平动自由度和 3 个转动自由度 (图 6.10(b))。

在本书中，给出三种不同的接触约束模型去处理在碰撞阶段一些普遍存在的接触约束效应模式。它们分别是黏结接触约束模型、局部变形接触约束模型 (详见第 4 章) 和摩擦接触约束模型。

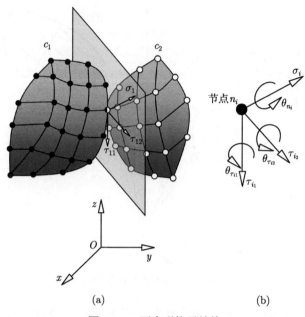

图 6.10　两个碰撞子结构

Wu 和 Haug[12] 曾应用过在接触面法向黏结的接触约束模型，在所有方向上黏结接触约束的约束方程为

$$r_{P_1}(t) - r_{P_2}(t) = \mathbf{0} \tag{6.70}$$

式中，点 P_1 和点 P_2 位置矢量的差值为零，意味着点 P_1 和点 P_2 不发生相对运动。

局部变形接触约束模型是指，在接触节点的接触面法向上，存在大小相等方向相反的一对接触力。假设法向力是压下量 δ 的一个函数 [16]，

$$F_n = K\delta^n + D\dot{\delta} \tag{6.71}$$

接触刚度 K 的大小依赖于碰撞物体 1 和 2 的杨氏弹性模量 E_1 和 E_2、泊松比 ν_1 和 ν_2，以及接触面的曲率半径 R_1 和 R_2

$$K = \frac{4}{3}\left(\frac{1}{R_1} + \frac{1}{R_2}\right)^{-1/2}\left(\frac{1-\nu_1^2}{E_1} + \frac{1-\nu_2^2}{E_2}\right)^{-1}$$

当 $n = 1$ 时，称为 Kelvin-Voigt 黏弹性模型；当 $n = 3/2$ 且黏性系数 $D = 0$ 时，称为 Hertz 接触模型 [17]。

摩擦接触约束模型是指，在接触节点接触面的切向上，存在大小相等方向相反的一对摩擦力。本书采用规则化摩擦模型 (图 6.11)，它是一个平滑的、与接触

节点相对速度相关的刚性函数，从而可以克服库仑静摩擦力在相对速度转换过程中，零相对速度时摩擦力的突变问题，避免出现摩擦力计算收敛的问题。实际上，实验结果表明，即便是处于宏观的静摩擦阶段，但是，由于接触表面的不平度，表面之间的微滑动仍然存在 [18]，因此，规则化摩擦模型更符合实际情况。在规则化摩擦模型中，连续摩擦力可以表达为如下形式：

$$F_\tau = -\mu \left\| F_n \right\| \frac{2}{\pi} \arctan \left(\frac{\left\| V_\tau \right\|}{c_\tau} \right) \cdot e_\tau \tag{6.72}$$

其中，$V_\tau = V_\tau^{n_1} - V_\tau^{n_2}$，$e_\tau = V_\tau / \left\| V_\tau \right\|$ 为单位相对滑动运动的方向矢量，V_τ 为切向相对滑动速度矢量，$V_\tau^{n_1}$ 和 $V_\tau^{n_2}$ 分别为节点 n_1 和 n_2 的切向速度矢量，c_τ 是一个控制摩擦力随相对速度上升速率快慢的重要参数。

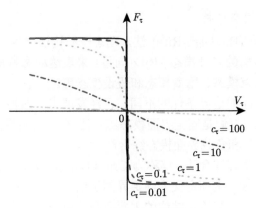

图 6.11 规则化摩擦模型

6.3.1.6 接触约束的坐标变换

由于接触约束通常被表示为接触节点的位移、速度和加速度，在局部坐标系 $\sigma_i\text{-}\tau_{i1}\text{-}\tau_{i2}$ 下描述接触约束条件比较方便。不过，系统的运动变形状态需要在全局惯性坐标系中给出，因此，在数值模拟时，需要从局部坐标系转换到全局惯性坐标系 $x\text{-}y\text{-}z$。

当不考虑旋转自由度时，两个坐标系之间的变换已由 Wu 和 Haug[12] 给出。本书针对一般的三维柔性碰撞系统，对位移、速度和加速度约束，分别导出了同时考虑 3 个平动自由度和 3 个转动自由度的通用变换。例如，对应于位移的通用变换为

$$
\left\{\begin{array}{c} u_{ix} \\ u_{iy} \\ u_{iz} \\ u_{i\theta x} \\ u_{i\theta y} \\ u_{i\theta z} \end{array}\right\} = \left[\begin{array}{cccccc} \lambda_{11} & \lambda_{12} & \lambda_{13} & 0 & 0 & 0 \\ \lambda_{21} & \lambda_{22} & \lambda_{23} & 0 & 0 & 0 \\ \lambda_{31} & \lambda_{32} & \lambda_{33} & 0 & 0 & 0 \\ 0 & 0 & 0 & \lambda_{11} & \lambda_{12} & \lambda_{13} \\ 0 & 0 & 0 & \lambda_{21} & \lambda_{22} & \lambda_{23} \\ 0 & 0 & 0 & \lambda_{31} & \lambda_{32} & \lambda_{33} \end{array}\right] \left\{\begin{array}{c} u'_{ix} \\ u'_{iy} \\ u'_{iz} \\ u'_{i\theta x} \\ u'_{i\theta y} \\ u'_{i\theta z} \end{array}\right\} \tag{6.73}
$$

式中，接触节点 n_i 在 x、y 和 z 方向上的平动位移分量分别为 u_{ix}、u_{iy} 和 u_{iz}，绕 x、y 和 z 轴旋转的转动位移分量分别为 $u_{i\theta x}$、$u_{i\theta y}$ 和 $u_{i\theta z}$，在 σ_1、τ_{11} 和 τ_{12} 方向上的平动位移分量分别为 u'_{ix}、u'_{iy} 和 u'_{iz}，绕 σ_1、τ_{11} 和 τ_{12} 轴旋转的转动位移分量分别为 $u'_{i\theta x}$、$u'_{i\theta y}$ 和 $u'_{i\theta z}$。λ_{mn} 为全局坐标系中第 m 个轴与局部坐标系中第 n 个轴之间夹角的余弦值。

6.3.1.7 子结构的模态分析

基于瑞利-里茨 (Rayleigh-Ritz) 法，动态子结构法 [19-21] 也可称为部件模态综合法，采用子结构的多种模态 (Ritz 向量) 来表达动态特征。主要包括：主模态、刚体模态、约束模态、附着模态和假设模态等。

针对子结构界面的边界条件的不同，已经发展出了四种计算子结构的主模态和约束模态的方法，它们是固定界面模态综合法 [22]、自由界面模态综合法、混合界面模态综合法 [23] 和负载界面模态综合法 [24]。

所谓固定界面模态综合法，亦称为 Craig-Bampton 法，是指系统的模态子结构在进行模态分析时，全部定义为固定界面子结构。即首先假定该子结构的界面坐标是固定的，然后计算该子结构的主模态和约束模态。由于固定界面模态综合法，在数值模拟中具有较高的精度，因此本书选择该方法进行系统模态的综合。

在子结构模态综合法中，为了描述柔性体的空间构型、运动状态和变形状态，根据需要，通常使用两种广义坐标，即物理坐标和模态坐标。物理坐标用于描述结构上一点的几何位置，模态坐标用于描述模态的量级。如果基于 Rayleigh-Ritz 法，则将在物理坐标下的动力学方程转换成用模态坐标表示；然后，通过频率截断法，略去高阶的界面主模态，缩减求解的自由数；在完成模态坐标表示的运算后，再换为物理坐标下读取结果，可以大大降低计算耗费时间。

1) 坐标变换

应用有限单元法离散，单个子结构 s 在物理坐标下的动力学方程可以写为如下形式：

$$
\boldsymbol{m}^{(s)}\ddot{\boldsymbol{u}}^{(s)} + \boldsymbol{c}^{(s)}\dot{\boldsymbol{u}}^{(s)} + \boldsymbol{k}^{(s)}\boldsymbol{u}^{(s)} = \boldsymbol{f}^{(s)} \tag{6.74}
$$

其中，$\boldsymbol{m}^{(s)}$、$\boldsymbol{k}^{(s)}$、$\boldsymbol{c}^{(s)}$ 和 $\boldsymbol{f}^{(s)}$ 分别为质量矩阵、刚度矩阵、比例阻尼矩阵和外力向量。$\boldsymbol{u}^{(s)}$、$\dot{\boldsymbol{u}}^{(s)}$ 和 $\ddot{\boldsymbol{u}}^{(s)}$ 分别为物理位移向量、物理速度向量和物理加速度向量。

对于一个普通的子结构，它的界面只包含固定界面。但是对于一个碰撞子结构 (图 6.12)，它的界面不仅包含固定界面，而且包含碰撞界面，碰撞界面的特性与固定界面相同。

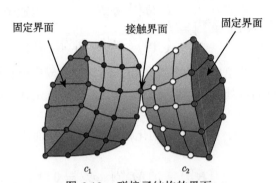

图 6.12 碰撞子结构的界面

图中红色结点为固定界面结点，蓝色结点为接触界面结点

方程 (6.74) 按照界面自由度和内部自由度形式，可以写成如下分块形式：

$$
\begin{bmatrix} \boldsymbol{m}_{ii}^{(s)} & \boldsymbol{m}_{ij}^{(s)} \\ \boldsymbol{m}_{ji}^{(s)} & \boldsymbol{m}_{jj}^{(s)} \end{bmatrix} \begin{bmatrix} \ddot{\boldsymbol{u}}_i^{(s)} \\ \ddot{\boldsymbol{u}}_j^{(s)} \end{bmatrix} + \begin{bmatrix} \boldsymbol{c}_{ii}^{(s)} & \boldsymbol{c}_{ij}^{(s)} \\ \boldsymbol{c}_{ji}^{(s)} & \boldsymbol{c}_{jj}^{(s)} \end{bmatrix} \begin{bmatrix} \dot{\boldsymbol{u}}_i^{(s)} \\ \dot{\boldsymbol{u}}_j^{(s)} \end{bmatrix} + \begin{bmatrix} \boldsymbol{k}_{ii}^{(s)} & \boldsymbol{k}_{ij}^{(s)} \\ \boldsymbol{k}_{ji}^{(s)} & \boldsymbol{k}_{jj}^{(s)} \end{bmatrix} \begin{bmatrix} \boldsymbol{u}_i^{(s)} \\ \boldsymbol{u}_j^{(s)} \end{bmatrix}
$$

$$
= \begin{bmatrix} \boldsymbol{f}_i^{(s)} \\ \boldsymbol{f}_j^{(s)} \end{bmatrix} \tag{6.75}
$$

其中，下标 i 和 j 分别是子结构的内部自由度数和界面自由度数。将位移向量在物理坐标下和模态坐标下的相互关系

$$
\boldsymbol{u}^{(s)} = \left\{ \begin{array}{c} \boldsymbol{u}_i^{(s)} \\ \boldsymbol{u}_j^{(s)} \end{array} \right\} = \begin{bmatrix} \boldsymbol{\Phi}_{ii}^{(s)} & \boldsymbol{\Phi}_{ij}^{(s)} \\ \boldsymbol{0}_{ji}^{(s)} & \boldsymbol{I}_{jj}^{(s)} \end{bmatrix} \left\{ \begin{array}{c} \boldsymbol{p}_{\mathrm{N}}^{(s)} \\ \boldsymbol{p}_{\mathrm{C}}^{(s)} \end{array} \right\}
$$

$$
= \begin{bmatrix} \boldsymbol{\Phi}_{\mathrm{N}}^{(s)} & \boldsymbol{\Phi}_{\mathrm{C}}^{(s)} \end{bmatrix} \left\{ \begin{array}{c} \boldsymbol{p}_{\mathrm{N}}^{(s)} \\ \boldsymbol{p}_{\mathrm{C}}^{(s)} \end{array} \right\} = \boldsymbol{\Phi}^{(s)} \boldsymbol{p}^{(s)} \tag{6.76}
$$

代入动力学方程 (6.75)，则动力学方程改写为用模态位移向量 $\boldsymbol{p}^{(s)}$ 表示，然后，可以用模态位移向量进行运算。在变换式 (6.76) 中，$\boldsymbol{\Phi}^{(s)}$ 为子结构 s 的总体模态矩阵，$\boldsymbol{\Phi}_{\mathrm{N}}^{(s)}$ 为了结构的主模态，$\boldsymbol{\Phi}_{\mathrm{C}}^{(s)}$ 为界面约束模态，$\boldsymbol{p}_{\mathrm{N}}^{(s)}$ 为界面主模态的模态位移向量，$\boldsymbol{p}_{\mathrm{C}}^{(s)}$ 为界面约束模态的模态位移向量。

在碰撞结构模型中，每个子结构均有两种模态，即用于描述子结构内部振动的主模态 $\boldsymbol{\Phi}_{\mathrm{N}}^{(s)}$ 和用于描述子结构随界面牵连运动的界面约束模态 $\boldsymbol{\Phi}_{\mathrm{C}}^{(s)}$。在一个普通的子结构中，$\boldsymbol{\Phi}_{\mathrm{C}}^{(s)}$ 由固定界面约束模态 $\boldsymbol{\Phi}_{\mathrm{F}}^{(s)}$ 组成。但是，对于一个碰撞子结

构，$\boldsymbol{\Phi}_{\mathrm{C}}^{(s)}$ 由固定界面约束模态 $\boldsymbol{\Phi}_{\mathrm{F}}^{(s)}$ 和碰撞界面约束模态 $\boldsymbol{\Phi}_{\mathrm{I}}^{(s)}$ 共同组成。$\boldsymbol{\Phi}_{\mathrm{I}}^{(s)}$ 的计算方法与固定界面约束模态的计算方法相同。子结构 s 的总体模态阵可以进一步写为

$$\boldsymbol{\Phi}^{(s)} = [\boldsymbol{\Phi}_k^{(s)}\ \boldsymbol{\Phi}_{\mathrm{C}}^{(s)}] = \begin{cases} [\boldsymbol{\Phi}_k^{(s)}\ \boldsymbol{\Phi}_{\mathrm{F}}^{(s)}], & \text{普通子结构} \\ [\boldsymbol{\Phi}_k^{(s)}\ \boldsymbol{\Phi}_{\mathrm{F}}^{(s)}\ \boldsymbol{\Phi}_{\mathrm{I}}^{(s)}], & \text{接触子结构} \end{cases} \tag{6.77}$$

当用上述方法计算出模态位移向量后，还需要将模态位移向量变换为物理位移向量，以便进行向量处理和读取。其基本变换关系就是式 (6.76)。

2) 主模态

在变换式 (6.76) 中，$\boldsymbol{\Phi}_{ii}^{(s)}$ 由正则化模态 $\boldsymbol{\varphi}_{\mathrm{r}}^{(s)}$ 组装而成，$\boldsymbol{\varphi}_{\mathrm{r}}^{(s)}$ 可由下面的特征方程确定，

$$\left[\bar{\boldsymbol{K}}_{ii}^{(s)} - \omega^2 \bar{\boldsymbol{M}}_{ii}^{(s)} \right] \boldsymbol{\varphi}_{\mathrm{r}}^{(s)} = \boldsymbol{0} \tag{6.78}$$

根据模态综合法的截断法则，保留 k 阶界面主模态，

$$\boldsymbol{\Phi}_k^{(s)} = \begin{bmatrix} \boldsymbol{\Phi}_{ik}^{(s)} \\ \boldsymbol{0}_{ji}^{(s)} \end{bmatrix} = \begin{bmatrix} \boldsymbol{\varphi}_1^{(s)} & \boldsymbol{\varphi}_2^{(s)} & \cdots & \boldsymbol{\varphi}_k^{(s)} \end{bmatrix} \tag{6.79}$$

截断阶数 k 通常是一个小值，即在模态坐标下的系统自由度远比物理坐标下的系统自由度小。统计结果表明，计算耗时与参与计算的系统自由度数的 $2 \sim 3$ 次方成正比 [25]。因此耗费的计算时间会大大降低。

3) 约束模态

约束模态 $\boldsymbol{\Phi}_{\mathrm{C}}^{(s)}$ 由下列方法确定：对界面上的节点，依次施加一个静态单位位移，固定其他边界自由度，则子结构 s 相应的一组静变形，就是约束模态 $\boldsymbol{\Phi}_{\mathrm{C}}^{(s)}$，

$$\boldsymbol{\Phi}_{\mathrm{C}}^{(s)} = \begin{pmatrix} \boldsymbol{\Phi}_{ij}^{(s)} \\ \boldsymbol{I}_{jj}^{(s)} \end{pmatrix} = \begin{pmatrix} -(\boldsymbol{k}_{ii}^{(s)})^{-1} \boldsymbol{k}_{ij}^{(s)} \\ \boldsymbol{I}_{jj}^{(s)} \end{pmatrix} \tag{6.80}$$

4) 模态坐标下的子结构动力学方程

将方程 (6.76) 代入方程 (6.74)，然后在方程两边左乘 $\boldsymbol{\Phi}^{(s)\mathrm{T}}$，得到子结构 s

$$\tilde{\boldsymbol{m}}^{(s)} \ddot{\boldsymbol{p}}^{(s)} + \tilde{\boldsymbol{c}}^{(s)} \dot{\boldsymbol{p}}^{(s)} + \tilde{\boldsymbol{k}}^{(s)} \boldsymbol{p}^{(s)} = \tilde{\boldsymbol{f}}^{(s)} \tag{6.81}$$

其中，$\tilde{\boldsymbol{m}}^{(s)}$、$\tilde{\boldsymbol{k}}^{(s)}$、$\tilde{\boldsymbol{c}}^{(s)}$ 和 $\tilde{\boldsymbol{f}}^{(s)}$ 分别为模态质量阵、模态刚度阵、模态阻尼阵和模态外力阵。它们可以表示为

$$\tilde{\boldsymbol{m}}^{(s)} = \boldsymbol{\Phi}^{(s)\mathrm{T}} \tilde{\boldsymbol{m}}^{(s)} \boldsymbol{\Phi}^{(s)}, \quad \tilde{\boldsymbol{k}}^{(s)} = \boldsymbol{\Phi}^{(s)\mathrm{T}} \boldsymbol{k}^{(s)} \boldsymbol{\Phi}^{(s)}$$

$$\tilde{\boldsymbol{c}}^{(s)} = \boldsymbol{\Phi}^{(s)\mathrm{T}} \boldsymbol{c}^{(s)} \boldsymbol{\Phi}^{(s)}, \quad \tilde{\boldsymbol{f}}^{(s)} = \boldsymbol{\Phi}^{(s)\mathrm{T}} \boldsymbol{f}^{(s)} \tag{6.82}$$

6.3.1.8 系统各阶段的控制方程

1) 碰撞前控制方程

由于动态子结构法在提高计算效率的同时，仍能保证一定的精度，因此本节选择该方法建立碰撞前的控制方程。

碰撞前，柔性体之间并无接触约束存在，分别在各自的外力作用下在空间中运动和变形。若两者没有诸如铰接、滑动轨道以及一些其他的约束关系，则这两个柔性体分别有各自独立的控制方程。假设柔性体 B ($B = 1, 2$) 被离散为 d_B 个子结构，首先在不考虑固定界面约束的情况下，组装柔性体 B 的所有子结构。柔性体 B 在模态坐标下的控制方程为

$$\tilde{M}'_B \ddot{P}_B + \tilde{C}'_B \dot{P}_B + \tilde{K}'_B P_B = \tilde{F}'_B \quad (B = 1, 2) \tag{6.83}$$

组装模态质量阵 $\tilde{M}'_B$、组装模态阻尼阵 $\tilde{C}'_B$、组装模态刚度阵 $\tilde{K}'_B$、组装模态力列阵 $\tilde{F}'_B$ 和组装模态位移列阵 P_B 可分别表示为

$$\tilde{M}'_B = \begin{bmatrix} \tilde{m}^{(1)} & 0 & \cdots & 0 & \cdots & 0 \\ 0 & \tilde{m}^{(2)} & \cdots & 0 & \cdots & 0 \\ \vdots & \vdots & & \vdots & & \vdots \\ 0 & 0 & \cdots & \tilde{m}^{(s)} & \cdots & 0 \\ \vdots & \vdots & & \vdots & & \vdots \\ 0 & 0 & \cdots & 0 & \cdots & \tilde{m}^{(d_B)} \end{bmatrix}$$

$$\tilde{K}'_B = \begin{bmatrix} \tilde{k}^{(1)} & 0 & \cdots & 0 & \cdots & 0 \\ 0 & \tilde{k}^{(2)} & \cdots & 0 & \cdots & 0 \\ \vdots & \vdots & & \vdots & & \vdots \\ 0 & 0 & \cdots & \tilde{k}^{(s)} & \cdots & 0 \\ \vdots & \vdots & & \vdots & & \vdots \\ 0 & 0 & \cdots & 0 & \cdots & \tilde{k}^{(d_B)} \end{bmatrix}$$

$$\tilde{C}'_B = \begin{bmatrix} \tilde{c}^{(1)} & 0 & \cdots & 0 & \cdots & 0 \\ 0 & \tilde{c}^{(2)} & \cdots & 0 & \cdots & 0 \\ \vdots & \vdots & & \vdots & & \vdots \\ 0 & 0 & \cdots & \tilde{c}^{(s)} & \cdots & 0 \\ \vdots & \vdots & & \vdots & & \vdots \\ 0 & 0 & \cdots & 0 & \cdots & \tilde{c}^{(d_B)} \end{bmatrix}$$

$$P_B = \begin{bmatrix} p^{(1)} \\ p^{(2)} \\ \vdots \\ p^{(s)} \\ \vdots \\ p^{(d_B)} \end{bmatrix}, \quad \tilde{F}'_B = \begin{bmatrix} \tilde{f}^{(1)} \\ \tilde{f}^{(2)} \\ \vdots \\ \tilde{f}^{(s)} \\ \vdots \\ \tilde{f}^{(d_B)} \end{bmatrix}$$

由于存在着一些非独立的界面自由度，故子结构并没有耦合成一个整体。因此，需要根据界面约束条件，建立并运用一个耦合矩阵 T_B (也称为 Boolean 矩阵) 去消除方程 (6.83) 中的重复自由度，并耦合相应的子结构。有时我们称这个过程为第二次坐标变换。它形如

$$P_B = T_B Q_B \tag{6.84}$$

其中，Q_B 是模态位移向量。

消除方程 (6.83) 中的重复自由度后，碰撞前柔性体 B 在模态坐标下的控制方程变为

$$\bar{M}_B \ddot{Q}_B + \bar{C}_B \dot{Q}_B + \bar{K}_B Q_B = \bar{F}_B \quad (B = 1, 2) \tag{6.85}$$

其中，Q_B、$\dot{Q}_B$ 和 $\ddot{Q}_B$ 分别为模态位移列阵、模态速度列阵和模态加速度列阵；$\bar{M}_B$、$\bar{C}_B$、$\bar{K}_B$ 和 $\bar{F}_B$ 分别为柔性体 B 的模态质量阵、模态阻尼阵、模态刚度阵和模态外力阵。各矩阵的变换为

$$\bar{M}_B = T_B^{\mathrm{T}} \tilde{M}'_B T_B, \quad \bar{C}_B = T_B^{\mathrm{T}} \tilde{C}'_B T_B, \quad \bar{K}_B = T_B^{\mathrm{T}} \tilde{K}'_B T_B, \quad \bar{F}_B = T_B^{\mathrm{T}} \tilde{F}'_B$$

2) 碰撞阶段控制方程

在某次碰撞开始时，为了计算碰撞阶段动力学响应，并应用约束添加-删除技术，需要将两个柔性体中涉及碰撞接触的一对子结构，重新进行网格划分，将碰撞接触点放在节点上。

与碰撞前控制方程的求取方法类似，可以分别组建两个柔性体的模态坐标下的控制方程，它们类似于方程 (6.83)。然后，消除重复自由度，得到类似于式 (6.85) 的控制方程。

在不考虑碰撞界面约束的情况下，将柔性体 1 和 2 的所有子结构整体组装。总体系统在模态坐标下的动力学方程为

$$\tilde{M}' \ddot{P} + \tilde{C}' \dot{P} + \tilde{K}' P = \tilde{F}' \tag{6.86}$$

其中，各系数矩阵可表示成分块矩阵：

$$\tilde{M}' = \begin{bmatrix} \bar{M}_1 & 0 \\ 0 & \bar{M}_2 \end{bmatrix}, \quad \tilde{K}' = \begin{bmatrix} \bar{K}_1 & 0 \\ 0 & \bar{K}_2 \end{bmatrix}$$

$$\tilde{C}' = \begin{bmatrix} \bar{C}_1 & \mathbf{0} \\ \mathbf{0} & \bar{C}_2 \end{bmatrix}, \quad P = \begin{bmatrix} Q_1 \\ Q_2 \end{bmatrix}, \quad \tilde{F}' = \begin{bmatrix} \bar{F}_1 \\ \bar{F}_2 \end{bmatrix}$$

然后，根据约束添加-删除技术，添加接触约束。

最后，建立并运用一个耦合矩阵 T 消除方程 (6.86) 中重复的碰撞界面自由度。

$$P = T Q \tag{6.87}$$

其中，Q 是碰撞界面重复自由度被消除后的模态位移向量。

必须要指出的是，使用不同的接触约束模型，矩阵 T 也不相同。如果接触约束模型是黏结接触约束模型，碰撞界面上的重复自由度必须要消除。但是，如果接触约束模型是局部变形接触约束模型或摩擦接触约束模型，碰撞界面的重复自由度需要保留，以便在接触节点上，作用一对法向接触力或一对切向摩擦力，因此，需要将模态外力向量 $\tilde{F}'$ 相应修改为向量 $\tilde{F}'_{\rm add}$。其中，$\tilde{F}'_{\rm add}$ 包括外力和接触约束产生的接触力对或摩擦力对。

通过矩阵 T 的变换，消除方程 (6.86) 中重复碰撞界面自由度后，碰撞阶段系统在模态坐标下的控制方程变为

$$\bar{M}\ddot{Q} + \bar{C}\dot{Q} + \bar{K}Q = \bar{F} \tag{6.88}$$

其中，$\bar{M}$、$\bar{C}$、$\bar{K}$ 和 $\bar{F}$ 分别为模态质量阵、模态阻尼阵、模态刚度阵和模态外力阵。各矩阵的变换为

$$\bar{M} = T^{\rm T} \tilde{M}' T, \quad \bar{C} = T^{\rm T} \tilde{C}' T, \quad \bar{K} = T^{\rm T} \tilde{K}' T$$

$$\bar{F} = \begin{cases} T^{\rm T} \tilde{F}', & \text{黏滞接触约束模型} \\ T^{\rm T} \tilde{F}'_{\rm add}, & \text{其他接触约束模型} \end{cases}$$

3) 分离阶段控制方程

在分离阶段，删除两个碰撞体之间的接触约束，碰撞子结构 c_1 和 c_2 退化为一般子结构，碰撞界面消失，原来碰撞界面自由度转变为子结构内部自由度。该子结构的约束模态仅含有固定界面约束模态，其与固定界面主模态均可按前面章节中所述的方法计算。分离阶段柔性体各自的控制方程的推导，与碰撞前控制方程的推导过程相同，因此，可以直接写出分离阶段柔性体 B 在模态坐标下的控制方程

$$\bar{M}_B \ddot{Q}_B + \bar{C}_B \dot{Q}_B + \bar{K}_B Q_B = \bar{F}_B \quad (B = 1, \, 2) \tag{6.89}$$

其中，Q_B、$\dot{Q}_B$ 和 $\ddot{Q}_B$ 分别为模态位移列阵、模态速度列阵和模态加速度列阵。$\bar{M}_B$、$\bar{C}_B$、$\bar{K}_B$ 和 $\bar{F}_B$ 分别为柔性体 B 的模态质量阵、模态阻尼阵、模态刚度阵

和模态外力阵。它们表达形式如下：

$$\bar{M} = T^{\mathrm{T}} \tilde{M}' T, \quad \bar{C} = T^{\mathrm{T}} \tilde{C}' T, \quad \bar{K} = T^{\mathrm{T}} \tilde{K}' T, \quad \bar{F}_B = T_B^{\mathrm{T}} \tilde{F}_B'$$

4) 瞬态动力学分量的计算

短暂的碰撞过程和分离过程都会激发柔性体的高阶振动模态，因此，采用数值直接积分法，例如中心差分法、Newmark-β 法和 Wilson-θ 法等，求解相关的控制方程，可以直接得到相应的模态位移、模态速度和模态加速度。然后，通过模态坐标和物理坐标之间的变化关系，获得系统的位移、速度和加速度。随后，可以计算出其他不同的瞬态动力学分量随时间的变化，或者在某一时刻在柔性体中的分布状态。这样，就可以考察各种类型的碰撞激发的瞬态波在柔性体中的传播过程。在多次碰撞问题中，尤其当强度分析和失效分析变得迫切需要时，应力波的传播，显得尤为重要。

在本书中，单元应力 σ^{e} 和应变 ε^{e} 可以通过单元 e 的节点位移 u^{e} 求取得到

$$\varepsilon^{\mathrm{e}} = B^{\mathrm{e}} u^{\mathrm{e}}, \quad \sigma^{\mathrm{e}} = D^{\mathrm{e}} B^{\mathrm{e}} u^{\mathrm{e}}, \tag{6.90}$$

其中，B^{e} 为几何矩阵，D 为材料弹性矩阵。

6.3.1.9　接触计算的初始条件

动力学方程的求解与静力学方程的求解一个显著不同之处是，它所求解的动力学响应不仅仅依赖于边界条件，也直接依赖于初始运动状态，该初始运动状态由初始位移状态和初始速度状态所确定。

由于多次碰撞问题的碰撞和分离状态交替出现，碰撞的结束时刻就是分离的开始时刻，分离的结束时间就是碰撞的开始时间。但是，分离阶段的动力学方程数值求解的初始条件，可以采用前次碰撞阶段结束时的位移分布和速度分布，而碰撞阶段的动力学方程数值求解的初始条件，则不一定能直接采用。

当使用局部变形接触约束模型，或者摩擦接触约束模型处理接触效应时，由于模型不会造成接触节点和接触子结构的速度突变，因此碰撞阶段的初始条件，可以采用上次分离阶段结束时的运动状态，即采用上次分离阶段结束时的位移状态和速度状态。

当使用黏结接触约束模型时，碰撞阶段开始时，将产生接触节点和接触子结构的速度突变，速度突变量的计算需要根据接触约束状态、动量守恒定理和动量矩守恒定理进行计算。

1) 位移初始条件

我们知道，在分离状态与接触状态相互切换时，采用黏结接触模型会造成接触点处的速度突变。在没有穿透和侵彻的前提下，无论是分离向接触切换，还是

接触向分离切换,都不会造成位移突变。但是,对于有限变形和运动的柔性体,为了运动描述的方便,有可能对各自的柔性体采用各自的物质坐标系,运用各自的拉格朗日网格离散子结构。这就有可能造成碰撞开始时,尽管没有穿透和侵彻发生,但是柔性体上相互碰撞的节点的位移值却不相等。

该位移不协调问题尚没有被碰撞动态子结构方法所考虑[12,26]。Wu 和 Haug[12] 与 Guo 和 Batzer[20] 通过碰撞子结构间的动量平衡,仅求出在碰撞瞬时 $(\sim t_c^+)$ 的模态速度突变。他们没有考虑在一般情况下,如何处理所出现的位移协调问题,所研究的问题局限于碰撞前的位移为零,碰撞前碰撞体没有运动和变形的情况。

如果柔性体在物质坐标系下被离散为拉格朗日网格,则物体上任意一节点的位移矢量,是指一条从节点在初始构型 K_0^i 上的位置,指向节点在当前构型 K_t^i 上的位置的有向线段。当应用约束添加-删除技术处理黏结接触约束时,将接触节点 n_1 和 n_2 在 t_c 后耦合成一个节点 n_c,接触点应该具有相同的位移值。但是,如图 6.13 所示,在碰撞时刻 t_c,接触点 P_1 和 P_2 的位移 $\boldsymbol{u}_{P_1}(t_c)$ 和 $\boldsymbol{u}_{P_2}(t_c)$ 通常并不相等。

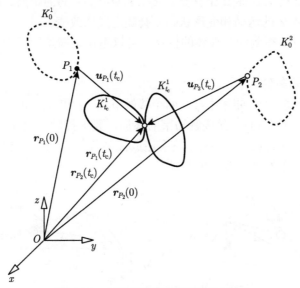

图 6.13 物体的初始构型和现时构型

为了使多次碰撞动态子结构方法具有更普遍的适用性,需要解决由于各自的拉格朗日网格离散,所造成的位移不协调问题。为此,本章设计了以下的方法,其实施步骤为:

(1) 将柔性体 1 的位移保持不变,仅更新柔性体 2 的位移,并使之满足在碰撞发生时刻 t_c 的位移协调条件 $\boldsymbol{u}_{P_2}^*(t_c) = \boldsymbol{u}_{P_1}(t_c)$。也就是在碰撞时刻 t_c,下面的关系必然成立：

$$r_{P_1}(0) + u_{P_1}(t_c) = r_{P_2}(0) + u_{P_2}(t_c) \tag{6.91}$$

方程 (6.91) 可以被改写为

$$u_{P_1}(t_c) = u_{P_2}(t_c) + (r_{P_2}(0) - r_{P_1}(0))$$

然后，根据位移协调条件 $u_{P_2}^*(t_c) = u_{P_1}(t_c)$，柔性体 2 上 P_2 点更新后的位移 $u_{P_2}^*(t_c)$ 为

$$u_{P_2}^*(t_c) = u_{P_2}(t_c) + (r_{P_2}(0) - r_{P_1}(0)) = u_{P_1}(t_c) \tag{6.92}$$

(2) 柔性体上其他任意一点 Q_2 的位移 $u_{Q_2}(t)$ 也应该作相应的更新，否则，只更新 P_2 点，会造成其他点到 P_2 点的距离发生人为的改变。可以按如下方式相应地进行更新

$$u_{Q_2}^*(t) = u_{Q_2}(t) + (r_{P_2}(0) - r_{P_1}(0)) \tag{6.93}$$

上述更新可以保持柔性体 2 上任意点 Q_2 和点 P_2 之间的距离。因此，在位移更新前后，柔性体 2 的运动和变形状态不会随之发生改变。

根据以上方法得到的柔性体的位移，可以用作碰撞阶段动力学计算的初始位移条件。

2) 速度初始条件

假设在碰撞发生后的瞬时 t_c^+，两个接触节点 n_1 和 n_2，由于黏结接触耦合成了一个节点 n (图 6.14)。此接触约束的添加，要求接触节点 n_1 和 n_2 在 t_c^+ 时刻的位移和速度保持相等，显然，这会造成接触节点 n_1 和 n_2 相对于碰撞前瞬时 t_c^-，分别出现一个物理速度的突变量。

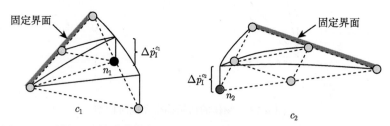

图 6.14　碰撞子结构在碰撞瞬时的模态速度突变和物理速度突变分布示意图

根据固定界面模态综合法可知，由于碰撞界面的约束模态位移与相关的节点的物理位移相等，因此碰撞界面的约束模态速度与相关的节点的物理速度也相等。那么在碰撞瞬时 t_c^+，碰撞界面约束模态速度突变值，与相关碰撞节点的物理速度突变值相等。碰撞界面约束模态速度的突变，会使整个碰撞子结构，存在一个物

理速度突变分布 (图 6.14)。因此，本书直接假设在碰撞瞬时 t_c^+ ($t_c^- \sim t_c^+$)，约束模态速度发生了突变，也就是认为，接触扰动在接触瞬时 t_c^+ 影响到了碰撞子结构 c_1 和 c_2 上。

文献 [12,26] 认为，在碰撞瞬时，仅存在与接触节点沿接触面法向 σ_1 物理平动速度相关的约束模态速度的突变。然而对于一些柔性体，例如，梁、板和壳等，碰撞不但会导致接触节点的物理平动速度的变化，而且，同样会导致接触节点的物理转动速度发生变化。因此，本书考虑一般情况，不仅考虑与接触节点物理平动速度相关的约束模态速度的突变，而且同时考虑与接触节点物理转动速度相关的约束模态速度的突变。

根据方程 (6.76) 和 (6.77)，碰撞子结构 c_1 和 c_2 的物理速度分布，可以用模态速度表示为

$$
\dot{\boldsymbol{u}}^{(c)} = \left\{ \begin{array}{c} \dot{\boldsymbol{u}}_{\mathrm{N}}^{(c)} \\ \dot{\boldsymbol{u}}_{\mathrm{F}}^{(c)} \\ \dot{\boldsymbol{u}}_{\mathrm{I}}^{(c)} \end{array} \right\} = \left[\begin{array}{ccc} \boldsymbol{\Phi}_{\mathrm{N}}^{(c)} & \boldsymbol{\Phi}_{\mathrm{F}}^{(c)} & \boldsymbol{\Phi}_{\mathrm{I}}^{(c)} \end{array} \right] \left\{ \begin{array}{c} \dot{\boldsymbol{p}}_{\mathrm{N}}^{(c)} \\ \dot{\boldsymbol{p}}_{\mathrm{F}}^{(c)} \\ \dot{\boldsymbol{p}}_{\mathrm{I}}^{(c)} \end{array} \right\}
$$

$$
= \boldsymbol{\Phi}_{\mathrm{N}}^{(c)} \dot{\boldsymbol{p}}_{\mathrm{N}}^{(c)} + \boldsymbol{\Phi}_{\mathrm{F}}^{(c)} \dot{\boldsymbol{p}}_{\mathrm{F}}^{(c)} + \boldsymbol{\Phi}_{\mathrm{I}}^{(c)} \dot{\boldsymbol{p}}_{\mathrm{I}}^{(c)} \quad (c = c_1, c_2) \tag{6.94}
$$

其中，$\dot{\boldsymbol{u}}_{\mathrm{N}}^{(c)}$、$\dot{\boldsymbol{u}}_{\mathrm{F}}^{(c)}$ 和 $\dot{\boldsymbol{u}}_{\mathrm{I}}^{(c)}$ 分别为碰撞子结构 c 的内部自由度、固定界面自由度和碰撞界面自由度的物理速度向量。$\dot{\boldsymbol{p}}_{\mathrm{N}}^{(c)}$、$\dot{\boldsymbol{p}}_{\mathrm{F}}^{(c)}$ 和 $\dot{\boldsymbol{p}}_{\mathrm{I}}^{(c)}$ 分别为碰撞子结构 c 的固定界面主模态、固定界面约束模态和碰撞界面约束模态的模态速度向量。

根据假设，碰撞界面约束模态的模态速度向量 $\dot{\boldsymbol{p}}_{\mathrm{I}}^{(c)}$，在碰撞前后将会突变，即

$$
\dot{\boldsymbol{p}}_{\mathrm{I}}^{(c)}(t_c^-) \neq \dot{\boldsymbol{p}}_{\mathrm{I}}^{(c)}(t_c^+) \quad (c = c_1, c_2) \tag{6.95}
$$

其他的模态速度保持不变，

$$
\dot{\boldsymbol{p}}_{\mathrm{N}}^{(c)}(t_c^-) = \dot{\boldsymbol{p}}_{\mathrm{N}}^{(c)}(t_c^+)k, \quad \dot{\boldsymbol{p}}_{\mathrm{F}}^{(c)}(t_c^-) = \dot{\boldsymbol{p}}_{\mathrm{F}}^{(c)}(t_c^+) \quad (c = c_1, c_2) \tag{6.96}
$$

由于两个接触节点处于黏结状态，故有

$$
\dot{\boldsymbol{p}}_{\mathrm{I}}^{(c_1)}(t_c^+) = \dot{\boldsymbol{p}}_{\mathrm{I}}^{(c_2)}(t_c^+) \tag{6.97}
$$

$\dot{\boldsymbol{p}}_{\mathrm{I}}^{(c)}(t_c^+)$、$\dot{\boldsymbol{p}}_{\mathrm{N}}^{(c)}(t_c^+)$ 和 $\dot{\boldsymbol{p}}_{\mathrm{F}}^{(c)}(t_c^+)$ 就是碰撞计算需要的初始模态速度。其中，除了含有六个未知分量 (见公式 (6.98)) 的 $\dot{\boldsymbol{p}}_{\mathrm{I}}^{(c)}(t_c^+)$ 未知以外，其余分量均已知。$\dot{\boldsymbol{p}}_{\mathrm{I}}^{(c)}(t)$ 的分量形式为

$$
\dot{\boldsymbol{p}}_{\mathrm{I}}^{(c)}(t) = [\dot{p}_{nx}^{(c)}(t) \quad \dot{p}_{ny}^{(c)}(t) \quad \dot{p}_{nz}^{(c)}(t) \quad \dot{p}_{n\theta x}^{(c)}(t) \quad \dot{p}_{n\theta y}^{(c)}(t) \quad \dot{p}_{n\theta z}^{(c)}(t)]^{\mathrm{T}} \tag{6.98}
$$

其中，$\dot{p}_{nx}^{(c)}(t)$、$\dot{p}_{ny}^{(c)}(t)$ 和 $\dot{p}_{nz}^{(c)}(t)$ 为 t 时刻的碰撞约束模态速度分量，它们分别与该点沿 x 轴方向、沿 y 轴方向和沿 z 轴方向平动的物理速度相关，且大小相等。$\dot{p}_{n\theta x}^{(c)}(t)$、$\dot{p}_{n\theta y}^{(c)}(t)$ 和 $\dot{p}_{n\theta z}^{(c)}(t)$ 为 t 时刻碰撞约束模态速度分量，分别与该点绕 x 轴、绕 y 轴和绕 z 轴转动的物理速度相关，且大小相等。

根据碰撞子结构 c_1 和 c_2 的动量平衡和动量矩平衡方程组，可以确定 $\dot{\boldsymbol{p}}_{\mathrm{I}}^{(c)}(t_{\mathrm{c}}^{+})$，

$$\boldsymbol{P}^{(c_1)}(t_{\mathrm{c}}^{-}) + \boldsymbol{P}^{(c_2)}(t_{\mathrm{c}}^{-}) = \boldsymbol{P}^{(c_1)}(t_{\mathrm{c}}^{+}) + \boldsymbol{P}^{(c_2)}(t_{\mathrm{c}}^{+}) \tag{6.99}$$

$$\boldsymbol{L}^{(c_1)}(t_{\mathrm{c}}^{-}) + \boldsymbol{L}^{(c_2)}(t_{\mathrm{c}}^{-}) = \boldsymbol{L}^{(c_1)}(t_{\mathrm{c}}^{+}) + \boldsymbol{L}^{(c_2)}(t_{\mathrm{c}}^{+}) \tag{6.100}$$

其中，$\boldsymbol{P}^{(c)}(t)$ 为碰撞子结构 c 在 t 时刻的动量，$\boldsymbol{L}^{(c)}(t)$ 为碰撞子结构相对于惯性坐标系 $x\text{-}y\text{-}z$ 原点的动量矩。

方程 (6.99) 和 (6.100) 可以进一步地改写为下面的形式，

$$\begin{cases} \displaystyle\sum_{i=1}^{N^{(c_1)}} \boldsymbol{P}_i^{(c_1)}(t_{\mathrm{c}}^{-}) + \sum_{j=1}^{N^{(c_2)}} \boldsymbol{P}_j^{(c_2)}(t_{\mathrm{c}}^{-}) = \sum_{i=1}^{N^{(c_1)}} \boldsymbol{P}_i^{(c_1)}(t_{\mathrm{c}}^{+}) + \sum_{j=1}^{N^{(c_2)}} \boldsymbol{P}_j^{(c_2)}(t_{\mathrm{c}}^{+}) \\ \displaystyle\sum_{i=1}^{N^{(c_1)}} \boldsymbol{L}_i^{(c_1)}(t_{\mathrm{c}}^{-}) + \sum_{j=1}^{N^{(c_2)}} \boldsymbol{L}_j^{(c_2)}(t_{\mathrm{c}}^{-}) = \sum_{i=1}^{N^{(c_1)}} \boldsymbol{L}_i^{(c_1)}(t_{\mathrm{c}}^{+}) + \sum_{j=1}^{N^{(c_2)}} \boldsymbol{L}_j^{(c_2)}(t_{\mathrm{c}}^{+}) \end{cases} \tag{6.101}$$

通过方程 (6.101)，可以确定 $\dot{\boldsymbol{p}}_{\mathrm{I}}^{(c)}(t_{\mathrm{c}}^{+})$ 的值。其中，$N^{(c)}$ 为子结构 c 的单元总数，$\boldsymbol{P}_{\mathrm{m}}^{(c)}(t)$ 为 t 时刻单元 m 的动量矢量，$\boldsymbol{L}_{\mathrm{m}}^{(c)}(t)$ 为 t 时刻单元 m 相对于惯性坐标系原点的动量矩矢量。$\boldsymbol{P}_{\mathrm{m}}^{(c)}(t)$ 和 $\boldsymbol{L}_{\mathrm{m}}^{(c)}(t)$ 分别是

$$\boldsymbol{P}_{\mathrm{m}}^{(c)}(t) = \iiint\limits_{V_{\mathrm{m}}} \rho_{\mathrm{m}}^{(c)} \dot{\boldsymbol{u}}_{\mathrm{m}}^{(c)} \mathrm{d}V \tag{6.102}$$

$$\boldsymbol{L}_{\mathrm{m}}^{(c)}(t) = \iiint\limits_{V_{\mathrm{m}}} \boldsymbol{r}_{\mathrm{m}}^{(c)} \times \rho_{\mathrm{m}}^{(c)} \dot{\boldsymbol{u}}_{\mathrm{m}}^{(c)} \mathrm{d}V \tag{6.103}$$

其中，$\rho_{\mathrm{m}}^{(c)}$ 为单元 m 的质量，$\dot{\boldsymbol{u}}_{\mathrm{m}}^{(c)} = \dot{\boldsymbol{u}}_{\mathrm{m}}^{(c)}(x,y,z,t)$ 为位于 (x,y,z) 的任意一点在时间 t 的物理平动速度矢量，$\boldsymbol{r}_{\mathrm{m}}^{(c)} = \boldsymbol{r}_{\mathrm{m}}^{(c)}(x,y,z,t)$ 为位于 (x,y,z) 的任意一点在时间 t 的位置矢量。$\dot{\boldsymbol{u}}_{\mathrm{m}}^{(c)}$ 可以用单元 m 的形函数 $\boldsymbol{N}_{\mathrm{m}}^{(c)}(x,y,z)$ 表示，

$$\dot{\boldsymbol{u}}_{\mathrm{m}}^{(c)}(x,y,z,t) = \boldsymbol{N}_{\mathrm{m}}^{(c)}(x,y,z) \dot{\boldsymbol{u}}_{\mathrm{mn}}^{(c)}(t) \tag{6.104}$$

其中，$\dot{\boldsymbol{u}}_{\mathrm{mn}}^{(c)}(t)$ 为单元 m 在时间 t 的节点物理速度列阵。

至此，可以完整确定空间运动碰撞的柔性体的碰撞初始速度状态。需要指出的是，该初始条件的计算方法不适用于球-梁的横向碰撞问题的初始条件的确定。

6.3.1.10 多次碰撞求解过程

由于多次碰撞事件由多个单次碰撞组成，碰撞与分离阶段交替出现，故远比单次碰撞复杂，有关如何识别不同的动力学阶段、建立各阶段的动力学控制方程、确定各阶段计算的初始状态条件，已在本章作了详细的讨论。因此，可以给出如图 6.15 所示的计算框图，其计算流程一般为：

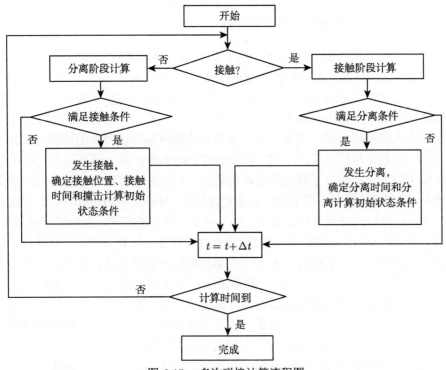

图 6.15 多次碰撞计算流程图

(1) 计算开始。

(2) 进行碰撞前的动力学计算，并在每一子步判断柔性体是否接触，若没有接触，则仍然进行碰撞前阶段的计算。若开始接触，则确定接触时间和接触计算的初始状态条件，然后跳往步骤 (3)。

(3) 进行碰撞过程的动力学计算，并在每一子步判断柔性体是否分离，若没有分离，则仍然进行碰撞阶段的计算。若开始分离，则确定分离时间和分离计算的初始状态条件，然后跳往步骤 (4)。

(4) 进行分离过程的动力学计算，并在每一子步判断柔性体是否接触，若没有接触，则仍然进行分离阶段的计算。若开始接触，则确定接触时间和接触计算的初始状态条件，然后跳往步骤 (3)。

(5) 若在步骤 (2)~(4) 中，判断出总的计算时间已到，则计算过程结束。

虽然，本书的推导仅以两个柔性体间的单点多次碰撞为例，实际上该方法并不局限于此类问题，只需要稍加改动，即可适用于多个柔性体、变位置、多点、多次碰撞。其难点在于，如何识别任意非凸物体接触点。关于这方面的搜索算法的内容，可以参看文献 [27] 的介绍。当确定了接触点位置后，就可以明确碰撞子结构，就可以按照本章给出的方法求解各种碰撞问题。

6.3.2　多次碰撞激发的瞬态纵波的传播

碰撞激发的纵波在柔性杆中传播，已经被深入地研究过 [28]。Bernoulli、Navier 和 Poisson 首先研究了纵向碰撞导致的振动问题。Goldsmith[4] 与 Timoshenko 和 Goodier[29] 回顾了碰撞纵波的计算结果。随后 Boussineaq[30] 和 Donnell[31] 对该问题给出了进一步的补充研究。随着计算机能力的提高，新的计算方法开始应用于这些经典的碰撞问题。例如，为了模拟杆连续碰撞地面时波的传播，Shi[32] 提出使用一种理论迭代公式，然而，文中公式上确界的计算，耗时巨大。鲍四元 [2] 使用模态叠加法，研究了杆之间的纵向碰撞，由于在计算中仅保留了有限数量的波模态，所以该方法的计算结果，仍然是近似的。Hu 和 Eberhard[33−36] 运用符号运算法，在时间延迟系统中，解决了刚体碰撞弹性杆的问题，并模拟了波的传播。此外，Hu 和 Eberhard 等 [35] 同样运用符号运算法，计算了下落的圆锥杆，碰撞刚性地面的解析解。Yin 和 Qin 等 [11] 运用特征函数展开法，研究了悬臂梁的梁端纵向碰撞柔性杆的问题。Gau 和 Shabana[37] 使用有限元法和傅里叶方法，研究了受一刚性质量纵向碰撞的旋转梁中纵波的传播。高玉华 [38] 在研究刚性质量块碰撞长杆时，发现了杆、块质量之比在某些条件下，在第一次碰撞结束后，可能会发生二次碰撞。Escalona[39,40] 运用有限元法，同样发现了二次碰撞现象。显然，这类二次碰撞现象的机理与 Shi[32] 研究的在重力场作用下，杆垂直下落碰撞刚性障碍，所出现的重复碰撞现象的机理明显不同。前面的理论和数值研究均基于 Saint-Venant 碰撞理论，即接触面为理想光滑平面。在这个理论中，假设杆的碰撞端瞬时获得了碰撞体的速度，然后杆和碰撞体的组合体结构，以相同的波模态一起运动，直到接触结束，此时的接触力，是组合结构中的内力。到目前为止，Saint-Venant 碰撞理论仍然无法用实验来验证 [1]，其主要原因是受实验设备的限制，无法获得理想光滑的碰撞平面。在现有的纵向碰撞实验中，碰撞体一般选择使用圆球或带有一个半圆球杆端的杆。当运用理论和数值研究这种实验时，一般采用局部变形接触约束来处理接触效应。

Wu 和 Haug[12] 首次应用动态子结构法，研究了刚性块纵向碰撞悬臂杆的自由端，并运用约束添加-删除技术，处理接触约束。Guo 和 Batzer[26]、刘锦阳 [41]、郭安萍等 [42] 同样使用动态子结构法，对该碰撞事件进行了研究，他们得到了更加精确的接触力响应的计算结果。但他们集中于研究接触力时间历程，仅研究了位移波的传播问题。碰撞激发的速度波、加速度波和应力波，分别是位移对时间的一阶偏导数和二阶偏导数，以及对位置的一阶偏导数，准确计算它们，对于数值方法的精度要求比计算位移要高得多。因此，如果不正确计算出碰撞速度波、加速度波和应力波的传播，就不能给出"动态子结构可以计算碰撞瞬态波的结论"，进而也不能给出"动态子结构法可以完整计算柔性体的碰撞问题的结论"。

本章运用多次碰撞系统动态子结构方法，针对具体的单元类型进行公式推导，研究了刚性块纵向碰撞柔性悬臂杆自由端的问题。系统地研究了数值收敛性和参数敏感性，得到了接触力和碰撞瞬态波的动态子结构法解。计算结果表明：

(1) 接触力的动态子结构法解与解析解吻合很好；

(2) 该动态子结构方法可以精确地刻画碰撞激发纵波在柔性杆中的传播。

6.3.2.1 力学模型

如图 6.16(a) 所示，纵向碰撞系统为，一个刚性质量块轴向碰撞柔性悬臂杆的自由端。柔性杆的长度 $L = 3\text{m}$，横截面积 $A = 10^{-4}\text{m}^2$，密度 $\rho = 2700\text{kg/m}^3$，杨氏模量 $E = 70\text{GPa}$。刚性块的质量 $M_\text{b} = 0.81\text{kg}$，碰撞初始速度 $V_\text{b} = -1.0\text{m/s}$。该模型基于以下几点假设：①接触面为理想光滑平面；②柔性杆没有塑性变形和动力屈曲；③忽略杆的横向变形和接触区的局部变形。

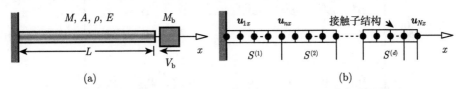

图 6.16　纵向碰撞系统：(a) 力学模型；(b) 动态子结构离散模型

该碰撞系统的动态子结构离散模型如图 6.16(b) 所示。柔性杆离散为 d 个子结构，每个子结构划分为 n 个 2 节点杆单元。每个节点包括一个平动自由度。所有单元总数为 $N = n \times d$。运用隐式 Newmark-β 法对动力学方程进行积分，参数为 α 和 β，时间步长为 Δt。在缩减自由度时，仅保留 Cutoff 阶固定界面主模态。

6.3.2.2 动态子结构法解

该碰撞系统在碰撞阶段的动力学方程，可以按照第 2 章的基本理论推导出。接触约束模型选择为黏结接触约束模型。由于该碰撞系统较为简单，不需要进行两次坐标变化，因此可以直接建立最后用的、独立的模态坐标系，用来表示动力学方程。

首先根据有限元法，可以建立柔性杆的动力学方程，

$$M\ddot{U} + KU = 0 \tag{6.105}$$

其中，M 和 K 分别为柔性杆的总体质量阵和总体刚度阵，均是 $N \times N$ 阶的方阵。然后，在碰撞时，使用黏结接触约束和约束添加-删除技术，将端部节点和刚性质量块耦合为一个节点，将刚性质量块的质量，添加进质量阵中节点 N 对应的元素位置，即

$$M'(p,q) = \begin{cases} M(p,q), & p \neq N \text{或} q \neq N \\ M(p,q) + M_{\mathrm{b}}, & p = N \text{且} q = N \end{cases} \quad (p = 1, \cdots, N; \ q = 1, \cdots, N) \tag{6.106}$$

其中，$M(p,q)$ 为矩阵 M 中第 p 行、第 q 列的元素。

若碰撞结束，刚性块和柔性杆分离，则将刚性块的质量从质量阵 M' 中删除，重新使用质量阵 M。

按照界面位移协调关系，组集 d 个子结构的模态，得到的整个结构的模态集 Φ 为

$$\Phi = \begin{bmatrix} \Phi_{ik}^{(1)} & \Phi_{ij_2}^{(1)} & 0 & 0 & \cdots & 0 & 0 & 0 \\ 0 & 1 & 0 & 0 & \cdots & 0 & 0 & 0 \\ 0 & \Phi_{ij_1}^{(2)} & \Phi_{ik}^{(2)} & \Phi_{ij_2}^{(2)} & \cdots & 0 & 0 & 0 \\ 0 & 0 & 0 & 1 & \cdots & 0 & 0 & 0 \\ \vdots & \vdots & \vdots & \vdots & & \vdots & \vdots & \vdots \\ 0 & 0 & 0 & 0 & \cdots & \Phi_{ij_1}^{(d)} & \Phi_{ik}^{(d)} & \Phi_{ij_2}^{(d)} \\ 0 & 0 & 0 & 0 & \cdots & 0 & 0 & 1 \end{bmatrix} \tag{6.107}$$

其中，Φ_{ik} 为保留的 k 阶固定界面主模态，Φ_{ij_1} 为约束模态 Φ_{ij} 中左界面相应的部分，Φ_{ij_2} 为约束模态 Φ_{ij} 中右界面相应的部分。最后，得到碰撞阶段柔性杆的子结构整体动力学方程为

$$\bar{M}\ddot{Q} + \bar{K}Q = 0 \tag{6.108}$$

$\bar{M}$ 和 $\bar{K}$ 分别为总体模态质量阵和总体模态刚度阵，它们之间有如下关系：

$$\bar{M} = \Phi^{\mathrm{T}} M' \Phi, \quad \bar{K} = \Phi^{\mathrm{T}} K \Phi \tag{6.109}$$

根据上述积分方程，可得到模态位移、速度和加速度。我们可以通过式 (6.76) 由模态位移、速度和加速度反求出物理位移、速度和加速度，进而可以求出应力波。

在整个的分析综合过程中，一直保持着 $\boldsymbol{M}$ 和 $\boldsymbol{K}$ 到 $\bar{\boldsymbol{M}}$ 和 $\bar{\boldsymbol{K}}$ 的 (半) 正定对称性，从而也保持了原特征值问题的数值性态。

第 2 章中给出了一般情况下碰撞计算初始状态条件的确定方法，由于本节碰撞系统的模型较为简单和特殊，故可从第 2 章的方法中简化出两种简单确定方法，两种方法具体为：

(1) 根据圣维南 (Saint-Venant) 原理，在接触瞬时 0^+，仅在接触邻近的区域有速度变化，因此可以假设在碰撞瞬时，柔性杆的节点 N 与刚性质量块有同样的速度 V_{b} 和加速度，然后，可由物理初速度推出模态初速度。

(2) 假设碰撞瞬时，应力波只传播到了子结构 $S^{(d)}$，在 0^- 时刻有

$$\dot{u}_{\text{b}}(0^-) = V_{\text{b}}, \quad u_1(0^-) = \cdots = u_N(0^-) = 0, \quad \dot{u}_1(0^-) = \cdots = \dot{u}_N(0^-) = 0 \tag{6.110}$$

其中，$\dot{u}_{\text{b}}$ 是质量块的速度。根据连续性条件，0^+ 时刻节点 N 与刚性块有共同的速度 $\dot{u}_N(0^+)$，且不为 0，而其他节点物理初速度和模态初速度均为零，则在 0^+ 时刻有

$$u_1(0^+) = \cdots = u_N(0^+) = 0, \quad \dot{u}_1(0^+) = \cdots = \dot{u}_{N-1}(0^+) = 0 \tag{6.111}$$

根据动量守恒定律有

$$\sum_{h=N-n}^{N} m_h \left[\dot{u}_h(0^+) - \dot{u}_h(0^-) \right] + M_1 \left[\dot{u}_{\text{b}}(0^+) - \dot{u}_{\text{b}}(0^-) \right] = 0 \tag{6.112}$$

将模态坐标代入可以得到

$$\begin{aligned}
\dot{p}_{c_1}^{(d)}(0^+) = \dot{u}_N(0^+) &= \frac{M_{\text{b}} \dot{u}_{\text{b}}(0^-)}{\displaystyle\sum_{h=N-n+1}^{N-1} m_h \cdot \boldsymbol{\Phi}_{ic_2}^{(d)}(h) + m_N + M_{\text{b}}} \\
&= \frac{M_{\text{b}} V_{\text{b}}}{\displaystyle\sum_{h=N-n+1}^{N-1} m_h \cdot \boldsymbol{\Phi}_{ic_2}^{(d)}(h) + m_N + M_{\text{b}}}
\end{aligned} \tag{6.113}$$

方法 (1) 仅适用于精确的动态子结构法，即不进行模态截断，保留全部的子结构主模态。而当固定界面动态子结构法使用模态截断技术时，方法 (1) 并不适用，应采用方法 (2)。方法 (2) 对于是否采用模态截断均可适用。

一般来讲，当接触力由正数变为负数时，就可以认为碰撞结束。在分离阶段，刚性块和柔性杆以碰撞结束时刻的状态为初始条件，按各自的控制方程运动。柔

性杆的动力学方程为

$$\hat{\boldsymbol{M}}\ddot{\boldsymbol{Q}} + \bar{\boldsymbol{K}}\boldsymbol{Q} = \boldsymbol{0} \tag{6.114}$$

其中，$\hat{\boldsymbol{M}} = \boldsymbol{\Phi}^{\mathrm{T}}\boldsymbol{M}\boldsymbol{\Phi}$。根据牛顿第二定律，在分离后，刚性块做匀速直线运动，其运动方程为

$$u_{\mathrm{b}} = u_{\mathrm{b}}(t_{\mathrm{e}}) + \dot{u}_{\mathrm{b}}(t_{\mathrm{e}}) \cdot (t - t_{\mathrm{e}}) \quad (t > t_c) \tag{6.115}$$

其中，$u_{\mathrm{b}}(t_{\mathrm{e}})$ 和 $\dot{u}_{\mathrm{b}}(t_{\mathrm{e}})$ 分别为碰撞结束时刻刚性块的位移和速度。

6.3.2.3　数值收敛性研究

1) 接触力的数值收敛性

运用数值方法求解瞬态波动问题，当引入截断频率时，其存在一个"低通滤波"现象，高于截断频率的那部分高频波将会被过滤掉。瞬态波动问题解和振动解的区别在于，前者需要考虑高阶模态，而对于后者而言，低阶的振动模态已经足够了 [43]。同样，为了获得很高的计算效率，动态子结构法也要使用截断高阶模态的方法。因此，有必要研究本书纵向碰撞的动态子结构法解的收敛性问题。

接触力的数值收敛性，是验证动态子结构法数值模拟结果是否真实的一个基础。Wu 和 Haug[12] 研究了接触力对 d 和 N 的收敛性。Guo 和 Batzer[26] 同样研究了，当 N 保持不变时，接触力对 d 和 N 的收敛性。

为了更系统地研究接触力数值计算的收敛性，选取五组数值实验，分别研究了接触力对 d、N、Cutoff、Δt、α 和 β 的数值收敛性。

对于本章的碰撞系统，虽然选择了黏结接触约束模型，但是，所确定的碰撞计算初始速度条件，不会随碰撞子结构的变小，出现数值奇异性。

接触力数值收敛性的系统性研究，如图 6.17 所示，它的计算结果可以清楚地显示接触力具有非常好的数值收敛性，例如，收敛于 d(图 6.17(a))、N(图 6.17(b))、Cutoff(图 6.17(c))、Δt(图 6.17(d))、α 和 β(图 6.17(e))。

而且，通过与解析解的比较可以看出，接触力的数值收敛结果与解析解非常吻合，计算精度甚至比 Wu 和 Haug[12] 与 Guo 和 Batzer[26] 的收敛精度更高。

观察图 6.17 中的数值结果，可以得到以下 4 个结论：

(1) 在图 6.17(a) 中，如果 $N = 180$，$d = 6$ 就可以得到很好的数值模拟精度。

(2) 在图 6.17(b) 中，如果 $d = 18$，$n = 6$ 也可以获得很高的模拟精度。

(3) 在图 6.17(c) 中，Cutoff $= 1$，即仅保留一阶主模态，就可以获得很高的模拟精度。

(4) 在图 6.17(e) 中，当隐式 Newmark-β 法的系数为 $\alpha = 0.29$ 和 $\beta = 0.56$ 时，就可以获得很高的模拟精度。

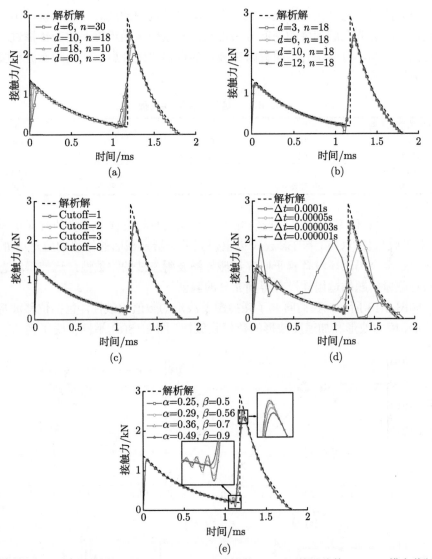

图 6.17 接触力的收敛性，分别对于：(a) 子结构数 d；(b) 单元总数 N；(c) 模态截断数 Cutoff；(d) 时间步长 Δt；(e) Newmark-β 法的参数 α 和 β

从表 6.1 中的比较可以看出，现有的动态子结构法，能够大大减少数值模拟的时间耗费，但是图 6.17(d) 说明了时间步长对计算结果的影响显著，然而，当 Δt 小于波在最小的单元中的传播时间 3.27μs 时，数值结果的精度可以很高。

2) 碰撞激发的瞬态波形的数值收敛性

为了研究本书方法计算碰撞激发瞬态波传播的可行性，一个重要的内容是首先要研究瞬态波形的数值收敛性。瞬态波形包括位移波形、速度波形、加速度波形和应力波形, 它是某一时候, 某瞬态扰动在结构中的空间分布形状。由于不同时候, 某瞬态波在结构中的空间分布形状, 常被用来描述瞬态波的传播过程和传播特征, 因此, 可以认为, 研究瞬态波形的数值收敛性属于研究瞬态波传播的数值收敛性范畴。

表 6.1　碰撞计算时间耗费

保留的主模态数	1	2	3	9
广义自由度数	36	54	72	180
百分比	20%	30%	40%	100%
时间耗费/s	3.18	3.59	4.75	10.33
百分比	30.78%	34.75%	45.98%	100%

尽管 Wu 和 Haug[12] 已经研究了一给定截面的位移和速度的时间历程对 d 和 N 的收敛性, Guo 和 Batzer[26] 也研究了一给定截面的位移响应对 d 的收敛性, 但是至今仍然还没有真正研究过碰撞激发瞬态波的收敛性, 这使得动态子结构法对碰撞问题的适用性没有得到充分的验证。

如图 6.18 所示, 我们研究了碰撞激发波形的数值收敛性, 包括位移波形、速度波形、应力波形和加速度波形的数值收敛性。图 6.18(a) 举例说明了当 $N = 180$

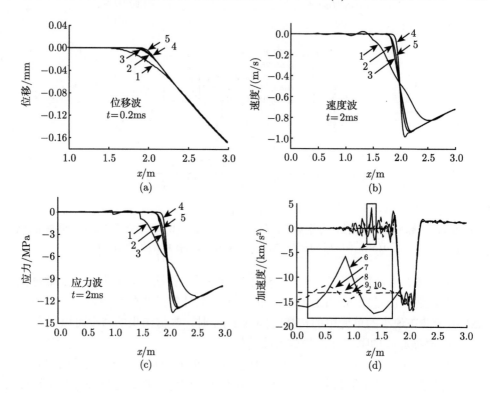

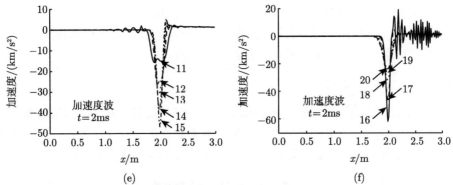

图 6.18　碰撞激发瞬态波的数值收敛性。(a) 位移波; (b) 速度波; (c) 应力波: 1-d= 6,
n= 30,Cutoff= 2,α= 0.29,β= 0.56;2-d= 18,n= 10,Cutoff= 2,α= 0.29,β= 0.56; 3-d= 18,
n= 10,Cutoff= 9,α= 0.29,β= 0.56; 4-d= 60,n= 3,Cutoff= 2,α= 0.29,β= 0.56; 5-d= 60,
n = 9, Cutoff = 2, α = 0.49, β = 0.56; (d) 加速度波 (d= 18,n=10,α= 0.29,β= 0.56):
6-Cutoff= 2；7-Cutoff= 3;8-Cutoff= 5;9-Cutoff= 7;10-Cutoff= 9;(e) 加速度波 (α= 0.29,
β= 0.56,Cutoff= 2)：11-d= 18, n = 10;12-d= 30, n = 6; 13-d= 36, n = 5;14-d= 45, n = 4;
15-d = 60, n = 3;(f) 加速度波 (d= 60, n = 3,Cutoff= 2):16-α= 0.25,β= 0.5;
17-α= 0.29,β= 0.56; 18-α= 0.36,β= 0.7; 19-α= 0.4225,β= 0.8; 20-α= 0.49,β= 0.9

时，碰撞激发位移波形对 d 的数值收敛性。当 $d \geqslant 18$，Cutoff $= 2$ 和 Cutoff $= 9$
时，Cutoff 对计算结果的影响不大。对于 $\alpha = 0.29$，$\beta = 0.56$ 和 $\alpha = 0.49$，$\beta = 0.9$
两种不同的情况，计算结果也几乎有相同的精度。由于位移波基本上可由低频波
组成 [44]，因此理论上，位移波形的数值收敛性相对应该较好。

　　碰撞激发的速度波形和应力波形是位移波对时间和位置一阶偏导数，要达到
位移波形相应的数值收敛精度，对计算方法的要求较高。图 6.18(b)~(c) 显示，当
$N = 180$ 时，速度波形和应力波形分别对 d 的收敛性。有意思的是，图 6.18(b)~(c)
显示出的速度波形和应力波形的收敛图形完全一样。收敛的结果还说明，当 $d \geqslant$
18，Cutoff $= 2$ 和 Cutoff $= 9$ 时，Cutoff 对计算结果的影响不大。另外，α 和 β
的值只对速度波形和速度波形的峰值和有一定的影响。

　　碰撞激发的加速度波形是位移波对时间的二阶偏导数，要达到相应的数值收
敛精度，对计算方法的要求最高。当 $d = 18$, $n = 10$, $\alpha = 0.29$ 和 $\beta = 0.56$ 时，
加速度波形对 Cutoff 的数值收敛性如图 6.18(d) 所示。从图 6.25(d) 中可以发现，
Cutoff $= 5$ 对于计算加速度波已经足够了。当 $N = 180$,$\alpha = 0.29$ 和 $\beta = 0.56$ 时，
加速度波对 d 的收敛性如图 6.18(e) 所示。与接触力的类似 (图 6.17)，较大的 d
将提高数值解的计算精度。通过比较图 6.18(d) 中的结果，较大的 d 将会改善 "数
值弥散" 现象，并消除在非扰动区的虚假振荡。当 $d = 60$,$n = 3$ 和 Cutoff $= 2$ 时，
加速度波对 α 和 β 的收敛性如图 6.18(f) 所示。从图中可以发现，当 α 和 β 分

别接近于 0.49 和 0.9 时，扰动区的虚假振荡能够被消除。

图 6.18 显示动态子结构法得到的碰撞激发瞬态波形数值模拟结果是收敛的，它验证了动态子结构法可以模拟碰撞激发瞬态波。

6.3.2.4 系统参数的影响

与 Guo 和 Batzer[26] 研究杨氏模量和柔性杆长度对接触力的影响类似，分别研究质量、碰撞初始速度、柔性杆横截面积和长度的变化 (表 6.2)，对系统动力学响应数值收敛性的影响，以便进一步验证动态子结构法的适用性。

表 6.2   纵向碰撞系统参数

参数组	M_1/kg	V_0/(m/s)	A/m²	L/m
1	0.81 1.62 3.24 6.48	−1.0	0.0001	3
2	0.81	−1.0 −2.0 −3.0 −4.0	0.0001	3
3	0.81	−1	0.00010 0.00015 0.00020 0.00025	3
4	0.81	−1.0	0.0001	2 3 4 5

如果不特殊说明，子结构和计算参数分别选取为 $\Delta t = 30\mu s$，Cutoff $= 2$，$d = 18$，$N = 180$，$\alpha = 0.29$ 和 $\beta = 0.56$。

图 6.19 为参数组 1、四种不同刚性块质量下的接触力响应曲线和刚性块速度响应曲线。图中的 α 定义为：刚性块与柔性杆的质量比。数值结果显示，尽管由于刚性块质量的增加，导致接触力响应出现了多个峰值，但当选取总单元数 $N = 180$ 时，接触力和速度响应对子结构数 d 的数值收敛性很好。

数值计算结果表明，接触持续的时间，随着刚性块质量的增加而增加，当 $\alpha = 1/8, 1/6, 1/2, 1$ 时，碰撞持续时间分别为 1.81ms, 2.78ms, 3.92ms 和 5.26ms。随着碰撞持续时间的增加，碰撞激发的瞬态波，在碰撞界面处重复反射的次数增加，导致接触力响应出现了多个峰值。两个相邻峰值的时间间隔，为波阵面在柔性杆中来回传播一次所需要的时间，说明接触力响应的多峰值与碰撞过程中碰撞界面上波反射的次数直接相关。另外，刚性块的质量越大，初始碰撞动能也就越大，因此，接触力峰值也就越大。

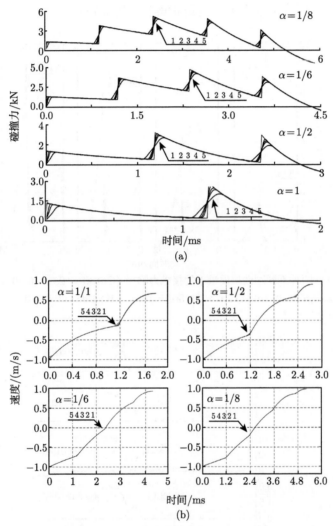

图 6.19 (a) 四种不同刚性块质量下的接触力响应 (Cutoff = 2, $\alpha = 0.29, \beta = 0.56$):
1-$d = 6, n = 30$; 2-$d = 12, n = 15$; 3-$d = 18, n = 10$; 4-$d = 60, n = 3$; 5-解析解; (b) 四种不同刚性
块质量下的杆端速度响应

图 6.19 的计算结果表明，接触力响应和速度响应的数值收敛，且与解析解非
常吻合。

图 6.20～ 图 6.22 分别为参数组 2(四种刚性块碰撞初始速度)、参数组 3(四种
杆横截面积) 和参数组 4(四种杆长) 下，接触力和刚性块速度的响应曲线。

图 6.20 和图 6.21 显示，当 $N = 180$ 时，接触力响应对子结构数 d 有良好的数值收敛性。图 6.22 显示，接触力响应对子结构的单元数 n 也有良好的收敛性。所有的接触力响应的数值收敛解与解析解吻合得非常好。

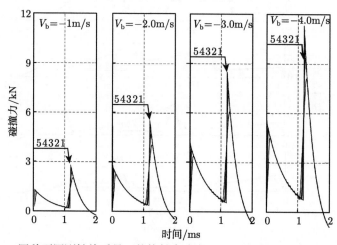

图 6.20   四种不同刚性块质量下的接触力响应 (Cutoff $= 2, \alpha = 0.29, \beta = 0.56$):
1-$d = 6, n = 30$; 2-$d = 12, n = 15$; 3-$d = 18, n = 10$; 4-$d = 60, n = 3$; 5-解析解

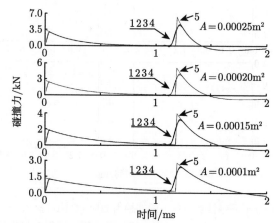

图 6.21   四种不同杆横截面积下的接触力响应 ($d = 18, n = 10, \alpha = 0.29, \beta = 0.56$):
1-Cutoff $= 1$; 2-Cutoff $= 2$; 3-Cutoff $= 3$; 4-Cutoff $= 4$; 5-解析解

选用参数组 1、2、3 和 4，分别研究刚性块质量、刚性块的碰撞初始速度、杆的横截面积和杆长对碰撞激发瞬态波形的影响。在 0.3ms 时刻的应力波波形分别如图 6.23～ 图 6.26 所示。当 $N = 180$ 时，所有的碰撞激发应力波波形的数值解均对子结构数 d 有良好的收敛性。

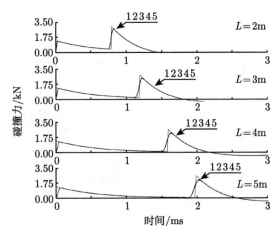

图 6.22 四种不同杆长下的接触力响应 (Cutoff $= 2, \alpha = 0.29, \beta = 0.56$):

1-$d = 18, n = 5$; 2-$d = 18, n = 10$; 3-$d = 18, n = 15$; 4-$d = 18, n = 20$; 5-解析解

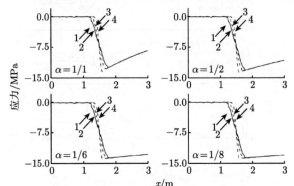

图 6.23 0.3ms 时刻四种不同刚性块质量下的应力波形 (Cutoff $= 2, \alpha = 0.29, \beta = 0.56$):

1-$d = 6, n = 30$; 2-$d = 12, n = 15$; 3-$d = 18, n = 10$; 4-$d = 60, n = 3$

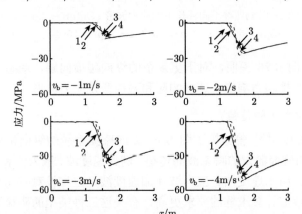

图 6.24 0.3ms 时刻四种不同刚性块初速度下的应力波形 (Cutoff $= 2, \alpha = 0.29, \beta = 0.56$):

1-$d = 6, n = 30$; 2-$d = 12, n = 15$; 3-$d = 18, n = 10$; 4-$d = 60, n = 3$

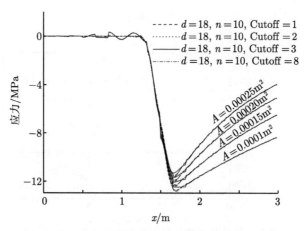

图 6.25　0.3ms 时刻四种不同杆横截面积下的应力波形 ($\alpha = 0.29, \beta = 0.56$)

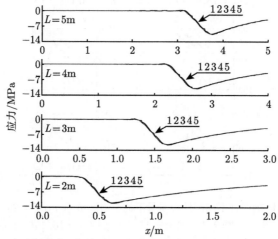

图 6.26　0.3ms 时刻四种不同杆长下的应力波形 (Cutoff = 2, $\alpha = 0.29, \beta = 0.56$):
1-$d = 18, n = 5$; 2-$d = 18, n = 10$; 3-$d = 18, n = 15$; 4-$d = 18, n = 20$

图 6.19～ 图 6.26 说明, 对于更复杂的纵向碰撞问题, 动态子结构法也能够获得数值收敛的接触力响应、速度响应和碰撞激发应力波形。

6.3.2.5　纵向瞬态波的传播

Guo 和 Batzer[26] 曾计算了图 6.14 纵向碰撞系统的纵向位移波的传播, 但是, 对于其他的碰撞激发的瞬态波的传播, 例如速度波、应力波和加速度波, 都还没有被研究过。由于速度波、应力波和加速度波是位移波对时间/位置的一阶/二阶偏导数, 对数值计算求解的要求更高, 有关这三种类型的碰撞激发瞬态波传播的计算结果, 对于验证动态子结构法能否应用于解决碰撞激发瞬态波动问题至关重要。

选取 $d = 6$，$N = 180$，Cutoff $= 2$，$\alpha = 0.29$ 和 $\beta = 0.56$，对四种碰撞激发瞬态波，即位移波、速度波、应力波和加速度波的传播进行计算，计算结果如图 6.27~ 图 6.30 所示。

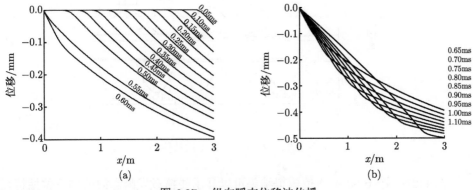

图 6.27　纵向瞬态位移波传播

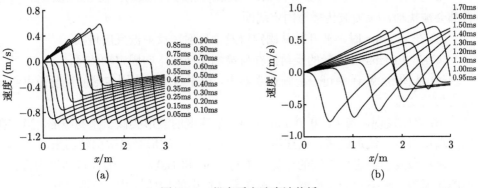

图 6.28　纵向瞬态速度波传播

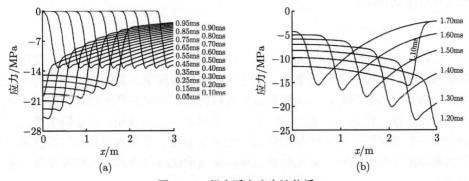

图 6.29　纵向瞬态应力波传播

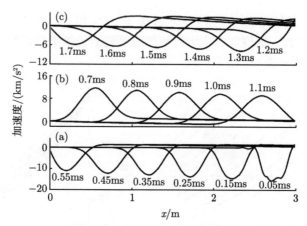

图 6.30　纵向瞬态加速度波传播

图 6.27~ 图 6.30 的数值模拟结果可以显示碰撞激发瞬态波的如下传播特征：

(1) 碰撞激发瞬态波的传播过程清晰。

(2) 扰动区和非扰动区分界清晰，未扰动区质点无运动。在 0.55ms 时，整根杆都会被扰动，应力波传播至固定端面。

(3) 在 0.55ms 时，波开始从固定端发生反射，反射波反向传播。

(4) 在 1.01ms 时，新的反射波在碰撞端面产生，向固定端传播。

(5) 从图 6.29(a) 中可以清晰地观察出，由于压缩波在固定端的反射而引起的应力加倍现象。

(6) 可以发现，当 $t \in (0, 0.55\text{ms})$ 时，加速度的波形类似于抛物线形，当它在固定端反射后，波形倒转，而在碰撞端被反射后，波形会再次倒转回来。

碰撞激发的瞬态位移波的计算结果与 Guo 和 Batzer[26] 的计算结果吻合。其他的碰撞激发瞬态波的数值解，与波在柔性杆中的传播特性吻合得很好。

计算结果清楚地表明，本书的动态子结构方法，能够模拟碰撞激发瞬态纵波在柔性杆中的传播。

6.3.2.6　二次碰撞现象

Escalona[39] 等基于 Saint-Venant 碰撞理论，运用解析方法研究并发现，纵向碰撞在某些特殊的系统参数下，会出现二次碰撞现象。夏源明等 [45] 的研究表明，当材料较为敏感时，二次碰撞将会对材料的本构关系产生较大影响。但是由于第二次碰撞非常微小，文献 [39] 的数值方法由于精度较差，很难给出第二次接触力响应的模拟解。本节选取文献 [39] 的系统参数，采用本书提出的柔性系统多次碰撞动态子结构方法，对刚性质量轴向碰撞柔性杆系统的二次碰撞现象，进行了研究。

采用本书动态子结构方法，计算得到的接触力、杆碰撞端速度和位移、刚性块速度和位移响应，如图 6.31 和图 6.32 所示。观察计算结果，可以得到如下结论：

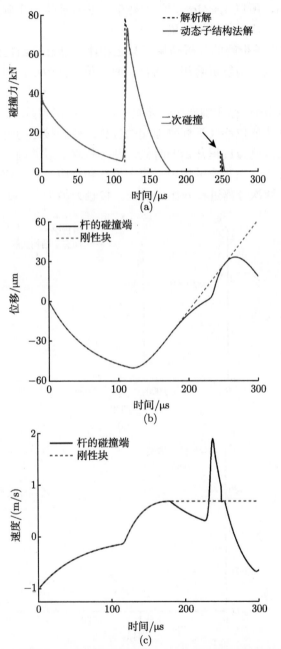

图 6.31 质量 2.133kg 和初始速度 −1m/s 的刚性块纵向碰撞一个
3m×0.01m×0.01m 悬臂铝杆

(1) 动态子结构法计算出了两次碰撞现象，从图中可以清晰地区分出两个碰撞阶段和两个分离阶段。第二次碰撞过程历时很短，接触力幅值也小，对计算方法的精度要求高，所以 Escalona[39] 的数值方法没能给出正确的模拟，而本书的动态子结构法给出清楚的模拟结果。

(2) 图中给出解析解的分析结果，与之相比，动态子结构法的计算精度相当高，不仅首次接触力与解析解相当吻合，而且第二次微小碰撞的计算结果与解析解也几乎相同。

(3) 杆碰撞端面位移和刚性块位移响应显示，在碰撞阶段，两个位移相等，在分离阶段，刚性块的位移大于杆碰撞端的位移。联合接触力响应的计算结果，可以看出，在第二次碰撞过程开始的时候，两个位移逼近并趋于相等，满足碰撞接触时间的确定条件。在碰撞过程中，两个位移和相应的两个速度均相等，满足位移协调条件。在两次分离过程开始的时候，接触力趋于零，满足分离时间确定的

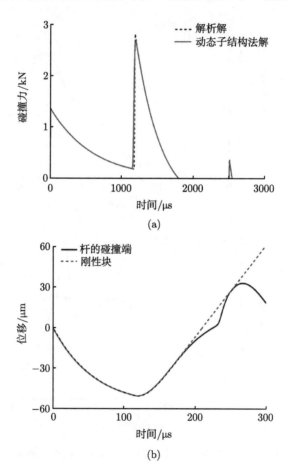

(a)

(b)

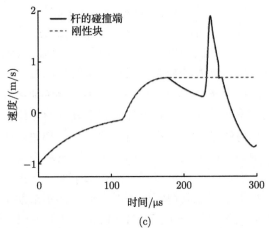

图 6.32 质量 0.81kg 和初始速度 −1m/s 的刚性块纵向碰撞一个
0.3m×0.03m×0.03m 悬臂钢杆

条件。本书的动态子结构法的计算精度和效率均较高,有能力应用于纵向多次碰撞问题的计算。

6.3.2.7 几何弥散效应

波的几何弥散,作为一个物理现象,在波的传播过程中无所不在 [46−48]。它将引起波形的畸变,吸引了众多科学家的注意。对于宏观结构,例如圆柱杆 [49] 和圆柱壳 [50],波的几何弥散几乎是不可避免的。在实际的分离式霍普金森 (Hopkinson) 压杆 (SHPB) 测试中,几何弥散对测试结果的影响大 [51]。文献 [52,53] 认为对于大直径的 SHPB 装置,不能忽略波的几何弥散。尤其是混凝土试样,其对波的几何弥散特别敏感 [54,55]。在纳米力学领域,几何弥散同样扮演了一个重要的角色。对纳米尺度结构中的波几何弥散的研究,日益引起人们的注意,例如,单晶纳米铜杆 [56] 和碳纳米管 [57,58] 等研究。此外,几何弥散效应、非线性效应和耗散效应之间的相互作用,往往能形成稳定传播的孤波和冲击波 [59−61]。

对纵向稳态波弥散的研究,已经发展出了一些解析方法。一维应力波初等理论仅能处理忽略几何弥散 (即波长远大于杆横截面的半径) 的情况。基于 Hamilton 原理,1944 年勒夫 (Love) 提出了针对谐波稳态波传播的瑞利-勒夫 (Rayleigh-Love) 杆理论,该理论考虑了杆的横向惯性效应。当横截面半径和波长之间的比值在一定的范围内时,Rayleigh-Love 解与精确解吻合得很好 [48]。但是,如果波长太短,就不能应用 Rayleigh-Love 杆理论,必须讨论和分析更为复杂的 Pochhammer-Chree 理论解 [47,54,55,62,63]。然而 Pochhammer-Chree 理论解仅能处理圆截面杆或椭圆截面的杆,而且,即使针对谐波在这两种简单杆中的传播问题的求解,也是非常困难的。

在工程中,往往需要通过一根圆柱杆将一个瞬态波信号从一端传往另一端。虽然当不考虑波形扭曲时的一维应力波理论,可以预测瞬态波的过程,但是 Davies[64] 指出, 这种预测仅在扰动加载很慢的情况下可行, 否则, 几何弥散的作用将比较明显。从理论上讲, 碰撞激发的瞬态波通常具有较高的频率,其波长的大小, 往往不满足初等理论的应用条件, 波在传播时, 不可避免地会发生波形的扭曲。后来的实验证明了该结论,并促进了对波几何弥散效应的理论研究。

几乎所有的波几何弥散效应的理论研究的对象,都集中于端部存在一定特殊条件的半无限杆。例如, Folk 等 [65] 给出了半无限长杆在端部突加阶跃载荷时的瞬态波传播理论解。然而, 当杆具有任意的端部条件、更加复杂的构型和更加复杂的材料性能时,几乎不可能获得解析解。人们不得不求助于数值方法,例如有限差分法 [66] 和有限元法等 [54,55] 等。Habberstad[67] 使用二维有限差分法,研究了应力波在变截面杆中的传播。Horacio 和 Carlos[68] 使用有限元法,模拟了 Hopkinson 压杆测试时弹性波在试件中的传播,他们认为梯形脉冲可以很好地弱化波的几何弥散。

由于动态子结构方法在柔性碰撞问题的应用与研究很少 [12,26,69,70],因此为了将动态子结构法进一步推广应用于复杂柔性结构碰撞问题的研究,需要探讨它能否研究碰撞瞬态波的几何弥散。本节考虑柔性杆的横向惯性,基于拉格朗日方程,对第 2 章提出的多次碰撞系统动态子结构方法,针对本碰撞系统,根据单元性质,作具体的公式推导,重点研究了碰撞激发纵波的几何弥散现象。通过与 LS-DYNA 结果的比较,充分讨论了本书方法的数值收敛性、计算效率和计算精度。表明它能够成功地分析碰撞激发瞬态波的几何弥散,因此,该方法具有进一步应用于研究复杂柔性系统碰撞问题的潜力。

不同于 Saint-Venant 杆理论,当实际的柔性杆受轴向载荷作用时,由于 Poisson 效应,其横向变形总是伴随着纵向变形 (图 6.33),自然也会相应地产生横向动能。

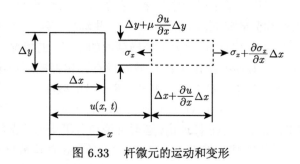

图 6.33 杆微元的运动和变形

杆任意截面的几何方程和物理方程为

$$\begin{cases} \varepsilon_x(x,t) = \dfrac{\partial u_x(x,t)}{\partial x} = \dfrac{\sigma_x(x,t)}{E} \\[3mm] \varepsilon_y(x,t) = \dfrac{\partial u_y(x,t)}{\partial y} = -\mu\varepsilon_x(x,t) = -\mu\dfrac{\sigma_x(x,t)}{E} \\[3mm] \varepsilon_z(x,t) = \dfrac{\partial u_z(x,t)}{\partial z} = -\mu\varepsilon_x(x,t) = -\mu\dfrac{\sigma_x(x,t)}{E} \end{cases} \tag{6.116}$$

其中，$\varepsilon_x(x,t)$、$\varepsilon_y(x,t)$ 和 $\varepsilon_z(x,t)$ 分别为 x、y 和 z 方向的应变，$u_x(x,t)$、$u_y(x,t)$ 和 $u_z(x,t)$ 分别为 x、y 和 z 方向的位移，μ 为泊松比。选取截面的中心为 x、y 和 z 轴的原点，任意一点的速度可以相应地写为

$$\begin{cases} v_x(x,t) = \dfrac{\partial u_x(x,t)}{\partial t} \\[3mm] v_y(x,t) = \dfrac{\partial u_y(x,t)}{\partial t} = -\mu\dfrac{\partial \varepsilon_x(x,t)}{\partial t} \\[3mm] v_z(x,t) = \dfrac{\partial u_z(x,t)}{\partial t} = -\mu\dfrac{\partial \varepsilon_x(x,t)}{\partial t} \end{cases} \tag{6.117}$$

其中，$v_x(x,t)$、$v_y(x,t)$ 和 $v_z(x,t)$ 分别为 x、y 和 z 方向的应变速度。

应用几何方程和物理方程，杆单位体积平均横向动能为

$$E_{\mathrm{t}} = \frac{1}{A\mathrm{d}x}\int_A \frac{1}{2}\rho(v_y^2 + v_z^2)\mathrm{d}x\mathrm{d}y\mathrm{d}z = \frac{1}{2}\rho\mu^2 r_{\mathrm{g}}^2(\partial\varepsilon/\partial t)^2 \tag{6.118}$$

其中，ε 为微元的应变。

从能量的观点看，忽略横向惯性就是忽略横向动能。为了说明其对瞬态响应的影响，我们认为单元的总能量应该包括两部分：纵向动能和横向动能。将连续体离散后，位移分布可以用单元的位移函数表达。单元 e 的总动能 T^{e}、势能 Π^{e} 和耗散能 R^{e} 可以分别写为

$$T^{\mathrm{e}} = \underbrace{\frac{1}{2}(\dot{\boldsymbol{u}}^{\mathrm{e}})^{\mathrm{T}}\boldsymbol{M}^{\mathrm{e}}\dot{\boldsymbol{u}}^{\mathrm{e}}}_{\text{纵向动能}} + \underbrace{\frac{1}{2E}\rho\mu^2 r_{\mathrm{g}}^2(\dot{\boldsymbol{u}}^{\mathrm{e}})^{\mathrm{T}}\boldsymbol{K}^{\mathrm{e}}\dot{\boldsymbol{u}}^{\mathrm{e}}}_{\text{横向动能}},$$

$$\Pi^{\mathrm{e}} = \frac{1}{2}(\boldsymbol{u}^{\mathrm{e}})^{\mathrm{T}}\boldsymbol{K}^{\mathrm{e}}\boldsymbol{u}^{\mathrm{e}} - (\boldsymbol{u}^{\mathrm{e}})^{\mathrm{T}}\boldsymbol{Q}^{\mathrm{e}}, \quad R^{\mathrm{e}} = \frac{1}{2}(\dot{\boldsymbol{u}}^{\mathrm{e}})^{\mathrm{T}}\boldsymbol{C}^{\mathrm{e}}\dot{\boldsymbol{u}}^{\mathrm{e}} \tag{6.119}$$

其中，$\boldsymbol{M}^{\mathrm{e}}$、$\boldsymbol{K}^{\mathrm{e}}$ 和 $\boldsymbol{C}^{\mathrm{e}}$ 分别为单元 e 的质量阵、刚度阵和阻尼阵。$\boldsymbol{Q}^{\mathrm{e}}$、$\boldsymbol{u}^{\mathrm{e}}$ 和 $\dot{\boldsymbol{u}}^{\mathrm{e}}$ 分别为单元 e 的载荷向量、位移向量和速度向量。

将单元的能量代入拉格朗日方程

$$\frac{\mathrm{d}}{\mathrm{d}t}\frac{\partial L^{\mathrm{e}}}{\partial\dot{\boldsymbol{u}}^{\mathrm{e}}} - \frac{\partial L^{\mathrm{e}}}{\partial\boldsymbol{u}^{\mathrm{e}}} + \frac{\partial R^{\mathrm{e}}}{\partial\dot{\boldsymbol{u}}^{\mathrm{e}}} = 0 \tag{6.120}$$

从而可以获得单元的有限元动力学方程。其中，$L^e = \Pi^e - R^e$ 为单元 e 的拉格朗日函数。

然后，组集单元的动力学方程，我们可以得到考虑横向惯性时整个柔性杆的有限元动力学方程

$$\bar{M}\ddot{u} + C\dot{u} + Ku = Q \tag{6.121}$$

其中，$\bar{M} = M + (\rho\mu^2 r_g^2/E)K$，$M$、$K$ 和 C 分别为不考虑横向惯性时整个柔性杆的质量阵、刚度阵和阻尼阵。Q、u 和 $\dot{u}$ 分别为单元 e 的载荷向量、位移向量和速度向量。

最后，依照 6.3.1 节的动态子结构法的理论，可将公式进一步变换，最终得到碰撞阶段系统在模态坐标下的控制方程为

$$\hat{M}\ddot{Q} + \hat{C}\dot{Q} + \hat{K}Q = \hat{F} \tag{6.122}$$

其中，$\hat{M}$、$\hat{C}$、$\hat{K}$ 和 $\hat{F}$ 分别为模态质量阵、模态阻尼阵、模态刚度阵和模态外力阵。具体推导过程详见文献 [5]。

采用表 6.3 中的物理参数，通过改变柔性杆的横截面积 A，分析不同细长比下，接触力的弥散特性 (图 6.34)。图 6.34 的计算结果显示，当不考虑横向惯性效应时 ($\mu = 0$)，动态子结构法数值解与特征线法解析解吻合很好，说明动态子结构法的精度较高。当 $\mu = 0.27$ 时，接触力的计算结果与不考虑波弥散效应 ($\mu = 0$) 相比，出现了明显的波形振荡、第一次接触力峰值升高以及第二次接触力峰值滞后等现象。说明运用动态子结构法的计算结果，模拟到了横向惯性效应引起的几何弥散现象。

表 6.3 碰撞系统的物理参数

E/GPa	ρ/(kg/m^3)	A/m^2	μ	L/m
70	2700	可变	0.27	2

观察图 6.34 还可以发现，当 $A = 0.01\text{m}^2$ 时，$\lambda = 20$，在工程上认为是细长杆，横向惯性导致的波弥散效应已经显现，表现为接触力出现微幅振荡，且第二接触力峰值高出不考虑横向惯性效应时 14.87%。当 $A = 0.03\text{m}^2$ 时，$\lambda = 11.6$，在工程上仍被认为是细长杆，波弥散效应更加明显，且出现第二次接触力峰值滞后的现象。当 $A = 0.09\text{m}^2$ 时，$\lambda = 6.7$，在工程上可勉强被认为是细长杆，横向惯性效应导致接触力曲线出现剧烈的振荡。

采用表 6.3 中的物理参数，横截面积取为 0.01m^2，$\lambda = 20$，研究波的几何弥散效应对碰撞瞬态应力波传播的影响。图 6.35 为碰撞瞬态应力波在柔性杆中的传播过程图。观察图 6.35，可以得到以下结论：

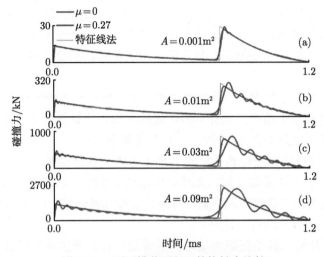

图 6.34 不同横截面积下的接触力比较

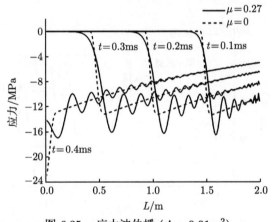

图 6.35 应力波传播 ($A = 0.01\text{m}^2$)

(1) 几何弥散效应导致应力波波形出现明显的振荡。经计算，柔性杆的横截面积和泊松比越大，波形振荡越剧烈。

(2) 碰撞应力波的波阵面难以保持其陡峭的前沿，会逐渐变缓。从图中可以明显地发现，部分应力波传播的较快，超越了不考虑几何弥散效应时的波阵面。而另一部分应力波传播的较慢，落后于不考虑几何弥散效应时的波阵面。并且，随着时间的推移，快、慢波波前的距离越拉越大。如图 6.35 所示，当 $t = 0.4\text{ms}$ 时，不考虑几何弥散效应的应力波达到柔性杆的固支端。波前全部发生反射，并与后续波发生叠加效应，使得固定端的应力加倍。而在此时，考虑几何弥散效应的应力波，只有一小部分速度较快的波发生反射，固定端附近的应力只有少量的增加。

(3) 应力波波前的峰值, 随着传播距离的增加而衰减 [71]。如图 6.35 所示, 柔性杆的横截面积越大, 波前幅值的衰减越显著, 特别是在传播的初期, 幅值的衰减尤其显著, 之后, 才逐渐趋于稳定值。且经计算, 泊松比越大, 波前幅值的衰减越明显。

仍然采用以上系统参数, 分为考虑波几何弥散和不考虑波几何弥散两种情况, 采用多次碰撞动态子结构方法计算多次碰撞现象。计算得到了三次碰撞现象, 其碰撞力响应模拟结果如图 6.36 所示。计算结果表明:

(1) 多次碰撞动态子结构方法可以模拟考虑波几何弥散效应下的多次碰撞问题, 计算模拟了三次碰撞过程, 尤其是模拟到了短时、微幅的第二次和第三次接触力响应, 说明该方法模拟精度高。与不考虑波几何弥散情况 (解析解) 的模拟结果比较, 说明该方法的可靠性高。

(2) 波的几何弥散不仅影响接触力的峰值, 还显著影响着碰撞发生的次数和持续时间。如图 6.36 所示, 当不考虑波几何弥散时, 共发生 2 次碰撞事件。而当考虑波几何弥散时, 则发生了 3 次碰撞事件。

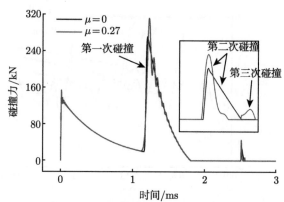

图 6.36　质量 0.81kg 和初始速度 −1m/s 的刚性块纵向碰撞一个
3m × 0.01m × 0.01m 悬臂铝杆

6.3.2.8　非均质不连续柔性杆的多次碰撞问题

1) 动力学方程

图 6.37 为一固支非均质不连续杆, 共有 L 级, 自由端受一质量 M_b, 初速度 V_b 的刚性块轴向碰撞。各级杆的密度、弹性模量、长度、横截面积分别为 ρ_i, E_i, L_i, $A_i(i = 1, 2, \cdots, L)$。碰撞前杆静止, 初始应力为零。假设碰撞接触面为光滑平面, 杆微元仅有纵向变形, 碰撞过程不发生塑性形变, 且接触力不足以使杆发生动力屈曲。采用 Saint-Venant 杆理论, 不考虑横向惯性。

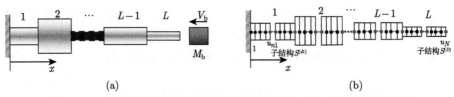

图 6.37 不连续杆纵向碰撞系统：(a) 力学模型；(b) 子结构离散模型

图 6.37(b) 为子结构离散效果。将第 i 级杆离散为 d_i 个子结构，每个子结构离散为 n_i 个二节点杆单元。整个结构的子结构总数为 D，单元总数为 N。该纵向碰撞系统在碰撞阶段的动力学方程可以按照第 2 章的基本理论进行推导。接触约束模型选择为黏结接触约束模型，采用碰撞约束的添加-删除技术 [12]，处理各阶段拓扑结构的转换。

首先根据有限元法可以很容易地建立起不连续杆的动力学方程，

$$M\ddot{U} + KU = 0 \tag{6.123}$$

其中，M 和 K 分别为柔性杆的总体质量阵和总体刚度阵，均为 $N \times N$ 阶的方阵。由于各级杆的材料和尺寸不相同，因此各级杆的杆单元也不相同。然后，将刚性质量块的质量添加进质量阵中节点 N 相应的元素位置，即

$$M'(p,q) = \begin{cases} M(p,q), & p \neq N \text{或} q \neq N \\ M(p,q) + M_{\text{b}}, & p = N \text{且} q = N \end{cases} \quad (p = 1, \cdots, N; \ q = 1, \cdots, N) \tag{6.124}$$

其中，$M(p,q)$ 为矩阵 M 中第 p 行、第 q 列的元素。若碰撞结束，刚性块和柔性杆分离，则应将刚性块的质量从质量阵 M' 中删除，重新使用质量阵 M。

按照界面位移协调关系组集 d 个子结构的模态，得到整个结构的模态集 Φ 为

$$\Phi = \begin{bmatrix} \Phi_{ik}^{(1)} & \Phi_{ij_2}^{(1)} & 0 & 0 & \cdots & 0 & 0 & 0 & 0 & 0 & \cdots & 0 & 0 & 0 \\ 0 & 1 & 0 & 0 & \cdots & 0 & 0 & 0 & 0 & 0 & \cdots & 0 & 0 & 0 \\ 0 & \Phi_{ij_1}^{(2)} & \Phi_{ik}^{(2)} & \Phi_{ij_2}^{(2)} & \cdots & 0 & 0 & 0 & 0 & 0 & \cdots & 0 & 0 & 0 \\ 0 & 0 & 0 & 1 & \cdots & 0 & 0 & 0 & 0 & 0 & \cdots & 0 & 0 & 0 \\ \vdots & \vdots & \vdots & \vdots & & \vdots & \vdots & \vdots & \vdots & \vdots & & \vdots & \vdots & \vdots \\ 0 & 0 & 0 & 0 & \cdots & \Phi_{ij_1}^{(d-1)} & \Phi_{ik}^{(d-1)} & \Phi_{ij_2}^{(d-1)} & 0 & 0 & \cdots & 0 & 0 & 0 \\ 0 & 0 & 0 & 0 & \cdots & 0 & 0 & 1 & 0 & 0 & \cdots & 0 & 0 & 0 \\ 0 & 0 & 0 & 0 & \cdots & 0 & 0 & \Phi_{ij_1}^{(d)} & \Phi_{ik}^{(d)} & \Phi_{ij_2}^{(d)} & \cdots & 0 & 0 & 0 \\ 0 & 0 & 0 & 0 & \cdots & 0 & 0 & 0 & 0 & 1 & \cdots & 0 & 0 & 0 \\ \vdots & \vdots & \vdots & \vdots & & \vdots & \vdots & \vdots & \vdots & \vdots & & \vdots & \vdots & \vdots \\ 0 & 0 & 0 & 0 & \cdots & 0 & 0 & 0 & 0 & 0 & \cdots & \Phi_{ij_1}^{(D)} & \Phi_{ik}^{(D)} & \Phi_{ij_2}^{(D)} \\ 0 & 0 & 0 & 0 & \cdots & 0 & 0 & 0 & 0 & 0 & \cdots & 0 & 0 & 1 \end{bmatrix}$$

其中，$\boldsymbol{\Phi}_{ik}$ 为保留的 k 阶固定界面主模态。$\boldsymbol{\Phi}_{ij_1}$ 为约束模态 $\boldsymbol{\Phi}_{ij}$ 中左界面相应的部分，$\boldsymbol{\Phi}_{ij_2}$ 为约束模态 $\boldsymbol{\Phi}_{ij}$ 中右界面相应的部分。

最后，得到碰撞阶段柔性杆的子结构整体动力学方程为

$$\bar{M}\ddot{Q} + \bar{K}Q = 0 \tag{6.125}$$

$\bar{M}$ 和 $\bar{K}$ 分别为总体模态质量阵和总体模态刚度阵，它们之间有如下的关系：

$$\bar{M} = \boldsymbol{\Phi}^{\mathrm{T}}M'\boldsymbol{\Phi}, \quad \bar{K} = \boldsymbol{\Phi}^{\mathrm{T}}K\boldsymbol{\Phi} \tag{6.126}$$

积分上述方程，可得到模态位移、速度和加速度。可以通过式 (6.76) 由模态位移、速度和加速度反求出物理位移、速度和加速度，进而可以求出应力波。

2) 数值结果

针对一组非均质杆受纵向碰撞进行数值仿真 (图 6.38)，重点研究动态子结构方法解决该类碰撞问题的可行性，考察能否计算接触力响应和碰撞瞬态波的传播，并研究动态子结构模态截断数 (即子结构主模态截断后保留的阶数) 的改变对计算精度和计算效率的影响。

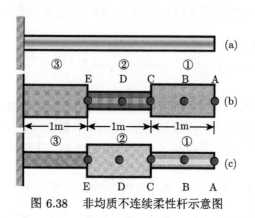

图 6.38   非均质不连续柔性杆示意图

图 6.38 所示的碰撞系统 (a) 为等截面柔性杆受质量为 0.81 kg，速度为 −1 m/s 的刚性块纵向碰撞的问题。碰撞系统 (a) 用于对方法的检验和与非均质变截面柔性杆碰撞系统 (b) 和 (c) 的对比研究。碰撞系统 (b) 和 (c) 由钢和铝两种材料组成，受到质量为 1.83 kg，速度为 −1 m/s 的刚性质量块的纵向碰撞。分离式 Hopkinson 压杆装置 (SHPB 装置)，就可用碰撞系统 (b) 来模拟，碰撞系统的物理参数如表 6.4 所示。

本书中采用 Visual C++ 语言编制碰撞动力学动态子结构法程序。由于碰撞过程是个瞬态过程，因此，在程序中，采用当 $\beta \geqslant 0.5$, $\alpha \geqslant 0.25(0.5 + \beta)^2$ 时的

无条件稳定的 Newmark 时间直接积分法求解子结构动力学方程, 时间步长满足 $\Delta t \leqslant l_e/C$。

表 6.4　碰撞系统的物理参数

系统	级数	E/GPa	$\rho/(\mathrm{kg/m^3})$	$A/\mathrm{m^2}$	L/m
(a)	1	70	2700	10^{-4}	3
(b)	1	210	7800	2×10^{-4}	1
	2	70	2700	10^{-4}	1
	3	210	7800	2×10^{-4}	1
(c)	1	70	2700	10^{-4}	1
	2	210	7800	2×10^{-4}	1
	3	70	2700	10^{-4}	1

碰撞系统 (a) 的计算在 6.3.2.5 节已被详细地讨论过, 本书方法的收敛性和精度已得到了验证。本节采用动态子结构法计算非均质杆碰撞系统 (b) 和 (c) 的接触力响应。观察图 6.39 和图 6.40 的接触力响应的计算结果, 可以得到以下结果:

(1) 动态子结构法可以计算非均质变截面柔性杆的接触力响应。碰撞系统 (b) 和 (c) 的碰撞全过程的持续时间短, 分别为 0.331ms 和 1.402ms。

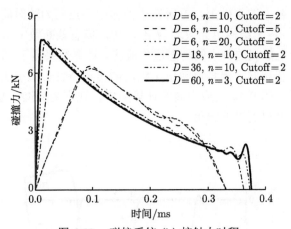

图 6.39　碰撞系统 (b) 接触力时程

(2) 可以计算出变截面处波反射和透射造成的波阵面上的应力间断特征。如图 6.39 中在 0.37ms 时, 图 6.40 中在 0.4ms 时的应力间断。当取子结构数为 $D = 18$, 各子结构单元数均为 $n = 10$, 模态截断数 Cutoff $= 2$ 时, 就可得到较精确的接触力响应的计算结果, 并能反映图 6.39 和图 6.40 所显示的复杂的接触力变化。

(3) 计算结果表明 (图 6.39 和图 6.40), 划分成 180 个单元时的计算结果与划分成 360 个单元以及更高单元数的计算结果趋于一致，表明接触力的数值结果具有良好的收敛性和数值稳定性。其选取的单元数和系统自由度数，远远少于瞬态有限元法所用的数量，说明动态子结构法计算效率高。

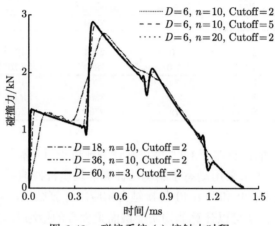

图 6.40　碰撞系统 (c) 接触力时程

在研究了接触力的基础上，再研究柔性体中各点应力随时间的变化。取子结构数为 $D = 18$，各子结构单元数均为 $n = 10$，模态截断数 Cutoff $= 2$。图 6.41 为碰撞系统 (b) 上标记的各点的瞬态应力响应。计算结果显示，A 点至 E 点的应力时程曲线的形状相同，清楚反映出了纵波的传播特性。图 6.42 和图 6.43 为位移波的计算结果，图 6.44 为应力波的计算结果。观察图 6.42~ 图 6.44 的瞬态波的计算结果，可以得到以下结果：

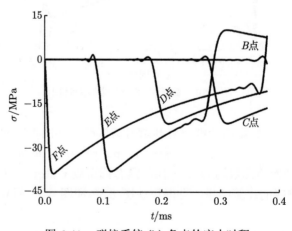

图 6.41　碰撞系统 (b) 各点的应力时程

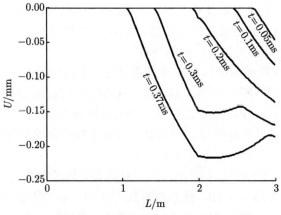

图 6.42 碰撞系统 (b) 位移波

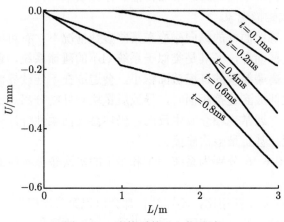

图 6.43 碰撞系统 (c) 位移波

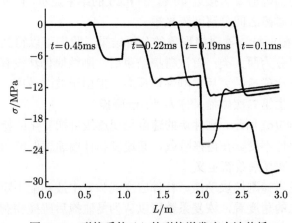

图 6.44 碰撞系统 (c) 的碰撞激发应力波传播

(4) 动态子结构法可以计算非均质变截面柔性杆的瞬态波的传播过程。

(5) 可以清楚地显示波阵面的传播, 如图 6.42 和图 6.43 的位移波波阵面, 以及图 6.44 中的瞬态应力波波阵面的传播。

(6) 可精确计算波阵面传播在经过柔性杆的不连续间断面时, 波反射和透射产生的波阵面应力间断。如图 6.44 中, 当时间由 0.19ms 变为 0.22ms 时, 波阵面产生了应力差 $\Delta\delta_1$ 和 $\Delta\delta_2$。$\Delta\delta_1$ 的大小为透射波与入射波的应力差, $\Delta\delta_2$ 的产生来自两方面因素的共同作用, 即碰撞应力波本身的衰减和与反射拉伸卸载应力波的叠加作用, 其中, 后者起了主导作用。

(7) 图 6.42~ 图 6.44 中瞬态波的计算结果采用的参数为子结构数 $D = 18$, 各子结构单元数均为 $n = 10$, 模态截断数 Cutoff $= 2$。取更高的子结构数、单元数和模态截断数, 计算结果的变化不大。说明, 当选取较少的自由度时, 动态子结构法仍然可以精确地描述瞬态波的传播, 计算效率高。

3) 纵向多次碰撞现象

研究表明, 等截面杆的纵向碰撞在某些参数情况下, 有可能出现二次碰撞现象。但是对于变截面杆, 尤其是类似于系统 (b) 的碰撞系统, 靠近碰撞端的杆横截面积大, 而远离碰撞端的杆横截面积小, 会造成在不连续界面处反射产生拉伸卸载波, 当该拉伸波到达接触面时, 导致质量块和杆端分离。此时, 刚性块的速度不会发生突变, 通常也不会发生反向, 仍然会飞向柔性杆, 这样不可避免地会带来第二次碰撞, 甚至是多次碰撞。

图 6.45 和图 6.46 分别为系统 (b) 和 (c) 的多次碰撞响应的计算结果。计算结果表明:

(1) 与均质等截面杆相比, 不连续杆都会出现第二次碰撞。图 6.45 的结果显示, 与波动理论分析的结果相同, 系统出现了第二次碰撞, 且第二次接触力的峰值比首次接触力的峰值要大接近 40%。图 6.46 的结果显示, 两次接触力的波形几乎相同, 且两次碰撞之间分离间隔极短。

(2) 结合等截面杆二次碰撞现象的分析结果, 我们可以得到杆的纵向二次或多次碰撞的情况分为两大类: 首次碰撞结束后, 刚性块仍然没有反向。导致发生第二次碰撞。首次碰撞结束后, 刚性块反向。但由于波动效应, 会使杆的碰撞端追上刚性块, 发生第二次碰撞又称为 "追赶碰撞"。

(3) 如图 6.45(c) 所示, 刚性块的速度呈现逐级阶梯变化的特征, 在分离阶段, 刚性块的速度保持不变。在碰撞阶段, 其速度和杆端速度保持相同。

4) Stronge 恢复系数新定义

碰撞过程是碰撞刚性块动能、杆件应变能和杆中波动能不断交换的过程。从碰撞物能量变化的角度看, 恢复系数可以认为是碰撞后碰撞物剩余能量系数。常见的恢复系数定义有: 运动学的 Newton 恢复系数 e_N、动力学的 Poisson 恢复系

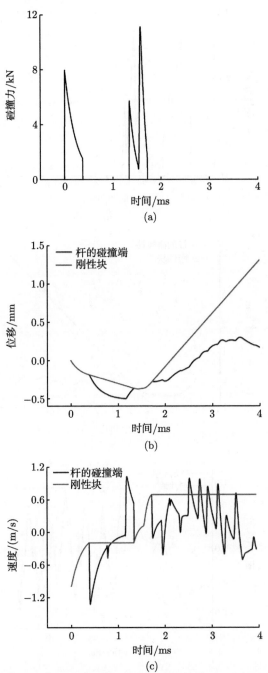

图 6.45 系统 (b) 的多次碰撞响应：(a) 接触力；(b) 刚性块和杆端的位移；
(c) 刚性块和杆端速度

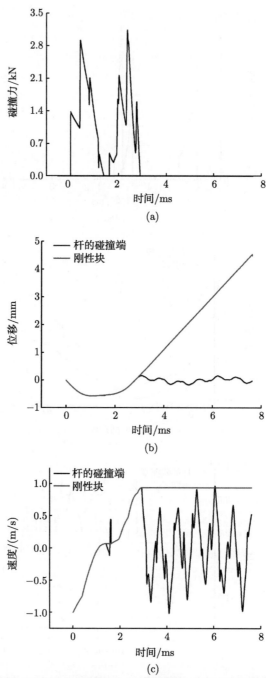

图 6.46　系统 (c) 的多次碰撞响应：(a) 接触力；(b) 刚性块和杆端的位移；
(c) 刚性块和杆端的速度

数 e_P 和能量学的 Stronge[72] 恢复系数 e_S。e_N 定义为碰撞后相对刚体速度与碰撞前相对刚体速度之比。e_P 定义为碰撞恢复阶段的法向冲量与碰撞压缩阶段的法向冲量之比。e_S 定义为恢复阶段弹性应变所释放的能量 $U_放$ 与压缩阶段所吸收的弹性应变能 $U_吸$ 的比值。

可是，对于本书所研究的复杂碰撞系统，碰撞瞬态波的复杂传播特性，使得柔性结构尤明显简单的压缩阶段和恢复阶段。目前，建议的确定分界时间点的方法有两种。一是将接触力峰值时作为分界时间点 [35]，另一种是将碰撞体的零相对速度时刻作为分界时间点 [72]。上文的研究表明，在没有外部激励的情况下，碰撞系统仍可能会发生第二次碰撞或多次碰撞，直至刚性块飞离柔性杆。因此，在出现多次碰撞的情况下，本书采用第二种方法计算碰撞系统的分界时间点，将多次碰撞过程算作一次"广义碰撞"过程，将柔性体间的刚体相对速度为零的时刻定义为压缩和拉伸阶段的分界点，然后使用本书提出的新的 Stronge 恢复系数。

图 6.47 和图 6.48 分别为碰撞系统 (b) 和 (c) 的碰撞变形能和波动能的比较。在碰撞初期，波动能和应变能几乎相等，而在碰撞全过程中，始终有较大比例的初始刚性块动能转化为波动能。因此有必要考虑波动能的影响。为此，本书提出考虑波动效应的 Stronge 恢复系数新定义 e_W：

$$e_W = \left(\frac{U_放 + E_放}{U_吸 + E_吸} \right)^{1/2}$$

其中，$E_放$ 为恢复阶段释放的波动能 (有可能释放负的波动能，即在恢复阶段有其他能量转化为波动能)，$E_吸$ 为压缩阶段吸收的波动能，压缩阶段和恢复阶段的分界点采用与动力学恢复系数相同的判断准则。

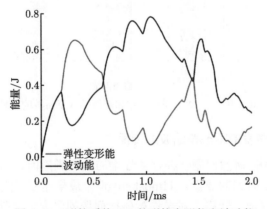

图 6.47 碰撞系统 (b) 的碰撞变形能和波动能

从图 6.49 中可以发现，新定义的 Stronge 恢复系数 e_W 与传统的 Strong 恢复系数 e_S 相差较大，但与 Newton 恢复系数 e_N 比较接近。这是由于所研究的是刚性块碰撞柔性杆问题,刚性块质量不变,故 Newton 恢复系数也可用来考虑碰撞前后能量的变化。但对于双柔性杆或多柔性杆碰撞问题,Newton 恢复系数仅考虑柔性体的刚体速度,可能是不合理的。不过,采用本书提出的 Stronge 恢复系数新定义能够较容易地计算双/多柔性杆的碰撞问题的 Stronge 恢复系数。

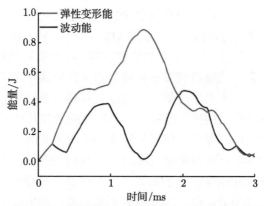

图 6.48　碰撞系统 (c) 的碰撞变形能和波动能

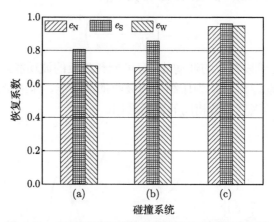

图 6.49　运动学恢复系数和能量学恢复系数的比较

6.3.3　多次碰撞激发的瞬态弯曲波的传播

与柔性杆的纵向碰撞问题一样,柔性梁的横向碰撞问题同样吸引了很多科学家的注意,一直是研究的热点。Timoshenko[75] 最早建立了刚性球横向碰撞简支梁的非线性微分方程,开启了对柔性梁碰撞问题的研究。文献 [4] 细致地回顾了早期对等截面梁的碰撞问题的研究工作。Wang 和 Kim[76] 运用连续体模型研究了梁和柱的多次碰撞问题,得到了比以前梁-弹簧模型更好的模拟计算结果。邢誉峰等 [77-82] 运用模态叠加法,在 Lagrange 体系或 Hamilton 体系下,研究了刚性质点或直杆碰撞悬臂梁的端点、自由梁的中点和简支梁的中点。鲍四元[83] 同样将模态叠加法推广,研究刚性质点对简支梁任意点的横向碰撞问题。Yin 等[11] 运用特征波函数展开法对文献 [34] 中的多次碰撞问题进行了研究,讨论了碰撞激发弯曲波在梁中的传播。其他的研究工作可参看相关的文献 [84 − 92]。

随着多体系统研究的深入,人们开始关心大范围运动梁的碰撞问题。Yigit 等[93] 运用实验和理论方法,研究了大范围旋转梁与刚性球面的多次碰撞现象。Hsu 和 Shabana[94] 使用一种有限元法,分析了旋转梁受刚性块横向碰撞时弯曲波的传播。Hwang 和 Shabana[95] 应用假设模态法,研究了相同的碰撞问题,导出了控制方程。不过,假设模态函数如何选取,仍然存在争议,且与文献 [94] 存在的不足一样,假设模态法的研究均使用了动量平衡方程,来预测碰撞前后的速度突变,无法获得接触力时间历程,更无法研究碰撞激发瞬态波的生成机制和传播机理。刘才山和陈滨同样利用假设模态法,研究了做大范围回转运动的柔性梁斜碰撞问题。但是,几乎所有研究的重心,均针对如何求取横向接触力或横向位移响应,鲜见对碰撞激发弯曲波在柔性梁中传播的研究[11,82]。

应用动态子结构方法的相关研究,同样缺乏碰撞激发弯曲波传播的计算结果和较为精确的横向接触力的计算结果。Wu 和 Haug[12] 用动态子结构法研究了刚性球横向碰撞悬臂梁的问题,但未给横向接触力和碰撞激发瞬态波的计算结果,只给出了计算精度很差的横向位移在梁上的分布。这可能是由于计算精度不够,导致无法计算出收敛的接触力。文献 [41] 对 Wu 和 Haug[12] 的计算模型,运用动态子结构方法给出了横向接触力时间历程。但仔细观察其计算结果,接触力的响应曲线出现了明显的奇异性,在碰撞发生开始后的瞬间,就迅速下降为零。刘锦阳和洪嘉振等[96,97] 将卫星太阳能板展开简化成连杆结构,运用动态子结构法计算了连杆之间的横向接触力,发现接触力出现了两个峰值。

以上所有应用动态子结构方法解决横向碰撞问题的研究,都缺乏系统的收敛性研究,因此,动态子结构方法应用的可行性仍没有得到验证。

本章同样运用多次碰撞系统动态子结构方法,研究了两种横向碰撞系统的碰撞激发瞬态波的传播问题。比较研究了两种梁模型 (伯努利-欧拉 (Bernoulli-Euler) 梁和铁摩辛柯 (Timoshenko) 梁),以及两种约束模型 (黏结接触约束模型和 Hertz 接触约束模型) 的合理性,确定了碰撞计算的初始状态条件的方法。系统地研究了接触力、碰撞激发瞬态波形的数值收敛性,得到了接触力和碰撞瞬态波传播的动态子结构法解。

6.3.3.1 力学模型

如图 6.50(a) 和图 6.51(a) 所示,两个横向碰撞系统模型分别为:刚性球横向碰撞简支钢梁的中部 (TISS),以及刚性球横向接触力悬臂钢梁的自由端 (TIS)。

刚性球参数为: 质量 $M_b = 10\,\mathrm{kg}$, 初始速度 $V_b = 0.1\,\mathrm{m/s}$, 半径 $R = 0.025\,\mathrm{m}$。简支梁和悬臂梁的参数为: 横截面积 $R = 0.0025\,\mathrm{m}^2$, 高 $H = 0.05\,\mathrm{m}$, 宽 $B = 0.05\,\mathrm{m}$, 剪切因子 $f = 5/6$, 密度 $\rho = 7800\,\mathrm{kg/m}^3$, 杨氏弹性模量 $E = 210\,\mathrm{GPa}$, 长度 $L = 0.5\,\mathrm{m}$。两个碰撞系统均采用以下假设: ①梁不会发生塑性变形; ②不考虑轴力的作用; ③梁为细长梁, 且不考虑梁自重。

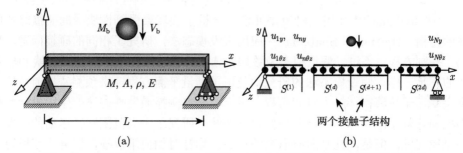

图 6.50　横向碰撞系统 (TISS 模型): (a) 力学模型; (b) 动态子结构模型

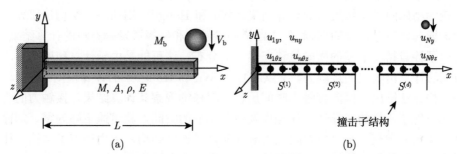

图 6.51　横向碰撞系统 (TIS 模型): (a) 力学模型; (b) 动态子结构模型

TISS 和 TIS 的动态子结构模型分别如图 6.50 (b) 和图 6.51 (b) 所示, TISS 中的梁离散为 $2d$ 个等长的子结构, TIS 中的梁离散为 d 个等长的子结构。每个子结构离散为 n 个等长的 2 节点梁单元, 每个节点有 2 个自由度, 包括 1 个平动自由度和 1 个转动自由度。单元总数为 N。运用隐式 Newmark-β 法对动力学方程进行积分, 参数为 α 和 β, 时间步长为 Δt。在缩减自由度时, 仅保留 Cutoff 阶固定界面主模态。

可以选择两种梁模型: Bernoulli-Euler 梁模型 (BEM) 以及 Timoshenko 梁模型 (TBM)。同样, 可以选择两种接触约束模型: 黏结接触约束模型 (ACM) 和 Hertz 接触约束模型 (HCM)。梁变形模型和接触约束模型的互相组合, 可以建立四种不同组合的接触力学模型。

可以将 6.3.1 节的多次碰撞系统动态子结构方法应用本章的两个横向碰撞系

统，根据梁单元类型，作具体的公式推导。这里以 TISS 模型为例，简单介绍具体的动态子结构法公式的推导过程。

首先，根据有限元方法，可以建立简支梁的动力学方程，

$$M\ddot{U} + KU = 0 \tag{6.127}$$

其中，M 和 K 分别为简支梁的总体质量阵和总体刚度阵，它们均为 $2N \times 2N$ 阶的方阵。本节选择研究两种接触约束模型，即黏结接触约束模型和 Hertz 接触约束模型。

若采用 Hertz 接触约束，则应在简支梁上的碰撞节点 $N/2$ 处和刚性球上施加一对大小相等、方向相反的接触力 F_n。

$$F_n = \begin{cases} K\delta^{2/3}, & \delta \geqslant 0 \\ 0, & \delta < 0 \end{cases} \tag{6.128}$$

在此模型中，压下量 δ 等于刚性球和接触节点的横向位移差。考虑接触力后，方程 (6.127) 修改为下面的形式：

$$M\ddot{U} + KU = F$$

其中，F 为悬臂梁的外载荷列阵

$$F(p,1) = \begin{cases} 0, & p \neq N \\ F_n, & p = N \end{cases} \quad (p = 1, 2, \cdots N) \tag{6.129}$$

按照界面位移协调关系，组集 $2d$ 个子结构的模态，得到的整个结构的模态集 Φ 为

$$\Phi = \begin{bmatrix} 1 & 0 & 0 & 0 & 0 & \cdots & 0 & 0 & 0 \\ \Phi_{ij_1}^{(1)} & \Phi_{ik}^{(1)} & \Phi_{ij_2}^{(1)} & \mathbf{0} & \mathbf{0} & \cdots & \mathbf{0} & \mathbf{0} & \mathbf{0} \\ 0 & 0 & 1 & 0 & 0 & \cdots & 0 & 0 & 0 \\ \mathbf{0} & \mathbf{0} & \Phi_{ij_1}^{(2)} & \Phi_{ik}^{(2)} & \Phi_{ij_2}^{(2)} & \cdots & \mathbf{0} & \mathbf{0} & \mathbf{0} \\ 0 & 0 & 0 & 0 & 1 & \cdots & 0 & 0 & 0 \\ \vdots & \vdots & \vdots & \vdots & \vdots & & \vdots & \vdots & \vdots \\ 0 & 0 & 0 & 0 & 0 & \cdots & 1 & 0 & 0 \\ \mathbf{0} & \mathbf{0} & \mathbf{0} & \mathbf{0} & \mathbf{0} & \cdots & \Phi_{ij_1}^{(2d)} & \Phi_{ik}^{(2d)} & \Phi_{ij_2}^{(2d)} \\ 0 & 0 & 0 & 0 & 0 & \cdots & 0 & 0 & 1 \end{bmatrix} \tag{6.130}$$

其中，Φ_{ik} 为保留的 k 阶固定界面主模态。Φ_{ij_1} 为约束模态 Φ_{ij} 中左界面相应的部分，Φ_{ij_2} 为约束模态 Φ_{ij} 中右界面相应的部分。

最后，得到碰撞阶段柔性杆的子结构整体动力学方程为

$$\bar{M}\ddot{Q} + \bar{K}Q = \bar{F} \tag{6.131}$$

$\bar{M}$ 和 $\bar{K}$ 分别为总体模态质量阵和总体模态刚度阵，它们之间有如下的关系：

$$\bar{M} = \boldsymbol{\Phi}^{\mathrm{T}} M' \boldsymbol{\Phi}, \quad \bar{K} = \boldsymbol{\Phi}^{\mathrm{T}} K \boldsymbol{\Phi}, \quad \bar{F} = \begin{cases} \mathbf{0}, & \text{黏滞接触约束} \\ \boldsymbol{\Phi}^{\mathrm{T}} F, & \text{赫兹接触约束} \end{cases} \tag{6.132}$$

积分上述方程，可得到模态位移、速度和加速度。可以通过坐标变换，由模态位移、速度和加速度反求出物理位移、速度和加速度，进而可以求出应力波、弯矩波和剪力波等。

6.3.3.2   碰撞激发瞬态弯曲波的传播

已有研究证明，当子结构参数 d、N、Cutoff、Δt、α 和 β 处于一个合理的范围时，该方法在计算碰撞力和瞬态波波形时具有良好的数值稳定性和收敛性，可以很好地求解碰撞激发瞬态波的传播问题。

选取位于离中性轴距离为 $-0.001\mathrm{m}$ 的横向纤维计算弯曲正应力。在已查阅的文献中，只有 Wu 和 Haug[12] 应用动态子结构法计算了 TIS 的碰撞激发瞬态位移波的波形，但是他们得到了一个很差的数值结果。下面研究本书动态子结构法用于研究 TISS 碰撞激发瞬态波的可行性。如图 6.52(a)~(f) 所示，不同类型的碰撞激发瞬态波的计算均取得了较好的数值模拟结果，包括挠曲波、横向速度波、转动速度波、弯曲正应力波、剪力波和弯矩波。数值模拟结果可以显示碰撞激发波有如下的特征：

(1) 六种不同类型的波的波形清晰地显示了波从碰撞点激发并同时向左右两边传播的特征。

(2) 挠曲波、横向速度波、弯曲正应力波和弯矩波均是对称的，转动速度波和剪力波是反对称的。这符合在刚性块的中点激发的波的物理行为。

(3) 六种不同类型的波的波形清晰地显示了弯曲波传播的弥散现象。图 6.52(b) 显示至少有一个波速为 $C_1 = 2314.5\,\mathrm{m/s}$ 的慢波和一个波速为 $C_2 = 3775\,\mathrm{m/s}$ 的快波。图 6.52(c) 显示转动速度波存在三个不同速度的波前。

(4) 如图 6.52 所示，在前 $40\mu\mathrm{s}$，接触力单调增长。图 6.52 也清晰地显示，此阶段弯曲波的强度也在同步地增长。

通过以上碰撞激发波的收敛性和波的传播特性的数值模拟，可以得到一个结论，那就是本书的动态子结构法可以很好地应用于解决碰撞激发瞬态弯曲波传播的计算问题。

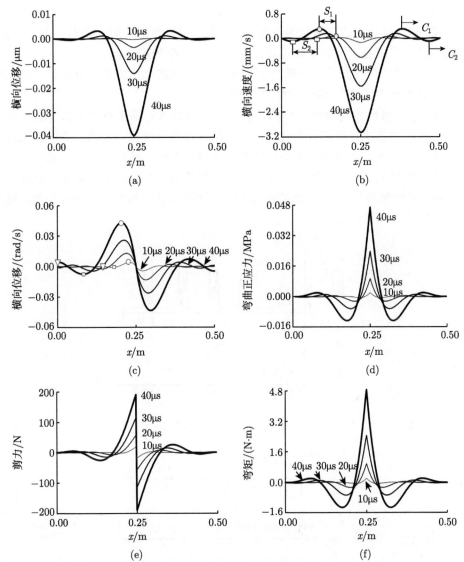

图 6.52　碰撞激发横波: (a) 横向位移波；(b) 横向速度波；(c) 转动速度波；(d) 弯曲正应力波；(e) 剪力波；(f) 弯矩波

6.3.3.3　横向多次碰撞现象

前面的讨论只针对于接触力的首次碰撞，以速度为 $V_b = -1\,\mathrm{cm/s}$、质量为 $0.916\,\mathrm{kg}$ 刚性球中心碰撞 $1\,\mathrm{cm} \times 1\,\mathrm{cm} \times 30.7\,\mathrm{cm}$ 简支钢梁为例，本节拟对该 TISS 系统的多次碰撞现象进行研究。图 6.53 为多次接触力曲线，图 6.54 为各次碰撞导致刚性球的速度变化和刚性球与梁二者之间交换的能量。动态子结构法的计算结果表明：

(1) 刚性球和梁的碰撞虽然在裸眼 (人眼的视觉暂留时间一般为 $0.04 \sim 0.1\,\mathrm{s}$) 看起来是一次碰撞，但其实在该过程发生了多次的快速碰撞。

(2) 本节的计算结果结合第 3 章纵向碰撞出现的二次碰撞的分析，从理论和数值方面解释和证明了 Mason[98] 的猜测。

(3) 后续接触力的峰值都比第一次要大，且后续碰撞带来的能量交换和刚性球速度变化大多比首次接触力要大，说明仅研究单次碰撞，显然不能够全面地反映整个碰撞过程，必须要考虑后续的多次碰撞的影响。观察图 6.54，结合刚性球速度变化的特征，包括持续减少并反向的计算结果，可以发现，第 4 次碰撞中发生能量 "反哺现象"，即在这次碰撞过程中，刚性球将一部分动能传递给梁，随后梁又将能量反向传递给刚性球。

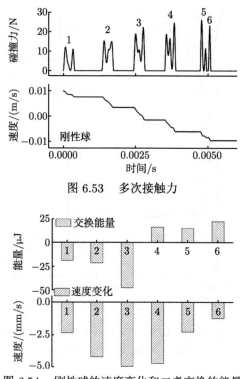

图 6.53　多次接触力

图 6.54　刚性球的速度变化和二者交换的能量

下面研究系统参数对多次碰撞现象的影响。如无特殊说明，刚性球的质量为 $M_{\mathrm{b}} = 24.375\,\mathrm{kg}$，初始速度为 $V_{\mathrm{b}} = -0.1\,\mathrm{m/s}$，半径为 $R = 0.02\,\mathrm{m}$。简支梁和悬臂梁的横截面积为 $A = 0.0025\,\mathrm{m}^2$，高为 $H = 0.05\,\mathrm{m}$，宽为 $B = 0.05\,\mathrm{m}$，剪切因子为 $f = 5/6$，密度为 $\rho = 7800\,\mathrm{kg/m}^3$，杨氏弹性模量为 $E = 210\,\mathrm{GPa}$，长度为

$L = 5 \, \mathrm{m}$。

图 6.55~ 图 6.57 分别为不同梁弹性模量、不同梁的密度和不同刚性球质量下的多次接触力响应和刚性球的速度响应。分析计算结果, 我们可以得到以下结论:

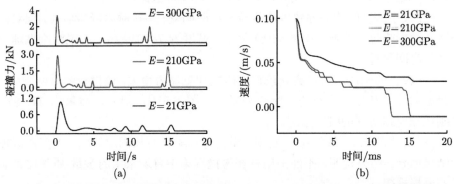

图 6.55 结构的弹性模量对多次碰撞的影响: (a) 多次接触力; (b) 刚性球速度

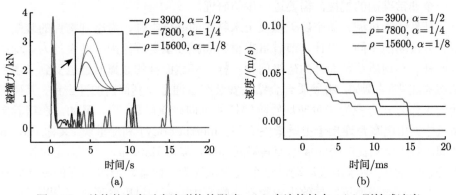

图 6.56 结构的密度对多次碰撞的影响: (a) 多次接触力; (b) 刚性球速度

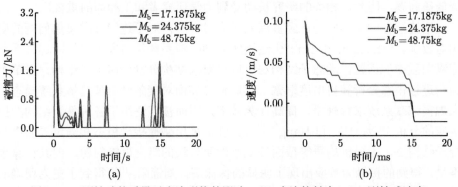

图 6.57 刚性球的质量对多次碰撞的影响: (a) 多次接触力; (b) 刚性球速度

(1) 较小弹性模量的梁会导致多次碰撞持续时间变长，接触力峰值变小，但对碰撞的次数和影响不明显。图 6.55(b) 显示弹性模量为 300 GPa 的梁将刚性球反弹所需的时间是弹性模量为 210GPa 的梁将刚性球反弹所需时间的 4/5，约为 0.012s。梁结构的弹性模量越大，碰撞的持续时间越长。

(2) 较小密度的梁会导致多次碰撞持续时间变长，接触力峰值增大，但对碰撞的次数的影响也不明显。图 6.56(b) 显示，密度为 7800 kg/m^3 的梁将刚性球反弹所需的时间最短。

(3) 较大的刚性球质量会导致首次碰撞冲量显著增大，碰撞持续时间减少。但对接触力峰值和碰撞次数的影响较为复杂。图 6.57(b) 显示，质量为 17.1875 kg 的刚性球反弹所需的时间最短。

(4) 对比图 6.56 和图 6.57 发现，虽然球和梁具有相同质量比，但多次碰撞响应结果迥异。结果说明，不能沿用杆在碰撞理论中普遍采用的参量-质量比来研究梁的碰撞规律。

(5) 系统参数对多次碰撞的瞬态响应影响很大，物理机制复杂，很难对其规律有一个非常准确的把握，需要进一步的研究。

杆件作为机械、航空航天以及土木结构的基础组件，考虑到构件的装配与夹紧、分段功能不同的设计、节省贵重材料和减轻重量等原因，常设计为非均质变截面杆。与均质等截面杆的碰撞问题一样，变截面杆的碰撞问题也受到了学者的密切关注 [99]。例如，将硬质合金钻头安装在普通金属套筒内的冲击钻，其碰撞振动的工作方式可视为二阶非均质阶梯杆的纵向碰撞问题 [99]。又如，在精确定位系统中，压电陶瓷连接于主质量块 (又称 inertia body) 和配重块 (又称 Hammer) 之间。对压电陶瓷的瞬间放电使其瞬间伸缩，推动 Hammer 碰撞需定位结构并产生毫秒级的微/纳米步进运动，这个过程可视为三阶非均质阶梯杆的纵向碰撞问题 [100]。杆的碰撞可能导致出现瞬态高幅应力响应和过度变形响应 [101]，以及异常的振动 [99]，容易引起较严重的强度、刚度、振动与噪声、磨损和设备控制精度降低等问题，因此，相关的研究长期受到力学研究者和工程师的重视。

不连续杆的振动问题已经被深入研究过，目前对不连续杆的碰撞问题的研究相对较少。Schienlen 和 Hu[102] 运用实验和时滞系统法研究了二级阶梯杆受刚性球纵向碰撞的问题。动态子结构法可以将复杂结构分割为多个子结构，对单个子结构进行模态分析和自由度缩聚，然后按照界面对接条件组装总体系统模态，可大规模缩减系统求解规模，提高计算效率，因而被广泛用于各种复杂结构的振动响应的分析 [103]。Wu 和 Haug[12] 最先尝试采用碰撞接触模态和固定界面模态综合子结构法，去分析均质等截面杆受刚性质量块的纵向碰撞问题，但其计算精度不足，得到的接触力响应出现了明显的伪振荡。刘锦阳 [104] 得到了更为精确的接触力响应结果，而郭安萍等 [26,42] 则计算出了多峰值的接触力响应。他们的研究表明，动态子结构法可克服应用特征线法时，出现的为描述界面多次反射和透射次生波的、几乎成几何级数增长的时间分区问题。与瞬态有限元法相比较，它也不需要对碰撞接触区域进行高度密集的网格划分 [74]，同时避开了求解强非线性碰撞接触条件时，出现的计算稳定性问题 [105]。然而，先前学者的研究工作均局限于均质等界面杆接触力响应的计算。

　　动态子结构法，能否应用于柔性结构碰撞问题的另一重要方面，即碰撞瞬态波传播的计算尚缺乏研究。本书在前面已经研究了动态子结构法应用于碰撞瞬态纵波和碰撞瞬态横波的传播问题。本章运用动态子结构方法，研究非均质变截面杆受刚性质量轴向的碰撞问题。研究结果表明，它可以有效地研究该类碰撞瞬态动力学问题，计算复杂的接触力瞬态响应和碰撞瞬态波的传播。而且选取较少的自由度，就可以实现较精确的计算，计算结果收敛，计算效率高。本书的研究，为进一步将动态子结构法推广应用于复杂结构系统碰撞瞬态动力学的研究打下了一个良好的基础。

参 考 文 献

[1] Bathe K J. Finite Element Procedures. Englewood Cliffs, NJ: Prentice-Hall, 1996.

[2] 鲍四元, 邓子辰. 利用 DMSM 方法求解弹性撞击恢复系数. 动力学与控制学报, 2005, 3(4): 44-49.

[3] Wood L A, Byrne K P. Analysis of a random repeated impact process. Journal of Sound and Vibration, 1981, 78(3): 185-196.

[4] Goldsmith W. Impact: The Theory and Physical Behaviour of Colliding Solids. London: Edward Arnold Ltd., 1960.

[5] Shen Y, Yin X. Analysis of geometric dispersion effect of impact-induced transient waves in composite rod using dynamic substructure method. Applied Mathematical Modelling, 2016, 40(3): 1972-1988.

[6] Shen Y N, Yin X C. Dynamic substructure analysis of stress waves generated by impacts on non-uniform rod structures. Mechanism and Machine Theory, 2014, 74: 154-172.

[7] 孔德平, 晏朋波, 沈煜年, 等. 碰撞激发弹粘塑性波传播的动态子结构方法. 机械工程学报, 2013, 49(1): 95-101.

[8] 沈煜年, 尹晓春. 非均质柔性杆撞击瞬态动力学动态子结构法. 工程力学, 2008, 25(11): 42-47.

[9] Shen Y N, Yin X C. Dynamic substructure model for multiple impact responses of micro/nano piezoelectric precision drive system. Science China Series E-Technique Science, 2009, 52(3): 622-633.

[10] Stoianovici D, Hurmuzlu Y. A Critical study of the applicability of rigid-body collision theory. ASME Journal of Applied Mechanics, 1996, 63: 307-316.

[11] Yin X C, Qin Y, Zou H. Transient responses of repeated impact of a beam against a stop. International Journal of Solids and Structures, 2007, 44: 7323-7339.

[12]   Wu S C, Haug E J. A substructure technique for dynamics of flexible mechanical systems with contact-impact. ASME Journal of Mechanical Design, 1990, 112: 390-398.

[13]   Yin X C. Multiple impacts of two concentric hollow cylinders with zero clearance. International Journal of Solids and Structures, 1997, 34: 4597-4616.

[14]   Hughes T J R, Taylor R L, Sackman J L, et al. A finite element method for a class of impact-contact problems. Computer Methods in Applied Mechanics&Engineering, 1976, 8: 249-276.

[15]   Yin X C, Wang L G. The effect of multiple impacts on the dynamics of an impact system. Journal of Sound and Vibration, 1999, 228: 995-1015.

[16]   Hughes T J R, Taylor R L, Sackman J L, et al. A finite element method for a class of contact-impact problems. Computer Methods in Applied Mechanics&Engineering, 1976, 8: 249-276.

[17]   Johnson K L. Contact Mechanics. Cambrige: Cambrige University Press, 1992.

[18]   Wriggers P, Vu Van T, Stein E. Finite element formulation of large deformation impact-contact problems with friction. Computer&Structures, 1990, 37(3): 319-331.

[19]   楼梦麟. 结构动力分析的子结构方法. 上海: 同济大学出版社, 1997.

[20]   殷学纲, 陈淮, 蹇开林. 结构振动分析的子结构方法. 北京: 中国铁道出版社, 1991.

[21]   王永岩. 动态子结构方法理论及应用. 北京: 科学出版社, 1999.

[22]   Craig Jr R R, Bampton M C C. Coupling of substructures for dynamic analyses. AIAA Journal, 1968, 6: 1313-1319.

[23]   MacNeal R H. A hybrid method of component mode synthesis. Computers & Structures, 1971, 1(4): 581-601.

[24]   Benfield W A, Hruda R F. Vibration analysis of structures by component mode substitution. AIAA Journal, 1971, 9: 1255-1261.

[25]   傅志方. 振动模态分析与参数辨识. 北京: 机械工业出版社, 1990.

[26]   Guo A P, Batzer S. Substructure analysis of a flexible system contact-impact Event. Journal of Vibration and Acoustics, 2004, 126: 126-131.

[27]   彼得·艾伯哈特, 胡斌. 现代接触动力学. 南京: 东南大学出版社, 2003.

[28]   Szabó I. Geschichte der Mechanischen Prinzipien Und Ihrer Wichtigsten Anwendungen. Basel: Birkhäuser, 1977.

[29]   Timoshenko S P, Goodier J N. Theory of Elasticity. 北京: 清华大学出版社, 2005.

[30]   Boussineaq J. Applications des Potentials àll'Étude del'Équilibre et du Movement des Solides Elastiques. Paris: Gauthier-Villars, 1885.

[31]   Donnell L H. Longitudinal wave transmission and impact. Transaction of ASME, 1930, 52: 153-167.

[32]   Shi P. Simulation of impact involving an elastic rod. Computer Methods in Applied Mechanics and Engineering, 1998, 151: 497-499.

[33]   Hu B, Eberhard P. Simulation of longitudinal impact waves using time delayed systems. ASME Journal of Dynamic Systems, Measurement, and Control, 2004, 126: 645-649.

[34] Hu B, Eberhard P. Symbolic computation of longitudinal impact waves. Computer Methods in Applied Mechanics and Engineering, 2001, 190: 4805-4815.

[35] Hu B, Eberhard P, Schiehlen W. Symbolical impact analysis for a falling conical rod against the rigid ground. Journal of Sound and Vibration, 2001, 240: 41-57.

[36] Hu B, Schiehlen W, Eberhard P. Comparison of analytical and experimental results for longitudinal impacts on elastic rods. Journal of Vibration and Control, 2003, 9: 157-174.

[37] Gau W H, Shabana A A. Effect of a finite rotation on the propagation of elastic waves in constrained mechanical systems. Journal of Mechanical Design, 1992, 114(1): 384-393.

[38] 高玉华. 刚体撞块撞击弹性长杆的二次撞击分析. 上海力学, 1996, 4: 334-338.

[39] Escalona J L, Mayo J, Domínguez. A new numerical method for the dynamic analysis of impact loads in flexible beams. Mechanism and Machine Theory, 1999, 34: 765-780.

[40] Escalona J L, Mayo J, Domínguez. A critical study of the use of the generalized impulse-momentum balance equations in flexible multibody systems. Journal of Sound and Vibration, 1998, 217(3): 523-545.

[41] 刘锦阳. 研究柔性体撞击问题的子结构离散方法. 计算力学学报, 2001, 18(1): 28-32.

[42] 郭安萍, 洪嘉振, 杨辉. 柔性多体系统接触碰撞子结构动力学模型. 中国科学 (E 辑), 2002, 32(6): 765-770.

[43] Valliappan S, Ang K K. Dynamic analysis applied to rock mechanics. Problems 5th Int. Conf. on Nume. Meth., Geomech, 1985: 119-134.

[44] Fang Q. Studies on the accuracy of finite element analysis of implicit Newmark method for wave propagation problems. Explosion and Shock Waves, 1992, 12(1): 45-53.

[45] 夏源明, 袁建明, 杨报昌. 摆锤式块杆型冲击拉伸试验装置的动力学系统简化分析. 力学学报, 1991, 23(2): 217-224.

[46] Achenbach J D. Wave Propagation in Elastic Solids. Amsterdam: North Holland, 1973.

[47] Kolsky H. Stress Waves in Solids. Oxford: Claredon Press, 1953.

[48] 王礼立. 应力波基础. 2 版. 北京: 国防工业出版社, 2005.

[49] Benatar A, Rittel D, Yarin A L. Theoretical and experimental analysis of longitudinal wave propagation in cylindrical viscoelastic rods. Journal of the Mechanics and Physics of Solids, 2003, 51: 1413-1431.

[50] 李永池, 黄承义, 袁福平, 等. 径向惯性对薄壁圆管中弹塑性复合应力波传播的影响. 固体力学学报, 2000, 21(2): 109-116.

[51] Bussaca M N, Colleta P, Garyb G, et al. An optimisation method for separating and rebuilding one-dimensional dispersive waves from multi-point measurements. Application to Elastic or Viscoelastic Bars, Journal of the Mechanics and Physics of Solids, 2002, 50: 321-329.

[52] Merle R, Zhao H. On the errors associated with the use of large diameter SHPB, correction for radially non-uniform distribution of stress and particle velocity in SHPB testing. International Journal of Impact Engineering, 2006, 32: 1964-1980.

[53]　Tyas A, Watson A J. An investigation of frequency domain dispersion correction of pressure bar signals. International Journal of Impact Engineering, 2001, 25: 87-101.

[54]　刘孝敏, 胡时胜, 陈智. 粘弹性 Hopkinson 压杆中波的衰减和弥散. 固体力学学报, 2002, 23(1): 81-86.

[55]　刘孝敏, 胡时胜. 大直径 SHPB 弥散效应的二维数值分析. 实验力学, 2000, 15(4): 371-376.

[56]　武晓敏, 马钢, 夏源明. 弹性波在纳米单晶铜杆中的传播. 金属学报, 2005, 41(10): 1037-1041.

[57]　Liew K M, Wang Q. Analysis of wave propagation in carbon nanotubes via elastic shell theories. International Journal of Engineering Science, 2007, 45: 227-241.

[58]　王立峰. 一维纳米结构的若干力学问题. 南京: 南京航空航天大学, 2005.

[59]　Demiray H. Nonlinear waves in a prestressed thick elastic tube filled with an inviscid fluid. International Journal of Engineering Science, 1996, 34(13): 1519-1529.

[60]　张善元, 刘志芳, 路国运. 弹性固体中的非线性波. 北京: 中国建材工业出版社, 2006.

[61]　刘志芳, 张善元. 有限变形弹性圆杆中的孤波. 应用数学和力学, 2006, 27(10): 1255-1260.

[62]　王从约, 夏源明. 圆杆中弹性应力波的傅立叶弥散分析. 爆炸与冲击, 1998, 18(1): 1-7.

[63]　王从约, 夏源明. 傅立叶弥散分析在冲击拉伸和冲击压缩试验中的应用. 爆炸与冲击, 1998, 18(3): 213-219.

[64]　Davies R M. A critical study of the Hopkinson pressure bar. Philosophical Transactions of the Royal Society of London, Series A, Mathematical and Physical Sciences, 1948, 240(821): 375-457.

[65]　Folk R, Fox G, Shook C A, et al. Elastic strain produced by sudden application of pressure to one end of a cylindrical bar. I. Theory. Journal of the Acoustical Society of America, 1958, 30: 552.

[66]　Chou P C, Hopkins A K. Dynamic response of Material to intense impulsive loading. U. S. Air Materials Lab, Wright Patterson AFB, Ohio, Base, Ohio : Air Force Materials Laboratory, 1972.

[67]　Habberstad J L. A two-dimensional numerical solution for elastic waves in variously configured rods. Journal of Applied Mechanics, 1971, 3: 62-70.

[68]　Ramírez H, Rubio-Gonzalez C. Finite-element simulation of wave propagation and dispersion in Hopkinson bar test. Materials and Design, 2006, 27: 36-44.

[69]　刘锦阳, 洪嘉振. 闭环柔性多体系统的多点撞击问题. 中国机械工程, 2000, 11(6): 619-623.

[70]　刘锦阳, 洪嘉振. 多点接触碰撞的数值计算. 上海交通大学学报, 1997, 31(7): 45-48.

[71]　Klepaczko J R, Brara A. An experimental method for dynamic tensile testing of concrete by spalling. International Journal of Impact Engineering, 2001, 25: 387-409.

[72]　Stronge W J. Impact Mechanics. Cambridge UK: Cambridge University Press, 2000.

[73]　姚文莉. 考虑波动效应的碰撞恢复系数研究. 山东科技大学学报, 2004, 23(2): 83-86.

[74]　Seifried R, Schiehlen W, Eberhard P. Numerical and experimental evaluation of the coefficient of restitution for repeated impacts. International Journal of Impact Engineering, 2005, 32: 508-524.

[75] Timoshenko S, Young D H. Vibration Problems in Engineering. 2nd ed. New York: Van Nostrand, 1937: 348-358.

[76] Wang C, Kim J. The dynamic analysis of a thin beam impacting against a stop of general three-dimensional geometry. Journal of Sound and Vibration, 1997, 203(2): 237-249.

[77] 邢誉峰. 梁结构线弹性碰撞的解析解. 北京航空航天大学学报, 1998, 24(6): 633-637.

[78] 邢誉峰. 有限长 Timoshenko 梁弹性碰撞接触瞬间的动态特性. 力学学报, 1999, 31(1): 67-74.

[79] 邢誉峰, 诸德超, 乔元松. 复合材料叠层梁和金属梁的固有振动特性. 力学学报, 1998, 30(5): 628-634.

[80] 邢誉峰, 诸德超. 杆和梁在锁定过程的响应. 计算力学学报, 1998, 15(2): 192-196.

[81] 邢誉峰, 钱志英. Hamilton 体系中 Timoshenko 梁冲击问题的描述和求解. 振动工程学报, 2005, 18(3): 266-271.

[82] 邢誉峰, 王丽娟. 杆-梁和梁-梁组合结构中的波动现象. 北京航空航天大学学报, 2004, 30(6): 520-523.

[83] 鲍四元, 邓子辰, 范存新. 质点与 Euler - Bernoulli 梁任意点撞击问题的解析解. 振动与冲击, 2008, 27(1): 163-166.

[84] 金栋平, 胡海岩, 吴志强. 基于 Hertz 接触模型的柔性梁碰撞振动分析. 振动工程学报, 1998, 11(1): 46-51.

[85] 金栋平, 胡海岩. 结构碰撞振动的建模与模态截断. 固体力学学报, 2001, 22(2): 205-208.

[86] 田金梅, 邢誉峰, 谢文剑. 复合材料叠层梁的冲击响应特性. 振动与冲击, 2006, 25(4): 1-4, 12-13.

[87] Wagg D J. Application of non-smooth modelling techniques to the dynamics of a flexible impacting beam. Journal of Sound and Vibration, 2002, 256(5): 803-820.

[88] 陈镕, 万春风, 薛松涛, 等. 无约束修正 Timoshenko 梁的冲击问题. 力学学报, 2006, 38(2): 262-268.

[89] 沈凌杰, 郭其威, 刘锦阳, 等. 柔性梁线接触碰撞的动力学建模和实验研究. 动力学与控制学报, 2007, 5(2): 147-152.

[90] Li Q M, Ma G W, Ye Z Q. An elastic-plastic model on the dynamic response of composite sandwich beams subjected to mass impact. Composite Structures, 2006, 72: 1-9.

[91] Lim H S, Kwon S H, Yoo H H. Impact analysis of a rotating beam due to particle mass collision. Journal of Sound and Vibration, 2007, 308: 794-804.

[92] Ervin E K, Wickert J A. Experiments on a beam-rigid body structure repetitively impacting a rod. Nonlinear Dynamics, 2007, 50: 701-716.

[93] Yigit A S, Ulsoy A G, Scott R A. Dynamics of a radially rotating beam with impact, Part 1: theoretical and computational model; Part 2: experimental and simulation results. Journal of Vibration and Acoustics, 1990, 112: 65-77.

[94] Hsu W C, Shabana A A. Finite element analysis of impact-induced transverse waves in rotating beams. Journal of Sound and Vibration, 1993, 168(2): 355-369.

[95] Hwang K H, Shabana A A. Effect of mass capture on the propogation of transverse waves in rotating beams. Journal of Sound and Vibration, 1995, 186(3): 495-525.

[96] 刘锦阳, 洪嘉振. 卫星太阳电池阵在板展开阶段的撞击特性研究. 空间科学学报, 2000, 20(1): 61-68.

[97] 刘锦阳, 洪嘉振. 卫星太阳能帆板的撞击问题. 宇航学报, 2000, 21(3): 34-38.

[98] Mason H L. Impact on beams. ASME Journal of Applied Mechanics, 1935, 2: A55-A61.

[99] Lundberg B, Okrouhlik M. Efficiency of a percussive rock drilling process with consideration of wave energy radiation into the rock. International Journal of Impact Engineering, 2006, 32: 1573-1583.

[100] Liu Y T, Higuchi T, Fung R F. A novel precision positioning table utilizing impact force of spring-mounted piezoelectric actuator-part II: theoretical analysis. Precision Engineering, 2003, 27: 22-31.

[101] Zhu P, Abe M, Fujino Y. Evaluation of pounding countermeasures and serviceability of elevated bridges during seismic excitation using 3D modeling. Earthquake Engineering Structural Dynamics, 2004, 33(5): 591-609.

[102] Schiehlen W, Hu B, Eberhard P. Longitudinal waves in elastic rods with discontinuous cross sections. Proceeding 3rd Contact Mechanics International Symposium, 2001: 117-124.

[103] 向树红, 邱吉宝, 王大钧. 模态分析与动态子结构方法新进展. 力学进展, 2004, 34: 289-303.

[104] 刘锦阳. 研究柔性体撞击问题的子结构离散方法. 计算力学学报, 2001, 18(1): 28-32.

[105] Seo S, Min O. Axisymmetric SPH simulation of elasto-plastic contact in the low velocity impact. Computer Physics Communications, 2006, 175(9): 583-603.

第 7 章 变形体斜碰撞的数值解方法

赫尔曼·冯·亥姆霍兹 (Hermann von Helmholtz)：

"碰撞是物理学中的一种典型过程，它不仅是动量和能量的交换，也是物体之间力的相互作用。"(A collision is a typical process in physics, where not only momentum and energy are exchanged but also forces interact between objects.)

——亥姆霍兹强调了碰撞不仅是能量和动量的转化，也是力的直接表现。碰撞过程中的相互作用帮助我们理解物理系统中的力学原理。

飞行器的交会对接 [1]、飞行器表面的粒子侵蚀 [2]、机械斜碰撞等不仅存在于宏观大尺度宇宙天体之间 [1]，而且在机械工程、航空航天甚至微尺度机械领域中也是频繁出现的现象 [4]。例如，空间探测手抓取货物的冲击作用 [5]、齿轮对的相互拍击 [6]、双足机器人行走 [7,8]、金属的爆炸焊接工艺 [9] 以及微小管道机器人的管内运动 [10] 等。少数情形人们会利用含摩擦斜碰撞去实现机构特定的功能目的；但更多的情况则是斜碰撞会带来结构失效、增加噪声以及安全性降低等许多不利的一面 [11,12]。

斜碰撞发生时，碰撞结构不仅在接触面的法向存在一个单边约束，而且在切向还有一个摩擦约束 [13]。相比正碰撞，斜碰撞的瞬态特征更加复杂 [14]，切向约束会导致接触面间的黏滞-微滑动 (有时会反向)[15]。Johnson[16] 在研究具有初始角速度的超弹性球体斜向撞击水平地面时，发现了一个运用刚体碰撞模型无法解释的特殊现象，即球质心速度的水平分量以及转动角速度在斜碰撞后均会发生反向。通过分析，其认为接触区较大的切向柔度可能是该现象产生的根本原因。Stronge[17] 和 Shen[15] 考虑硬质碰撞物体接触区的切向柔度，非接触区部分仍视为刚体，建立能分析接触点反向滑动的集中参数模型，讨论了接触柔度对接触点的切向速度和接触力的影响。然而，斜碰撞事件中接触与分离的状态切换 (即接触约束的添加和删除) 会使杆和梁等可变形体的振动模态发生突变，且接触区产生弹塑性变形。这些特征均与结构的柔性密切相关，目前尚缺乏深入研究。

7.1 杆件斜碰撞的有限段法

本节将前述文献的研究进行了发展，提出了一种可同时计及局部接触区法向接触柔度、切向接触柔度以及柔性梁整体结构柔度的混合分析模型 (HAM)，用以研究柔性梁的含摩擦斜碰撞问题。基于有限段法思想，将柔性梁的整体位移场离散为弹簧-阻尼-刚体系统。局部接触区的法向双线性压缩-恢复过程以及切向摩擦变形过程用含有 Stronge 恢复系数的弹塑性弹簧-质点系统进行描述。根据所建混合模型，推导了斜碰撞系统在不同接触状态下的分段连续动力学方程，给出了法向压缩-恢复状态和切向黏-滑运动状态的切换准则，并运用事件驱动法对数值算例进行了求解。验证了本节模型的可行性。

7.1.1　斜碰撞混合分析模型

如图 7.1(a) 所示，本节考虑一个端部为半圆头的圆形截面柔性梁以初始平动速度 V 斜向撞击粗糙刚性地面。梁长为 L、横截面积为 A、材料的杨氏模量为 E、质量密度为 ρ、泊松比为 ν。梁的轴线与 x 轴正向夹角为 u。首先基于有限段思想将柔性梁整体分割成若干离散段 [18](见图 7.1(b))，建立梁整体的弹簧-阻尼-刚体系统，然后引入考虑切向接触柔度的弹塑性弹簧-质点系统用以描述接触效应和计算接触力。通过联合前述两个子系统，可建立斜碰撞刚体-弹簧-质点混合模型。

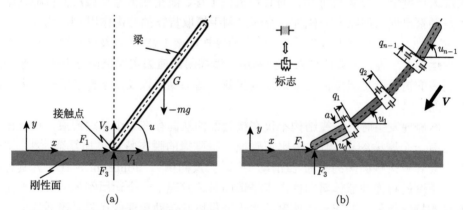

图 7.1　柔性梁斜向碰撞粗糙刚性地面：(a) 斜碰撞示意图；(b) 混合分析模型

7.1.1.1　柔性梁整体的弹簧-阻尼-刚体系统

如图 7.1(b) 所示，将柔性梁等分成 n 段，每段长度和质量分别为 $l = L/n$ 和 $m = \rho A l$。为了同时考虑梁的轴向变形和弯曲变形，相邻的离散段之间通过两根关于中心轴对称分布的、弹簧刚度为 K 的弹簧阻尼器连接，弹簧距中心轴的距离为 $a/2$。梁的轴向弹性通过选择适当的拉压刚度 K 值确定，梁的弯曲刚度由弹簧距离 a 来确定。梁端部与粗糙表面的接触效应由 1.2 节中的局部接触模型进行描述。该模型可以计算斜碰撞过程中的法向接触力 F_3 和切向摩擦力 F_1，以及刻画黏滞-微滑动运动模式。

图 7.1(b) 所示离散系统具有 $2n+1$ 个自由度，用来描述其运动状态的广义坐标列向量可表示为

$$\boldsymbol{X} = (x_0, y_0, u_0, q_1, u_1, u_2, \cdots, q_{n-1}, u_{n-1})^{\mathrm{T}}$$

其中，x_0 和 y_0 分别为接触点在笛卡儿坐标系 $x\text{-}O\text{-}y$ 中的位置坐标，$u_i(i = 0, 1, \cdots, n-1)$ 为第 $i+1$ 个离散段与 x 轴的夹角。q_i 为第 $i+1$ 个离散段离散截面圆心到第 i 个离散段离散截面的垂直距离。第 i 个离散段的质心点的位置 (x_{ic}, y_{ic}) 可表示为

$$\left. \begin{array}{l} x_{ic} = x_0 + \dfrac{l}{2}\cos u_n + \displaystyle\sum_{i=1}^{n}(l+q_i)\cos u_{i-1} \\[4mm] y_{ic} = y_0 + \dfrac{l}{2}\sin u_n + \displaystyle\sum_{i=1}^{n}(l+q_i)\sin u_{i-1} \end{array} \right\} \quad (i = 1, 2, \cdots, n-1) \qquad (7.1)$$

离散系统的总动能 T 为

$$T = \sum_{i=0}^{N-1}\frac{1}{2}m\left(\dot{x}_{ic}^2 + \dot{y}_{ic}^2\right) + \sum_{i=0}^{N-1}\frac{1}{2}J_c\dot{u}_i^2 \qquad (7.2)$$

其中，J_c 为每小段对其质心的转动惯量。由于梁碰撞引起的振动衰减发生在几秒内，而碰撞发生在几百个微秒之内，因此本节忽略梁内部阻尼对碰撞瞬态响应的影响[18]。系统总势能 V(取 $y = 0$ 处为势能零点) 为

$$V = \sum_{i=0}^{n-1}mg_iy_{ic} + \sum_{i=1}^{n-1}\left[K_iq_i^2 + \frac{1}{4}K_ia_i^2\tan^2\left(u_i - u_{i-1}\right)\right] \qquad (7.3)$$

作用于系统的广义力向量 $\boldsymbol{Q}$ 由非保守力 $\boldsymbol{Q}'$(即接触端的接触力) 和保守力向量 $\boldsymbol{Q}''$(即重力) 叠加而成，系统的运动可由含有接触力的第二类拉格朗日方程表示为

$$\frac{\mathrm{d}}{\mathrm{d}t}\left(\frac{\partial L}{\partial \dot{p}_k}\right) - \frac{\partial L}{\partial \dot{p}_k} = Q_k' \qquad (7.4)$$

其中，L 为拉格朗日函数，即系统总动能 T 与系统总势能 V 的差 $L = T - V$。p_k 为广义坐标向量 $\boldsymbol{X}$ 中的第 k 个元素。Q_k' 为含有接触力的列向量 $\boldsymbol{Q}'(F_1, F_3, 0, \cdots, 0)^{\mathrm{T}}$ 的第 k 个元素，本节运用 7.1.2 节给出的局部接触模型计算该接触力。将公式 (7.2) 和 (7.3) 代入方程 (7.4)，由符号运算软件得到 $2n-1$ 个方程组成的非线性动力学方程组

$$\boldsymbol{M}(\boldsymbol{X})\ddot{\boldsymbol{X}} = \boldsymbol{B}(\boldsymbol{X}, \dot{\boldsymbol{X}}, \boldsymbol{Q}) \qquad (7.5)$$

其中, M 为系统总体质量阵, B 为关于广义位移、广义速度和外力的列向量。

下面运用胡克定律和欧拉-伯努利方程估算离散段之间弹簧单元的刚度 K 和 a。

1) 离散模型的轴向变形

假设梁在自身重力的单独作用下, 垂直悬挂于空间中。此时均质连续梁的质心处产生的轴向静位移 δ_c 为

$$\delta_c = \frac{3\rho g L^2}{8EA} \tag{7.6}$$

同时, 对于离散梁模型, 该点的位移 δ_d 又可用梁上半部分的弹簧变形量计算得到

$$\delta_d = \frac{\rho g L(n-1)(3n-1)}{16Kn} \quad (n\ \text{为奇数}) \tag{7.7}$$

由 $\delta_c = \delta_d$, 可得拉压刚度 K

$$K = \frac{EA(n-1)(3n-1)}{6Ln} \tag{7.8}$$

2) 离散模型的弯曲变形

根据连续悬臂梁的弯曲理论, 可获得在重力单独作用下悬臂梁质心位置的转角为

$$u_c = \frac{7\rho g L^3}{48EI_z} \tag{7.9}$$

其中, I_z 是横截面对 z 轴的惯性矩 (对于圆截面的梁有 $I_z = \pi d^4/64$)。由于是小变形问题, 离散梁模型中第 i 段的力矩平衡方程为

$$\frac{\rho g L^2 (n-i)^2}{2n^2} - \frac{K\alpha^2}{2}\phi_i = 0 \quad (i = 0,\cdots,n-1) \tag{7.10}$$

其中, ϕ_i 是第 $i-1$ 段与第 i 段之间的相对转角。方程 (7.10) 中的第一项是由重力引起的, 第二项是第 $i+1$ 段和第 i 段之间弹簧的作用力矩。此外, 第 $i+1$ 段的绝对转角 u_i 可写成如下形式

$$u_i = \begin{cases} 0, & i = 0 \\ \displaystyle\sum_{j=1}^{i} \phi_j, & i = 1,2,\cdots,n-1 \end{cases} \tag{7.11}$$

将式 (7.10) 和 (7.11) 联立, 可获得中心段的转角为

$$u_d = \frac{\rho g L^2 (n-1)(7n-5)}{24a^2 Kn} \quad (n\ \text{是奇数}) \tag{7.12}$$

由 $u_c = u_d$，得到

$$a = \sqrt{\frac{12I_z(7n-5)}{7A(3n-1)}} \qquad (7.13)$$

其中，a 只与段数 n 和梁横截面参数有关。

7.1.1.2 局部接触区的弹塑性弹簧-质点系统

本节仍然采用 3.4.1.1 节提到的双线性柔性单元和线性柔性单元描述接触区的法向弹塑性变形效应和切向变形效应 [15]，建立了如图 7.2 所示局部接触区的弹塑性弹簧-质点系统，为方便读者理解，3.4.1.1 节的部分内容将再次于下文介绍。

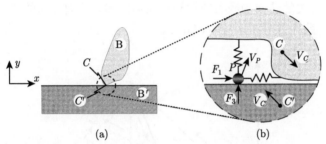

$$(a) \qquad\qquad (b)$$

图 7.2　平面含摩擦斜碰撞局部弹性接触模型：(a) 整体碰撞模型；(b) 局部柔性接触模型

为不失一般性，我们将柔性梁称为物体 B，刚性地面称为物体 B'。考虑物体 B 和 B' 的点接触，质量分别为 M 和 M'，接触点分别为 C 和 C'。接触点 C 和 C' 的绝对位移分别为 $\boldsymbol{U}_c = [U_{c1}, U_{c3}] = [x_0, y_0]$ 和 $\boldsymbol{U}_c = [U_{c1}, U_{c3}]$，两点之间的相对位移定义为 $\boldsymbol{U}_{cc} = [u_1', u_3']$。假设从 $t = 0$ 时刻开始接触，并令接触点的相对速度法向分量初始值 $\dot{u}_3'(0) < 0$。在压缩过程中，接触点 C 和 C' 的法向相对速度 $y_0'(t)$ 一直小于 0，直到压缩阶段结束时刻 t_c 才变为零，即 $\dot{u}_3'(t_c) = 0$，然后进入到恢复阶段。在接触点 C 和 C' 处分别作用着等值反向的接触力 $\boldsymbol{F} = [F_1, F_3]^{\mathrm{T}}$ 和 $\boldsymbol{F}' = [F_1', F_3']^{\mathrm{T}}$。

法向和切向柔性单元均与一个无质量的质点 P 相连，该质点可在物体 B' 的粗糙表面滑动或黏滞。质点 P 的绝对位移为 $\boldsymbol{U}_p = [u_{p1}, u_{p3}]^{\mathrm{r}}$。接触点 C 和质点 P 的相对位移定义为 $\boldsymbol{U}_p = [U_{p1}, U_{p3}]^{\mathrm{r}}$。接触点 C' 和质点 P 的相对位移定义为 $\boldsymbol{u}_{pc} = \boldsymbol{U}_p - \boldsymbol{U}_c = [u_1'', u_3'']^{\mathrm{T}}$，在接触时 $u_3''(t) = 0$。位移 u_1 和 u_3 分别是切向和法向柔性单元的变形量。令 $v_1 = \dot{u}_1$ 和 $v_3 = \dot{u}_3$ 表示柔性单元的变形速率，$V_1 = \dot{u}_1'$ 和 $V_3 = \dot{u}_3'$ 表示 C 和 C' 的相对速度。

如图 7.3 所示，法向单元在压缩阶段 $0 < t < t_c$ 的刚度为 k，在恢复阶段 $t_c < t < t_f$ 的刚度为 ke_S^{-2}（e_S 为 Stronge 恢复系数）；切向单元的刚度在压缩和恢

复阶段均为 $k\eta^{-2}$。接触力与各单元变形量之间的关系为

$$\left\{ \begin{array}{c} F_1 \\ F_3 \end{array} \right\} = -k \left[\begin{array}{cc} \eta^{-2} & 0 \\ 0 & 1 \end{array} \right] \left\{ \begin{array}{c} u_1 \\ u_3 \end{array} \right\} \quad (0 \leqslant t \leqslant t_c) \tag{7.14}$$

$$\left[\begin{array}{c} F_1 \\ F_3 \end{array} \right] = -k \left[\begin{array}{cc} \eta^{-2} & 0 \\ 0 & e_S^{-2} \end{array} \right] \left\{ \begin{array}{c} u_1 \\ u_3 \end{array} \right\} + k \left\{ \begin{array}{c} 0 \\ (e_S^{-2} - 1)u_{3c} \end{array} \right\} \quad (t_c < t \leqslant t_f) \tag{7.15}$$

其中，η^{-2} 是切向和法向刚度系数的比值。t_c 是压缩阶段与恢复阶段转换时刻 (即 $v_3(t_c) = 0$)，$u_{3c} = -k^{-1}F_3(t_c)$ 为法向最大压缩量。公式 (7.14) 和 (7.15) 给出了与能量系数 e_S 有关的法向接触力的加卸载滞后回线。法向变形的残余量与 Stronge 恢复系数的关系为 $u_3(t_f) = (1 - e_S^2)u_{3c}$。

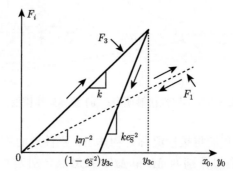

图 7.3   法向和切向柔性单元的力与变形量的关系

此运动过程中法向接触力和切向接触力满足库仑摩擦定律

$$\left\{ \begin{array}{ll} |F_1| < \mu F_3, & \text{黏滞状态} \\ F_1 = -s\mu F_3, & \text{滑动状态} \end{array} \right. \tag{7.16}$$

其中，$s = \mathrm{sgn}\,(\dot{x}_0'') = \mathrm{sgn}\,(V_1 - v_1)$ 为滑动的方向，$\dot{x}_0''$ 为质点 P 的滑动速度。

7.1.1.3 接触状态的判断标准

斜碰撞问题除了会导致法向存在一个压缩和恢复阶段的切换，在切向还存在滑动和黏滞状态的切换。在使用事件驱动法求解碰撞响应时，需要判断接触所处的状态。假设切向由黏滞切换为滑动的时刻为 t_{01}，从滑动切换为黏滞的时刻为 t_{10}。各状态的判断标准如下：

(1) 初始状态。

在碰撞初始时刻 $(t = 0)$，法向接触处于压缩阶段。切向初始黏滞的条件为

$$|V_1(0)/V_3(0)| < \mu\eta^2 \tag{7.17}$$

反之，一旦入射角大于 $\mu\eta^2$，则切向的初始状态为滑动。

(2) 压缩或恢复阶段。

在碰撞的初始阶段，接触为压缩阶段。压缩阶段结束和恢复阶段开始于 t_c 时刻，此时法向相对速度消失，即满足

$$\dot{u}_3(t_c) = 0 \tag{7.18}$$

(3) 黏滞或滑动。

如果系统在黏滞状态下，满足条件 $|F_1(t)| \leqslant \mu F_3(t)$。一旦切向接触力与法向接触力的比值等于摩擦系数，此时记为 t_{01} 时刻。切向运动由黏滞状态转变为滑动状态，并且接触力分量的比值处于摩擦锥外，即

$$\left|\frac{F_1(t_{01})}{F_3(t_{01})}\right| = \mu, \quad F_1(t_{01})\dot{F}_1(t_{01}) > 0 \tag{7.19}$$

相反地，如果系统之前处于滑动状态，当质点 P 和接触点 C' 间的相对速度消失，变为零时，记为 t_{10} 时刻，系统开始由滑动状态转变为黏滞状态，即

$$\dot{u}_1''(t_{10}) = V_1(t_{10}) - v_1(t_{10}) = 0 \tag{7.20}$$

(4) 碰撞结束。

若在 $t_f - \varepsilon$ 时刻法向接触力为正 (即 $F_3(t_f - \varepsilon) > 0$)，在 $t_f + \varepsilon$ 时刻法向接触力为负 (即 $F_3(t_f + \varepsilon) < 0$)，其中 ε 是一个正数小量，则认为碰撞结束的时刻为 t_f，法向接触力将会消失为零，即

$$F_3(t_f) = 0 \tag{7.21}$$

7.1.2 算例

若无特殊说明，算例的系统参数为：柔性梁的长度为 1m，圆形横截面面积为 10^{-4}m^3，梁的接触端部为半圆头，材料为钢 (即杨氏模量为 210GPa，质量密度为 7800kg/m^3，泊松比为 0.3)。梁的法向初始平动速度 $y_0 = -1\text{m/s}$，切向初始平动速度为 $x_0 = 3.5\text{m/s}$。梁初始时刻与刚性平面接触，无相对转动。梁的轴线与 x 轴正向夹角为 $3\pi/4$，即 $u_0 = 3\pi/4$。

Johnson[16] 认为在法向作用力 P 的准静态作用下接触圆面的半径 a 可表示为 $(3PR/(4E^*))^{1/3}$，其中 E^* 和 R 可以由下式计算得到

$$1/E^* = (1 - \nu_1^2)/E_1 + (1 - \nu_2^2)/E_2 \tag{7.22}$$

$$1/R = 1/R_1 + 1/R_2 \tag{7.23}$$

其中，ν_i、E_i 和 R_i 分别为接触物体 $i\,(i=1,2)$ 的泊松比、弹性模量以及接触端的半径。接触区法向刚度 k 的计算表达式为

$$k = \frac{4}{3} R^{1/2} E^* \tag{7.24}$$

由法向刚度 k 和切向接触刚度 k/η^2 的比值为 $\eta^2 = (2-\nu)/(2(1-\nu))$，可进一步得到切向接触刚度 k/η^2。采用以上公式，得到局部接触区的弹塑性弹簧-质点系统的法向刚度值 $k = 11 \times 10^7 \mathrm{Pa}$ 和切向接触刚度值 $k/\eta^2 = 9.1 \times 10^7 \mathrm{Pa}$。

7.1.2.1 收敛性研究

首先研究了 HAM 模型的数值结果的收敛性，获得结构的合理离散密度。假设恢复系数 $e_S = 1$，摩擦系数为 $\mu = 2/3$，获得的法向最大压下量值的收敛曲线如图 7.4 所示。结果表明，当 $n = 44$ 时，接触点法向最大压下量已经趋于稳定值，故本节后面计算中在柔性梁长度不变的情况下，离散段数均取 $n = 50$ 进行数值计算。

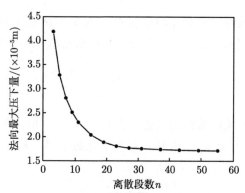

图 7.4 不同离散密度下计算得到的法向最大压下量

7.1.2.2 结果验证

1) 实际实验对比

为验证本节模型的计算精度，依照表 7.1 给出的两组实验初始条件 (摩擦系数为 $\mu = 0.075$，恢复系数 $e_S = 1$) 采用本节方法进行数值计算，并将本节结果与实验结果 [19] 进行对比。

表 7.1 两组实验的初始条件

实验	L/m	$V(0)/(\mathrm{m/s})$	$\omega(0)/(\mathrm{rad/s})$
1 组	0.1	-1.886	1.032
2 组	0.2	-1.71	0.208

由于实验给出的初始条件满足初始黏滞条件 (7.17)，所以接触点的初始运动状态为黏滞压缩。图 7.5 为分离时刻杆的接触端切向速度混合模型解和实验数据。通过比较表明，数值结果与实验结果基本吻合。二者之间误差产生的主要原因可能是 HAM 模型是一维梁且在平面内运动，而实验则是一个真实三维梁以一个初始角度自由落体运动。且与静力学实验相比，接触动力学实验结果的数据本身离散性也较大。此外，经计算除了当 $u_0(0) = \pi/2$ 时，接触点运动模式为黏滞压缩-滑动压缩，其余角度值下接触点的运动模式均为黏滞压缩-滑动压缩-滑动恢复。

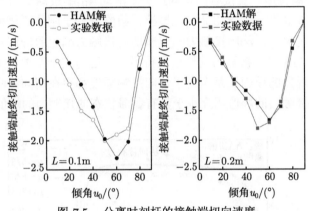

图 7.5   分离时刻杆的接触端切向速度

2) 数值实验对比

由于真实的实验环境能够获得的实验数据有限，为进一步验证本节混合分析模型的精度，将本节模型的结果与非线性商业有限元的仿真结果进行对比。在商业有限元 Ls-Dyna 模拟中，本着疏密有致的离散原则，为了满足非线性迭代接触算法以及更好地捕捉接触响应，对接触区实施了网格细化 (图 7.6)，显然这样会增加自由度，降低计算效率。

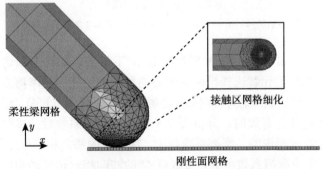

图 7.6   梁与刚性平面弹性碰撞的有限元离散模型

图 7.7 是不同摩擦系数 μ 下法向和切向接触力时程曲线。计算结果表明,本节的方法与有限元方法 (FEM) 获得的接触力响应所得的峰值、接触时间以及曲线的变化形式吻合较好,接触力峰值误差仅为 12%。二者之间误差产生的原因主要是 FEM 模型是一个三维梁模型,由于泊松效应梁会产生横向变形,同时杆件也容易产生横向运动。从图 7.7~ 图 7.9 可以看出,当 $\mu = 2/3$ 时,系统的运动模式依次为滑动压缩-滑动恢复-分离,切向没有经历黏滞运动;当摩擦系数变大,即 $\mu = 5/3$ 和 $\mu = 8/3$ 时,系统的运动情况由滑动压缩-黏滞压缩-黏滞恢复-反向滑动恢复-分离构成,在接触面切向经历了滑动-黏滞-反向滑动 3 个运动状态的转换。当 $\mu = 5/3$ 和 $\mu = 8/3$ 时 (此摩擦系数恰好处于刚体斜碰撞模型中的经典 Painlevé 悖论区 [15]),法向接触力响应和切向接触力响应的峰值几乎相等,即当摩擦系数超过 5/3 时,接触力的峰值保持不变。这与完全刚体模型的摩擦显著不同,造成这个现象的原因正是考虑了切向接触柔度和存在切向黏滞运动。分析还发现纯滑动时接触力的峰值明显小于具有黏滞状态的接触力的峰值。

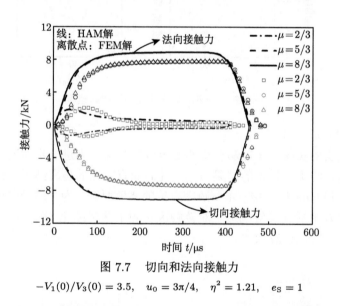

图 7.7 切向和法向接触力

$$-V_1(0)/V_3(0) = 3.5, \quad u_0 = 3\pi/4, \quad \eta^2 = 1.21, \quad e_S = 1$$

图 7.8 和图 7.9 分别为不同摩擦系数 μ 下接触点的法向和切向相对速度响应。图中的商业有限元解选择接触区中心的单元的速度。当摩擦系数相同时,二者的曲线基本一致,误差较小 (例如,接触时间误差仅为 5.6%),说明本节给出的混合分析模型是合理有效的。分析图 7.8 发现,摩擦系数对分离时刻接触点的法向相对速度有着重要影响。摩擦系数越大,接触点的法向相对速度的最小值越小。分析还发现,无论摩擦系数多大,接触点 C 的法向相对速度的响应曲线在接触发生不久总存在振荡现象。当 $\mu = 5/3$ 和 $\mu = 8/3$ 时,接触点的法向相对速度在初

始阶段减小，即法向相对加速度在接触开始的一段时间内出现负值，使得法向相对速度出现负向增加，导致系统的切向摩擦力变大，若采用完全刚性体模型进行分析，则会出现经典的 Painlevé 悖论现象。分析图 7.9 发现，当 $\mu = 2/3$ 时，C 点的切向相对速度增加，始终大于初始速度。但当 $\mu = 5/3$ 和 $\mu = 8/3$ 时，C 点的切向相对速度随时间的推移发生降低，然后反向滑动增加。

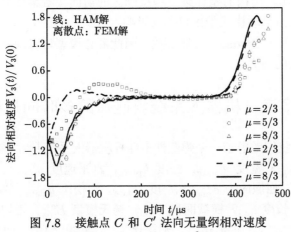

图 7.8　接触点 C 和 C' 法向无量纲相对速度
$-V_1(0)/V_3(0) = 3.5,\quad u_0 = 3\pi/4,\quad \eta^2 = 1.21,\quad e_S = 1$

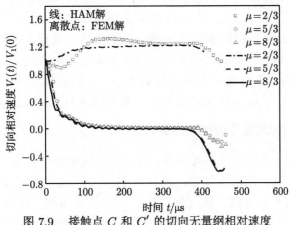

图 7.9　接触点 C 和 C' 的切向无量纲相对速度
$-V_1(0)/V_3(0) = 3.5,\quad u_0 = 3\pi/4,\quad \eta^2 = 1.21,\quad e_S = 1$

7.1.3　结论

本节提出采用混合分析模型研究柔性梁摩擦斜碰撞问题，利用事件驱动法深入研究了整个接触过程中切向黏滑状态和法向压缩恢复阶段的反复切换。将

HAM 模型的计算结果与实验结果以及商业有限元方法的结果进行了对比, 研究得到了以下主要结论:

(1) 本节混合模型解与实验数据吻合较好, 验证了该模型具有较好的收敛性和较高的精度。由于考虑了接触区切向柔度, 该模型具备了分析一系列切向黏-(反向) 滑运动模式的能力。

(2) 研究表明, 结构的整体柔度和接触区的切向接触柔度会对接触力响应和接触点的切向黏滑运动模式带来较大的影响。

(3) 由于引入了 Stronge 恢复系数, 因此混合模型可考虑接触区弹塑性变形导致的碰撞能量的损失。

7.2 多连杆机器人系统斜碰撞的多时间尺度方法

在本节中, 我们考虑了一个弹塑性多连杆机器人系统 [20], 该系统斜撞击的运动板的长度 L_{plate}, 宽度 w_{plate}, 深度 h_{plate}, 水平速度 v_{plate}, 杨氏模量 E_{plate}^e, 正切模量 E_{plate}^t, 屈服应力 σ_{plate}^s, 密度 ρ_{plate}, 泊松比 ν_{plate}。两连杆机械手由两根细长杆组成, 长度 l_{rod}, 横截面积 A_{rod}, 杨氏模量 E_{rod}^e, 正切模量 E_{rod}^t, 屈服应力 σ_{rod}^s, 密度 ρ_{rod}, 质量 m_{rod}, 泊松比 ν_{rod} (见图 7.10)。如果棒是非均匀棒, 那么棒的参数是轴向位置的函数, 而如果棒是均匀的, 那么它们是常数。下连杆 AB 有一个曲率半径为 r_{rod} 的接触端, 将在接触点 B 处与板材接触。固定铰链和中间铰链分别位于 O 点和 A 点。从 O 点到板材粗糙表面的高度为 h, 如图 7.10 所示, θ_1 和 θ_2 是两根杆的轴线与 y 轴之间的夹角, 其正值是沿顺时针方向将 y 轴的正方向旋转到杆的轴线时赋值的。接触点接触前的法向速度和切向速度分别为 v_{cn} 和 v_{ct}。杆与板接触端的摩擦系数为 μ, 法向接触力 F_n 和切向接触力 F_t 在发生冲击时作用于杆 AB 上的接触点。系统的重力加速度为 g。

7.2.1 考虑多时间尺度效应的动力学模型

一般来说, 双连杆系统在撞击前会经历较大的整体空间运动, 然后会斜向撞击粗糙的平板。在斜冲击事件中, 接触点 B 周围的法向接触变形可能会经历压缩和恢复之间的多次过渡。让 $i^{th}(1, 2, \cdots, n)$ 正常压缩, 从时间 $t = t_c^i$ 开始。而 $i^{th}(1, 2, \cdots, n)$ 恢复开始于时间 $t = t_r^i$。考虑到多时间尺度效应, 假设斜向撞击事件分为三个阶段: 撞击前阶段 $(t < t_c^1)$, 冲击 (包括正常的多次压缩-恢复过渡) 阶段 $(t_c^1 \leqslant t \leqslant t_r^n)$ 和撞击后阶段 $(t > t_r^n)$。无论是撞击前阶段还是撞击后阶段, 其动态建模都属于大时间尺度问题, 因为它们的持续时间更大, 数值积分中的时间步长也比撞击阶段大。相比之下, 冲击阶段的动态建模属于小时间尺度问题。

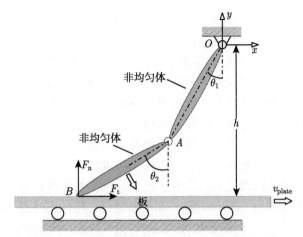

图 7.10 柔性双连杆机械手斜撞击粗糙的运动板

(1) 预冲击阶段。弹塑性多连杆机器人系统最初是水平的，在重力或外部载荷作用下进行较大的整体空间运动。机械手与板材之间不存在接触约束。在这一阶段，弹塑性多连杆机器人系统表现出较大的低频刚体运动，其结构变形通常较小。而且，这一阶段的持续时间远大于冲击阶段。因此，这一阶段的动力响应可以用刚体动力理论进行计算。与冲击阶段相比，数值积分中的时间步长可以是一个更大的值。

(2) 冲击阶段。在此阶段，机械手与平板之间存在接触力约束。接触点周围的法向变形将经历压缩和恢复之间的多次过渡 (图 7.11)，当接触力足够大时，局

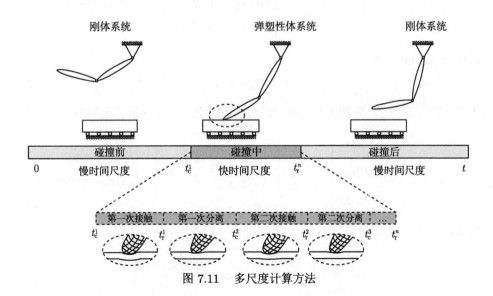

图 7.11 多尺度计算方法

部接触区可能会出现塑性变形。冲击阶段的持续时间一般很短，而对于金属材料来说，正常压缩或恢复变形的持续时间只有几十微秒。此外，斜向撞击会激发高频瞬态应力波，可能会影响压缩-恢复过程的持续时间。因此，为了计算这些瞬态特性，必须采用具有有限元技术的柔性体动力学模型。数值积分中的时间步长必须足够小，以捕捉波的传播和正常压缩与恢复变形之间的过渡。

(3) 冲击后阶段。在这一阶段，机械手也经历了没有接触的大的整体空间运动。与碰撞前阶段类似，包括位移和速度在内的动态响应可以再次通过刚体动力学理论进行计算。但需要注意的是，当结构柔度较大时，由于结构中残存的波传播正好在前一个冲击阶段之后，其半径为 $r_{\rm rod}$ 的接触端的机械手可能会再次冲击板材。这种现象被称为 "连续碰撞"。如果是这样，则动态建模和计算方法应与撞击阶段相同。因此，为了避免遗漏 "连续碰撞" 现象，所提出的多尺度计算方法 (MCA) 通常使用柔体动力学模型来计算系统 $t_{\rm c}^1$ 后一段时间 (大约几毫秒) 的瞬态响应。

7.2.2　冲击前阶段系统的控制方程

为了方便地得到碰撞前阶段的控制方程及其简单的表达式，并讨论碰撞阶段的波传播，假设机械臂由 2 个相同的均匀直杆组成，且材料均质。在碰撞前阶段，进一步将杆件假设为刚体，然后应用刚性多体动力学理论推导出系统的控制方程。如图 7.10 所示，当系统受到接触无约束时，选取 θ_1 和 θ_2 作为系统的广义坐标，接触点 B 的位移可表示为

$$
\left\{ \begin{array}{c} x_B \\ y_B \end{array} \right\} = - \left[\begin{array}{cc} \sin\theta_1 & \sin\theta_2 \\ \cos\theta_1 & \cos\theta_2 \end{array} \right] \left\{ \begin{array}{c} l_{\rm rod} \\ l_{\rm rod} \end{array} \right\} \tag{7.25}
$$

系统的总动能 T 为

$$
T = T_{OA} + T_{AB} \tag{7.26}
$$

其中，T_{OA} 和 T_{AB} 分别为杆 OA 和 AB 的动能，并进一步表示如下：

$$
\left\{ \begin{array}{c} T_{OA} \\ T_{AB} \end{array} \right\} = \frac{1}{2} m_{\rm rod} l_{\rm rod}^2 \left[\begin{array}{cc} \dfrac{1}{3} & 0 \\ 1 & \dfrac{1}{3} \end{array} \right] \left\{ \begin{array}{c} \dot{\theta}_1^2 \\ \dot{\theta}_2^2 \end{array} \right\} + \frac{1}{2} m_{\rm rod} l_{\rm rod}^2 \left\{ \begin{array}{c} 0 \\ \dot{\theta}_1 \dot{\theta}_2 \cos(\theta_1 - \theta_2) \end{array} \right\}
$$

$$
\tag{7.27}
$$

系统的广义外力为

$$
\left\{ \begin{array}{c} Q_1 \\ Q_2 \end{array} \right\} = - \frac{1}{2} m_{\rm rod} g l_{\rm rod} \left\{ \begin{array}{c} 3\sin\theta_1 \\ \sin\theta_2 \end{array} \right\} \tag{7.28}
$$

把式 (7.27) 和 (7.28) 代入第二类拉格朗日方程, 可以得到系统的动力学方程为

$$M\ddot{q} + C(q, \dot{q}) + G(q) = 0 \tag{7.29}$$

其中

$$q = \left\{ \begin{array}{c} \theta_1 \\ \theta_2 \end{array} \right\}, \quad M = \frac{m_{\mathrm{rod}} l_{\mathrm{rod}}^2}{6} \left[\begin{array}{cc} 8 & 3\cos(\theta_1 - \theta_2) \\ 3\cos(\theta_1 - \theta_2) & 2 \end{array} \right]$$

$$C(q, \dot{q}) = \frac{m_{\mathrm{rod}} l_{\mathrm{rod}}^2}{2} \left\{ \begin{array}{c} \dot{\theta}_2^2 \sin(\theta_1 - \theta_2) \\ \dot{\theta}_1^2 \sin(\theta_2 - \theta_1) \end{array} \right\}, \quad G(q) = \frac{m_{\mathrm{rod}} g l_{\mathrm{rod}}}{2} \left[\begin{array}{c} 3\sin\theta_1 \\ \sin\theta_2 \end{array} \right]$$

公式 (7.29) 为斜碰撞前系统运动过程的控制方程。角度 θ_1 和 θ_2 是时间 t 的函数。预冲击阶段的终止时间 t_{f} 恰好是冲击阶段的开始时间 t_{c}^1。在碰撞前阶段, 通过刚体动力学模型计算动态响应, 其中杆件可简化为一维线。然而, 对于冲击阶段的柔性体模型, 杆是由四面体和六面体实体单元离散而成的三维杆。接触类型为表面接触, 即粗糙球面与粗糙平面接触。参数 t_{f} 由针尖接触地面并向下运动的准则确定。为了保证得到准确的 t_{f} 或 t_{c}^1, 在计算 t_{f} 时必须考虑杆 AB 的半球形尖端的几何尺寸。

7.2.3　冲击阶段系统的控制方程

在冲击阶段, 采用柔性体动力学模型结合非线性有限元技术计算斜向冲击产生的接触力和应力波传播。该方法也被称为全瞬态法, 由于包含了接触非线性 (边界条件) 和材料非线性, 因此是最强有力的方法。在柔性体动力学模型中, 杆件 OA 和 AB 不是刚性体, 而是弹塑性体。考虑了局部接触区和整体结构的弹塑性变形。图 7.12 为斜冲击系统的 FEM 离散化模型。采用 SOLID 164 单元对柔性机械臂和运动板进行离散。网格划分单元为四面体或六面体映射网格。将柔性体动力学模型离散为有限元模型后, 采用 LS-DYNA 程序进行动力学行为模拟。

运动平板 (即图 7.12 中的黄色分量) 的边界条件, 即其底面节点沿 y 轴和 z 轴的自由度是固定的。为了模拟铰链对 A 点的约束, 在杆 OA 和 AB 的轴孔表面选取 4 个节点组成 "去脱节化" 单元, 每个杆提供 2 个节点。用同样的方法对 O 点的铰链约束也进行了研究。由于 "自动-面-面" 接触类型擅长分析低速冲击事件, 因此选择该接触类型来考虑接触约束。

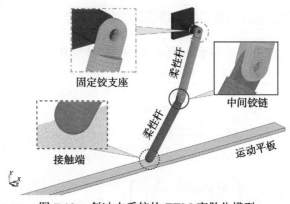

图 7.12　斜冲击系统的 FEM 离散化模型

7.3　柔性手指斜碰撞的绝对节点坐标法

绝对节点坐标法 [21] 包含了两类单元：① 全参数梁单元；② 梯度不完备梁单元。全参数梁单元能描述梁的剪切及轴向变形，但容易遭受锁定问题，与此相反，梯度不完备梁单元忽略了梁单元的剪切变形，只描述其弯曲变形，因此具有很好的精度。本节采用了梯度不完备单元-一维二节点梁单元离散描述柔性机器人手指的运动状态 [22](如图 7.13 所示)，然后再引入混合接触模型，进行柔性机器人手指斜碰撞的计算。在图 7.13 中，柔性机器人手指由三根相同材料的柔性梁组成，O 处为固定铰，指骨间采用移动铰连接相连，手指的初始状态为水平状态，在重力或外力矩的驱动下进行大范围空间运动。图中第 $w\ (w=1,2,3)$ 节指骨具有弹性模量 E_w、密度 ρ_w、直径 d_w、泊松比 ν_w 和长度 L_w。且被离散为 n_w 个单元，所以整个手指的单元数为

$$N = \sum_{w=1}^{3} n_w \tag{7.30}$$

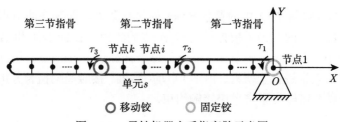

图 7.13　柔性机器人手指离散示意图

7.3.1 单个单元的动力学方程

对于离散模型中任意一个单元的全局位置，如图 7.14 所示。在图 7.14 所显示的直角坐标系 $(X\text{-}O\text{-}Y)$ 中，第 s $(s = 1, 2, \cdots, N)$ 个单元中任意一点的全局位置 $r^{(s)}$ 为

$$r^{(s)} = \left[\begin{array}{c} r_X^{(s)} \\ r_Y^{(s)} \end{array} \right] - \left[\begin{array}{c} a_0 + a_1 x + a_2 x^2 + a_3 x^3 \\ b_0 + b_1 x + b_2 x^2 + b_3 x^3 \end{array} \right] \tag{7.31}$$

式中，$r_X^{(s)}$ 和 $r_Y^{(s)}$ 分别是 $r^{(s)}$ 在 X 和 Y 方向上的分量。x 代表第 s 个单元上任意点在单元未变形时轴向的局部坐标，且 $0 \leqslant x \leqslant l$(即在节点 $j, x = 0$；在节点 $k, x = l$)，l 表示单元的初始长度。

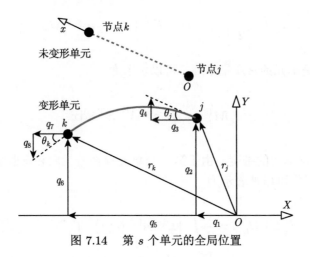

图 7.14　第 s 个单元的全局位置

此外，全局位置 $r^{(s)}$ 又可根据节点坐标向量 $q_{\mathrm{e}}^{(s)}$ 和单元形函数 S 被定义为

$$r^{(s)} = S q_{\mathrm{e}}^{(s)} \tag{7.32}$$

式中，$q_{\mathrm{e}}^{(s)}$ 的表达式为

$$q_{\mathrm{e}}^{(s)} = \left[\begin{array}{cccccccc} q_1 & q_2 & q_3 & q_4 & q_5 & q_6 & q_7 & q_8 \end{array} \right] \tag{7.33}$$

即第 s 个单元包含了 8 个节点坐标。其中 4 个全局位置坐标可以表示为

$$q_1 = \left. r_X^{(s)} \right|_{x=0}, \quad q_2 = \left. r_Y^{(s)} \right|_{x=0}, \quad q_5 = \left. r_X^{(s)} \right|_{x=l}, \quad q_6 = \left. r_Y^{(s)} \right|_{x=l} \tag{7.34}$$

另外 4 个斜率矢量可以表示为

$$q_3 = \left. \frac{\partial r_X^{(s)}}{\partial x} \right|_{x=0}, \quad q_4 = \left. \frac{\partial r_Y^{(s)}}{\partial x} \right|_{x=0}, \quad q_7 = \left. \frac{\partial r_X^{(s)}}{\partial x} \right|_{x=l}, \quad q_8 = \left. \frac{\partial r_Y^{(s)}}{\partial x} \right|_{x=l} \tag{7.35}$$

根据式 (7.31)，单元的形函数 S 可表示为

$$S = \begin{bmatrix} s_1 & 0 & s_2 & 0 & s_3 & 0 & s_4 & 0 \\ 0 & s_1 & 0 & s_2 & 0 & s_3 & 0 & s_4 \end{bmatrix} \tag{7.36}$$

式中，函数 $s_i = s_i(\xi)(i = 1, 2, 3, 4)$ 被定义为

$$s_1 = 1 - 3\xi^2 + 2\xi^3, \quad s_2 = l\left(\xi - 2\xi^2 + \xi^3\right), \quad s_3 = 3\xi^2 - 2\xi^3, \quad s_4 = l\left(\xi^3 - \xi^2\right) \tag{7.37}$$

其中，$\xi = x/l$。第 s 个单元在运动过程中的动能 $T_{\mathrm{e}}^{(s)}$ 可以表示为

$$T_{\mathrm{e}}^{(s)} = \frac{1}{2} \int_V \rho^{(s)} \dot{r}^{(s)\mathrm{T}} \dot{r}^{(s)} \mathrm{d}V = \frac{1}{2} \dot{q}_{\mathrm{e}}^{(s)\mathrm{T}} M_{\mathrm{e}}^{(s)} \dot{q}_{\mathrm{e}}^{(s)} \tag{7.38}$$

式中，$M_{\mathrm{e}}^{(s)}$ 是单元的常质量矩阵，可以表示为

$$M_{\mathrm{e}}^{(s)} = \int_0^l \rho^{(s)} A^{(s)} S^{\mathrm{T}} S \mathrm{d}x \tag{7.39}$$

式中，$\rho^{(s)}$ 为该单元的密度。由于第 s 个单元存在着轴向和弯曲变形，因此单元的总变形能 $U_{\mathrm{e}}^{(s)}$ 可以被表示为

$$\begin{aligned} U_{\mathrm{e}}^{(s)} = U_{\mathrm{a}}^{(s)} + U_{\mathrm{b}}^{(s)} &= \frac{1}{2} \int_0^l \left[E^{(s)} A^{(s)} \left(\varepsilon_{\mathrm{a}}^{(s)}\right)^2 + E^{(s)} I^{(s)} \left(\kappa^{(s)}\right)^2 \right] \mathrm{d}x \\ &= \frac{1}{2} q_{\mathrm{e}}^{(s)\mathrm{T}} \left(K_{\mathrm{a}}^{(s)} + K_{\mathrm{b}}^{(s)} \right) q_{\mathrm{e}}^{(s)} \end{aligned} \tag{7.40}$$

式中，$U_{\mathrm{a}}^{(s)}$ 和 $U_{\mathrm{b}}^{(s)}$ 分别是该单元的轴向变形能和弯曲变形能。$E^{(s)}$、$A^{(s)}$ 和 $I^{(s)}$ 分别是该单元的弹性模量、横截面积和惯性矩。单元轴向应变 $\varepsilon_{\mathrm{a}}^{(s)}$ 和曲率 $\kappa^{(s)}$ 可以表示为

$$\left\{ \begin{array}{c} \varepsilon_{\mathrm{a}}^{(s)} \\ \left(\kappa^{(s)}\right)^2 \end{array} \right\} = \left\{ \begin{array}{c} \frac{1}{2}\left(q_{\mathrm{e}}^{(s)\mathrm{T}} S_1 q_{\mathrm{e}}^{(s)} - 1\right) \\ q_{\mathrm{e}}^{(s)\mathrm{T}} \ddot{S}^{\mathrm{T}} \ddot{S} q_{\mathrm{e}}^{(s)} \end{array} \right\} \tag{7.41}$$

其中，$S_1 = \dot{S}^{\mathrm{T}} \dot{S}$，$\dot{S}$ 和 $\ddot{S}$ 分别是形函数 S 对 x 的一阶导数和二阶导数。根据材料的本构方程，第 s 个单元的轴向应力 $\sigma_{\mathrm{a}}^{(s)}$ 和弯曲应力 $\sigma_{\mathrm{b}}^{(s)}$ 可表示为

$$\left\{ \begin{array}{c} \sigma_{\mathrm{a}}^{(s)} \\ \sigma_{\mathrm{b}}^{(s)} \end{array} \right\} = \left\{ \begin{array}{c} E^{(s)} \varepsilon_{\mathrm{a}}^{(s)} \\ E^{(s)} \kappa_{\mathrm{a}}^{(s)} d/2 \end{array} \right\} \tag{7.42}$$

由于轴向应力方向和弯曲应力方向与单元轴线方向相同,所以单元的正应力 $\sigma_\mathrm{n}^{(s)}$ 为

$$\sigma_\mathrm{n}^{(s)} = \sigma_\mathrm{a}^{(s)} + \sigma_\mathrm{b}^{(s)} \tag{7.43}$$

此外, 将式 (7.41) 代入式 (7.40), 可以得到第 s 个单元的轴向刚度矩阵 $\boldsymbol{K}_\mathrm{a}^{(s)}$ 和弯曲刚度矩阵 $\boldsymbol{K}_\mathrm{b}^{(s)}$ 为

$$\begin{bmatrix} \boldsymbol{K}_\mathrm{a}^{(s)} \\ \boldsymbol{K}_\mathrm{b}^{(s)} \end{bmatrix} = \begin{bmatrix} \dfrac{1}{2} E^{(s)} A^{(s)} \left(\displaystyle\int_0^l \boldsymbol{S}_\mathrm{l} \boldsymbol{q}_\mathrm{e}^{(s)} \boldsymbol{q}_\mathrm{e}^{(s)} \boldsymbol{S}_\mathrm{l} \mathrm{d}x - \int_0^l \boldsymbol{S}_\mathrm{l} \mathrm{d}x \right) \\ \displaystyle\int_0^l E^{(s)} I^{(s)} \ddot{\boldsymbol{S}}^\mathrm{T} \ddot{\boldsymbol{S}} \mathrm{d}x \end{bmatrix} \tag{7.44}$$

该单元的总刚度阵 $\boldsymbol{K}_\mathrm{e}^{(s)}$ 为

$$\boldsymbol{K}_\mathrm{e}^{(s)} = \boldsymbol{K}_\mathrm{a}^{(s)} + \boldsymbol{K}_\mathrm{b}^{(s)} \tag{7.45}$$

当柔性机器人只在重力的作用下自由落体运动时, 根据虚功原理, 可以得到第 s 个单元的广义重力矩阵 $\boldsymbol{Q}_\mathrm{e}^{(s)}$ 为

$$\boldsymbol{Q}_\mathrm{e}^{(s)} = \int_0^l \rho^{(s)} A^{(s)} \boldsymbol{S}^\mathrm{T} \begin{bmatrix} 0 \\ g \end{bmatrix} \mathrm{d}x \tag{7.46}$$

式中, g 是重力加速度。

将式 (7.38)、(7.40) 和 (7.46) 代入拉格朗日方程, 可以得到第 s 个单元的动力学方程为

$$\boldsymbol{M}_\mathrm{e}^{(s)} \ddot{\boldsymbol{q}}_\mathrm{e}^{(s)} + \boldsymbol{K}_\mathrm{e}^{(s)} \boldsymbol{q}_\mathrm{e}^{(s)} = \boldsymbol{Q}_\mathrm{e}^{(s)} \tag{7.47}$$

式中, $\ddot{\boldsymbol{q}}_\mathrm{e}^{(s)}$ 是该单元的广义加速度列阵。

7.3.2 单指骨的动力学方程

首先, 在不考虑相邻单元之间的界面连接条件的情况下, 将 n_w 个单元组装成单节指骨。可以获得第 $w\,(w = 1, 2, 3)$ 节指骨的动力学方程为

$$\bar{\boldsymbol{M}}_\mathrm{p}^{(w)} \ddot{\bar{\boldsymbol{q}}}_\mathrm{p}^{(w)} + \bar{\boldsymbol{K}}_\mathrm{p}^{(w)} \bar{\boldsymbol{q}}_\mathrm{p}^{(w)} = \bar{\boldsymbol{Q}}_\mathrm{p}^{(w)} \tag{7.48}$$

其中,

$$\bar{\boldsymbol{M}}_\mathrm{p}^{(w)} = \begin{bmatrix} \boldsymbol{M}_\mathrm{e}^{(1)} & \boldsymbol{0} & \cdots & \boldsymbol{0} \\ \boldsymbol{0} & \boldsymbol{M}_\mathrm{e}^{(2)} & \cdots & \boldsymbol{0} \\ \vdots & \vdots & & \vdots \\ \boldsymbol{0} & \boldsymbol{0} & \cdots & \boldsymbol{M}_\mathrm{e}^{(n_w)} \end{bmatrix}, \quad \bar{\boldsymbol{q}}_\mathrm{p}^{(w)} = \begin{bmatrix} \boldsymbol{q}_\mathrm{e}^{(1)} \\ \boldsymbol{q}_\mathrm{e}^{(2)} \\ \vdots \\ \boldsymbol{q}_\mathrm{e}^{(n_w)} \end{bmatrix}$$

$$\bar{K}_{\mathrm{p}}^{(w)} = \begin{bmatrix} K_{\mathrm{e}}^{(1)} & 0 & \cdots & 0 \\ 0 & K_{\mathrm{e}}^{(2)} & \cdots & 0 \\ \vdots & \vdots & & \vdots \\ 0 & 0 & \cdots & K_{\mathrm{e}}^{(n_w)} \end{bmatrix}, \quad \bar{Q}_{\mathrm{p}}^{(w)} = \begin{bmatrix} Q_{\mathrm{e}}^{(1)} \\ Q_{\mathrm{e}}^{(2)} \\ \vdots \\ Q_{\mathrm{e}}^{(n_w)} \end{bmatrix}$$

在式 (7.48) 中，由于存在着一些非独立的界面自由度，单元没有耦合成完整的指骨，因此，需要根据界面的约束条件，建立一个布尔阵 B 来消去这些界面自由度。有时，这个过程又可以被称为二次坐标变换，其形式可以表示成

$$\bar{q}_{\mathrm{p}}^{(w)} = B q_{\mathrm{p}}^{(w)} \tag{7.49}$$

所以，耦合后第 w 节指骨的动力学方程为

$$M_{\mathrm{p}}^{(w)} \ddot{q}_{\mathrm{p}}^{(w)} + K_{\mathrm{p}}^{(w)} q_{\mathrm{p}}^{(w)} = Q_{\mathrm{p}}^{(w)} \tag{7.50}$$

式中，$q_{\mathrm{p}}^{(w)}$ 和 $\ddot{q}_{\mathrm{p}}^{(w)}$ 分别为第 w 节指骨的广义坐标和加速度列阵。$M_{\mathrm{p}}^{(w)}$、$K_{\mathrm{p}}^{(w)}$ 和 $Q_{\mathrm{p}}^{(w)}$ 分别是第 w 节指骨的质量矩阵、刚度矩阵和广义重力矩阵，它们可被表示为

$$M_{\mathrm{p}}^{(w)} = B^{\mathrm{T}} \bar{M}_{\mathrm{p}}^{(w)} B, \quad K_{\mathrm{p}}^{(w)} = B^{\mathrm{T}} \bar{K}_{\mathrm{p}}^{(w)} B,$$

$$Q_{\mathrm{p}}^{(w)} = B^{\mathrm{T}} \bar{Q}_{\mathrm{p}}^{(w)} B, \quad q_{\mathrm{p}}^{(w)} = B^{\mathrm{T}} \bar{q}_{\mathrm{p}}^{(w)} B \tag{7.51}$$

7.3.3　整个手指的动力学方程

更进一步，将三节指骨组装成手指，并利用拉格朗日乘子法描述相邻指骨铰连接处的约束条件。因此，整个手指的动力学方程可以写成

$$M\ddot{q} + \Phi_{\mathrm{q}}^{\mathrm{T}}\lambda + Kq = Q \tag{7.52}$$

式中，q 和 $\ddot{q}$ 分别是手指的广义坐标和加速度列阵。M、K 和 Q 分别是手指的质量矩阵、刚度矩阵和广义重力矩阵。λ 是拉格朗日乘子向量，Φ 是手指中相邻指骨的位置约束。

如果手指有驱动力矩作用在铰连接上，那么整个手指的动力学方程就必须包含广义力矩矩阵 τ。其求解过程如下。

以第 s 个单元为例，节点 j 处横截面的旋转角 θ_j 和节点坐标存在如下关系：

$$\begin{bmatrix} \cos(\theta_j) & -\sin(\theta_j) \\ \sin(\theta_j) & \cos(\theta_j) \end{bmatrix} = \frac{1}{f_j} \begin{bmatrix} q_3 & -q_4 \\ q_4 & q_3 \end{bmatrix} \tag{7.53}$$

式中，$f_j = \sqrt{q_3^2 + q_4^2}$。假设第 s 个单元节点 j 处受到驱动力矩 $\bar{\tau}$，通过虚功原理，该单元的广义力矩矩阵可表示为

$$\boldsymbol{\tau}^{(s)} = \begin{bmatrix} 0 & 0 & \dfrac{-\bar{\tau}q_4}{f_j^2} & \dfrac{\bar{\tau}q_3}{f_j^2} & 0 & 0 & 0 & 0 \end{bmatrix}^{\mathrm{T}} \tag{7.54}$$

在本书中，驱动力矩只施加在铰连接处，所以手指的广义力矩矩阵 $\boldsymbol{\tau}$ 可写成

$$\boldsymbol{\tau} = \begin{bmatrix} 0 & 0 & \dfrac{-\bar{\tau}_1 q_4}{f_{j1}^2} & \dfrac{\bar{\tau}_1 q_3}{f_{j1}^2} & \cdots & \dfrac{-\bar{\tau}_2 q_{4(n_1+1)+4}}{f_{j2}^2} & \dfrac{\bar{\tau}_2 q_{4(n_1+1)+3}}{f_{j2}^2} \end{bmatrix}$$
$$\begin{matrix} \cdots & \dfrac{-\bar{\tau}_3 q_{4(n_1+n_2+2)+4}}{f_{j3}^2} & \dfrac{\bar{\tau}_3 q_{4(n_1+n_2+2)+3}}{f_{j3}^2} & \cdots & 0 \end{matrix}\Big]^{\mathrm{T}} \tag{7.55}$$

式中，$\boldsymbol{\tau}$ 是个 $4(N+3) \times 1$ 的列阵，函数 $f_{ji}\,(i=1,2,3)$ 定义为

$$f_{j1} = \sqrt{q_3^2 + q_4^2}, \quad f_{j2} = \sqrt{q_{4(n_1+1)+3}^2 + q_{4(n_1+1)+4}^2}$$
$$f_{j3} = \sqrt{q_{4(n_1+n_2+2)+3}^2 + q_{4(n_1+n_2+2)+4}^2} \tag{7.56}$$

最终，由驱动力矩和重力驱动的手指的动力学方程可以表示为

$$\boldsymbol{M}\ddot{\boldsymbol{q}} + \boldsymbol{\Phi}_{\mathrm{q}}^{\mathrm{T}}\boldsymbol{\lambda} + \boldsymbol{K}\boldsymbol{q} = \boldsymbol{Q} + \boldsymbol{\tau} \tag{7.57}$$

7.3.4 动力学方程的积分策略

基于 Newmark-β 方法，广义 α 法通过引入新的矢量参数 $\boldsymbol{a}$ 改变相应的递推公式，其具体形式为

$$\boldsymbol{q}_{n+1} = \boldsymbol{q}_n + \dot{\boldsymbol{q}}_n \Delta t + (0.5 - \beta)\,\Delta t^2 \boldsymbol{a}_n + \beta \Delta t^2 \boldsymbol{a}_{n+1} \tag{7.58}$$

$$\dot{\boldsymbol{q}}_{n+1} = \dot{\boldsymbol{q}}_n + \Delta t\,(1-\gamma)\,\boldsymbol{a}_n + \Delta t \lambda \boldsymbol{a}_{n+1} \tag{7.59}$$

式中，$\boldsymbol{q}_n$ 和 $\dot{\boldsymbol{q}}_n$ 分别是 n 时刻的广义坐标和速度列阵，Δt 是时间积分步长。矢量参数 $\boldsymbol{a}$ 满足下列关系：

$$\begin{cases} (1-\alpha_m)\,\boldsymbol{a}_{n+1} + \alpha_m \boldsymbol{a}_n = (1-\alpha_f)\,\ddot{\boldsymbol{q}}_{n+1} + \alpha_f \boldsymbol{q}_n \\ \boldsymbol{a}_0 = \ddot{\boldsymbol{q}}_0 \end{cases} \tag{7.60}$$

式中，α_m、α_f、β 和 γ 是一些变量参数。在此，我们选取了 Chung 等 [23] 所提出的参数选取方法：

$$\alpha_m = \frac{2\xi-1}{\xi+1}, \quad \alpha_f = \frac{\xi}{\xi+1}, \quad \beta = \frac{1}{4}\left(1-\alpha_m+\alpha_f\right)^2, \quad \gamma = \frac{1}{2}-\alpha_m+\alpha_f \quad (7.61)$$

其中，ξ 是算法的谱半径，决定了算法能量的耗散程度，$\xi \in [0\ 1]$。当 $\xi = 1$ 时，算法的能量将一直保持不变，同时，广义 α 法退化为梯度算法。当 $\xi = 0$ 时，算法将产生最大的能量耗散。当 $a_m = a_f = 0$ 时，广义 α 法将退化成 Newmark-β 方法，而当 $a_m = 0$ 且 $a_f \neq 0$ 时，广义 α 法又将退化成希尔伯特-黄变换 (Hilbert-Huang transform, HHT) 方法。

　　本书基于 Arnold 的迭代方法 [24]，得到了整个计算方案的流程图 (如图 7.15 所示)。图中 $\hat{\beta} = (1-\alpha_m)/[(1-\alpha_f)\beta\Delta t^2]$，$\hat{\gamma} = \gamma/(\beta\Delta t)$，使得公式 $\partial\ddot{q}/\partial q = I\hat{\beta}$

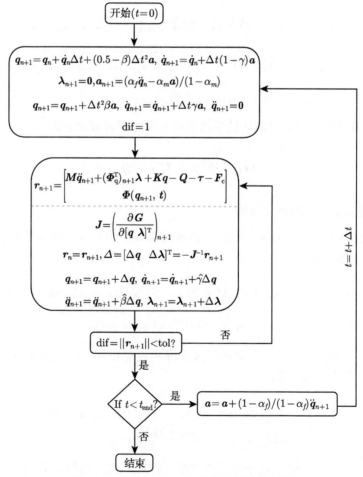

图 7.15　基于广义 α 方法的数值迭代程序

和 $\partial \ddot{q}/\partial q = I \hat{\gamma}$ 成立。变量 tol 是算法的容忍误差，J 是方程的雅可比矩阵，其形式为

$$J = \frac{\partial G}{\partial \begin{bmatrix} q & \lambda \end{bmatrix}^{\mathrm{T}}} = \begin{bmatrix} M\hat{\beta} + (\boldsymbol{\Phi}_{\mathrm{q}}^{\mathrm{T}}\lambda)_{\mathrm{q}} + (Kq - Q - \tau - F_{\mathrm{c}})_{\mathrm{q}} & \boldsymbol{\Phi}_{\mathrm{q}}^{\mathrm{T}} \\ \boldsymbol{\Phi}_{\mathrm{q}} & 0 \end{bmatrix} \quad (7.62)$$

其中，

$$G = \begin{bmatrix} M\ddot{q} + \boldsymbol{\Phi}_{\mathrm{q}}^{\mathrm{T}}\lambda + Kq - Q - \tau - F_{\mathrm{c}} \\ \boldsymbol{\Phi}(q, t) \end{bmatrix} \quad (7.63)$$

以上公式推导的内容为柔性手指在空中运动，不含接触约束时的动力学方程。然而，一旦柔性手指与水平面之间发生斜碰撞，由于接触约束的加减，不同阶段具有不同的控制方程和初始条件。为此，本章基于前面几小节中的柔性机器人手指指尖下落 H 时指骨内的位移、速度和加速度分布场，提出了一种可同时考虑柔性机器人手指整体结构柔度及其指尖法向和切向接触柔度的混合计算模型 (HCM) 及相应的事件驱动法，并给出了指尖在法向压缩-恢复状态和切向滑动-黏滞状态时接触力的计算公式及各种状态的切换准则。结合 HCM，分析了摩擦系数、能量恢复系数、手指结构柔度和驱动力矩对摩擦碰撞的影响。同时，将 HCM 的计算结果与 LS-DYNA 的结果比较，验证该模型的准确性和效率性。

7.3.5 混合计算模型

如图 7.16 所示，HCM 由柔性机器人手指模型、局部柔性接触模型 (LCCM) 组成。当手指的下落高度等于 H 时，指尖与粗糙表面处于摩擦碰撞阶段。C 和 C' 分别是指尖和粗糙表面上的接触点。

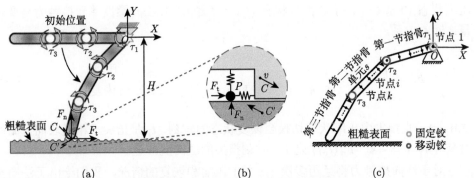

图 7.16 柔性机器人手指摩擦碰撞混合计算模型：(a) 柔性机器人手指模型；(b) 局部柔性接触模型；(c) 柔性机器人手指离散模型

在本书中，粗糙表面被处理为粗糙刚性表面，因此，C 和 C' 的绝对位移分别是 $\boldsymbol{U}_C = [\ U_{CX}\ \ \ U_{CY}\ ]^{\mathrm{T}}$ 和 $\boldsymbol{U}_{C'} = [\ U_{C'X}\ \ \ U_{C'Y}\ ]^{\mathrm{T}} = [\ 0\ \ \ 0\ ]^{\mathrm{T}}$，两点之间的相对位移分别为 $\boldsymbol{u}_{CC'} = \boldsymbol{U}_C - \boldsymbol{U}_{C'} = [\ U_{CX}\ \ \ U_{CY}\ ]^{\mathrm{T}} = [\ u'_X\ \ \ u'_Y\ ]^{\mathrm{T}}$。同时，接触点 C 和 C' 处又分别作用着一对等值且反向的接触力 $\boldsymbol{F} = [\ F_{\mathrm{t}}\ \ \ F_{\mathrm{n}}\ ]^{\mathrm{T}}$ 和 $\boldsymbol{F}' = [\ F'_{\mathrm{t}}\ \ \ F'_{\mathrm{n}}\ ]^{\mathrm{T}}$。此时，手指的动力学方程可以表示为

$$M\ddot{\boldsymbol{q}} + \boldsymbol{\Phi}_{\mathrm{q}}^{\mathrm{T}}\boldsymbol{\lambda} + K\boldsymbol{q} = \boldsymbol{Q} + \boldsymbol{\tau} + \boldsymbol{F}_{\mathrm{c}} \tag{7.64}$$

式中，$\boldsymbol{F}_{\mathrm{c}}$ 代表了接触力向量，它通常包含了法向接触力 F_{n} 和切向接触力 F_{t}。其具体形式为

$$\boldsymbol{F}_{\mathrm{c}} = \begin{bmatrix} 0 & 0 & \cdots & F_{\mathrm{t}} & F_{\mathrm{n}} & 0 & 0 \end{bmatrix}^{\mathrm{T}} \tag{7.65}$$

式中，$\boldsymbol{F}_{\mathrm{c}}$ 是一个 $4(N+3)\times1$ 列阵。为了精确地描述该接触力的变化，我们采用了 LCCM 和库仑摩擦定律来求解法向接触力 F_{n} 和切向接触力 F_{t}。

在 LCCM 中，法向和切向柔性单元均与一个无质量的质点 P 相连，其中质点 P 可在粗糙刚性表面上滑动或黏滞。质点 P 的绝对位移 $\boldsymbol{U}_P = [\ U_{PX}\ \ \ U_{PY}\ ]^{\mathrm{T}}$，接触点 C' 和 P 之间的相对位移为 $\boldsymbol{u}_{PC'} = \boldsymbol{U}_P - \boldsymbol{U}_{C'} = [\ U_{PX}\ \ \ U_{PY}\ ]^{\mathrm{T}} = [\ u''_X\ \ \ u''_Y\ ]^{\mathrm{T}}$，接触点 C 和质点 P 之间的相对位移为 $\boldsymbol{u}_{CP} = \boldsymbol{U}_C - \boldsymbol{U}_P = [\ u_X\ \ \ u_Y\ ]^{\mathrm{T}}$。令 $v_{\mathrm{t}} = \dot{u}_X$ 和 $v_{\mathrm{n}} = \dot{u}_Y$ 来表示柔性单元的变形速率；$V_{\mathrm{t}} = \dot{u}'_X$ 和 $V_{\mathrm{n}} = \dot{u}'_Y$ 来分别表示接触点 C 和 C' 的相对速度；$V_P = \dot{u}''_X$ 来表示质点 P 的切向速度。当指尖处于压缩状态时，法向柔性单元的接触刚度为 k，而当指尖处于恢复状态时，法向柔性单元的接触刚度为 ke_*^{-2}（e_* 是 Stronge 能量恢复系数）。

对于法向接触力只经历一次压缩和恢复的情况，Shen 和 Stronge[15] 给出了压缩状态 $(0 \leqslant t \leqslant t_{\mathrm{c1}})$ 和恢复状态 $(t_{\mathrm{c1}} \leqslant t \leqslant t_{\mathrm{f}})$ 时法向柔性单元接触力与变形量之间的关系。

$$F_{\mathrm{n}} = \begin{cases} -ku_Y & (0 < t < t_{\mathrm{c1}},\text{压缩}) \\ -ke_*^{-2}u_Y + k\left(e_*^{-2} - 1\right)u_{Y\mathrm{c1}} & (t_{\mathrm{c1}} < t < t_{\mathrm{f}},\text{恢复}) \end{cases} \tag{7.66}$$

式中，t_{c1} 是指尖由压缩状态切换至恢复状态的时刻，t_{f} 是指尖与粗糙表面分离的时刻。$u_{Y\mathrm{c1}} = -k^{-1}F_{\mathrm{n}}\left(t_{\mathrm{c1}}\right)$ 是 t_{c1} 时刻指尖的法向变形量。

对于法向接触力将经历多次 (m 次) 压缩和恢复的情况，我们给出了法向上的加卸载滞后回线 (如图 7.17 所示)。相应的法向柔性单元接触力与法向柔性单元变形量之间的关系为

$$F_{\mathrm{n}} = \begin{cases} -ku_Y + k(e_*^{-2} - 1)\sum_{i=2}^{m}(u_{Y\mathrm{c}(i-1)} - u_{Y\mathrm{r}(i-1)}) \\ \qquad\qquad\qquad (t_{\mathrm{r}(i-1)} < t < t_{\mathrm{c}i} - i^{\mathrm{th}}, \text{压缩}) \\ -ke_*^{-2}u_Y + k\left(e_*^{-2} - 1\right)\left(u_{Y\mathrm{c}1} + \sum_{i=2}^{m}\left(u_{Y\mathrm{c}i} - u_{Y\mathrm{r}(i-1)}\right)\right) \\ \qquad\qquad\qquad (t_{\mathrm{c}i} < t < t_{\mathrm{r}i} - i^{\mathrm{th}}, \text{恢复}) \end{cases} \tag{7.67}$$

式中，$t_{\mathrm{r}(i-1)}(i = 2, \cdots, m)$ 是由第 $i-1$ 次恢复阶段切换至第 i 次压缩阶段的时刻。$t_{\mathrm{c}i}$ 是由第 i 次压缩阶段切换至第 i 次恢复阶段的时刻。当 $i = m$ 时，$t_{\mathrm{r}m}$ 是摩擦碰撞的结束时刻 (即指尖与粗糙表面分离)。$u_{Y\mathrm{r}(i-1)} = -k^{-1}F_{\mathrm{n}}(t_{\mathrm{r}(i-1)})$ 和 $u_{Y\mathrm{c}i} = -k^{-1}F_{\mathrm{n}}(t_{\mathrm{c}i})$ 分别是 $t_{\mathrm{r}(i-1)}$ 和 $t_{\mathrm{c}i}$ 时刻法向柔性单元的变形量。

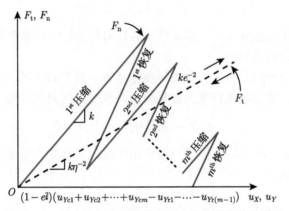

图 7.17   法向和切向柔性单元的力与变形量的关系

如果质点 P 在粗糙表面上滑动，则切向接触力可由库仑摩擦定律求得。而当质点 P 处于黏滞状态时，Shen 和 Stronge[15] 给出了切向柔性单元的接触力与变形量的关系。

$$F_{\mathrm{t}} = \begin{cases} -\bar{s}\mu F_{\mathrm{n}}, & \text{滑动} \\ -k\eta^{-2}u_X, & \text{黏滞} \end{cases} \tag{7.68}$$

式中，$\bar{s} = \mathrm{sgn}(V_P) = \mathrm{sgn}(V_{\mathrm{t}} - v_{\mathrm{t}})$，代表质点 P 的运动方向。μ 是粗糙表面的摩擦系数。η^{-2} 是切向刚度与法向刚度的比值。

7.3.6 事件驱动法

柔性机器人手指的摩擦碰撞问题不仅会导致指尖法向存在压缩状态和恢复状态的切换，在切向还存在黏滞状态和滑动状态的切换。并且，由 7.2 节可知，每一个状态都有其各自的接触力求解公式。因此，确定指尖的运动状态至关重要。事件驱动法的引入很好地解决了这一问题，在事件驱动法中，给出了每一个运动状

态的判断标准 (如滑动-黏滞、压缩-恢复和接触-分离)，每当指尖的运动状态被确定时，其相应的接触力计算公式将被调用。

在这里，我们假设摩擦碰撞的开始时刻 $t = 0$。t_c 是每个压缩-恢复循环 (见图 7.17) 由压缩状态切换至恢复状态的时刻，而 t_r 是每个压缩-恢复循环 (见图 7.17) 由恢复状态切换至压缩状态的时刻。t_{01} 是由黏滞状态切换至滑动状态的时刻，而 t_{10} 则是由滑动状态切换至黏滞状态的时刻。指尖在摩擦碰撞中各运动状态的判断标准如下：

(1) 摩擦碰撞初始时刻。

在初始时刻 $t = 0$，指尖法向处于压缩状态，而在切向可处于黏滞或滑动状态。因此，利用库仑摩擦定律，给出了初始黏滞时指尖速度比值的上界：

$$|V_t(0)/V_n(0)| < \mu\eta^2 \tag{7.69}$$

反之，一旦其比值超过 $\mu\eta^2$，那么指尖的切向初始运动状态会处于滑动状态。

(2) 压缩或恢复阶段。

在摩擦碰撞开始时刻，指尖处于压缩状态。但当指尖的法向相对速度即将反向时，指尖将由压缩阶段转变为恢复阶段，此时，法向相对速度必须满足：

$$v_n(t - \zeta) < 0, \quad v_n(t_c) = 0 \tag{7.70}$$

式中，ζ 是一个无限小的正值。当指尖由恢复阶段转变为压缩阶段时，其法向相对速度必须满足：

$$v_n(t - \zeta) > 0, \quad v_n(t_r) = 0 \tag{7.71}$$

(3) 黏滞或滑动。

如果指尖处于黏滞状态，则切向接触力满足 $|F_t(t)| \leqslant \mu F_n(t)$。但是，一旦当切向接触力和法向接触力的比值等于摩擦系数时，指尖的切向运动状态将由原来的黏滞状态切换至滑动状态，且其接触力的分量处于摩擦锥外，即

$$\left|\frac{F_t(t_{01})}{F_n(t_{01})}\right| = \mu, \quad F_t(t_{01})\dot{F}_t(t_{01}) > 0 \tag{7.72}$$

与此相反，若指尖一开始处于滑动状态，当质点 P 的速度变为零时，那么指尖将由原来的滑动状态切换至黏滞状态，即

$$V_P(t_{10}) = V_t(t_{10}) - v_t(t_{10}) = 0 \tag{7.73}$$

(4) 摩擦碰撞结束。

若在 $t_f - \zeta$ 时刻接触力为正 (即 $F_n(t_f - \zeta) > 0$)，在 $t_f + \zeta$ 时刻接触力为负 (即 $F_n(t_f - \zeta) < 0$)。则认为摩擦碰撞的结束时刻为 t_f，此时法向接触力满足：

$$F_n(t_f) = 0 \tag{7.74}$$

基于上述运动状态的判断准则，事件驱动法的计算流程如图 7.18 所示。在图 7.18 中，给出了不同运动状态下接触力的具体计算公式。"滑动压缩" 代表指尖在切线方向上处于滑动状态，在法向方向上处于压缩状态。

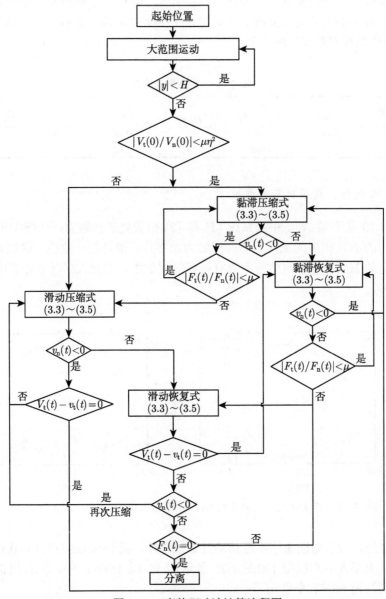

图 7.18 事件驱动法计算流程图

7.3.7　无驱动力矩时柔性机器人手指摩擦碰撞的瞬态响应

为了更好地观察无驱动力矩时柔性机器人手指摩擦碰撞行为,本书利用 HCM 模拟手指系统 (1) 和 (2) 的摩擦碰撞行为,并将其计算结果同 LS-DYNA 的结果比较。随后,对手指系统 (2) 展开了具体研究,分析了接触刚度、摩擦系数、能量恢复系数和手指结构柔度对柔性机器人手指摩擦碰撞的影响。手指系统 (1) 和 (2) 的具体物理参数可见表 7.2。

表 7.2　手指系统参数

手指系统	E_w /GPa	ρ_w /(kg/m³)	d_w /mm	ν_w	L_w /mm	k /(×10^6N/m)
(1)	20	1048.7	15	0.34	40	5.15
(2)	1	1400	15	0.40	40	0.78

7.3.7.1　收敛性、精确性及效率性

图 7.19 是不同 N 下手指系统 (1) 和 (2) 指尖处的接触力。从图中可以看出,对于不同的 N,指尖的法向和切向接触力始终具有很好的一致性。这也说明了本书所提出的 HCM 对于网格密度具有很好的收敛性。因此,在以下计算中,N 被选取为 60。

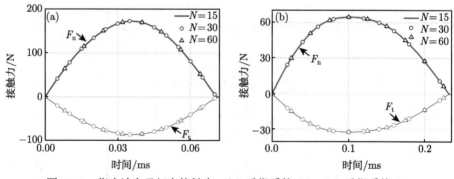

图 7.19　指尖法向及切向接触力：(a) 手指系统 (1)；(b) 手指系统 (2)

同样地,为了验证 HCM 的精确性和效率性,我们在 LS-DYNA 软件中建立三维柔性机器人手指模型 (如图 7.20 所示)。在 LS-DYNA 中,柔性机器人手指模型被离散为 60261 个单元。

图 7.21 是 HCM 和 LS-DYNA 数值结果对比。其中,图 7.21(a) 是手指系统 (1) 的指尖接触力对比曲线,图 7.21(b) 是手指系统 (2) 的指尖接触力对比曲线。

从图 7.21 中可以看出，手指系统 (1) 和 (2) 的指尖都只会经历 1 次压缩状态与恢复状态的切换。其法向和切向接触力的峰值参见表 7.3。

图 7.20　LS-DYNA 中柔性机器人手指摩擦碰撞模型

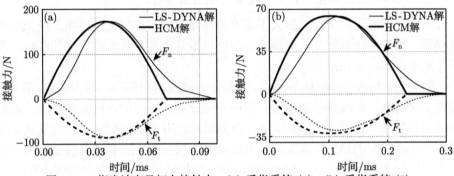

图 7.21　指尖法向及切向接触力：(a) 手指系统 (1)；(b) 手指系统 (2)
其中，实线表示法向力，虚线表示切向力；细线表示 LS-DYNA 解，粗线表示 HCM 解

表 7.3 是手指系统 (1) 和 (2) 的接触力峰值大小。通过与 LS-DYNA 的数值结果的比较，可以得到以下结论：① 对于手指系统 (1)，其指尖法向和切向接触力的误差分别为 0.012% 和 0.48%；② 对于手指系统 (2)，其指尖法向和切向接触力的误差分别为 0.170% 和 7.87%。

表 7.3　接触力峰值

	手指系统 (1)		手指系统 (2)	
	F_n/N	F_t/N	F_n/N	F_t/N
LS-DYNA	173.104	86.395	64.126	29.683
HCM	173.084	86.542	64.435	32.218
误差	0.012%	0.170%	0.48%	7.87%

表 7.4 是采用 HCM 和 LS-DYNA 计算柔性机器人手指一次完整摩擦碰撞所需要的时间及需要占用的内存。对于手指系统 (1)，利用 LS-DYNA 求解时需要

耗时 21473s，而利用 HCM 时仅仅需要 247s。对于手指系统 (2)，利用 LS-DYNA 求解时需要耗时 14536s，而利用 HCM 时需要 480s。

表 7.4 摩擦碰撞的计算耗时和占用内存

	手指系统 (1)		手指系统 (2)	
	TC/s	MO/Mb	TC/s	MO/Mb
LS-DYNA	21473	310.5	14536	310
HCM	247	584	480	582

注: TC 指计算消耗的时间; MO 指计算时占用的内存。

根据以上比较结果，可以知道本书所提出的 HCM 是一种能快速、精确计算柔性机器人手指摩擦碰撞瞬态响应的模型。

7.3.7.2 接触刚度、摩擦系数和能量恢复系数对摩擦碰撞的影响

为了更好地观察柔性机器人手指摩擦碰撞行为，本节采用手指系统 (2) 的物理参数，分析了接触刚度、摩擦系数和能量恢复系数对其摩擦碰撞的影响。在以下计算中，$H = 0.1$m。

图 7.22(a)~(d) 分别是不同 e_*、k 和 μ 下的法向和切向接触力曲线。其中，实线表示法向力，虚线表示切向力；线的粗细分别代表图中各参数的不同。观察图 7.22 可以发现，在不同 e_* 和 μ 下，指尖都只经历 1 次压缩状态和恢复状态的切换。但是随着 k 的增大，指尖将会由原来的 1 次压缩状态和恢复状态切换增加至 4 次。图 7.22(a) 显示了 e_* 不会对法向和切向接触力的峰值产生影响。图 7.22(b) 显示了法向和切向接触力的第 1 个峰值将随着 k 的增加而增大。图 7.22(c) 显示了法向接触力的峰值将随着 μ 的增加而减小，切向接触力却会随 μ 的增加而增大。这是因为手指系统在整个摩擦碰撞过程中都处于滑动状态，其切向力满足库仑摩擦定律，且 μ 的影响远远大于法向接触力的影响 (即当 μ 有个大的增量时，尽管法向接触力在减小，但其切向接触力仍会增大)。对比 $\mu = 0.3$，当 $\mu = 0.5$ 时，法向接触力将减小 7.2%，而切向接触力会增加 55.6%；当 $\mu = 0.7$ 时，法向接触力将减小 11.6%，而切向接触力会增加 105.3%。不同于图 7.22(c)，图 7.22(d) 显示了当 $0.9 \leqslant \mu \leqslant 1.1$ 时，指尖法向接触力的峰值会随着 μ 的增加而略微增加，当 $\mu \geqslant 1.1$ 时，指尖法向接触力又将保持不变，但其切向力的峰值却会随着 μ 的增加而增加。此外，图 7.22(d) 显示了指尖将经历由黏滞状态向滑动状态的切换，其中在切换时刻，当 $\mu = 0.9$ 时，指尖的法向运动处于压缩状态，而当 $\mu = 1.1$ 和 1.3 时，指尖的法向运动处于恢复状态。

图 7.23(a)~(d) 是不同 e_*、k 和 μ 下法向柔性单元的变形量曲线，当法向变形量减小时，系统的法向运动处于压缩状态，反之，系统则处于恢复状态。

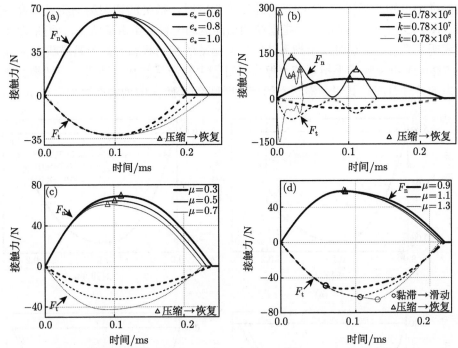

图 7.22 指尖法向和切向接触力曲线: (a) $k = 0.78 \times 10^6 \text{N/m}$, $\mu = 0.3$; (b) $e_* = 1$, $\mu = 0.3$; (c) $e_* = 1$, $k = 0.78 \times 10^6 \text{N/m}$; (d) $e_* = 1$, $k = 0.78 \times 10^6 \text{N/m}$

图 7.23(a)、(c) 和 (d) 显示了指尖都只会经历一次压缩状态和恢复状态的切换。不同的是,图 7.23(a) 反映了手指摩擦碰撞持续时间将随着 e_* 的增大而增大,且当 e_* 不等于 1 时,指尖在摩擦碰撞结束后会有残余变形量。其中当 $e_* = 0.6$ 时,法向残余变形量为 0.053mm,摩擦碰撞持续时间为 0.2001ms;当 $e_* = 0.8$ 时,法向残余变形量为 0.03mm,摩擦碰撞持续时间为 0.2322ms;当 $e_* = 1$ 时,法向残余变形量为 0mm,摩擦碰撞持续时间为 0.2158ms。图 7.23(c) 和 (d) 显示了摩擦碰撞持续时间将随着 μ 的增大而减少。当 $\mu = 0.3$ 时,摩擦碰撞持续时间为 0.2402ms;当 $\mu = 0.5$ 时,摩擦碰撞持续时间为 0.2322ms;当 $\mu = 0.7$ 时,摩擦碰撞持续时间为 0.2256ms;当 $\mu = 0.9$ 时,摩擦碰撞持续时间为 0.2202ms;当 $\mu = 1.1$ 时,摩擦碰撞持续时间为 0.2166ms;当 $\mu = 1.3$ 时,摩擦碰撞持续时间为 0.2132ms。图 7.23(b) 显示了摩擦碰撞持续时间将随着 k 的增加而减少,且当 $k = 0.78 \times 10^6$ 时,指尖将经历一次压缩状态和恢复状态的切换,摩擦碰撞持续时间为 0.2322ms;当 $k = 0.78 \times 10^7$ 时,指尖将经历两次压缩状态和恢复状态的切换,摩擦碰撞持续时间为 0.1388ms;当 $k = 0.78 \times 10^8$ 时,指尖将经历四次压缩状态和恢复状态的切换,摩擦碰撞持续时间为 0.037ms。

图 7.24(a)~(d) 是不同 e_*、k 和 μ 下质点 P 的速度曲线,由手指系统运动

切换准则可知，当质点 P 的切向速度变为零时，指尖的切向运动将处于黏滞阶段。图 7.24(a)~(c) 显示了手指系统的切向运动一直处于滑动状态，而图 7.24(d) 则表明了当 $\mu \geqslant 0.9$ 时，手指系统的切向运动的初始状态会处于黏滞状态。另外，图 7.24(d) 也反映了手指系统摩擦碰撞过程中黏滞状态和滑动状态的切换及黏滞状态的持续时间。其中黏滞状态的持续时间会随着 μ 的增大而增加：当 $\mu = 0.9$

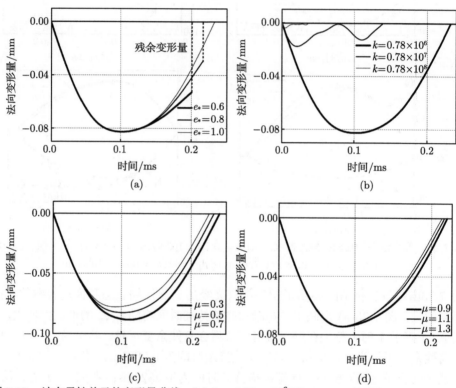

图 7.23　法向柔性单元的变形量曲线：(a) $k = 0.78 \times 10^6 \text{N/m}$, $\mu = 0.3$; (b) $e_* = 1$, $\mu = 0.3$;
(c) $e_* = 1$, $k = 0.78 \times 10^6 \text{N/m}$; (d) $e_* = 1$, $k = 0.78 \times 10^6 \text{N/m}$

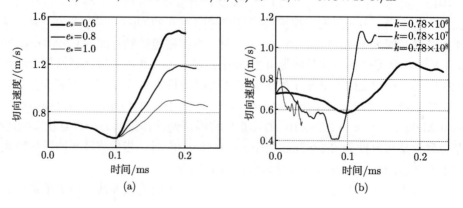

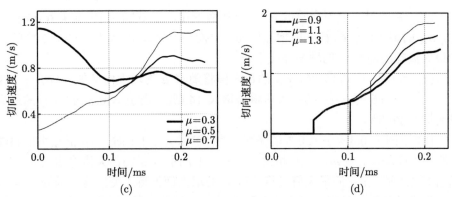

(c) (d)

图 7.24 质点 P 的切向速度: (a) $k = 0.78 \times 10^6 \mathrm{N/m}$, $\mu = 0.3$; (b) $e_* = 1$, $\mu = 0.3$; (c) $e_* = 1$, $k = 0.78 \times 10^6 \mathrm{N/m}$; (d) $e_* = 1$, $k = 0.78 \times 10^6 \mathrm{N/m}$

时，黏滞阶段的持续时间为 0.0552ms；当 $\mu = 1.1$ 时，黏滞阶段的持续时间为 0.1028ms；当 $\mu = 1.3$ 时，黏滞阶段的持续时间为 0.1292ms。

图 7.25(a)~(d) 是不同 e_*、k 和 μ 下第三节指骨中点 R 的正应力曲线。R 点具体位置是中点处横截面与下表面的交界处。观察计算结果，可以发现以下结论：

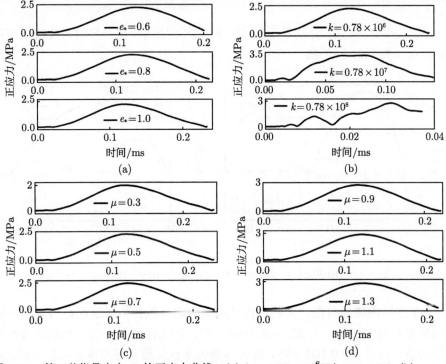

(a) (b)

(c) (d)

图 7.25 第三节指骨中点 R 的正应力曲线: (a) $k = 0.78 \times 10^6 \mathrm{N/m}$, $\mu = 0.3$; (b) $e_* = 1$, $\mu = 0.3$; (c) $e_* = 1$, $k = 0.78 \times 10^6 \mathrm{N/m}$; (d) $e_* = 1$, $k = 0.78 \times 10^6 \mathrm{N/m}$

(1) σ_R 的最大值不会随着 e_* 的增加而变化。当 $0.78 \times 10^6 \leqslant k \leqslant 0.78 \times 10^7$ 时，σ_R 的最大值会随着 k 的增加而增大，而当 $0.78 \times 10^7 \leqslant k \leqslant 0.78 \times 10^8$ 时，σ_R 的最大值却会随着 k 的增加而减小。

(2) 当 $0.3 \leqslant \mu \leqslant 0.7$ 时，σ_R 的最大值将随着 μ 的增大而增加。与 $\mu = 0.3$ 相比，当 $\mu = 0.5$ 时，σ_R 的最大值将会增大 14.4%；当 $\mu = 0.7$ 时，σ_R 的最大值将会增大 26.6%。

(3) 不同于 $0.3 \leqslant \mu \leqslant 0.7$ 的情况，当 $0.9 \leqslant \mu \leqslant 1.1$ 时，σ_R 的最大值将随着 μ 的增大而增加，与 $\mu = 0.9$ 相比，当 $\mu = 1.1$ 时，σ_R 的最大值将增大 4.8%。而当 $\mu \geqslant 1.1$ 时，σ_R 的最大值又将随着 μ 的增大而保持不变。这是因为当 $\mu \geqslant 0.9$ 时，指尖的切向初始运动状态处于黏滞状态。且当 $\mu = 0.9$ 时，指尖的法向运动状态处于压缩状态，而当 $\mu \geqslant 1.1$ 时，指尖的法向运动状态则处于恢复状态。

7.3.7.3　手指结构柔度对摩擦碰撞的影响

本节基于 HCM，分析了结构柔度对其摩擦碰撞的影响。在本书中，结构柔度包括弹性模量 E_w 和长细比 δ_w。其中，δ_w 通过改变手指直径 d_w 获得。在以下计算中，将继续采用表 7.2 中手指系统 (2) 的物理参数，并设 $H = 0.1\text{m}$，$e_* = 1$ 和 $\mu = 0.5$。

图 7.26(a) 和 (b) 分别是不同 E_w 和 δ_w 下法向和切向接触力曲线。观察图 7.26，可以得到以下结论：

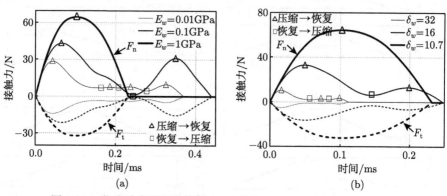

图 7.26　指尖法向和切向接触力：(a) $\delta_w = 10.7$；(b) $E_w = 1\text{GPa}$

(1) 在摩擦碰撞阶段，大的手指结构柔度将导致指尖在法向经历多次压缩状态与恢复状态的切换。当 $E_w = 0.01\text{GPa}$ 时，指尖将经历 4 次压缩状态与恢复状态的切换；当 $E_w = 0.1\text{GPa}$ 时，指尖将经历 2 次压缩状态与恢复状态的切换；而当 $E_w = 1\text{GPa}$ 时，指尖将经历 1 次压缩状态与恢复状态的切换。同理，当 $\delta_w = 32$ 时，指尖会经历 3 次压缩状态与恢复状态的切换；当 $\delta_w = 16$ 时，指尖会经历

2 次压缩状态与恢复状态的切换；当 $\delta_w = 10.7$ 时，指尖会经历 1 次压缩状态与恢复状态的切换。

(2) 法向和切向接触的第一个峰值将随着结构柔度的增加 (即 E_w 减小或 δ_w 增大) 而减小。相较于 $E_w = 1\text{GPa}$，当 $E_w = 0.1\text{GPa}$ 时，法向和切向接触力的峰值将减小 33.2%；当 $E_w = 0.01\text{GPa}$ 时，法向和切向接触力的峰值将减小 55.9%。相较于 $\delta_w = 10.7$，当 $\delta_w = 16$ 时，法向和切向接触力的峰值将减小 49.1%；当 $\delta_w = 32$ 时，法向和切向接触力的峰值将减小 84%。

图 7.27(a) 和 (b) 是不同 E_w 和 δ_w 下法向弹性单元的变形量曲线。图 7.27(a) 显示了当 $0.01\text{GPa} \leqslant E_w \leqslant 0.1\text{GPa}$ 时，指尖摩擦碰撞的持续时间会随着 E_w 的增大而增加，而当 $0.1\text{GPa} \leqslant E_w \leqslant 1\text{GPa}$ 时，指尖摩擦碰撞的持续时间会随着 E_w 的增大而减小。其中，当 $E_w = 0.01\text{GPa}$ 时，指尖摩擦碰撞的持续时间为 0.3703ms；当 $E_w = 0.1\text{GPa}$ 时，指尖摩擦碰撞的持续时间为 0.4395ms；当 $E_w = 1\text{GPa}$ 时，指尖摩擦碰撞的持续时间为 0.2322ms。图 7.27(b) 显示了当 $10.7 \leqslant \delta_w \leqslant 16$ 时，指尖摩擦碰撞的持续时间会随着 δ_w 的增大而增加，而当 $16 \leqslant \delta_w \leqslant 32$ 时，指尖摩擦碰撞的持续时间会随着 δ_w 的增大而减小。其中，当 $\delta_w = 32$ 时，指尖摩擦碰撞的持续时间为 0.1121ms；当 $\delta_w = 16$ 时，指尖摩擦碰撞的持续时间为 0.2479ms；当 $\delta_w = 10.7$ 时，指尖摩擦碰撞的持续时间为 0.2322ms。

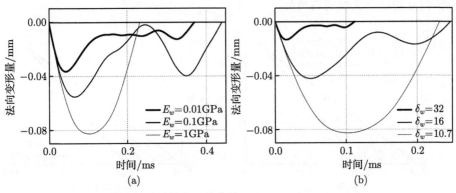

图 7.27　法向柔性单元的变形量曲线：(a) $\delta_w = 10.7$；(b) $E_w = 1\text{GPa}$

图 7.28(a) 和 (b) 是分别是不同 E_w 和 δ_w 下的柔性机器人手指第三节指骨中点 R 的正应力变化曲线。根据图 7.28(a) 可以知道，σ_R 正应力的最大值将随着 E_w 的减小而减小，当 $E_w = 0.01\text{GPa}$ 时，σ_R 的最大值为 0.277MPa；当 $E_w = 0.1\text{GPa}$ 时，σ_R 的最大值为 0.983MPa；当 $E_w = 1\text{GPa}$ 时，σ_R 的最大值为 2.246MPa。由图 7.28(b) 可知，当 $10.7 \leqslant \delta_w \leqslant 16$ 时，σ_R 的最大值将随着 δ_w 的增大而增大，而当 $16 \leqslant \delta_w \leqslant 32$ 时，σ_R 的最大值将随着 δ_w 的增大而减小。当 δ_w

$=32$ 时，σ_R 的最大值为 3.170MPa；当 $\delta_w =16$ 时，σ_R 的最大值为 3.552MPa；当 $\delta_w =10.7$ 时，σ_R 的最大值为 2.246MPa。

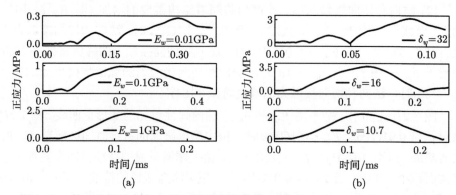

图 7.28　第三节指骨中点 R 的正应力变化曲线：(a) $\delta_w = 10.7$；(b) $E_w = 1$GPa

为了更方便地绘出法向柔性单元的加卸载滞后回线，我们将 e_* 设定为 0.8。图 7.29 是 $e_* = 0.8$ 时法向柔性单元的内力及其变形量的关系，该内力可视为指尖与表面间的法向接触力图中蓝色箭头代表了指尖法柔性单元向处于压缩状态，而红色箭头代表了指尖法向处于恢复状态。该图清晰地展示了指尖在摩擦碰撞阶段压缩状态和恢复状态的切换。此外，该图还表明随着手指结构柔度的增加，指尖压缩-恢复的切换次数也将增加。

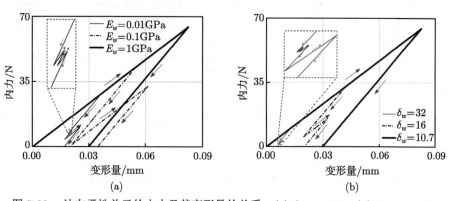

图 7.29　法向柔性单元的内力及其变形量的关系：(a) $\delta_w = 10.7$；(b) $E_w = 1$GPa

7.3.7.4　应力波传播

本节基于手指系统 (2) 的物理参数，同时令 $H = 0.1$m，$e_* = 1$ 和 $\mu = 0.5$，研究柔性机器人手指摩擦碰撞时弯曲应力波的传播情况。

图 7.30 为摩擦碰撞时弯曲应力波在柔性机器人手指中的传播，其应力值为指骨下表面与单元横截面的交点的弯曲应力值。在图中，t 表示摩擦碰撞开始后的

时间。从图 7.30 可以看出，当指尖下落的高度等于 H 时，指骨内就已存在一定
大小的弯曲应力。在摩擦碰撞开始后，指骨中新激发的应力波以一定的速度由指
尖向指骨传播，并与早已存在的应力波相叠加。并且因为接触过程的进行，由于
存在一系列不同波速的弯曲波在指骨中传播，后激发的快波会追上先激发的慢波，
两者叠加，从而导致弯曲应力波形图出现多个局部峰值。在图中还发现，随着接
触力的增大，在指尖附近的弯曲应力值也会逐渐增大，并且其最大值向右传播。

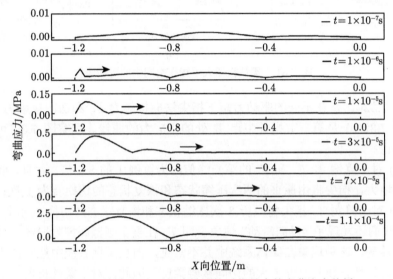

图 7.30　柔性机器人手指摩擦碰撞时指骨内的弯曲应力传播

7.3.8　驱动力矩作用时柔性机器人手指摩擦碰撞的瞬态响应

上述的研究只是对柔性机器人手指最基础的研究，在真实世界中也不会出现
手指以凹形的姿态撞击粗糙表面，因此，我们选取了 3 组算例：① $\tau_1 = 0.01\text{N·m}$，
$\tau_2 = 0.008\text{N·m}$ 和 $\tau_3 = 30\text{N·m}$；② $\tau_1 = 1\text{N·m}$，$\tau_2 = 0.8\text{N·m}$ 和 $\tau_3 = 3000\text{N·m}$；
③ $\tau_1 = 1\text{N·m}$，$\tau_2 = 0.9\text{N·m}$ 和 $\tau_3 = 5500\text{N·m}$。即分别在铰连接处施以不同大小
的驱动力矩，以此观察手指在敲击姿态时的动力学响应。在本节计算中，各指骨
的 $E_w = 0.1\text{GPa}$，$\rho_w = 1400\text{kg/m}^3$，$d_w = 15\text{mm}$，$\nu_w = 0.4$，$k = 0.78 \times 10^6\text{N/m}$
和 $L_w = 40\text{mm}$。且在以下计算中，H、e_* 和 μ 同样分别设定为 0.01m、1 和 0.5。

图 7.31(a)~(c) 分别是不同驱动力矩下柔性机器人手指在空间中的运动姿态。
图中 T 表示手指在空间中的运动时间。对于图 7.31(a)，可以发现指尖到达粗糙
表面并与其接触的时刻为 0.0912s，此时，柔性机器人手指处于凹形姿态。对于
图 7.31(b)，当将其驱动力矩放大 100 倍时，可以发现指尖到达粗糙表面并与其接
触的时刻为 0.01218s，此时，柔性机器人手指仍处于凹形姿态。对于图 7.31(c)，适当

增加其驱动力矩的大小,可以发现指尖到达粗糙表面并与其接触的时刻为 0.0105s,
此时,柔性机器人手指处于凸形姿态 (即敲击姿态)。

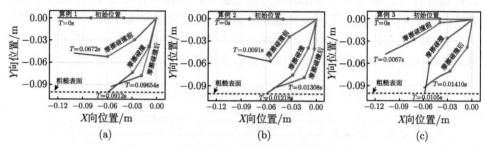

图 7.31　柔性机器人手指在空间中的运动姿态

图 7.32(a) 是在不同的驱动力矩下指尖法向接触力 F_n 和切向接触力 F_t 的曲
线。图 7.32(b) 是第三节指骨中点 R 处的正应力的曲线。观察图 7.32 可以得到
以下结论:

(1) 对于算例 2,F_n 和 F_t 的第一峰值约为算例 1 的 8.5 倍。并且,随着驱动
力矩的增大,指尖将由原来的两次压缩状态和恢复状态的切换转为 1 次切换。

(2) 对于算例 3,指尖将经历 3 次压缩状态和恢复状态的切换。同时,在例子
3 中,我们还发现了 "反向滑动" 现象。即 F_t 在整个摩擦碰撞阶段经历多次从负
向正的转变。这种现象在硬体系统中并不常见,但在柔性系统中经常发生。其根
本原因是柔性材料具有非常大的切向接触柔度。因此,对于柔性机器人手指的接
触问题,应注意这一现象。

(3) 较大的驱动力矩会导致较大的结构应力。在算例 1~3 中,σ_R 的最大值分
别为 1.296MPa、10.963MPa 和 8.288MPa。

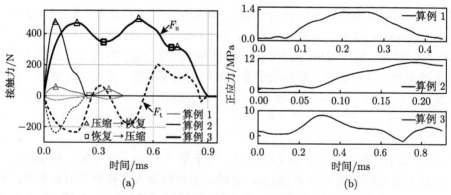

图 7.32　指尖法向和切向接触力及第三节指骨中点 R 的正应力

图 7.33(a)~(c) 分别是不同驱动力矩下第三节指骨在摩擦碰撞阶段的弯曲挠度。指尖的轴向位置在图 7.33 中为 −0.04m。点 A 和 E 分别是摩擦碰撞开始和结束时刻，图 7.33(a) 和 (c) 中的点 B 为第一次压缩状态到第一次恢复状态的切换时刻，点 C 为第一次恢复状态到第二次压缩状态的切换时刻，点 D 为第二次压缩状态到第二次恢复状态的切换时刻。在图 7.33(b) 中，点 B 为指尖处于压缩状态时的一个时刻，点 C 为由第一次压缩状态到第一次恢复状态的切换时刻，点 D 为指尖处于恢复状态时的一个时刻。观察以上曲线，可以得到以下结论：

(1) 在图 7.33(a) 和 (c) 中，从 A 到 C，第三节指骨的挠度将随着时间的增加而持续增加。从 C 到 E，挠度将随着时间的增加不断减小。在图 7.33(b) 中，从 A 到 B，指尖附近部分的挠度将随着时间的增加而增加，其余部分的将减少。从 B 到 E，挠度也随着时间的增加而不断增大。

(2) 在所有算例中，指尖处最大挠度的出现时间是第一次恢复状态的结束时刻。算例 2 和算例 3 的最大挠度分别为算例 1 的 8.61 倍和 7.82 倍。

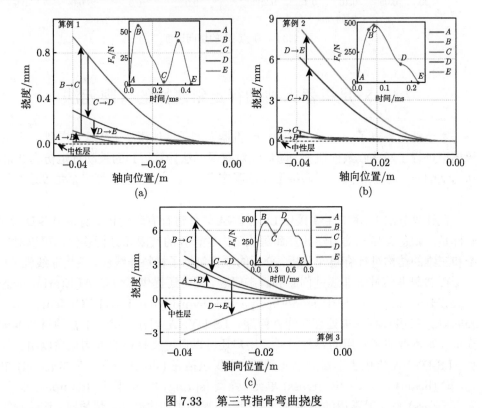

图 7.33　第三节指骨弯曲挠度

图 7.34(a)~(c) 分别为不同驱动力矩下质点 P 的切向速度。从图 7.34(a) 和 (b) 可以看出，当柔性机器人手指在摩擦碰撞开始时刻的姿势为凹形 (即算例 1 和

2) 时，指尖将一直处于滑动状态。但是，当姿势是凸形 (即算例 3) 时，指尖会经历 3 次黏滞状态到滑动状态的切换。并且，在图 7.34(c) 中可以更清楚地看到 "反向滑动" 现象。即在第一次和第三次滑动阶段 (图中为粉色区域)，指尖向右滑动。但它在第二次和第四次滑动阶段 (图中为蓝色区域) 会向左滑动。结合图 7.32 还可以发现，在黏滞阶段，F_t 与 F_n 的比率的绝对值小于 μ。

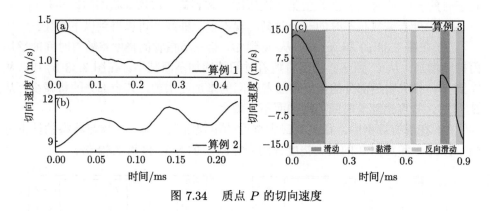

图 7.34　质点 P 的切向速度

7.4　双足机器人被动行走斜碰撞的有限元法

本节首先提出了一个双足被动行走机器人的柔性体模型 (有限元模型)，并对该模型进行了网格收敛性研究。随后针对有限元法计算得到的被动行走仿真结果，从运动响应、接触模式、斜碰撞激发的瞬态应力波、能量转换等多个角度进行了分析。

在计算方法上，本节主要采用 LS-DYNA 软件进行有限元仿真计算。LS-DYNA 软件是一款包含显式动力学计算和隐式动力学计算的有限元分析软件，可以对二维和三维的结构进行有限元分析。分析的项目包括了材料非线性、结构非线性 (大变形)、接触非线性等非线性问题和瞬态问题。同时还提供了包括 ALE(arbitrarily lagrangian-Eulerian)、SPH(smoothed particle hydrodynamics)、EFG(element free galerkin) 等多种算法来处理非线性问题。LS-DYNA 同样提供了丰富的材料本构模型，基本覆盖了常用的各种材料。用户还可以自定义材料的本构模型以用于计算。LS-DYNA 提供了丰富的单元类型，不仅包括壳 (shell) 单元、实体 (solid) 单元、梁 (beam) 单元、桁架 (truss) 单元、弹簧 (spring) 单元、阻尼 (damper) 单元、质点 (mass) 单元等常用的多种单元类型，还提供了加速度计、预紧器、连接副等特殊单元。在 LS-DYNA 中涉及最多的是接触问题。LS-DYNA 提供了多种接触算法，包括流体/固体接触算法、气体/固体接触算法、刚体/刚体接触算法、边边接触算法、面面对称约束接触算法等多种接触约束算法。上述的多种特性，使得 LS-DYNA 被应用于汽车工程、机械工程、航空航天等多个领域。

7.4.1 双足机器人被动行走的柔性体动力学模型

本节中，以一种带有髋关节质量、双腿质量均匀分布的点足机器人为研究对象，建立一个三维状态下的完全柔性体模型。如图 7.35 所示，双足被动行走机器人由两条柔性直腿和髋关节构成。其行走在粗糙斜面上。每条腿的质量均为 m，长度均为 l，斜面角度为 α，重力加速度为 g。支撑腿与斜坡法向线间的夹角为 θ_1，摆动腿与法向线间的夹角为 θ_2，此处设定 θ 由法向线指向腿的轴线，逆时针方向为正。

在髋关节处，两条柔性直腿通过一个被动铰链连接在一起。中间的销钉是半径为 r，高度为 h 的圆柱体，其材料属性是弹性模量为 E_p，泊松比为 ν_p，密度为 ρ_p。腿是横截面为矩形，脚尖处为半圆形圆柱头的柱体。腿的几何尺寸如下，从销钉的轴中点到脚尖的距离为 l。腿的横截面是长为 d，宽为 w 的矩形，截面面积为 $A = w \times d$。在铰接的位置是销钉留有半径为 R 的孔洞。腿的脚尖是半圆形的柱头，直径为 d。腿的材料属性是弹性模量为 E_1，泊松比为 ν_1，密度为 ρ_1。二维模型中假设的半无限长连续斜面在三维模型中被改为多块踏板。机器人行走的过程中踩在踏板上。每块踏板是长度为 a，宽度为 b，高度为 c 的立方体。踏板的材料属性是弹性模量为 E_s，泊松比为 ν_s，密度为 ρ_s。腿与斜坡间的摩擦系数为 $\mu_{\mathrm{l}\text{-}\mathrm{s}}$，腿与销钉间的摩擦系数为 $\mu_{\mathrm{l}\text{-}\mathrm{p}}$。

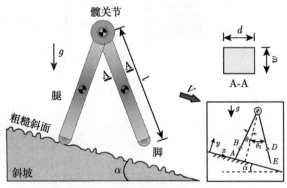

图 7.35 双足被动行走模型示意图

如图 7.36 所示，为三维完全柔性体模型的示意图。踏板表面法向指向 y 的正方向；踏板表面切向为 z 轴方向，其中行走方向为 z 轴负方向；x 正方向为行走方向的左侧，在图 7.36 中为指向纸内的方向。踏板底部的节点在 x、y 和 z 方向进行约束。销钉和两条腿在 x 方向进行约束。腿与地面间的接触约束，以及腿与销钉间的接触约束选择为面面接触。

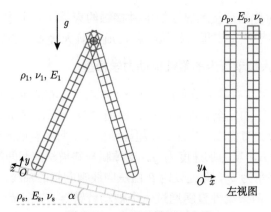

图 7.36　有限元模型示意图

本章中的模型是使用 SolidWorks 软件进行三维建模，三维模型导入 Hyper-Mesh 软件中进行有限元离散。三维实体模型和有限元离散模型如图 7.37 所示，整个模型由六块踏板、两条腿和一个销钉组成。所有模型均采用 SOLID 164 单元进行有限元离散。

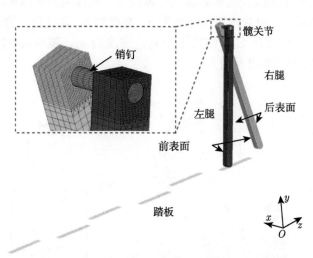

图 7.37　三维实体模型和有限元离散模型示意图

系统的初始运动状态选择为 $\theta_1 = 0.203915\mathrm{rad}$，$\theta_2 = -0.203915\mathrm{rad}$，$\dot\theta_1 = -0.929401\mathrm{rad/s}$，$\dot\theta_2 = -0.746363\mathrm{rad/s}$。系统的几何参数分别为 $l = 800\mathrm{mm}$，$w = 40\mathrm{mm}$，$d = 40\mathrm{mm}$，$R = 10\mathrm{mm}$，$r = 9.8\mathrm{mm}$，$h = 120\mathrm{mm}$，$a = 240\mathrm{mm}$，$b = 40\mathrm{mm}$，$c = 2\mathrm{mm}$。模型的重力加速度为 $g = 9.8\mathrm{m/s^2}$，沿斜面的法向和切向经过计算后施加。踏板倾角 $\alpha = 0.01745\mathrm{rad}$，腿与踏板的摩擦系数暂选取为 $\mu_{\mathrm{l\text{-}s}} = 0.6$，腿与销钉间的摩擦系数 $\mu_{\mathrm{l\text{-}p}}$ 遵循第 2 章中无摩擦的假设，即为 $\mu_{\mathrm{l\text{-}p}} = 0$。

有限元模型中双腿、销钉、踏板的材料均为线弹性材料。材料的弹性模量和泊松比选取为钢的数据，密度由 2.3 节中的质量和上文所描述的几何尺寸进行计算。经过计算，材料数据如下：$E_1 = 200\mathrm{GPa}$，$\nu_1 = 0.3$，$\rho_1 = 3892\mathrm{kg/m}^3$，$E_\mathrm{p} = 200\mathrm{GPa}$，$\nu_\mathrm{p} = 0.3$，$\rho_\mathrm{p} = 265258\mathrm{kg/m}^3$，$E_\mathrm{s} = 200\mathrm{GPa}$，$\nu_\mathrm{s} = 0.3$，$\rho_\mathrm{s} = 7800\mathrm{kg/m}^3$。

7.4.2 网格收敛性研究

网格划分的质量和数量对计算时长和计算结果有着至关重要的影响。单元过小，不仅会导致需要计算的单元总数量增大，同时还会导致计算过程中积分时间步长的减少。这不仅会导致结果输出文件数量的大大增加，占据过多的硬盘空间，还会导致计算总时长大大增加。而单元过大，则会因为接触计算误差而导致计算结果的不准确。因而合理选择单元大小是个重要的问题。

由图 7.37 可知，在行走过程中，两条腿的半圆柱体的端头会和踏板进行接触，同时销钉和腿上的孔洞间也存在着接触。故双足机器人的足部、腿的髋关节位置、踏板和销钉可以被视为局部接触区。为了考虑接触过程本身，以及由接触引发的应力波效应，局部接触区域需要被仔细关注，故局部接触区域需要加密。因此，接触区域采用精细的离散化来确保能够精细捕捉由接触产生的应力。腿的其余部分可以进行粗略的离散来节省计算时间和硬盘空间。

踏板和销钉均使用六面体单元。两条腿的圆柱头、孔洞周围和低密度单元区域使用了六面体单元，不同密度单元的过渡区域使用了五面体单元。整个模型的尺寸在 70~1000mm 之间，低单元密度区域，单元边长的大小被控制在 7~9mm 之间，在局部接触区 (踏板、销钉、腿的圆柱头和孔洞周围)，单元边长的大小被调整为 1~2mm，过渡区的单元，其边长的大小在两者之间。

有限元计算结果的正确与否取决于单元密度，所以好的网格收敛性对于计算结果是至关重要的。图 7.38 展示了四种网格密度对比的图像，其单元数量分别为 (a) $N = 16160$；(b) $N = 14285$；(c) $N = 10900$；(d) $N = 8665$。这里 N 为整个模型的单元数量。这四张网格密度图像仅展现了足部与踏板的密度变化，髋关节处销钉与腿之间接触区域的单元尺寸同足部与踏板的单元尺寸一致。

图 7.39 表示了在不同单元数量 N 的情况下，双足机器人足部受到踏板给予的法向接触力的对比图像。图 7.40 和图 7.41 分别为左腿和右腿在不同单元数量 N 的情况下角位移图像。从这三张图像可以发现，单元数量 $N = 8665$ 的计算结果较 $N = 10900$，$N = 14285$ 和 $N = 16160$ 的计算结果间存在着巨大的误差。除此以外，还可以发现当单元数量 $N = 16160$ 时，接触力、两条腿的角位移均出现了收敛的情况。经计算得到，角位移中，单元数量 $N = 16160$ 和 $N = 14285$ 之间的最大值误差小于 4%。因此在后续的分析中，均选取 $N = 16160$ 的有限元网格划分模型，该模型的积分时间步长为 $\Delta t = 9.06 \times 10^{-8}\mathrm{s}$。

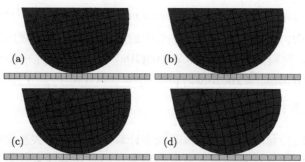

图 7.38   单元密度对比图, 单元数量分别为: (a) $N = 16160$; (b) $N = 14285$;
(c) $N = 10900$; (d) $N = 8665$

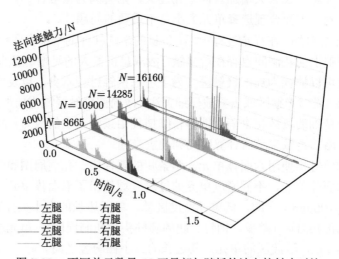

图 7.39   不同单元数量 N 下足部与踏板的法向接触力对比

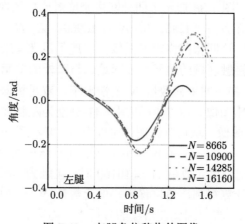

图 7.40   左腿角位移收敛图像

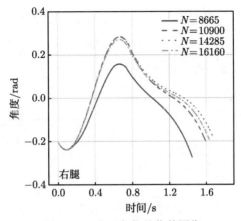

图 7.41 右腿角位移收敛图像

7.4.3 双足机器人被动行走模拟仿真

在本节中, 分别从运动响应、接触模式、斜碰撞激发的瞬态应力波、系统能量转换这四个角度对有限元法模拟的被动行走过程进行分析。

7.4.3.1 运动响应分析

因为在有限元建模中仅建立了 6 块踏板, 所以此处仅绘制 6 步的角位移图像。图 7.42 展现了二维完全刚体模型 (CRBM) 和三维完全柔性体模型 (CFBM) 的角位移的对比。每一步均包含了一个长时间段的单腿支撑阶段 (摆动阶段), 后面紧接着一个非常短的双腿支撑阶段 (碰撞阶段)。在第一步起始时, 左腿为支撑腿, 右腿为摆动腿。通过图 7.42 可以得到如下结论:

(1) 初始时, 特别是在第一步, 二维完全刚体模型和三维完全柔性体模型的计算结果具有良好的一致性。两者间的误差几乎为零。究其原因是施加的初始运动状态为单腿支撑阶段的初始运动条件, 该初始运动条件是碰撞后计算得到的运动状态。换句话说, 对于三维完全柔性体模型和二维完全刚体模型, 它们有相同的初始运动状态, 在积分运算后, 第一步的动力响应是相似的。

(2) 然而, 从图 7.42 中可以发现在后续的行走过程中, 二维完全刚体模型和三维完全柔性体模型间的误差逐渐变大。这是因为在双腿支撑阶段, 这里存在着典型斜碰撞问题。对于这个斜碰撞问题, 二维完全刚体模型和三维完全柔性体模型有着不同的处理方法 (二维完全刚体模型采用完全非弹性碰撞假设, 三维完全柔性体模型采用对称罚函数法)。这些不同的方法导致了不同的碰撞响应。此外碰撞响应在很大程度上也取决于结构的柔性程度。因此, 二维完全刚体模型和三维完全柔性体模型的误差接近 10%, 但是响应曲线仍具有相同的趋势。

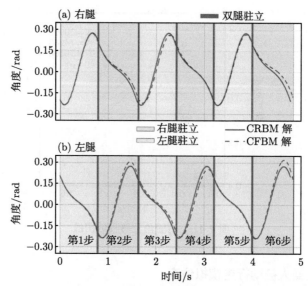

图 7.42 刚体模型和柔性体模型的角位移对比图像

表 7.5 显示了每一步中每一个阶段的驻留时间。因为在碰撞阶段采用的是完全非弹性假设，所以二维完全刚体模型的双腿支撑阶段的驻留时间为零，其单腿支撑阶段的驻留时间便是一步的时间，为 0.7971s，约为 0.8s。而三维完全柔性体模型的驻留时间则包含了两部分，一部分为长时间的单腿支撑阶段，另一部分为时间非常短暂的双腿支撑阶段。从表格中可以发现其单腿支撑阶段的时长也约为 0.8s；其双腿支撑阶段的时长约为 0.002s。经过对比发现，在每一步的总时长上，二维完全刚体模型和三维完全柔性体模型的单步总驻留时长的误差在 0.1%~5.87%。

表 7.5 行走每一步的驻留时间

行走步数	二维完全刚体模型/s			三维完全柔性体模型/s			误差/%
	摆动阶段	碰撞阶段	总计	摆动阶段	碰撞阶段	总计	
1st	0.7971	0	0.7971	0.7879	0.0018	0.7897	−0.93
2nd	0.7971	0	0.7971	0.8419	0.0020	0.8439	5.87
3rd	0.7971	0	0.7971	0.7943	0.0020	0.7963	−0.10
4th	0.7971	0	0.7971	0.7721	0.0021	0.7742	−2.87
5th	0.7971	0	0.7971	0.7827	0.0019	0.7846	−1.57
6th	0.7971	0	0.7971	0.8632	—	—	—

7.4.3.2 接触模式分析

基于前面的分析，可以发现二维完全刚体模型的接触模式很简单。在单腿支撑阶段，法向的相对接触模式为持续的接触压缩，同时切向的接触模式为持续的黏滞接触；在双腿支撑阶段，两条腿的运动状态因为完全非弹性假设而发生瞬间转换。然而三维完全柔性体模型的接触模式是不同且复杂的。下面对三维完全柔性体模型进行详细分析。

1) 法向接触模式

图 7.43 展现了三维完全柔性体模型受到的法向接触力。其中图 7.43 (a) 展示了两条腿受到的接触力，图 7.43 (b) 为左腿受到的法向接触力，图 7.43 (c) 为左腿受到的法向接触力的局部放大图像。

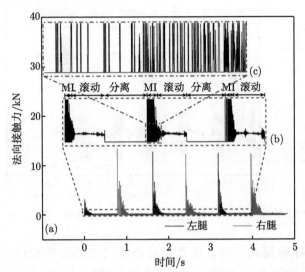

图 7.43　三维完全柔性体模型受到的法向接触力：(a) 两条腿；(b) 左腿；(c) 局部放大图

从图像中可以发现一条腿受到的法向接触力的整个周期过程。每个周期可以总结为三个子过程：① 宏观碰撞 (macroscopic impact) 过程 →② 滚动 (roll) 过程 →③ 长时间的分离 (separation) 过程。下面详细介绍上述的三个过程：

(1) 宏观碰撞过程。可以从图 7.43 (c) 中发现，宏观碰撞过程是由一系列重复的微碰撞组成。此处存在着反复且快速的接触分离过程。由于微碰撞的持续时间非常短，这些碰撞过程在人眼中易被视为一次碰撞，故称为宏观碰撞过程。

(2) 滚动过程。在宏观碰撞过程之后，法向接触呈现为持续压缩状态。此时支撑腿看起来在做滚动过程。足部与踏板不存在分离的现象，同时另一条腿在空中做空间运动。

(3) 长时间分离过程。支撑腿的滚动接触模式在摆动腿撞击约 2ms 时会终止，而后这条腿会与踏板分离，直到在重力作用下与踏板发生下次碰撞。

2) 切向接触模式

除了法向的接触压缩和恢复外，这里仍存在切向的黏滞和滑动的接触模式。这里的切向接触模式主要是通过 F_t/F_n 的比值来展现。图 7.44 显现了其受到的

接触力比值 F_t/F_n 与时间 t 的关系。因为腿与地面的摩擦系数 $\mu_{l-s}=0.6$，这里认为 $|F_t/F_n|=0.6$ 是处于滑动状态，$|F_t/F_n|<0.6$ 是处于黏滞接触状态。

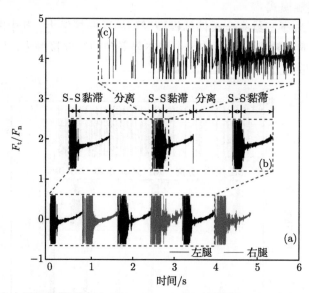

图 7.44　三维完全柔性体模型 $F_t/F_n(\mu_{l-s}=0.6)$：(a) 两条腿；(b) 左腿；(c) 局部放大图

与法向的接触模式一样，这里也存在切向接触的周期过程，可以总结为：① 黏滞滑动 (stick-slip, S-S) 过程 →② 黏滞接触 (stick) 过程 →③ 长时间的分离 (separation) 过程。下面详细介绍上述的三个过程：

(1) 黏滞-滑动过程。在此过程中，会伴随着滑动和黏滞的快速切换。整个黏滞-滑动过程基本上占据了 20%~30% 的接触时间。

(2) 黏滞接触过程。在前面的黏滞-滑动过程之后，这里存在着持续的黏滞过程直到另一条腿撞击斜面。这个阶段的驻留时间占据了整个接触时间的 70%~80%。

(3) 长时间分离过程。支撑腿的黏滞接触过程会在法向分离时终止，此时因为不存在切向和法向的接触力，故二者之间的比值 F_t/F_n 不存在，在图像中也并没有绘制出来。

3) 运动仿真结果

基于文献 [8] 的二维完全刚体模型的切向接触假设，二维完全刚体模型的切向接触力和法向接触力图像可以计算得到。图 7.45 展示了二维完全刚体模型受到的切向和法向接触力以及两者的比值与时间的关系。

可以发现接触力 F_t/F_n 在整个接触过程中从 -0.2 升到 0.2。从此处证明，若想满足前面二维完全刚体模型中的假设，腿与地面间的摩擦系数至少要大于 0.2。换句话说，在三维完全柔性体模型中对稳定行走进行的仿真模拟，至少也需要满

足 $\mu_{l\text{-}s} \geqslant 0.2$。

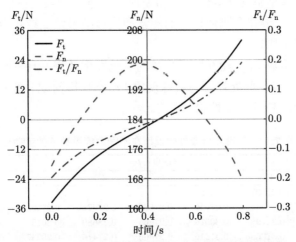

图 7.45 二维完全刚体模型的法向和切向接触力图像

然而,根据前面的分析,可以发现当摩擦系数 $\mu_{l\text{-}s} = 0.6$ 时,三维完全柔性体模型存在法向的微碰撞和切向的黏滞、滑动切换现象。受摩擦系数影响的滑动可能在很大程度上影响行走的稳定性。图 7.46 和表 7.6 展示了三维完全柔性体模型在不同摩擦系数下的运动步长。表 7.6 中,0th 表示初始两脚之间的长度,i^{th} 表示第 i 步结束时两脚间的步长。从图 7.46 和表 7.6 中可以得到如下结论:

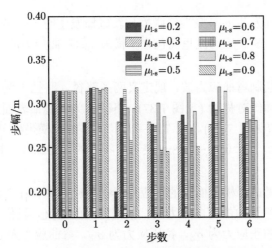

图 7.46 三维完全柔性体模型在不同摩擦系数下的运动步长

(1) 当 $\mu_{l\text{-}s} = 0.2$ 时,三维完全柔性体模型不能完成稳定行走。在行走 2 步后便失稳。此时二维完全刚体模型对这种问题的处理是错误的。

(2) 当摩擦系数满足 $0.3 \leqslant \mu_{\text{l-s}} \leqslant 0.8$ 时，三维完全柔性体模型完成 6 步的行走。经过计算，二维完全刚体模型的能量和位移结果跟三维完全柔性体模型的结果有着良好的匹配性。

(3) 当摩擦系数 $\mu_{\text{l-s}} \geqslant 0.9$ 时，步长的变化发生改变，且三维完全柔性体模型只能行走到第 4 步。此处怀疑与特殊现象"动态自锁问题"相关。动态自锁问题与刚体模型下的"Painlevé 悖论"相关。

表 7.6　三维完全柔性体模型在不同摩擦系数下的运动步长

$\mu_{\text{l-s}}$	运动步长/m							行走稳定性
	0th	1st	2nd	3rd	4th	5th	6th	
0.2	0.31471	0.27837	0.19903	—	—	—	—	不稳定
0.3	0.31471	0.31444	0.27916	0.27887	0.27972	0.27594	0.26426	稳定
0.4	0.31471	0.31798	0.30614	0.27665	0.28689	0.30136	0.27740	稳定
0.5	0.31471	0.31868	0.31616	0.27460	0.27476	0.29237	0.29485	稳定
0.6	0.31471	0.31776	0.29499	0.30057	0.31175	0.31881	0.28597	稳定
0.7	0.31471	0.31524	0.25759	0.24662	0.27192	0.29316	0.30606	稳定
0.8	0.31471	0.31667	0.29455	0.28500	0.29103	0.31376	0.28011	稳定
0.9	0.31471	0.31835	0.31843	0.24514	0.25068	—	—	不稳定

注：为了减少运算时间，三维完全柔性体模型中仅设置了 6 块踏板，前 5 步的数据是准确的，第 6 步的数据为估算数据，"—"表示数据不存在，即行走发生失稳。

7.4.3.3　斜碰撞激发的瞬态应力波分析

足部与踏板间发生的碰撞为斜碰撞，斜碰撞发生时，会激发沿着腿的轴线传播的瞬态应力波。瞬态应力波里面包含了横波 (如弯曲应力波) 和纵波 (如轴向拉压应力波)。

为了计算和绘制弯曲应力波，现定义两条路径。路径 1 为右腿前表面的对称轴加上左腿前表面的对称轴 (见图 7.37)。路径 2 为右腿后表面的对称轴加上左腿后表面的对称轴 (见图 7.37)。图 7.47 和图 7.48 中，横坐标 0~0.74m 表示右腿上的应力路径，横坐标 0.74~1.48m 表示左腿上的应力路径。横坐标 0.74m 表示销钉的位置。

这里我们仅考虑了横截面上的正应力，在正应力中存在着沿着轴向的拉压应力波和在 $y\text{-}O\text{-}z$ 平面内的弯曲应力波。根据前面的定义，我们选取前表面的正应力为 σ_{f}，后表面的正应力为 σ_{b}，拉压应力为 σ_{T}，弯曲应力为 σ_{B}，因而存在关系

$$\begin{bmatrix} \sigma_{\text{f}} \\ \sigma_{\text{b}} \end{bmatrix} = \begin{bmatrix} 1 & -1 \\ 1 & 1 \end{bmatrix} \begin{bmatrix} \sigma_{\text{T}} \\ \sigma_{\text{B}} \end{bmatrix} \tag{7.75}$$

上式经过变换，有

$$\begin{bmatrix} \sigma_{\mathrm{T}} \\ \sigma_{\mathrm{B}} \end{bmatrix} = \frac{1}{2} \begin{bmatrix} 1 & 1 \\ 1 & -1 \end{bmatrix} \begin{bmatrix} \sigma_{\mathrm{b}} \\ \sigma_{\mathrm{f}} \end{bmatrix} \tag{7.76}$$

式中的 σ_{f} 和 σ_{b} 可通过下列公式进行计算

$$\begin{bmatrix} \sigma_{\mathrm{f}} \\ \sigma_{\mathrm{b}} \end{bmatrix} = \sin^2\varphi \begin{bmatrix} \sigma_y^{\mathrm{f}} \\ \sigma_y^{\mathrm{b}} \end{bmatrix} + \cos^2\varphi \begin{bmatrix} \sigma_z^{\mathrm{f}} \\ \sigma_z^{\mathrm{b}} \end{bmatrix} + 2\sin\varphi\cos\varphi \begin{bmatrix} \tau_{yz}^{\mathrm{f}} \\ \tau_{yz}^{\mathrm{b}} \end{bmatrix} \tag{7.77}$$

其中，σ_y^{f}、σ_z^{f} 和 τ_{yz}^{f} 分别表示前表面上单元受到的 y 向应力、z 向应力和 yz 面上的剪应力。σ_y^{b}、σ_z^{b} 和 τ_{yz}^{b} 分别表示后表面上单元受到的 y 向应力、z 向应力和 yz 面上的剪应力。φ 为 z 轴负方向到腿轴线方向的夹角。

7.4.3.4 斜碰撞激发的纵波

图 7.47 展示了斜碰撞激发的纵向拉压应力波。如图 7.47 所示，图像中显示的是右腿在 $t = 787.84$ms 与踏板发生碰撞时激发的应力波。应力扰动区和非扰动区的区分还是比较明显的。图 7.47(a) 中显示了应力波的传递过程。在 $t = 787.96$ms 时，应力波第一次抵达销钉的位置。因为髋关节处，纵波会在销钉和腿预留孔洞中间的间隙处发生反射，由压缩波反射为拉伸波。拉伸波导致后续时刻销钉位置的应力值绝对值减小。

然而，从图 7.47(b) 可以看到，在 $t = 789.70$ms 时，销钉和腿的空间运动消除了间隙，此时反射波从拉伸波转为压缩波。这进一步导致了接头附近各点应力的绝对值增加。除了反射波外，当间隙被消除时，接头处的应力波由右腿传递到左腿并从一个压缩波转变为一个拉伸波。

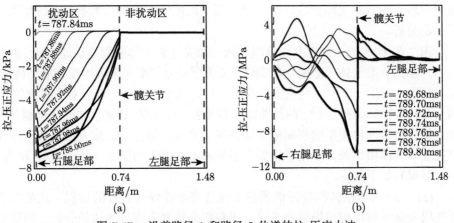

图 7.47 沿着路径 1 和路径 2 传递的拉-压应力波

7.4.3.5　斜碰撞激发的横波

图 7.48 为由斜碰撞激发的横波 (弯曲应力波) 图像。图 7.48(a) 展示了应力波传播扩散的过程。可以发现在时间 $t = 788.00\text{ms}$ 时，横波传播到了销钉的位置。而后弯曲应力波发生反射。图 7.48 (a) 显示了横波的弥散现象：存在不同波速的应力波，快波的波速为 $C_1 = 2243\text{m/s}$，中速波的波速为 $C_2 = 1842\text{m/s}$，慢波的波速为 $C_3 = 1441\text{m/s}$。同纵波相似，在 $t = 789.68\text{ms}$ 时刻，空隙消失后，弯曲应力波传递到左腿。

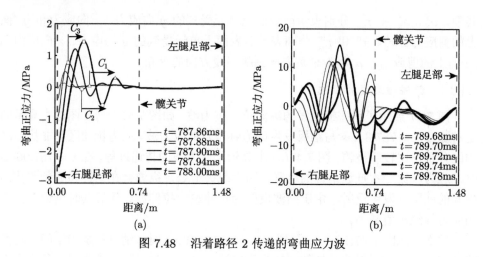

图 7.48　沿着路径 2 传递的弯曲应力波

7.4.3.6　能量转换分析

重力为双足被动行走的机器人提供了沿斜坡行走的能量。在单腿支撑阶段，机械能守恒；在双腿支撑阶段，角动量守恒，机械能不守恒。本章对系统能量进行了对比分析。

图 7.49 描述了二维完全刚体模型和三维完全柔性体模型的动能对比。红色实线为三维完全柔性体模型的动能曲线，黑色划线为二维完全刚体模型的动能曲线。可以发现，在第一步时，两条曲线拟合良好，几乎重合在一起。对于后续的几步，因为结构柔性和碰撞过程，两条曲线不再重合。图 7.50 描述了二维完全刚体模型和三维完全柔性体模型的机械能对比情况。表 7.7 描述了二维完全刚体模型和三维完全柔性体模型每一步碰撞损失的能量和累计损失的能量。从图 7.50 和表 7.7 中可以得到如下结论：

(1) 二维完全刚体模型的能量损失来自完全非弹性假设的过程。此处是否可以使用完全非弹性假设仍值得考虑，需要根据机器人进行具体的分析。图像显示二维完全刚体模型的机械能逐步减小。并且黑色划线的水平线显示了单腿支撑阶段，垂直线显示了双腿支撑阶段。

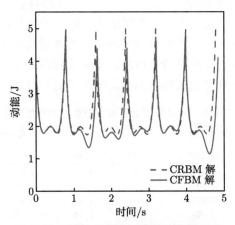

图 7.49　刚体和柔性体模型的动能对比

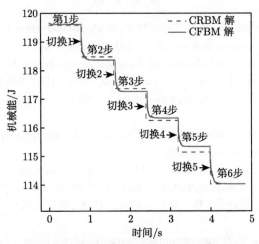

图 7.50　刚体和柔性体模型的机械能对比

(2) 通过三维完全柔性体模型的计算结果，可以发现其垂直线和水平线之间并不是折线形式的转角，而是用一段弧线进行过渡。在下面大的弧线中，少部分属于双腿支撑阶段的碰撞，大部分属于单腿阶段中的宏观碰撞过程。同二维完全刚体模型假设的瞬时切换不同，三维完全柔性体模型的双腿支撑阶段时间在 0.002s 左右。

(3) 基于完全非弹性碰撞假设，二维完全刚体模型忽略了滑移运动，认为所有能量损失都会转移到其他形式的能量中。显然，二维完全刚体模型无法解释能量损失的细节，尽管其每步能量损失 (二维完全刚体模型为 1.11J，三维完全柔性体模型约为 1.12J) 和累积能量损失与三维完全柔性体模型的损失相近。与二维完全刚体模型不同，三维完全柔性体模型给出了额外的能量损失的路径。经过碰撞，机械能除了转化为内能外，部分机械能还以摩擦耗散能的形式转化。能量损失的过程并不是全部在双腿支撑阶段完成的，单腿支撑阶段中的宏观碰撞过程也存在损失过程。具体的能量可通过摩擦力做功的形式进行计算。

表 7.7　二维完全刚体模型和三维完全柔性体模型碰撞损失的能量

每一步损失的能量/J				累计损失能量/J			
行走步数	CRBM	CFBM	误差/%	行走步数	CRBM	CFBM	误差/%
1→2	1.108	1.283	15.8	1→2	1.108	1.283	15.8
2→3	1.108	1.103	−0.451	1→3	2.216	2.386	7.67
3→4	1.109	0.925	−16.6	1→4	3.325	3.311	−0.421
4→5	1.108	0.996	−10.1	1→5	4.433	4.307	−2.84
5→6	1.108	1.302	17.5	1→6	5.541	5.609	1.22

参 考 文 献

[1] Hayne P O, Greenhagen B T, Foote M C, et al. Diviner lunar radiometer observations of the LCROSS impact. Science, 2010, 330(6003): 477-479.

[2] Humphrey J A C. Fundamentals of fluid motion in erosion by solid particle impact. International Journal of Heat and Fluid Flow, 1990, 11(3): 170-195.

[3] Elkins-Tanton L T. Evolutionary dichotomy for rocky planets. Nature, 2013, 497(7451): 570-572.

[4] Popov V L. Contact Mechanics and Friction: Physical Principles and Applications. Berlin Heidelberg: Springer, 2010.

[5] Chapnik B V, Heppler G R, Aplevich J D. Modeling impact on a one-link flexible robotic arm. IEEE Transactions on Robotics and Automation, 1991, 7(4): 479-488.

[6] 张锁怀, 沈允文, 董海军, 等. 齿轮拍击系统的动力响应. 振动工程学报, 2003, 16(1): 62-66.

[7] Shen Y N, Kuang Y. Transient contact-impact behavior for passive walking of compliant bipedal robots. Extreme Mechanics Letters, 2021, 42: 101076.

[8] Kuang Y, Shen Y N. Painlevé paradox and dynamic self-locking during passive walking of bipedal robot. European Journal of Mechanics/A Solids, 2019, 77: 103811.

[9] 李晓杰, 莫非, 闫鸿浩, 等. 爆炸焊接斜碰撞过程的数值模拟. 高压物理学报, 2011, 25(2): 173-176.

[10] 徐从启, 解旭辉, 戴一帆. 摩擦接触约束下的微小管道机器人管内运动稳定性分析. 机械工程学报, 2010, 46(15): 36-44.

[11] 段洁, 丁千. 三质体斜碰撞振动的动力学和减振研究. 振动工程学报, 2013, (1): 68-74.

[12] Xie J, Ding W. Hopf-Hopf bifurcation and invariant torus T^2 of a vibro-impact system. International Journal of Non-Linear Mechanics, 2005, 40(4): 531-543.

[13] 彼得·艾伯哈特, 胡斌. 现代接触动力学. 南京: 东南大学出版社, 2003.

[14] 陈康, 沈煜年. 软体机器人用多孔聚合物水凝胶的接触摩擦非线性行为. 物理学报, 2021, 70(12): 156-166.

[15] Shen Y, Stronge W J. Painlevé paradox during oblique impact with friction. European Journal of Mechanics-A/Solids, 2011, 30(4): 457-467.

[16] Johnson K L. The bounce of 'superball'. International Journal of Mechanical Engineering Education, 1983, 11(1): 57-63.

[17] Stronge W J. Impact Mechanics. 2nd ed. Cambridge: Cambridge University Press, 2018.

[18] Stoianovici D, Hurmuzlu Y. A critical study of the applicability of rigid body collision theory. ASME Journal of Applied Mechanics, 1996, 63(2): 307-316.

[19] Hurmuzlu Y. An energy based coefficient of restitution for planar impacts of slender bars with massive. ASME Journal of Applied Mechanics, 1996, 65(4): 952-962.

[20] Shen Y N, Kuang Y. Frictional impact analysis of an elastoplastic multi-link robotic system using a multi-timescale modelling approach. Nonlinear Dynamics, 2019, 98: 1999-2018.

[21] Yang J C, Shen Y. Analysis of contact-impact dynamics of soft finger tapping system by using hybrid computational model. Applied Mathematical Modelling, 2019, 74: 94-122.

[22] Yang J C, Shen Y N. Analysis of contact-impact dynamics of soft finger tapping system by using hybrid computational model. Applied Mathematical Modelling, 2019, 74: 94-112.

[23] Chung J, Hulbert G. A time integration algorithm for structural dynamics with improved numerical dissipation: the generalized-α method. ASME Journal of Applied Mechanics, 1993, 60: 371-375.

[24] Arnold M, Brüls O. Convergence of the generalized-α scheme for constrained mechanical systems. Multibody System Dynamics, 2007, 18(2): 185-202.

第 8 章　碰撞的实验方法

卡文迪什 (Henry Cavendish): ——————————————————————

"没有任何实验能真正证明任何事情，只能让我们更接近真理。"(No experiment can ever prove anything, it can only bring us closer to the truth.)

——卡文迪什的这句话强调了科学实验的有限性与渐进性。在他的观点中，实验不是终极真理的证明，而是揭示自然规律的一种途径。每一次实验都像是一个逐步接近真理的过程，随着我们对数据的理解和解读不断深入，真理的面纱也逐渐被揭开。卡文迪什提醒我们，科学的本质是一种不断逼近真理的探索，而不是单纯的验证。

———

碰撞问题的实验研究是与理论研究和数值计算平行发展的。通过实验一方面可以检验理论分析和数值计算的正确性，另一方面还可以测量理论上还不能分析或者数值上还不能计算的物理量。碰撞测试与普通的振动测试有着相似之处，振动测试的基本思想可用于碰撞测试中。然而两者又有所差异，其主要区别是碰撞测试对测试系统的频率范围要求极高，碰撞的瞬态响应常常高达 50kHz 以上，故常用的测振传感器比如加速度计，由于受其可用频率范围的限制，不适宜用于碰撞测试。

在碰撞测试中，经典的方法是使用应变片。20 世纪 30 年代末应变片的发明使得在 20 世纪 40 年代和 50 年代碰撞问题的实验研究空前繁荣。在这以前由于实验手段的限制，碰撞研究基本上都是理论分析。一直到 20 世纪 70 年代无论是理论分析还是实验研究都局限于简单几何形体，主要是杆件的碰撞。后来随着计算机和有限元法的不断发展，接触问题的数值计算方法在研究中占据主导地位，对于一些复杂的几何形体已能进行数值模拟。在 20 世纪 90 年代，光学测量的进一步发展使得人们能够更准确、更方便地测量碰撞响应。文献 [1] 总结了各种光学测量手段，最适宜于碰撞测试的仪器要数激光测振仪，它能同时测量物体表面每个位置的速度和位移，频率范围可高达 20kHz。尽管测试技术和数值计算都取得了飞跃性的发展，然而受计算时间和实验费用的制约，时至今日数值计算和测试结果的相互比较在文献中仍是鲜见。

8.1 碰撞实验基本原理、设备和方法

8.1.1 实验设计

碰撞实验的对象是各种结构和机械系统。在涉及产品碰撞检验的实验中，比如车辆撞击刚性平面，其目的是研究产品的性能，人们需要对给定的产品进行测试分析。而在另一些碰撞实验中，其目的是检验碰撞理论分析或数值计算的准确性，这时人们需要选择合适的碰撞物体，考虑物体的材料、形状和几何尺寸，以使理论分析或数值计算的模型与实验模型尽可能一致。确定实验对象后，在实验设计中着重考虑的问题是碰撞物体的边界条件、碰撞条件、测试仪器以及数据采集。

1) 边界条件

在实验设计中，首先要考虑的是如何使相互碰撞的物体具有所期望的边界条件。边界条件不同，则测试结果也就随之不同，对于自由运动的物体，人们需要考虑用悬挂或者软支撑的方法来支持物体。对于运动受到约束的物体，则要考虑约束界面上位移边界条件和力的边界条件。例如，对于梁来说要考虑是简支还是固支，以及如何实现简支和固支。一般来说，在实验中碰撞物体的边界条件只能近似地满足。

2) 碰撞条件

在碰撞中，接触点的位置和物体运动的方向扮演着重要的角色。在刚体碰撞理论中，根据碰撞物体的质心位置是否位于接触点表面的法线方向上区分中心碰撞和偏心碰撞。又根据碰撞物体接触点的运动速度方向是否皆位于接触点表面的法线方向上区分正碰撞和斜碰撞。因此在实验设计中必须考虑碰撞是否为中心碰撞或正碰撞，以及如何具体实现。另外还需考虑物体的运动速度，使得碰撞物体具有所期望的初始条件。碰撞实验一般需重复若干次，因此保持每次碰撞实验具有相同的初始条件也至关重要，这点在实验设计中也必须予以考虑。

3) 测试仪器

碰撞响应的瞬态变化过程持续时间极短，而瞬态响应的频率却很高，因此在碰撞实验中对测试仪器要求很高。其核心问题是测试仪器的工作频率范围，从文献给出的若干实验结果来看，碰撞响应的频率多在 50kHz 之上，因此一些常用的测试仪器由于其工作频率范围的限制而不适用于碰撞响应测试。在选择合适的仪器时，除了考虑仪器的工作频率外，还需考虑仪器的动态灵敏度、线性度以及分辨率等。测试碰撞响应常用的仪器为应变片和动态应变仪以及激光测振仪，它们分别测量物体表面某点的应变和运动状态，其测量原理将放在下两节中讨论。

4) 数据采集

测量的信号最终常为连续的电压信号。在早期的碰撞实验中，模数转换器 (AD) 由于采样频率太低而无法使用，所得到的只是模拟示波器上的连续信号，人

们难以对测试信号进行加工处理。后来出现一些动态信号分析仪,可以对高频信号进行测量和分析,如今由于数字计算机和模数转换器的迅速发展,数据采集和加工已不再成为问题。模数转换器的采样频率已能高达 1GHz。从模拟信号到数字信号需经过采样和量化两个转化过程,见图 8.1。其技术指标为采样频率和分辨率。按采样定理采样频率必须高于信号频率两倍,对碰撞响应的测试多要求采样频率在 100kHz 以上。为了减少信号的量化误差,一般要求模数转换器在 12bit 以上。另外在数字采集中还必须考虑触发信号,由于碰撞测试的采样频率很高,受数据库存储容量的限制,测试的时间很短,因而触发信号倍加重视。如今通过数字信号示波器,人们一方面可以采集数据,储存数据,另一方面也可以通过设置信号的触发阈值来触发信号。图 8.2 为日本 YOK-OGAWA 公司产出的数字示波

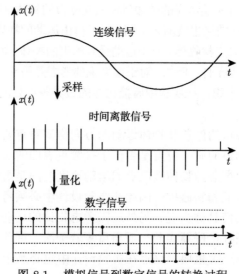

图 8.1   模拟信号到数字信号的转换过程

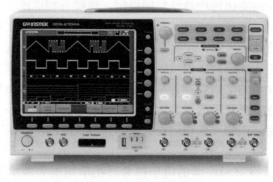

图 8.2   数字示波器

器 DL7C8E,它可以提供多种信号触发方式,其最大采样频率为 10MHz,分辨率为 12bit。请读者注意的是,随着时代的发展,可以选择更多的最新型数字示波器用于实验,图 8.2 仅供参考。

8.1.2 动态应变测量

弹性体受撞击后,其应力的动态变化无法直接测量,然而弹性体表面的应变可通过应变片直接测量。当弹性体表面承受应力时,其表面将发生变形。贴在弹性体表面上的应变片将随之相应地变形,这样应变片中金属丝的长度将随应变的变化而变长或变短,导致应变片的电阻值随应变的变化而变化。因此,应变片的物理本质实际上是可变电阻。

假定应变片未变形时其电阻值为 R,当应变片承受轴向应变 ε_a、横向应变 ε_t 和切向应变 γ_{at} 时,其电阻值的相对变化可表示为

$$\frac{\Delta R}{R} = S_a \varepsilon_a + S_t \varepsilon_t + S_s \gamma_{at} \tag{8.1}$$

其中,系数 S_a、S_t 和 S_s 分别为应变片电阻值相对变化对轴向应变、横向应变和剪切应变的灵敏度系数。通常剪切应变的灵敏度系数 S_s 很小,可忽略不计,参看文献 [2],因而式 (8.1) 可改写为

$$\frac{\Delta R}{R} = S_a \left(\varepsilon_a + K_t \varepsilon_t \right) = S_a \varepsilon_a \left(1 - \nu K_t \right) \tag{8.2}$$

其中,$K_t = S_t / S_a$ 称为横向灵敏度系数,$\nu = \varepsilon_t / \varepsilon_a$ 为泊松比。通常应变片的生产厂商提供应变片系数 K_g 和横向灵敏度系数 K_t。应变片系数定义为在应变场满足下述关系式:

$$\varepsilon_t = -\nu_0 \varepsilon_a \tag{8.3}$$

其中,$\nu_0 = 0.285$ 时其电阻值相对变化对轴向应变的灵敏度为

$$K_g = \frac{\Delta R}{R} \frac{1}{\varepsilon_a} = S_a \left(1 - \nu_0 K_t \right) \tag{8.4}$$

将式 (8.4) 代入式 (8.2) 中,则有

$$\frac{\Delta R}{R} = \frac{1 - \nu K_t}{1 - \nu_0 K_t} K_g \varepsilon_a \tag{8.5}$$

当 $K_t = 0$ 时,或 $\nu = \nu_0$ 时,电阻值的相对变化只取决于 K_g 和 ε_a,一般情况下横向灵敏度系数 K_t 对应变片电阻值的相对变化有影响,但由于 K_t 的值较小,其影响有限,将 K_t 忽略不计时,其相对误差通常小于百分之一。

在测量中，由应变引起的应变片电阻值的变化必须转换成电压量。通常人们采用惠斯通 (Wheatstone) 桥式电路将电阻值的变化转换成电压值的变化，见图 8.3。对桥式电路必须供给输入电压 U_0，其输出电压为

$$U_1 = U_0 \left(\frac{R_3}{R_1 + R_2} - \frac{R_2}{R_3 + R_4} \right) \tag{8.6}$$

假定 4 个电阻 $R_i (i = 1, 2, 3, 4)$ 的电阻值不发生变化时的基准值相同皆为 R，当电阻 R_i 的电阻值发生微小改变 ΔR_i 时，其输出电压的变化量为

$$U_1 = \frac{U_0}{R} (\Delta R_1 - \Delta R_2 + \Delta R_3 - \Delta R_4) \tag{8.7}$$

因而借助桥式电路，电阻值的变化可转换成电压值的变化。这些电阻 R_i 可为应变片或普通电阻。在应变测量中为了补偿温度变化对应变片电阻值的影响，人们通常将应变片成对使用。由于应变片的电阻值只有微幅改变，因此，桥式电路的输出电压也十分微弱，为了记录电压量的变化，必须对微弱的输出电压通过放大器进行放大。设放大系数为 K_2，则有

$$U = K_2 U_1 \tag{8.8}$$

真正记录的测量信号实际上为电压 U 随时间的变化。

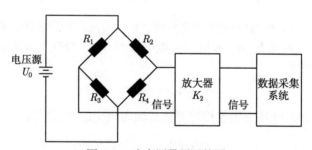

图 8.3　应变测量原理简图

桥式电路、电压源 U_0 以及放大器，通常集中在一个仪器中，称之为动态应变仪。应变片的频率范围通常在 1MHz 以上，而动态应变仪的频率范围通常较低。为了准确地测量碰撞的瞬态过程，动态应变仪的频率范围应在 100kHz 以上。一个优质的动态应变仪应保证电压源 U_0 和放大系数 K_2 的恒定性、高的频率范围和信噪比。德国 Rohrer 公司生产的动态应变仪如图 8.4 所示，其频率范围可达 1MHz。请读者注意的是，目前还有更多高性能的动态应变仪在市面上出售，可根据需求选择合适的仪器，图 8.4 仅作示例。

图 8.4　动态应变仪

8.1.3　位移和速度的激光测量

弹性体受撞击后将发生高频振动，激光测振仪则为测量高频振动的理想仪器。它利用光的干涉现象和多普勒效应测量物体表面的位移和速度。其测量原理可简述如下。

激光束通过分光镜分解成两部分等强度的光束，一部分为信号光束，另一部分为参考光束。信号光束通过透镜进行聚焦入射到物体的表面，从物体表面反射或散射回来的信号光束和参考光束在光敏元件上产生干涉现象，见图 8.5。设信号光束 a_1 和参考光束 a_2 具有相同的频率 ω_0 和振幅 A_0，不同的相位角 θ_1 和 θ_2，即

$$a_1 = A_0 \cos\left(\omega_0 t - \theta_1\right), \quad a_2 = A_0 \cos\left(\omega_0 t - \theta_2\right) \tag{8.9}$$

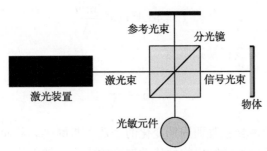

图 8.5　激光测振仪简要工作原理

假设激光束的波长为 λ，信号光束和参考光束的空间相位差为 δ，则有

$$\Delta\theta = \theta_1 - \theta_2 = 2\pi\delta/\lambda \tag{8.10}$$

记测点与镜头的距离为 x。假定距离为零时，信号光束和参考光束的相位差刚好为零，考虑信号光束的入射和反射需两倍路程，则有

$$\delta = 2x \quad \text{即} \quad \Delta\theta = 4\pi x/\lambda \tag{8.11}$$

两束光合成的光束可表示为

$$a = a_1 - a_2 = A \cos\left(\omega t - \theta\right) \tag{8.12}$$

其中

$$A = \sqrt{2A_0^2(1 + \cos\Delta\theta)} = 2A_0\left|\cos(\Delta\theta/2)\right| \tag{8.13}$$

$$\theta = \arctan\frac{\sin\theta_1 + \sin\theta_2}{\cos\theta_1 + \cos\theta_2} \tag{8.14}$$

由于光的强度与振幅的平方成正比, 设比例系数为 α, 因此两束光合成后其光强为

$$I = \alpha A^2 = 4\alpha A_0^2\cos^2\frac{\Delta\theta}{2} = 4\alpha A_0^2\cos^2\frac{2\pi x}{\lambda} \tag{8.15}$$

每当物体移动半个波长 $\lambda/2$ 时, 光强完成一个强弱变化周期。通过记录光强强弱周期变化的总数 n, 即可推断出待测距离

$$x = n\frac{\lambda}{2} \tag{8.16}$$

当物体以速度 v 向前移动时

$$x = vt \tag{8.17}$$

此时光强

$$I = 4\alpha A^2\cos^2\frac{2\pi vt}{\lambda} \tag{8.18}$$

光强变化的频率, 即多普勒频率为

$$f_0 = \frac{2\nu}{\lambda} \tag{8.19}$$

通过记录单位时间内光强强弱周期变化的个数, 即得 f_0, 从而可推出物体的速度 v_0。利用多普勒效应虽能给出物体移动速度的大小, 然而却不能给出物体移动的方向。运动方向的确定通常是通过移频技术, 将光强的变化频率由 f_0 变为 $f_B + f_0$, 其中 f_B 为已知的载波频率, 通过测量新的频率

$$f_0' = f_B + f_0 = f_B - \frac{2v}{\lambda} \tag{8.20}$$

则既能计算出速度的大小又能计算出速度的方向。

图 8.6 为德国 Polytec 公司生产的激光振动测试仪 OFV303, 其测试的频率范围可高达 20MHz, 速度的测量范围很广, 可从 0.3μm/s 到 20m/s, 位移的分辨率可高达 2nm。该激光测试仪采用氦氖激光, 其波长为 0.316μm, 当物体以 1m/s 的速度运动时, 其多普勒频率 f_0 为 3.17MHz, 设计的移动频率 f_B 为 40MHz。

图 8.6 激光测振仪

8.2 球-梁碰撞实验

8.2.1 引言

柔性结构的碰撞问题是一个经典的动力学问题, 广泛存在于自然界和工程领域 [3]。然而, 肉眼或者采用低分辨率测试设备所观察到的一次碰撞, 有可能包含了多个次碰撞过程。"次碰撞" 现象最早引起了 Timoshenko 的注意 [4], 他在研究刚性球与柔性梁的碰撞问题时, 第一次理论证明了次碰撞现象的存在。1960 年, Goldsmith[5] 在分析了球-梁碰撞力数值差分计算结果后, 提出了后继 "次碰撞" 产生的碰撞力有可能高于第一次的观点, 并认为次碰撞是柔性结构碰撞时的特有现象。1996 年, Stoianovici 和 Hurmuzlu[6] 采用高速光电记录系统测量了斜杆坠地碰撞的次数, 第一次在实验中直接观察到了次碰撞现象。2006 年, Shan 等 [7] 在总结相关的研究工作后指出, 次碰撞已经开始成为一个新的研究领域。2008 年, Melcher 等 [8] 在模拟动态原子力显微镜液体环境下检测样品的过程时, 发现悬臂式探针与样品之间出现了纳米量级的次碰撞干涉力。近年来, 许多学者开始采用不同的数值方法, 尝试解读高度瞬态的次碰撞行为 [9-14]。例如, 分析碰撞体质量对碰撞次数的影响 [9], 碰撞力、碰撞冲量和能量耗散的分布 [10-12], 次碰撞的分区特征 [10,11], 结构响应与次碰撞的同步性 [12], 结构响应的 "drum roll(击鼓) 现象"[8] 等。但是, 研究结果尚缺乏必要的实验验证。

由于次碰撞的碰撞接触时间极短, 往往在微秒量级 [6], 相邻次碰撞的时间间隔在微秒和毫秒量级 [13], 次碰撞的发生表现出了强烈的随机性和对参数的敏感性 [13]。碰撞力的变化复杂 [13], 似乎与经典的单次碰撞 (如 Hertz 碰撞) 行为没有任何相通之处, 因此, 探索次碰撞机理的研究工作几乎没有开展。然而, 由于次碰撞序列构成了整个碰撞事件, 对次碰撞现象的研究, 为在真正意义上摸清柔性结构碰撞的物理机制, 是十分必要的。

基于上述考虑, 本书采用自行研制的一套柔性结构次碰撞实验平台和专门搭建的次碰撞测试系统, 对钢球坠落碰撞简支梁这一典型的柔性结构碰撞实例进行了详细的实验测试, 在此基础上, 结合 Hertz 碰撞理论和动态子结构方法, 系统地探讨和研究了次碰撞的碰撞接触时间规律、主要影响因素和若干发生条件。

8.2.2　实验方法

8.2.2.1　碰撞测试系统

图 8.7 和图 8.8 分别为球-梁碰撞测试系统原理图和实验现场照片。实验梁的两端采用夹持方式进行支撑。

采用图 8.7 所示的次碰撞测量电路, 测试钢球坠落碰撞实验梁过程中的接触电压信号。由该接触电压信号, 可以准确识别和提取碰撞次数、单次碰撞的开始时刻和结束时刻。次碰撞测量电路主要由一节 2 号碱性电池 (供给电路的电源)、一个 120Ω 电阻 R 及若干轻质金属导线组成。次碰撞测量电路的一端与钢球相连, 另一端固接在实验梁上。如果钢球与实验梁碰撞接触上, 则测量回路导通, 出现幅值为 1.5V 的电压脉冲信号 $V(t)$。反之, 如果钢球与实验梁分离, 则电路断开, 电压信号 $V(t)$ 变为零。电压脉冲的个数代表着碰撞次数, 而电压脉冲的宽度则代表碰撞接触时间。

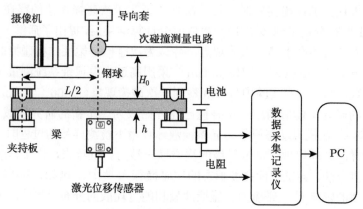

图 8.7　球-梁碰撞测试系统原理图

PC 为个人计算机

实验梁的碰撞位移信号通过 MICROTRAK II 型激光位移传感器非接触式测量 (最高分辨精度可达 0.1μm), 然后接入 DH5939 高速数据采集记录仪和专用计算机进行采集与存储。球-梁碰撞过程中的瞬态运动图像使用 NAC GX-3 高速摄像机 (最高采样频率可达 198000 帧/s) 进行拍摄。

8.2.2.2　实验参数

实验钢球的半径 $R = 35$mm, 密度 $\rho_1 = 7800$kg/m^3, 材料为 Gr15, 弹性模量 $E_1 = 210$GPa, 泊松比 $\mu_1 = 0.30$。实验梁的长度 $L = 780$mm, 宽度 $b = 60$mm,

厚度 $h = 27.8\text{mm}$，密度 $\rho_2 = 7800\text{kg/m}^3$。实验梁的材料为 Q235A，弹性模量 $E_2 = 210\text{GPa}$，泊松比 $\mu_2 = 0.30$，屈服极限 $Y = 235\text{MPa}$。

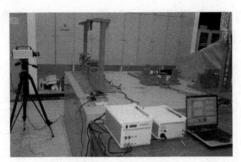

图 8.8 实验现场

通过调整实验钢球的坠落高度 H_0，可以获得 27 种碰撞测试初速度 v_0，分别为 1.39m/s, 1.47m/s, 1.53m/s, 1.60m/s, 1.66m/s, 1.72m/s, 1.77m/s, 1.83m/s, 1.88m/s, 1.93m/s, 1.99m/s, 2.03m/s, 2.08m/s, 2.12m/s, 2.17m/s, 2.21m/s, 2.26m/s, 2.30m/s, 2.34m/s, 2.38m/s, 2.41m/s, 2.46m/s, 2.50m/s, 2.54m/s, 2.58m/s, 2.62m/s, 2.66m/s。采用移动导向套的方法，能够实现 11 种碰撞位置的碰撞实验。其中 1 位置对应于实验梁中心，2~11 位置分别距离实验梁中心 26mm, 52mm, 78mm, 104mm, 130mm, 156mm, 182mm, 208mm, 234mm, 260mm。

8.2.2.3 钢球运动轨迹重构

由于使用高速摄像机不易精确测量钢球的运动轨迹，因此，可以根据物体自由上抛运动方程，结合次碰撞测量电路记录到的实验测试时间数据，重构球-梁分离阶段钢球的运动轨迹。考虑到次碰撞过程的碰撞接触时间极短，钢球为小质量紧凑结构物，空气阻尼和钢球弹性变形的影响较小，可以忽略。则钢球的位移 $u_{\text{b}}(t)$ 和速度 $v_{\text{b}}(t)$ 可分别重构为

$$u_{\text{b}}(t) = u_{\text{b}}(t_{\text{b}}) + v_{\text{b}}(t_{\text{b}})(t - t_{\text{b}}) - \frac{1}{2}g(t - t_{\text{b}})^2 \tag{8.21}$$

$$v_{\text{b}}(t) = v_{\text{h}}(t_{\text{b}}) - g(t - t_{\text{b}}) \tag{8.22}$$

其中，

$$v_{\text{b}}(t_{\text{b}}) = \frac{g(t_{\text{i}} - t_{\text{b}})^2 - 2u_{\text{b}}(t_{\text{b}}) + 2u_{\text{b}}(t_{\text{i}})}{2(t_{\text{i}} - t_{\text{b}})} \tag{8.23}$$

其中，t_{b} 和 t_{i} 分别为球-梁某一分离阶段的开始时刻和结束时刻，g 为重力加速度。

8.2.3   实验测试结果

8.2.3.1   次碰撞现象的发现

图 8.9 给出了钢球 1 位置以碰撞初速度 $v_0 = 2.66\mathrm{m/s}$ 坠落碰撞实验梁的测试结果。其中 $V(t)$ 为接触电压信号，$u_M(t)$ 为实验梁位移信号，$u_b(t)$ 为重构的钢球运动轨迹。

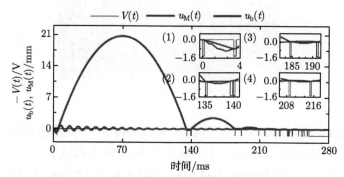

图 8.9   球-梁 1 位置碰撞的实验结果

由于 "次碰撞"(sub-impact) 经常会与 "多次碰撞"(multiple impacts) 在概念上相混淆 [6,8,13]，通过图 8.9 的实例，可以对比和甄别 "次碰撞" 和 "多次碰撞" 的区别。从图 8.9 的实验结果可以清楚地观察到，在 280ms 时间内，钢球先后经历了 9 次坠落碰撞实验梁过程和 8 次反弹分离过程，该碰撞现象可称为 "多次碰撞" 现象 (multiple impact phenomenon)。然而，更高分辨率的观察发现，在钢球的每次坠落碰撞过程中都包含若干个碰撞存在 (见图 8.9 中插图 (1)~(4)，插图 (1)~(4) 分别对应于球-梁前 4 次坠落碰撞过程)。例如，在钢球第一次坠落碰撞实验梁过程中，就出现了两个碰撞 (图 8.9 插图 (1))。这两个碰撞的碰撞接触时间分别为 0.18ms 和 0.25ms，两个碰撞的时间间隔仅为 3.14ms，会被肉眼误认为是单次碰撞，该现象可称为 "次碰撞" 现象 (sub-impact phenomenon)。

图 8.9 显示出，在钢球的 9 次坠落碰撞实验梁过程中，均发生了次碰撞现象。例如，在第一、第二和第四次坠落碰撞过程中，出现了两个次碰撞，而在第三次坠落碰撞过程中，则出现了三个次碰撞。

借助高速摄像机，也成功捕捉到了钢球第一次坠落碰撞实验梁过程中发生的两个次碰撞，如图 8.10 所示。起拍时间为钢球下落的开始时刻，拍摄到的两个次碰撞的对应时刻分别为 273ms 和 276ms，时间间隔为 3ms，准确的时间间隔需要次碰撞测量电路测定，为 3.14ms。

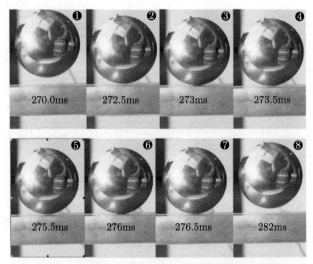

图 8.10 球-梁第一次坠落碰撞过程的高速摄像图像

图 8.10 插图 3 中所观测到的次碰撞过程的碰撞接触时间范围为 0.18ms ∼ 1.22ms，以肉眼来观察 (分辨图像速率为 24 帧/s，最小时间分辨率为 41.7ms)，会被误看成是单次碰撞事件。

8.2.3.2 实验的重复性验证

鉴于次碰撞现象的碰撞接触时间极短，次碰撞的发生表现出了复杂性和对参数的敏感性，因此进行实验的重复性验证就显得非常必要。针对钢球在 1 位置以碰撞初速度 $v_0 = 1.99 \, \text{m/s}$ 坠落碰撞实验梁的碰撞实例，我们先后做了三组对比实验。对比结果如图 8.11 和图 8.12 所示。

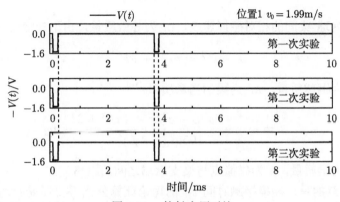

图 8.11 接触电压对比

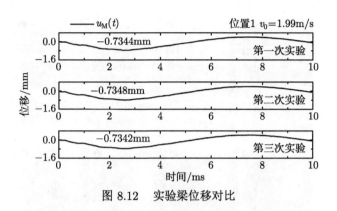

图 8.12   实验梁位移对比

我们发现，三组对比实验的测试结果高度吻合，这表明本书的实验方法较为可靠，观察到的球-梁碰撞实验结果可重复再现。

8.2.4 次碰撞的主要影响因素探讨

本书在实验研究的基础上，结合动态子结构方法和 Hertz 碰撞理论，系统研究了碰撞初速度、球-梁质量、球-梁等效弹性模量、钢球曲率半径、碰撞位置等因素的变化对次碰撞的碰撞接触时间的影响规律，探讨了次碰撞发生的若干参数条件。

8.2.4.1 碰撞接触时间的理论解

碰撞接触时间是一个非常重要的参数，可用来预测结构的动力学响应。本书采用类似于双球对心碰撞 Hertz 准静态碰撞理论 [15]，推导了球-梁间的碰撞接触时间 t_H 的理论计算公式：

$$t_H = 3.21 \left(\frac{m^2}{K_h^2 \Delta v} \right)^{1/5} \tag{8.24}$$

其中，Δv 为球-梁间的相对碰撞速度，m 为等效质量，由下式给出

$$m^{-1} = m_1^{-1} + M^{-1} \tag{8.25}$$

这里，m_1 为钢球质量，M 为梁的当量质量 [16]：

$$M = \frac{3a^4 - 6a^3L - a^2L^2 + 4aL^3 + 2L^4}{105a^2 (a - L)^2} m_2 \tag{8.26}$$

其中，m_2 为梁质量，a 为碰撞点与梁支承端之间的距离。

值得注意的是，碰撞接触时间 t_H 的理论计算公式 (8.24) 是针对经典的单次 Hertz 碰撞推导得到的，是否还适用于复杂的次碰撞过程，需要进一步的研究。

8.2.4.2 碰撞初速度的影响

研究发现，碰撞初速度的改变不仅会影响次碰撞的碰撞接触时间，而且还会导致球-梁一次坠落碰撞过程中出现的次碰撞个数发生变化。

1) 碰撞初速度对碰撞接触时间的影响规律

图 8.13 给出了钢球在 1 位置以 27 种不同碰撞初速度坠落碰撞简支梁时首个次碰撞的碰撞接触时间 t_1，包括实验测量结果和由公式 (8.24) 计算得到的理论值 t_{H}。对比后发现，实验测量结果 t_1 与理论值 t_{H} 相当吻合。

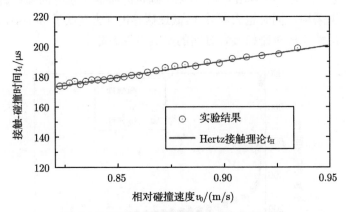

图 8.13 碰撞初速度对碰撞接触时间的影响

2) 碰撞接触时间理论解适用的碰撞速度范围

球-梁碰撞接触时间的计算公式 (8.24) 的理论基础是 Hertz 准静态接触理论，一般要求碰撞速度尽可能低。但是，准静态接触理论已经被证明可以应用于更高碰撞速度的碰撞问题的研究。根据 Johnson 等 [15] 和 Stronge[17] 的研究结果，若碰撞仅会引起碰撞区域及毗连的很小区域发生小塑性变形，准静态接触理论可以用来准确预测碰撞接触时间。由此可确定碰撞接触时间理论解适用的碰撞速度上限 V_{cr}

$$\frac{1}{2}mV_{\mathrm{cr}}^2 = \int_0^{\delta_{\mathrm{Y}}} F_1(\delta)\mathrm{d}\delta + \int_{\delta_{\mathrm{Y}}}^{\delta_{\mathrm{cr}}} F_2(\delta)\mathrm{d}\delta \tag{8.27}$$

其中，$F_1(\delta)$ 和 $F_2(\delta)$ 分别为弹性压入阶段和弹塑性压入阶段的碰撞力，δ_{Y} 为发生塑性变形时所需的最小压下量 [14]：

$$\delta_{\mathrm{Y}} = \left(\frac{\pi\delta_{\mathrm{cr}}YR}{K_{\mathrm{h}}}\right)^2 \tag{8.28}$$

δ_{cr} 为弹塑性压入阶段结束时对应的压下量, 为 [18]

$$\delta_{cr} = \frac{1}{2}\delta_Y(e^{(8.4-3\theta_y)} + 1) \tag{8.29}$$

将公式 (8.28) 和 (8.29) 的计算结果代入公式 (8.27), 得到球-梁碰撞接触时间理论解适用的碰撞速度上限为 $V_{cr} = 2.91\text{m/s}$。

图 8.14 的数值仿真结果表明, 只要碰撞初速度不超过 3m/s, 无论梁采用纯弹性材料模型, 还是弹塑性材料模型, 数值仿真结果都与理论公式 (8.24) 的预测结果 t_H 相吻合。这意味着由公式 (8.27) 确定的碰撞接触时间理论解的适用碰撞速度范围可以采用, 同时也表明球-梁低速碰撞时 (速度低于 3m/s), 碰撞接触区域发生的小塑性变形对碰撞接触时间的影响可以忽略。

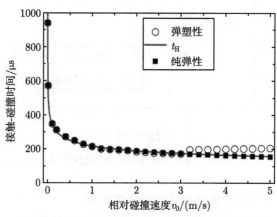

图 8.14　首个次碰撞的碰撞接触时间对比

3) 碰撞初速度对次碰撞个数的影响

1 位置的球-梁碰撞实验结果表明, 当碰撞初速度在 $1.39 \sim 2.66\text{m/s}$ 范围变化时, 球-梁第一次坠落碰撞过程中均伴随有两个次碰撞。但是, 通过动态子结构方法模拟更广碰撞初速度下的球-梁碰撞过程时, 我们发现球-梁第一次坠落碰撞过程中出现的次碰撞个数可能会多于两个。

图 8.15 给出了球-梁 1 位置碰撞时碰撞初速度与碰撞次数 n 两者关系的数值仿真结果。由图 8.15 可知, 随着碰撞初速度的提高, 球-梁第一次坠落碰撞过程中发生的次碰撞个数总体呈现增加趋势。

8.2.4.3　球-梁质量的影响

公式 (8.24) 表明, 球-梁的等效质量 m 是影响碰撞接触时间的一个重要因素, m 包含了钢球的质量 m_1 和梁的等效质量 M。

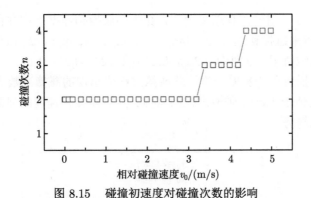

图 8.15　碰撞初速度对碰撞次数的影响

1) 球-梁等效质量对碰撞接触时间的影响规律

由于接触刚度的改变会影响碰撞力及碰撞接触时间, 因此, 仿真时采用只修改钢球密度的方法, 来间接改变等效质量 m, 而简支梁的密度和质量均保持不变。这样可以避免由于接触刚度的变化对次碰撞的碰撞接触时间可能造成的影响。

图 8.16 给出了钢球 1 位置以碰撞初速度 $v_0 = 2.66\mathrm{m/s}$ 坠落碰撞简支梁时, 等效质量 m 对首个次碰撞的碰撞接触时间的影响规律。数值仿真结果表明, 首个次碰撞的碰撞接触时间与 $m^{2/5}$ 呈正比关系。随着等效质量 m 的增加, 首个次碰撞的碰撞接触时间也随之增加。

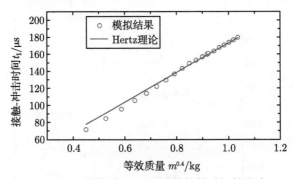

图 8.16　等效质量 m 对碰撞接触时间的影响

2) 球-梁质量比对次碰撞个数的影响

文献 [7] 的研究结果表明, 两个碰撞体间的质量比可能会影响碰撞次数。基于上述考虑, 设球-梁的质量比为 $\beta = m_1/M$, 保持梁的当量质量 M 和钢球直径 R_1 不变, 通过修改钢球密度的方法来改变质量比 β, 研究质量比 β 对次碰撞过程的影响。

图 8.17 给出了球-梁 1 位置碰撞时, 在不同碰撞初速度下质量比 β 与碰撞次

数 n 的关系曲线。数值仿真结果表明，在不同碰撞初速度下均存在一个质量比阈值 β_{T}，如本例中碰撞初速度为 0.5m/s，1.0m/s，1.5m/s，2.0m/s，2.66m/s 时，对应的质量比阈值 β_{T} 分别为 0.252，0.238，0.224，0.21，0.193。只有 $\beta \geqslant \beta_{\mathrm{T}}$ 时才会发生次碰撞现象 (球-梁一次坠落碰撞过程中出现的碰撞次数大于 1)，否则只会出现 1 次类似于 Hertz 碰撞过程的碰撞。随着碰撞初速度的提高，质量比阈值呈现逐渐降低趋势。

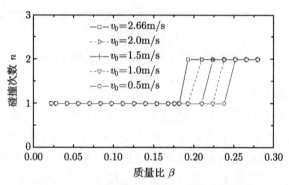

图 8.17　质量比 β 与碰撞次数 n 的关系

　　进一步的研究还发现，当次碰撞发生时，简支梁碰撞端位移响应的前三阶振幅比和第一阶相位角均会发生明显改变，如图 8.18 和图 8.19 所示。

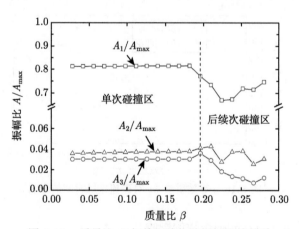

图 8.18　质量比 β 与前三阶位移振幅比的关系

　　图 8.18 和图 8.19 分别给出了钢球 1 位置以碰撞初速度 $v_0 = 2.66$m/s 坠落碰撞简支梁时，质量比 β 与梁碰撞端位移响应的前三阶振幅比 $A_1/A_{\max}$、$A_2/A_{\max}$、$A_3/A_{\max}$(A_1，A_2，A_3 分别代表碰撞端梁位移的前三阶振幅，$A_{\max}$ 代表碰撞端梁位移的最大振幅) 以及一阶相位角 ϕ 的关系曲线。一个有趣的发现是，当球-梁单

次碰撞时 (未出现次碰撞现象), 简支梁碰撞端位移响应的前三阶振幅比 A_1/A_{max}、A_2/A_{max}、A_3/A_{max} 和第一阶相位角 ϕ 均基本保持不变。但是, 一旦发生次碰撞现象, 简支梁碰撞端位移响应的前三阶振幅比 A_1/A_{max}、A_2/A_{max}、A_3/A_{max} 和第一阶相位角 ϕ 都会发生明显的突变。这一结论意味着, 在无法直接测量次碰撞行为时, 可以通过观察简支梁碰撞端前三阶振幅比和第一阶相位角的变化, 来间接判别次碰撞现象是否已经发生。

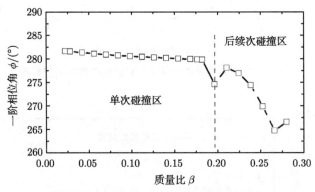

图 8.19 质量比 β 与一阶相位角的关系

8.2.4.4 等效弹性模量的影响

由次碰撞的碰撞接触时间的理论计算公式 (8.24) 知, 等效弹性模量 E^* 是影响次碰撞过程的另一个重要因素。在本例中, 以碰撞初速度 $v_0 = 2.66\mathrm{m/s}$ 的 1 位置碰撞为例, 调整梁的弹性模量 E_2 来改变等效弹性模量 E^*, 研究球-梁间的等效弹性模量 E^* 对次碰撞过程的影响。

1) 等效弹性模量对碰撞接触时间的影响规律

图 8.20 给出了钢球 1 位置以碰撞初速度 $v_0 = 2.66\mathrm{m/s}$ 坠落碰撞简支梁时, 等效弹性模量 E^* 的变化对首个次碰撞的碰撞接触时间的影响规律。数值仿真结果表明, 首个次碰撞的碰撞接触时间与 $E^{*-0.4}$ 呈正比关系。随着等效弹性模量 E^* 的增加, 首个次碰撞的碰撞接触时间会随之减少。

2) 等效弹性模量对次碰撞个数的影响

图 8.21 给出了钢球 1 位置以碰撞初速度 $v_0 = 2.66\mathrm{m/s}$ 坠落碰撞简支梁时, 梁的弹性模量 E_2 与碰撞次数 n 之间关系的数值仿真结果。由图 8.21 知, 随着梁的弹性模量 E_2 的增加, 球-梁第一次坠落碰撞过程中发生的次碰撞个数会随之减少, 当梁的弹性模量 $E_2 > 1050\mathrm{GPa}$ 时, 只会出现 1 次类似于 Hertz 碰撞过程的碰撞 (不会发生次碰撞现象)。

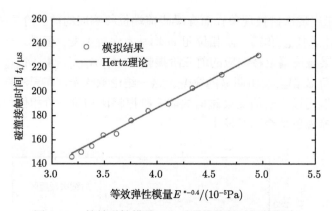

图 8.20　等效弹性模量 E^* 对碰撞接触时间的影响

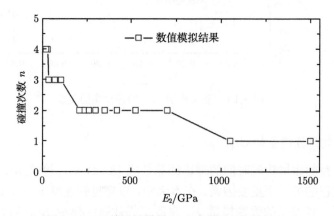

图 8.21　梁的弹性模量 E_2 对碰撞次数的影响

8.2.4.5　曲率半径的影响

先前进行的一些研究工作[9]表明，碰撞体的曲率半径会显著影响碰撞接触区域的尺寸和压力分布。因此碰撞体的曲率半径的变化，将会对次碰撞过程产生一定的影响。

1) 曲率半径对次碰撞碰撞接触时间的影响规律

图 8.22 给出了钢球 1 位置以碰撞初速度 $v_0 = 2.66\mathrm{m/s}$ 坠落碰撞简支梁时，钢球曲率半径 R 的变化对首个次碰撞的碰撞接触时间的影响规律 (其中钢球的质量保持不变)。数值仿真结果表明，首个次碰撞的碰撞接触时间与 $R^{-0.2}$ 呈正比关系，随着钢球曲率半径 R 的增加，首个次碰撞的碰撞接触时间会随之减少。

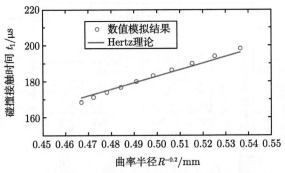

图 8.22　钢球曲率半径 R 对碰撞接触时间的影响

图 8.13、图 8.16、图 8.20 和图 8.22 表明，球-梁低速碰撞时，Hertz 碰撞理论所揭示的碰撞规律，如碰撞接触时间与 $m^{0.4}$ 成正比，与 $R^{0.2}$、$E^{*0.4}$、$\Delta v^{0.2}$ 成反比等规律，仍然适用于首个次碰撞过程。由于 Hertz 碰撞理论主要是考虑局部准静态接触变形，因此，可以认为是局部接触变形过程主导了首个次碰撞过程。

2) 曲率半径对次碰撞个数的影响

图 8.23 给出了钢球 1 位置以碰撞初速度 $v_0 = 2.66$m/s 坠落碰撞简支梁时，钢球曲率半径 R 的变化与碰撞次数 n 之间关系的数值仿真结果 (其中钢球的质量保持不变)。

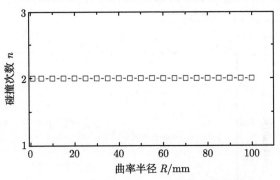

图 8.23　钢球曲率半径 R 对碰撞次数的影响

研究发现，当其他参数保持不变，仅钢球曲率半径在结构尺寸允许范围内变化时，球-梁第一次坠落碰撞过程中发生的次碰撞个数均为 2 个，保持不变。进一步观察发现 (如图 8.21 与图 8.24 所示)，随着钢球曲率半径的增加，球-梁间的相对刚度值 (用 $K_S = 2LE_1R_1^3/(E_2I_2)$ 描述 [19]，E_2I_2 为梁的抗弯刚度) 和接触刚度 K_h 均增大，首个次碰撞的碰撞力峰值会随之增加，但是两个次碰撞之间的时间间隔却基本保持不变。

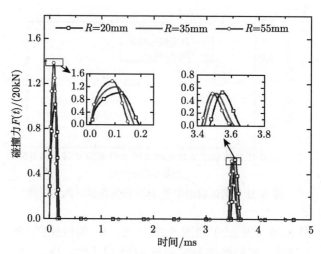

图 8.24   不同曲率半径下的碰撞力响应对比

8.2.4.6 碰撞位置的影响

1) 碰撞位置对碰撞接触时间的影响规律

图 8.25 给出了钢球在 1~11 位置以相同碰撞初速度 $v_0 = 2.66\mathrm{m/s}$ 坠落碰撞简支梁时首个次碰撞的碰撞接触时间 t_1，包括实验测量结果和由公式 (8.24) 计算得到的理论值 t_H。对比后发现，实验测量结果 t_1 与理论值 t_H 相吻合，这表明改变碰撞位置时公式 (8.24) 仍然适用。

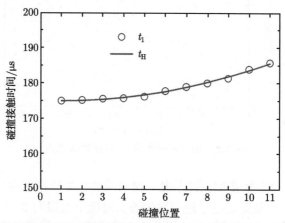

图 8.25   碰撞位置对碰撞接触时间的影响规律

2) 碰撞位置对次碰撞个数的影响

图 8.26 给出了碰撞初速度为 $v_0 = 2.66\mathrm{m/s}$，质量比参数 β 分别为 0.176、

0.193、0.196、0.197、0.198、0.199、0.202、0.204、0.218 和 0.28 时，碰撞位置
与碰撞次数 n 的关系。

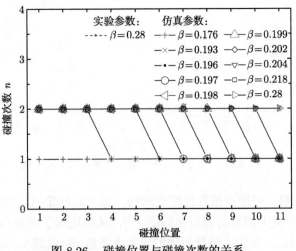

图 8.26 碰撞位置与碰撞次数的关系

图 8.26 表明，在不同的碰撞位置，发生次碰撞现象所需要的质量比阈值 β_T
是不一样的。图 8.27 给出了质量比阈值 β_T 与碰撞位置的关系曲线。我们发现，
碰撞点距离梁中心越远，发生次碰撞所需的质量比阈值 β_T 就越高。这可能与碰
撞点远离梁中心时，碰撞会激发出高阶、短周期的强弯曲振动有关。

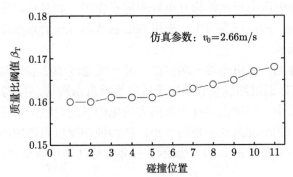

图 8.27 质量比阈值 β_T 与碰撞位置的关系

图 8.28 给出了碰撞初速度为 $v_0 = 2.66\mathrm{m/s}$，质量比参数 $\beta = 0.28$ 时，碰撞
位置与简支梁碰撞端位移响应的前三阶振幅比 $A_1/A_{\max}$、$A_2/A_{\max}$ 和 $A_3/A_{\max}$
的关系曲线。

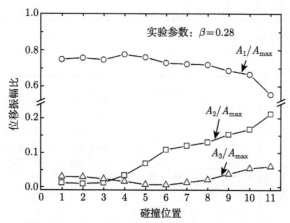

图 8.28   碰撞位置与碰撞端位移振幅比的关系

图 8.28 表明，碰撞点越靠近梁支承端，第二阶和第三阶振动的影响越显著，这将导致简支梁发生剧烈的强弯曲振动 [16]，从而造成了碰撞点越靠近梁支承端 (距离梁中心越远)，发生次碰撞所需的质量比阈值 β_T 就越高的现象。

8.3   球-压电叠堆的纵向碰撞实验

首先，引入环氧树脂作为金属杆与实验仪器进行黏合。通过实验发现，环氧树脂在黏合固定后形成一层较厚的黏合层，该黏合层在撞击实验的过程中会吸收一定量的能量，对实验结果相较 502 胶水有更大的影响。经过结果的比较得出，502 胶水对实验中压电层状结构有更好的固定作用，而且可以有效减少黏合层对实验结果的影响。所以在实验中，采用 502 胶水将压电叠堆端部与实验平台的固定臂黏合进行实验。

实验的设计为：压电叠堆一端自由，另一端通过 502 胶水与实验平台的固定端进行固结。钢球通过细线垂直悬挂于压电叠堆自由端前，并与其中心线等高。在实验进行的过程中，钢球由悬挂于其后方的电磁铁通电吸附形成一定的角度，并可以调节电磁铁的高度改变夹角的大小，从而使钢球以可控的不同初始速度冲击压电叠堆。实验装置于图 8.29 中展示，并分别标注其中各部分的名称。

8.3.1   测量系统

实验的要求需要测量压电层合结构在受到冲击载荷时瞬态的应力与应变，以及在其过程中压电层合结构的瞬态电势。在得到数据之后，通过对实验数据的后处理，经过拟合形成图像。通过对形成的图像进行分析进一步得到压电层合结构在受到冲击载荷作用时的规律。本书自主设计，并搭建了形如图 8.30 所示的压电层合结构冲击实验的测试系统。该实验测试系统的实物图如图 8.31 中所示，其右侧虚框图是左侧图中实验平台的放大图，与图 8.29 中实验装置的示意图保持一致。

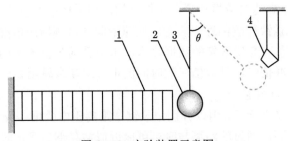

图 8.29　实验装置示意图

1-压电层合结构；2-钢球；3-细线；4-电磁铁

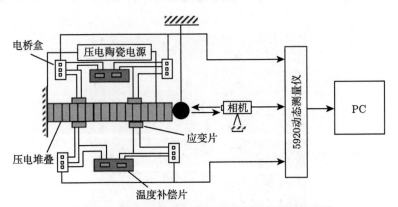

图 8.30　压电层合结构冲击实验的测试系统原理图

图 8.31　现场实物图

1-电磁铁；2-实验平台；3-动态应变仪；4-计算机；5-高速摄像机

该测量系统中的主要测量仪器为 DH5920 动态测量仪，并附有四个微应变片和若干轻质导线。微应变片的分布是这样的：一组应变片是贴在压电叠堆的上表面前段和中部，另一组微应变片则贴在压电叠堆下表面对称位置。

实验中冲击载荷的施加是由钢球完成的，实验钢球的运动轨迹由上文中介绍过的 NAC GX-3 高速摄像机拍摄，摄像机的最高采样频率可达 198000 帧/s。

实验时，电磁铁释放钢球，后者以低速轴向冲击碰撞压电叠堆的自由端。此时，DH5920 动态应变仪采集的数据显示，压电叠堆各位置上的微应变片都会出现峰值不同的脉冲信号，且该信号随时间的推移逐渐衰减至零。

1) 碰撞速度的测定

钢球的下方竖立标尺，用以分别记录钢球距离压电叠堆 1cm 和碰撞压电叠堆时的时刻。通过测量通过的距离与时刻可以近似估算钢球撞击时的瞬时速度。

以某次碰撞为例，说明其具体测定方法。钢球的碰撞过程如图 8.32 所示，当钢球距离压电叠堆 1cm 时，高速摄像后处理软件的当前帧数为 −979，接触开始

图 8.32   速度测量图

时刻对应的帧数为 -924，时间间隔 55 帧，由于初始设定帧率为 1000Hz，故一帧为 0.001s，则此次钢球从距离压电叠堆 1cm 到碰撞压电叠堆所用时间为 0.055s，由此可计算出碰撞速度为 0.18m/s。

2) 非对心碰撞偏心距离确定

在实验的进行过程当中，由于实验平台与环境的影响，多次的实验进程中钢球与压电叠堆的碰撞点难以控制在刚好处于杆件正中心一点。对于需要测量的压电叠堆，上下表面的应力比是通过材料力学的相应理论进行估算得到的。在过程中能够尽可能减少碰撞点的变化对实验结果的影响。

偏心碰撞的原理如图 8.33 所示，钢球撞击施加水平方向的载荷。以实验中模型为例，假设钢球碰撞杆件的位置离中心位置的距离为 a，金属杆高为 h，则金属杆表面应力 σ 可以由式 (8.30) 求得

$$\sigma = -\frac{F}{A} \pm \frac{M_{\max} y_{\max}}{I_z} \tag{8.30}$$

在式 (8.30) 中 M 为惯性矩，由

$$M = F \cdot a$$

求得，代入惯性矩于式 (8.30) 中可得

$$\sigma = -\frac{F}{A} \pm \frac{Fay_{\max}}{I_z} \tag{8.31}$$

引入抗弯截面系数 $W = I_z/y_{\max}$，其中 $y_{\max}$ 为金属杆横截面中心到上下表面的最大距离，则

$$\sigma = -\frac{F}{A} \pm \frac{Fa}{W} \tag{8.32}$$

因为 $A = h^2$，由于截面为正方形，故 $W = \dfrac{h^3}{6}$，故式 (8.32) 可写成

$$\sigma = -\frac{F}{h^2} \pm \frac{6Fa}{h^3} \tag{8.33}$$

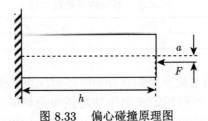

图 8.33 偏心碰撞原理图

可以将金属杆表面应力分开表示，$\sigma_上$ 表示金属杆上表面的应力，$\sigma_下$ 表示金属杆下表面的应力，则分别表示为

$$\sigma_上 = -\frac{F}{h^2}\left(1 - \frac{6a}{h}\right) \tag{8.34}$$

$$\sigma_下 = -\frac{F}{h^2}\left(1 + \frac{6a}{h}\right) \tag{8.35}$$

上下表面应力之比为

$$\frac{\sigma_下}{\sigma_上} = \frac{h - 6a}{h + 6a} \tag{8.36}$$

当 $a = 0.42$mm 时，撞击瞬间波峰之比为 0.5，故撞击点的微小偏差对实验结果影响很大。

8.3.2　实验结果

1) 材料参数

在对压电叠堆的碰撞实验测试过程中，钢球和压电叠堆的参数分别如表 8.1 和表 8.2 所示。其中，钢球的物理参数为半径 R、密度 ρ_s、质量 m、弹性模量 E_s 和泊松比 ν_s，压电叠堆的物理参数为长 L、宽 b、高 h、弹性模量 E_p 和密度 ρ_p。表 8.3 为封装压电陶瓷所用环氧树脂的参数。

表 8.1　钢球的物理参数

参数	R/mm	ρ_s/(kg/m^3)	m/kg	E_s/GPa	ν_s
钢球	9	7800	0.024	208	0.33

表 8.2　压电陶瓷物理参数

参数	L/mm	b/mm	h/mm	E_p/GPa	ρ_p/(kg / m^3)
压电叠堆	20	5	5	44	8000

表 8.3　环氧树脂物理参数

参数	E_e/GPa	ρ_e/(kg / m^3)	ν_e
环氧树脂	20	980	0.3

2) 压电叠堆在不同速度下受钢球冲击时的响应和碰撞激发电压响应

图 8.34 为钢球在不同初始速度下冲击压电叠堆时上表面中部的应力响应，图 8.35 是钢球在不同的初始速度下冲击压电叠堆时的电压响应。

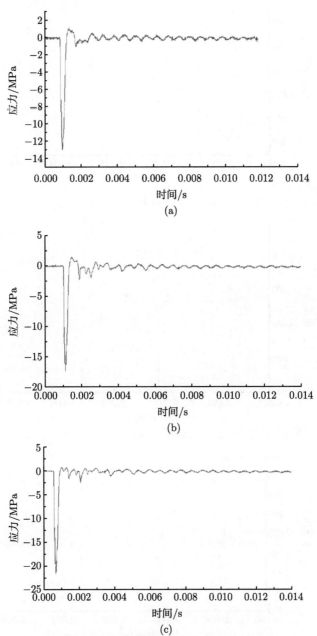

图 8.34 不同初速度下压电叠堆的轴向应力响应：(a) 撞击速度 $v = 0.41\text{m/s}$；(b) 撞击速度 $v = 0.56\text{m/s}$；(c) 撞击速度 $v = 0.73\text{m/s}$

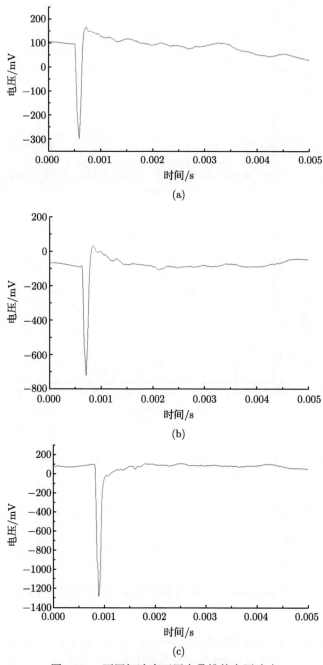

图 8.35　不同初速度下压电叠堆的电压响应

由图 8.34 可以直观地看出，在压电材料受到冲击载荷的时候，会出现一个较大的应力峰值。该峰值在一个较短的时间内会迅速地进行衰减。与均匀材料不同的是，压电叠堆材料存在各个不连续的界面。由于界面的存在应力波会出现反射和折射现象。在这种现象的影响下，随着时间的推移点的瞬态应力-时间历程曲线较为复杂，与均匀材料实验的过程中形成的正弦波形存在很大的不同。

当钢球的初始速度从 0.41m/s 增加到 0.56m/s 时，压电层合材料的应力响应的幅值也随之增大，在误差允许范围内，当初始速度增大到 0.73m/s 时，应力响应的幅值也是随着初始速度增大而增大的。

而图 8.35 中的电压响应也证实了上述结论。受到冲击载荷的时候，电压响应出现较大的峰值并以不规律的速度进行衰减。随着钢球撞击速度的增大，瞬态应力与电压的峰值也会随之增大。冲击载荷加载后，系统回到稳态所用的时间也较长。

8.4 双连杆斜碰撞实验

8.4.1 实验测试方法

如图 8.36 与图 8.37 所示，柔性双连杆从水平状态受重力自由下落，当下落高度为 H 时与铝板发生斜碰撞。整个运动过程由高速摄像机记录杆末端点的运动 [20]，经过运动分析系统后可以得到柔性双连杆末端接触点斜碰撞中的切向速度与法向速度随时间变化的曲线。斜碰撞结束后会在铝板上留下一个圆形的凹痕 (如图 8.38 所示)，可以测得其直径。经过多次重复实验，在铝板上留下了多个圆形凹痕，我们可测得其直径的平均值，因为柔性双连杆的末端是半球形，可以算得凹痕的深度 δ，该值即为斜碰撞分析模型中法向变形残余量。

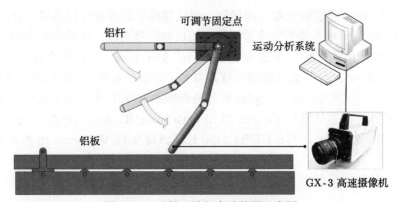

图 8.36　柔性双连杆实验装置示意图

图 8.37　柔性双连杆斜碰撞实验装置实图

图 8.38　斜碰撞后铝板上的压痕及柔性双连杆端

8.4.2　实验测试结果

　　图 8.39 为弹塑性多连杆机器人系统斜冲击实验平台。该测试平台由双连杆机械手、移动板、计算机和高速摄像机组成。杆 OA 的上铰链与滑块连接，因此高度 H 可以轻松调节。当斜冲击实验进行时，这个滑块必须固定在背板上。在实验过程中，在中间铰链处加入润滑剂。假设铰链处的摩擦可以忽略不计。由于重力作用，杆 AB 从水平初始位置下降，随后斜向撞击板。实验中的棒和板由杨氏模量为 $7.0 \times 10^{10} \mathrm{N/m}^2$、密度为 $2726 \mathrm{kg/m}^3$ 的铝制成。铝直杆的直径为 $0.013 \mathrm{m}$，长度为 $0.21 \mathrm{mm}$。杆与板的摩擦系数为 0.47。动板的长度 L 为 $1.2 \mathrm{m}$，宽度 w 为 $0.2 \mathrm{m}$，深度 h 为 $0.05 \mathrm{m}$。最后我们可测得凹痕的深度 $\delta = 0.1962 \mathrm{mm}$。所有数值的计算都在戴尔计算机 (Tower 7810 with Inter(R) Xeon(R) CPU E5-2609 v4 @1.70 GHz 处理器，16 GB DDR4 2400 Hz RAM with Windows 10 操作系统) 内处理。

　　该实验的结果可为 7.1.1 节中验证接触模型的准确性提供依据。

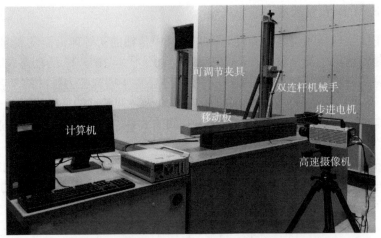

图 8.39 弹塑性多连杆机器人系统斜冲击的设置

8.5 分离式霍普金森压杆实验

随着军事、航空航天、造船、石油和核能工业的发展, 在爆炸和冲击等高能量以及高密度条件下结构和材料的动力学研究已日益显得重要和迫切。目前, 材料的动力学研究主要从三个方面进行: 理论分析、数值计算和实验研究, 其中实验研究占有重要的地位, 可以用来证实理论分析和数值计算的结果, 同时由于材料动力学涉及的冲击过程都是在瞬间完成的, 详细观察这些现象必须依赖于实验研究。

8.5.1 霍普金森实验技术

Kolsky 于 1949 年提出了分离式霍普金森 (Hopkinson) 压杆实验系统。该装置采用应变片测量得到弹性压杆中的加载脉冲和透射杆中的透射脉冲, 间接地推算得到夹在这两根杆中材料试件的动态本构关系, 避开了冲击作用下直接测量试件中应力和应变的困难。并经过几十年的发展形成了比较完整的 Hopkinson 实验技术 [18], 在材料的动态性能实验中得到了广泛应用。

测试材料在高应变率下的应力-应变行为通常采用的是分离式 Hopkinson 压杆装置 (split Hopkinson pressure bar), 简称 SHPB 实验装置。SHPB 实验技术已广泛应用于工程材料在高应变率下 ($10^2 s^{-1} \sim 10^4 s^{-1}$) 的动态应力-应变曲线的研究。它结构简单, 操作方便, 测量方法巧妙, 加载波形易于控制。材料在受冲击时的瞬间变形, 可近似地视为恒应变率。而应变率效应是工程上关心的问题之一。目前在国外该装置已得到了广泛的应用。

8.5.2　SHPB 实验技术

SHPB 实验技术是基于弹性脉冲在圆杆中传播的初等理论而发展起来的实验技术，是目前用于测量材料在高应变率下 ($10^2 \mathrm{s}^{-1} \sim 10^4 \mathrm{s}^{-1}$) 的动态应力-应变曲线最普遍的方法。Hopkinson 是最早在实验室条件下研究应力脉冲的学者之一。他于 1914 年利用压力脉冲在杆自由端反射时变为拉伸脉冲的特性设计了一套装置，用来测定炸药爆炸或子弹打击时压力与时间的关系。这套装置称为 Hopkinson 压杆，简称 HPB(Hopkinson pressure bar)。

Hopkinson 压杆的主体是一个圆柱形钢杆，长约 1000mm，直径 25mm，由四条线挂成水平状，这些线可在垂直面内摆动，其装置示意图如图 8.40 所示。

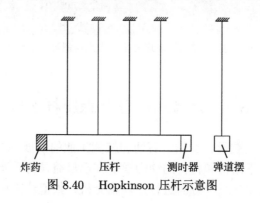

炸药　　　　　压杆　　　　　测时器　弹道摆

图 8.40　Hopkinson 压杆示意图

在杆的一端接一个称为测时器的短柱体，杆的另一端称为打击端，承受炸药爆炸或子弹打击造成的瞬时压力脉冲。测时器和杆的直径相同，并用同种材料制成。测时器和杆的接触面处磨得很平，涂以少许机油，可使压力脉冲通过接触面时不受影响，但几乎不能承受拉力。这样当压力脉冲在测时器自由端反射为拉伸脉冲，拉伸脉冲与入射压力脉冲后续部分叠加在接触面处造成净拉力时，测时器将携带着动量而飞离。测时器的动量可由接受测时器的弹道摆来测得，而留在杆内的动量则可由杆的摆动振幅来测定。当测时器长度等于或大于压力脉冲长度一半时，压力脉冲的动量将全部传给测时器，测时器飞离后杆将保持不动。因此变化测时器的长度，求得测时器飞离而杆能保持静止的最小长度 l_0，就可以求得压力脉冲长度 $\lambda = 2l_0$ 或压力脉冲持续时间 $t_0 = \lambda/C_0 = 2\lambda/C_0$。

由于动量对应于压力时程曲线下的面积，即

$$m = A \int_0^T \sigma(t)\mathrm{d}t \tag{8.37}$$

式中，A 为测时器 (和杆) 的截面积；T 为应力波通过测时器的来回时间。

因此，在实验中如采用一系列不同长度的测时器，就能近似求出压力脉冲的波形。

当然，通过测量不同长度测时器的动量所确定的脉冲波形不如直接测量 $\sigma\text{-}t$ 关系所确定的脉冲波形精确和方便，测时器与杆之间的衔接力也影响着实验的精度，而且从根本上说，所测压力脉冲的峰值不得超过压杆材料的屈服限，脉冲长度也必须比压杆直径大得多，否则就满足杆中一维应力波初等理论关于忽略横向惯性的近似假定，而有波的弥散现象，这些都是 Hopkinson 压杆使用中的限制条件。尽管如此，这一方法的提出，当时还是很有价值的。后来戴维斯 (Davies) 对 Hopkinson 压杆作了改进，不采用测时器，而是采用电测方法连续记录自由杆端的纵向位移，这样显然能精确而又方便地确定脉冲的特征。

H. Kolsky 于 1949 年改进了 Hopkinson-Davies 压杆，用于测量盘形试件的动态应力-应变关系。该实验装置是由打击杆、入射杆、透射杆及嵌在两杆之间的试件组成的，因此被称为分离式 Hopkinson 压杆，简称 SHPB(split Hopkinson pressure bar)，其实验装置简图如图 8.41 所示。

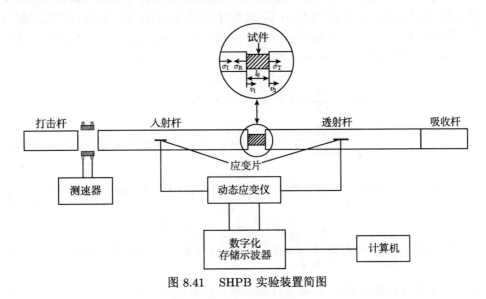

图 8.41　SHPB 实验装置简图

其中，打击杆、入射杆和透射杆均要求处在弹性状态下，且一般具有相同的直径和材质，即弹性模量 E、波速 C_0 和波阻抗 $\rho_0 C_0$ 均相同。实验时，短试件夹在入射杆和透射杆之间，当压缩气枪驱动一长度为 L_0 的打击杆以速度 v^* 撞击入射杆时，产生入射脉冲 $\sigma_{\mathrm{I}}(t)$ 载荷，其幅值 $(= \rho C v^*/2)$ 可通过调节撞击速度 v^* 来控制，而其历时 $(= 2L_0/C)$ 可以通过调节打击杆长度 L_0 来控制。短试件在该入射脉冲的加载作用下高速变形，与此同时向入射杆传播反射脉冲 $\sigma_{\mathrm{R}}(t)$ 和向透

射杆传播透射脉冲 $\sigma_T(t)$，正是这两者反映出了试件材料的动态力学行为。这些所需的脉冲信息由贴在压杆上的应变片-动态应变仪-瞬态波形存储器等组成的系统进行测量和记录；而打击杆速度 v^* 则由测速器获取。吸收杆起到了类似霍普金森压杆 (HPB) 装置中测时器的作用，当透射脉冲从吸收杆自由端反射时，吸收杆将带着陷入其中的透射脉冲的全部动量飞离，从而使透射杆保持静止。

在此强调，在利用 SHPR 技术进行分析时，首先要满足以下两个假设：

(1) 一维应力波假设。

弹性波在细长杆中传播时，由于横向惯性效应，波会发生弥散现象。但当入射波波长 λ 比入射杆的直径 R 大得多时，即满足 $R/\lambda \ll 1$ 时，杆的横向惯性效应除波头外，可作为高阶小量忽略不计。

(2) 均匀化假设。

假设整个实验过程中试件中的应力和应变均匀分布，这就相当于忽略了应力波的传播效应。

对于第一个假设，在满足一维应力波假定的条件下，一旦测得试件与入射杆的界面 X_1 处 (图 8.42) 的应力 $\sigma(X_1,t)$ 和质点速度 $v(X_1,t)$，以及试件与透射杆的界面 X_2 处 (图 8.42) 的应力 $\sigma(X_2,t)$ 和质点速度 $v(X_2,t)$，就可按下列各式来分别确定试件的平均应力 $\sigma_s(t)$、应变率 $\dot{\varepsilon}_s(t)$ 和应变 $\varepsilon_s(t)$：

$$\sigma_s(t) = \frac{A}{2A_s}[\sigma(X_1,t) + \sigma(X_2,t)]$$
$$= \frac{A}{2A_s}[\sigma_I(X_1,t) + \sigma_R(X_1,t) + \sigma_T(X_2,t)] \tag{8.38}$$

$$\dot{\varepsilon}_s(t) = \frac{v(X_1,t) + v(X_2,t)}{l_s} = \frac{v_T(X_2,t) - v_I(X_1,t) - v_R(X_1,t)}{l_s} \tag{8.39}$$

$$\varepsilon_s(t) = \int_0^t \dot{\varepsilon}_s(t)\mathrm{d}t = \frac{1}{l_s}\int_0^t v_T(X_2,t) - v_I(X_1,t) - v_R(X_1,t)\,\mathrm{d}t \tag{8.40}$$

式中，A 是压杆截面积；A_s 是试件截面积；l_s 是试件长度。

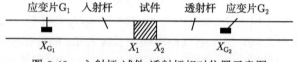

图 8.42 入射杆-试件-透射杆相对位置示意图

在弹性压杆的情况下，由杆的一维弹性波理论分析可知，应变与应力和质点

速度之间存在如下的线性比例关系:

$$\begin{cases} \sigma_1 = \sigma\left(X_1, t\right) = \sigma_I\left(X_1, t\right) + \sigma_R\left(X_1, t\right) = E[\varepsilon_I\left(X_1, t\right) + \varepsilon_R\left(X_1, t\right)] \\ \sigma_2 = \sigma\left(X_2, t\right) = \sigma_T\left(X_1, t\right) = E\varepsilon_T\left(X_2, t\right) \\ v_1 = v(X_1, t) = v_I\left(X_1, t\right) + v_R\left(X_1, t\right) = C_0[\varepsilon_I\left(X_1, t\right) - \varepsilon_R\left(X_1, t\right)] \\ v_2 = v(X_2, t) = v_T\left(X_1, t\right) = C_0\varepsilon_T\left(X_2, t\right) \end{cases} \quad (8.41)$$

于是问题转化为如何测知界面 X_1 处的入射应变波 $\varepsilon_I\left(X_1, t\right)$ 和反射应变波 $\varepsilon_R\left(X_1, t\right)$, 以及界面 X_2 处的透射应变波 $\varepsilon_T\left(X_2, t\right)$。然而, 只要压杆保持为弹性状态, 则不同位置上的波形均相同; 换言之, 再利用一维应力下的弹性波在细长杆中传播时无畸变的特性, 界面 X_1 处的入射应变波 $\varepsilon_I\left(X_1, t\right)$ 和反射应变波 $\varepsilon_R\left(X_1, t\right)$ 就可以通过粘贴在入射杆 X_{G_1} 处的应变片 G_1 所测入射应变信号 $\varepsilon_I\left(X_1, t\right)$ 和反射应变信号 $\varepsilon_R\left(X_{G_1}, t\right)$ 来代替, 以及界面 X_2 处的透射应变波 $\varepsilon_T\left(X_2, t\right)$ 可以通过粘贴在透射杆 X_{G_2} 处的应变片 G_2 所测透射应变信号 $\varepsilon_T\left(X_{G_2}, t\right)$ 来代替。这样, 最后由应变片 G_1 和 G_2 所测信号即可确定试样的动态应力 $\sigma_s(t)$ 和应变 $\varepsilon_s(t)$:

$$\sigma_s\left(t\right) = \frac{EA}{A_s}\varepsilon_T\left(X_{G_2}, t\right) = \frac{EA}{A_s}\left[\varepsilon_I\left(X_{G_1}, t\right) + \varepsilon_R\left(X_{G_1}, t\right)\right] \quad (8.42)$$

$$\varepsilon_s\left(t\right) = -\frac{2C_0}{I_s}\int_0^t \varepsilon_R\left(X_{G_1}, t\right)\mathrm{d}t = \frac{2C_0}{l_s}\int_0^t \varepsilon_I\left(X_{G_1}, t\right) - \varepsilon_T\left(X_{G_2}, t\right)\mathrm{d}t \quad (8.43)$$

应该指出, 在 X_1 界面处产生的反射波以及在 X_2 界面处产生的透射波, 分别向入射杆和透射杆传播的过程中, 应力波也同时在试件两端间往返地传播。可以想象, 如果试件足够短, 试件内部沿长度的应力/应变分布将很快趋于均匀化, 从而可以忽略试件的应力波效应。这就是 SHPB 实验技术赖以建立的第二个基本假定, 按此 "均匀化" 假定, 有 $\sigma_1 = \sigma_2$, 或再按一维应力波理论则有

$$\sigma_I + \sigma_R = \sigma_T, \quad \varepsilon_I + \varepsilon_R = \varepsilon_T \quad (8.44)$$

于是, 在入射应变波 $\varepsilon_I\left(X_{G_1}, t\right)$、反射应变波 $\varepsilon_R\left(X_{G_1}, t\right)$ 和透射应变波 $\varepsilon_T(X_2, t)$ 中, 实际上任测两个就足以从式 (8.42) 和 (8.43) 确定试样的动态应力 $\sigma_s(t)$ 和应变 $\varepsilon_s(t)$。消去时间参数 t 之后, 就得到试件材料在高应变率下的动态应力-应变曲线 σ_s-ε_s。

由上述分析可知, SHPB 技术的巧妙之处在于把应力波效应和应变率效应解耦了, 一方面, 对于同时起到冲击加载和动态测量双重作用的入射杆和透射杆, 由于始终处于弹性状态, 允许忽略应变率效应而只计应力波效应, 并且只要杆径小得足以忽略横向惯性效应, 就可以用一维应力波的初等理论来分析。另一方面, 对

于夹在入射杆和透射杆之间的试件，由于长度足够短，使得应力波在试件两端间传播所需时间与加载总历时相比时，小得足可把试件视为处于均匀变形状态，从而忽略试件中的应力波效应而只计其应变率效应。这样，压杆和试件中的应力波效应和应变率效应都分别解耦了。

从 20 世纪 70 年代起，SHPB 实验装置开始被应用于混凝土 (钢筋混凝土) 材料、岩石等动态力学性能的研究，由于岩石、混凝土 (钢筋混凝土) 材料组分之一——骨料的尺寸很大，而在骨料周围及整个材料中布满了大量不规则裂纹、孔洞等缺陷。为保证测量的精度和测试结果的可信度，尽可能减少尺寸效应的影响，要求试件的尺寸必须足够大，因而用来进行冲击实验的装置也要足够大。必须对传统的实验装置进行改进，为此国内外学者对大尺寸 SHPB 实验装置进行了大量的研究，建立了 $\phi74$mm、$\phi100$mm 和 $\phi200$mm 大尺寸 SHPB 装置。图 8.43 为直锥变截面式 $\phi74$mmSHPB 实验装置示意图。

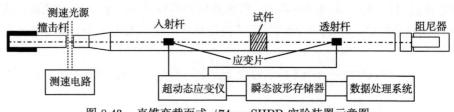

图 8.43   直锥变截面式 $\phi74$mmSHPB 实验装置示意图

8.5.3   霍普金森实验技术研究现状及存在的问题

近年来由于国防及民用工程的需要，SHPB 装置的研究对象已从金属、合金等均质密实材料扩展到泡沫材料、混凝土等非均质离散性材料。这就要求试件的尺寸足够大，以使实验结果能符合宏观实际。这样 SHPB 装置的压杆直径尺寸也加大了，现在国内外用于大尺寸试件的 SHPB 装置还不是很完善。例如，胡时胜等在对国内外同类型的测试装置进行深入研究的基础上研制出一套直径为 37mm 的 SHPB 装置。由于该实验装置的压杆较粗，故要想保证一维假定，除在装置设计时必须考虑相关的一些问题外，在测试技术上还应采取一定的措施。

采用大尺寸 SHPB 实验技术测试材料动态特性时存在的问题如下。

1) 弥散问题

在利用 SHPB 装置进行测试时，首先应当保证一维假定，根据这一假定，任意应力脉冲在压杆中传播的速度为 C_0。这是一近似的处理和假设，它忽略了由于泊松效应引起杆中质点的横向惯性运动，也就是忽略了杆件的横向收缩和膨胀对动能的贡献量，这些忽略的成分使得应力波在传播过程中不能保持初始波形，各谐波分量以各自的相速传播，上升沿变缓，波形出现高频振荡现象，将这种现象称为几何弥散现象。而当 Hopkinson 压杆尺寸变大时，原有一维假定中忽略杆中质点的横向惯性效应，即忽略杆的横向收缩或膨胀对动能的贡献，此时必须予以考虑。因此在利用 SHPB 实验装置进行材料动力学特性实验时，怎样使得几何弥散效应对实验结果的影响最小成为实验时首要思考的问题。研究表明可以采用以下几种方法和措施来预防和减小几何弥散效应对实验结果的影响。

(1) 理论修正法。可采用 Pochhammer、Chree 和 Payleigh 等获得的计及杆的横向惯性的纵向弹性波传播的理论解，即

$$C_P = C_0[1 - \pi^2 \nu^2 (r/\lambda)^2 + \cdots]\tag{8.45}$$

式中，C_P 和 λ 分别为组成应力脉冲的某谐波的相速度和波长，ν 和 r 分别为弹性杆的泊松比和半径。

该公式表明，组成应力脉冲的各谐波是以各自的相速度 C_P 传播的，频率高 (波长短) 的传播得慢，频率低 (波长长) 的传播得快。因此任一应力脉冲在杆中传播将发生弥散，这就是由于杆中质点横向惯性所引起的弥散效应。

(2) 几何尺寸控制法。此方法在实验装置设计时就要保证压杆的半径 r 和应力脉冲宽度 λ 的比值。

(3) 黏附柔性介质法。即采用在入射杆打击端黏附一层柔性介质的方法，消除相当一部分高频谐波，从而尽量减小几何弥散效应对实验结果的影响。

2) 加载波形存在的问题

在利用大尺寸 SHPB 技术测试多孔材料的动态特性的实验中，由一维应力波理论可知，入射杆经打击杆的高速撞击后将产生矩形加载波，但在实验中所测得的波形则带有明显的振荡，并且在波头较为明显，这是压杆的横向惯性效应使得矩形加载波在杆中弥散传播造成的，且这种影响会随传播距离的增大而增大。一些材料上升沿历时远小于整个波形历时，而有些材料上升沿历时和整个波形历时接近，此类情况下波形问题是影响测试技术的关键。解决的办法通常是预留间隙，即试件与入射杆间留有一定的间隙，或在试件与两杆接触的端面粘涂少量胶质物使最终产生矩形波。

3) SHPB 压杆所采用材料存在的问题

通常我们所指的 SHPB 装置压杆所选取的材料为钢，而近年来随着对多孔材料的广泛应用，用常规的 SHPB 装置测量上述材料的动态力学性能是十分困难的。由于泡沫材料的波阻抗不到钢杆波阻抗的 1/100，因此，透射杆的透射波很弱，已不能用一般电阻应变片测量。而返回入射杆的反射波很强，反射波形和入射波形非常接近，也很难用它们的差值来确定试件中的应力。为解决这一问题，王礼立曾建议改用聚合物压杆取代 SHPB 装置中传统的金属压杆。

H. Zhao 等对泡沫材料的内部机理进行了分析研究，改进了测试其动态性能的实验方法，提出了利用黏弹性杆制成的 SHPB 装置来测应变率效应，设计加工了黏弹性 Hopkinson 压杆装置，并测得了泡沫塑料的动态压缩应力-应变曲线。但是，由于黏弹性杆的黏性效应和横向惯性效应，当应力波由应变片测点传播到杆与试件的接触端时 (或者由接触端传到应变片测点时) 会发生幅值衰减和波形弥散。因此在计算试件的应力、应变和应变率时，试件入射端面的入射波应变、反射波应变及透射端面的透射波应变已不能直接采用应变片测点的值，而必须将波在测点和接触端之间的传播过程中的衰减和弥散考虑进去。为此王礼立等研究了黏性效应造成的杆中波的衰减和弥散。Zhao 和 Gary 则将弹性圆柱的 Pochhanner-Chree 频率方程推广到线性黏弹性圆柱，其方法和结果可用于处理 Hopkinson 压杆中波的弥散和衰减。但其方法复杂，并且必须事先给出黏弹性杆的本构模型和相应的材料常数，因而难于在 Hopkinson 压杆实验中应用。Bacon 于 1998 年提出了测定黏弹性杆中波弥散和衰减的实验方法，该方法原理简单易于操作，而且不必事先给出黏弹性杆的本构模型和材料常数，因而便于在 Hopkinson 压杆实验中应用。然而，Bacon 文章提供的求解衰减指数和传播系数的方程是在弹性圆柱的 Pochhanner-Chree 一般理论基础上用黏弹性复数模量置换弹性模量而得到的。这一方程十分复杂，只能用数值方法求解，不便于从中观察横向惯性效应对黏弹性波传播的影响。为此，刘孝敏等用能量法，在一维线性黏弹性波动理论基础上考虑横向惯性效应对黏弹性杆中纵波传播的影响，导出形式较简单的纵波传播控制方程及解得修正公式。

4) 试件与端面的摩擦效应

界面摩擦效应是指 SHPB 实验压杆受到脉冲作用后，由于压杆和材料试件的界面横向运动存在差异，材料试件和输出杆的界面横向运动存在差异，从而使得实验过程中出现摩擦力。摩擦力的出现破坏了试件的一维应力状态。

采用 SHPB 实验装置进行材料动力学特性实验可以用以下几种方法和措施来预防和减小试件与杆端面的摩擦效应对实验结果的影响。

(1) 应力修正法，可采用以下公式对实测应力进行修正

$$\sigma = \sigma_0 \left(1 - \frac{2ur}{3l}\right) \tag{8.46}$$

(2) 试件尺寸控制法。对于各向同性材料，为了消除实验结果中横向和纵向的惯性效应影响，要求试件的长径比越大越好，其最佳试件尺寸为

$$l = \sqrt{3\nu R} \tag{8.47}$$

式中，ν 为测试材料的动态泊松比。

(3) 断面润滑法。采用界面充分润滑的方法可以大大减小端面摩擦效应对试验结果的影响。

5) 试件的纵向和横向惯性效应

惯性效应是指 SHPB 实验压杆受到脉冲作用后，材料试件产生较高的变形率，因而系统外界输入的能量等于试件的应变能还需要加上它的纵向动能和横向动能。从而在处理材料试件应力结果时还需要考虑纵向动能和横向动能对它的影响。Davies 等研究了在考虑纵向和横向惯性效应的情况下，应力波在杆中的传播，并提出了以下的应力修正公式：

$$\sigma = \sigma_0 + \rho \left(\frac{1}{6} I^2 - \frac{1}{2} \nu r^2 \right) \ddot{\varepsilon} \tag{8.48}$$

Gorham 等在此基础上，考虑了试件断面运动，得到了更为符合实际的修正公式。张宝平等在 Gorham 模型的基础上，考虑了材料的可压缩性、试件径向和轴向的惯性，变形率及试件的运动效应，得到了更为具体的应力修正公式。

6) 试件的尺寸问题

采用 SHPB 实验装置测量材料在高应变率下的本构关系时，实验材料的尺寸选取需要满足一定的关系。原则上，该尺寸选取主要取决于均匀假设、横向和纵向的惯性效应、端面摩擦效应这三个因素。为了满足均匀性假设，要求试件的长径比越小越好，从而满足如下关系：

$$\frac{l}{r} < \frac{tc_0}{\pi} \tag{8.49}$$

式中，l 为试件长度；r 为试件半径；t 为加载脉冲试件；c_0 为试件中的纵波波速。

7) 试件材料端面的平整度

采用 SHPB 实验装置进行实验时，要求入射杆端面、材料试件两个端面、投射杆两个端面保持平行，但使这些端面完全平行在实际操作中是非常困难的。因此，试件等端面的平整度所引起的影响出现于实验的各个阶段，同时这些非均匀的界面接触给实验结果带来了较大的误差。实验时，对于一些平整度影响较大的情况，在实验装置中可以通过引入万向头的方法来减小其对实验结果的影响。

参 考 文 献

[1] 彼得·艾伯哈特, 胡斌. 现代接触动力学. 南京: 东南大学出版社, 2003.

[2] Kobayashi A S. Handbook on Experimental Mechanics. 2nd ed. Cambridge: VCH Publishers, 1997.

[3] 戚晓利, 尹晓春, 王文, 等. 多次弹塑性撞击实验系统的设计与数值仿真. 南京理工大学学报, 2012, 36(2): 202-206.

[4]　Timoshenko S P. Zur frage nach der wirkung eines stosse auf einer balken. Zeits Mathematical Physics, 1913, 62: 198-209.

[5]　Goldsmith D. Impact: the Theory and Physical Behavior of Colliding Solids. London: Edward Arnold Publishers, 1960.

[6]　Stoianovici D, Hurmuzlu Y. A critical study of the applicability of rigid-body collision theory. Journal of Applied Mechanics, 1996, 63(2): 307-316.

[7]　Shan H, Su J, Badiu F, et al. Modeling and simulation of multiple impacts of falling rigid bodies. Mathematical and Computer Modelling, 2006, 43(5): c592-c611.

[8]　Melcher J, Xu X, Ramana A. Multiple impact regimes in liquid environment dynamic atomic force microscopy. Applied Physics Letters, 2008, 93(9): 093111-1-093111-3.

[9]　Schonberg W P. Predicting the low velocity impact response of finite beams in cases of large area contact. International Journal of Impact Engineering, 1989, 8(2): 87-97.

[10]　刘中华, 尹晓春. 自由梁对简支梁的多次弹塑性撞击. 机械工程学报, 2010, 46(10): 47-53.

[11]　杨钧, 尹晓春, 刘中华, 等. 刚性质量对自由梁的弹粘塑性次撞击. 机械工程学报, 2012, 48(1): 72-77.

[12]　Shan H, Su J H, Zhu J S, et al. Three-dimensional modeling and simulation of a falling electronic device. Journal of Computational and Nonlinear Dynamics, 2007, 2(1): 22-31.

[13]　Yin X C, Qin Y, Zou H. Transient responses of repeated impact of a beam against a stop. International Journal of Solids and Structures, 2007, 44(22-23): 7323-7339.

[14]　骞朋波, 尹晓春, 沈煜年, 等. 碰撞激发弹塑性波传播的动态子结构方法. 力学学报, 2012, 44(1): 184-188.

[15]　Johnson K L. 徐秉业, 罗学富, 刘信声, 等译. 接触力学. 北京: 高等教育出版社, 1992.

[16]　剧锦三, 蒋秀根, 傅向荣. 考虑接触变形的梁受到球碰撞时弹塑性冲击荷载. 工程力学, 2008, 25(4): 32-38.

[17]　Stronge W J. Impact Mechanics. Cambridge: Cambridge University Press, 2004.

[18]　王礼立. 应力波基础. 2 版. 北京: 国防工业出版社, 2005.

[19]　Timoshenko S P, Young D H, Weaver W Jr.Vibration Problems in Engineering. New York: Wiley-interscience, 1974.

[20]　Shen Y N, Kuang Y. Frictional impact analysis of an elastoplastic multi-link robotic system using a multi-timescale modelling approach. Nonlinear Dynamics, 2019, 98: 1999-2018.

第 9 章　碰撞理论在微/纳米压电精确定位系统的工程应用

胡克 (Robert Hooke):

　　"天才不仅仅在于理解已知的事物，更在于发现未知的世界。"(The true genius is not in understanding the known, but in discovering the unknown.)

　　——胡克这句话揭示了科学发现的真正精髓。在他看来，真正的天才不仅仅是在已知的领域内游刃有余，而是在于敢于探索和发现那些尚未为人知的领域。科学的进步不仅来自对已知现象的解释，更来自于对未知现象的洞察。胡克强调，发现新领域、新规律才是推动科学发展的关键，而这正是科学家们不断向前的动力所在。

　　随着超精密加工技术和微纳米技术的迅猛发展，微/纳米级位移的测量、定位和控制技术已成为众多尖端科技，如超精密加工、微小机械零件装配、微操作机器人、微机电系统 (MEMS) 制造、光学调整、显微医疗和生物工程等领域的迫切要求 [1-4]。微/纳米精确定位系统 (如图 9.1 所示) 的定位精度可达 $1 \sim 10\text{nm}$，因其具备高精度的控制能力、快速的响应速度、高单位质量输出功率、免受电磁干扰、低功耗，以及适用于低温、真空和超净等特殊环境的优势，其定位过程与力学行为的研究已成为热门课题。

　　微/纳米压电驱动系统的工作过程是一个典型的瞬态响应过程，其压电驱动元件，如压电叠堆，能够迅速响应突加的电压脉冲激发以及高频间歇的电压脉冲激发，它的工作通常是通过碰撞驱动系统 (IDM) 与被驱动目标体的反复碰撞或反复摩擦，使目标体累积一定的微位移量，传递微动力。然而，重复碰撞 [5]、压电驱动 [6-8] 和反复摩擦会激发瞬态波在柔性部件中的传播，造成复杂的系统力学行为，明显影响系统的定位精度 [9]。缺乏对重复碰撞和反复摩擦的有效研究和控制，会带来系统的异常振动、定位精度下降，甚至系统失控。另外，部件表面的反复碰撞接触磨损、柔性结构件的变形和开裂等 [10,11] 都会降低驱动机构的使用寿命。

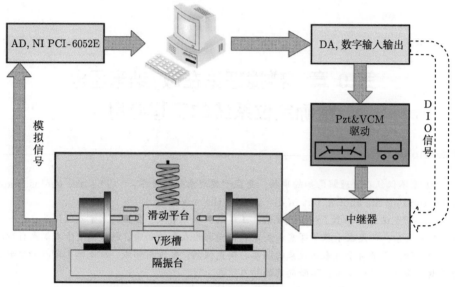

图 9.1　微/纳米精确定位系统控制示意图 [12]

大多数针对 IDM 瞬态动力学的研究局限于实验研究 [2,13,14]，鲜有研究涉足其理论及数值分析领域。Liu 等 [12] 采用两自由度质量-弹簧-阻尼振动模型分析了突加阶跃电压驱动下的动力学响应，通过并联线性弹簧阻尼单元计算接触力，忽略了压电叠堆的机电耦合效应和部件的柔性，导致碰撞响应理论误差超过 10nm[15]。Liu 等 [16] 考虑压电叠堆的轴向惯性效应，忽略机电耦合效应和其他部件的柔性，运用有限元法分析了 IDM 受阶跃电压驱动时的动力学响应。Ha 等 [17] 采用另外一种两自由度质量-弹簧-阻尼振动模型，研究了驱动系统的质量比和驱动电压的优化问题。以上相关的研究均没有考虑柔性部件的惯性，缺乏对瞬态波传播行为的研究，还不能精确估计 IDM 的定位行为，缺乏提供合理控制策略的能力。

基于 Wu 和 Haug[18]，Guo[19] 以及 Shen 和 Yin[20] 的研究工作，应用第 2 章的多次碰撞动态子结构方法，考虑压电陶瓷 (PZT) 的机电耦合效应和部件的柔性，采用 Kelvin-Voigt 接触模型与 Karnopp 摩擦模型，可模拟重复接触力与反复摩擦力。该方法能有效分析和模拟微/纳米压电驱动系统中被驱动目标体的步进运动，以及冲击锤与目标体间的多次碰撞与反复摩擦现象，同时能研究压电激发瞬态波及碰撞、摩擦激发瞬态波的传播特性。

9.1　物　理　模　型

图 9.2 为微/纳米压电驱动系统示意图，整个驱动系统放置在水平隔震台上，由一个一端固支的弹簧、弹簧基座、柔性杆、惯性质量 1 和 2、压电叠堆、杆状

冲击锤和目标体组成,弹簧初始预压缩量 A_C 可以提供大行程驱动定位能力。整个系统在施加驱动电压前保持静止状态,目标体正上方设有摩擦力弹簧调节装置以调控其摩擦力,冲击锤左端连接压电叠堆,右端可与目标体发生多次碰撞接触,通过这一系列接触,实现对目标体在微/纳米位移量级上的精确位置控制。

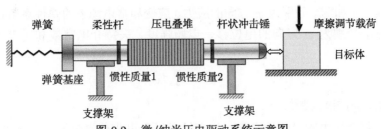

图 9.2 微/纳米压电驱动系统示意图

9.1.1 动态子结构碰撞模型

图 9.3 为微/纳米压电驱动系统动态子结构碰撞模型[21]。使用有限元离散法对系统结构进行离散。柔性杆离散为 d_1 个子结构,每个子结构离散为 n_1 个弹性杆单元,单元总数为 $N_1 = d_1 \times n_1$。压电叠堆离散为 d_2 个子结构,每个子结构离散为 n_2 个压电杆单元,单元总数为 $N_2 = d_2 \times n_2$。杆状冲击锤离散为 d_3 个子结构,每个子结构离散为 n_3 个弹性杆单元,单元总数为 $N_3 = d_3 \times n_3$。总子结构数和单元数分别为 $D = d_1 + d_2 + d_3$ 和 $N = N_1 + N_2 + N_3$。

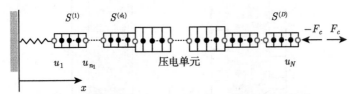

图 9.3 微/纳米压电驱动系统动态子结构碰撞模型

目标体与杆状冲击锤之间存在一对接触力的作用,当接触发生时,冲击锤的右端作用有接触压力。水平方向目标体在接触力和摩擦力的共同作用下实现黏-滑运动。建模时,可将惯性质量 1 和 2 分别附加在压电叠堆两边相应的节点上。

9.1.2 压电陶瓷叠堆模型

如图 9.4 所示,压电陶瓷叠堆由 n 层压电陶瓷片累叠胶合而成,以便采用电学并联和机械串联的方式,以小的驱动电压获得较大的微位移量。陶瓷片之间存在胶合层和电极层,陶瓷片上下表面均敷有极薄的金属电极,其极化方向与 x 轴重合,且材料横观各向同性。陶瓷片受轴向 (x 向) 载荷的作用,可认为仅有轴向

变形和轴向电场，忽略电场边缘效应和漏电流的影响，压电陶瓷叠堆的本构方程可以写为

$$\left\{ \begin{array}{c} \sigma_3 \\ D_3 \end{array} \right\} = \left[\begin{array}{cc} c_{33}^{\mathrm{E}} & -e_{33} \\ e_{33} & \mu_{33}^{\mathrm{s}} \end{array} \right] \left\{ \begin{array}{c} \varepsilon_3 \\ E_3 \end{array} \right\} \tag{9.1}$$

其中，σ_3、ε_3 和 c_{33}^{E} 分别为 x 方向的应力、应变和常电场下的弹性系数，D_3、E_3、μ_{33}^{s} 和 e_{33} 分别为 x 方向的电位移、电场强度、夹持介电常数和压电应力常数。而

$$e_{33} = c_{33}^{\mathrm{E}} d_{33} \tag{9.2}$$

其中，d_{33} 为压电常数。

由于每个压电陶瓷片的几何、物理性质以及电载荷完全相同，若忽略胶合层和电极层板的厚度，则整个压电陶瓷叠堆均匀变形位移呈线性分布。若不计边缘效应和胶合层处的电场间断，则电场可视为连续匀强电场，且电势线性分布，从而可以建立如图 9.4 所示的等效压电叠堆模型 [22]，

$$E_3 = V/l_{\mathrm{t}} = nV/l \tag{9.3}$$

其中，V 和 l 分别为压电陶瓷叠堆的驱动电压和总长度，n 和 l_{t} 分别为陶瓷片的个数和厚度。

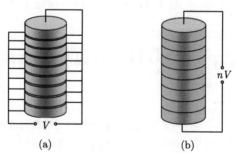

图 9.4　(a) 实际压电陶瓷叠堆；(b) 等效压电陶瓷叠堆模型

9.1.3　机电耦合动力学方程

运用有限元离散方法离散等效压电叠堆，如图 9.5 所示，设压电杆单元中任意一点 x 的轴向位移函数 $u(x)$ 和电势函数 $\phi(x)$ 分别为

$$u(x) = \left(1 - \frac{x - x_i}{x_j - x_i}\right)u_i + \frac{x - x_i}{x_j - x_i}u_j = \left[\begin{array}{cc} N_{iu} & N_{ju} \end{array} \right] \left\{ \begin{array}{c} u_i \\ u_j \end{array} \right\} = \boldsymbol{N}_u \boldsymbol{u}^{\mathrm{e}} \tag{9.4}$$

$$\phi(x) = \left(1 - \frac{x - x_i}{x_j - x_i}\right)\phi_i + \frac{x - x_i}{x_j - x_i}\phi_j = \begin{bmatrix} N_{i\phi} & N_{j\phi} \end{bmatrix} \begin{Bmatrix} \phi_i \\ \phi_j \end{Bmatrix} = \boldsymbol{N}_\phi \boldsymbol{\varphi}^{\mathrm{e}} \quad (9.5)$$

$$N_{iu} = 1 - \xi_u, \quad N_{ju} = \xi_u, \quad N_{i\phi} = 1 - \xi_\phi, \quad N_{j\phi} = \xi_\phi \quad (9.6)$$

其中，$\xi_u = \xi_\phi = (x - x_i)/(x_j - x_i) = (x - x_i)/l_{\mathrm{e}}$，$l_{\mathrm{e}}$ 为单元长度，$\boldsymbol{N}_u$ 和 $\boldsymbol{u}^{\mathrm{e}}$ 分别为压电杆单元的位移形函数矩阵和单元节点位移向量。$\boldsymbol{N}_\phi$ 和 $\boldsymbol{\varphi}^{\mathrm{e}}$ 分别为压电杆单元的电势形函数和单元节点电势向量。

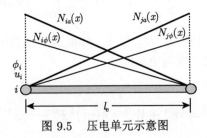

图 9.5　压电单元示意图

单元相应的应变 ε 和场强 E 分别为

$$\varepsilon = \frac{\mathrm{d}u(x)}{\mathrm{d}x} = \frac{u_j - u_i}{l_{\mathrm{e}}} = \begin{bmatrix} -\dfrac{1}{l_{\mathrm{e}}} & \dfrac{1}{l_{\mathrm{e}}} \end{bmatrix} \begin{Bmatrix} u_i \\ u_j \end{Bmatrix} = \boldsymbol{B}_u \boldsymbol{u}^{\mathrm{e}} \quad (9.7)$$

$$E = \frac{\mathrm{d}\phi(x)}{\mathrm{d}x} = \frac{\phi_j - \phi_i}{l_{\mathrm{e}}} = \begin{bmatrix} -\dfrac{1}{l_{\mathrm{e}}} & \dfrac{1}{l_{\mathrm{e}}} \end{bmatrix} \begin{Bmatrix} \phi_i \\ \phi_j \end{Bmatrix} = \boldsymbol{B}_\phi \boldsymbol{\varphi}^{\mathrm{e}} \quad (9.8)$$

其中，$\boldsymbol{B}_u$ 和 $\boldsymbol{B}_\phi$ 分别为压电杆单元的应变形函数矩阵和电场强度形函数矩阵。

Hamilton 原理的表达式为

$$\int_{t_1}^{t_2} \delta(T - U)\mathrm{d}t + \int_{t_1}^{t_2} \delta W \mathrm{d}t = 0 \quad (9.9)$$

式中，T、U 和 W 分别表示某一时刻 t 单元的动能、内能和外载荷所做的虚功。

相较于 Saint-Venant 杆理论，实际柔性杆在承受轴向载荷时，不仅会发生轴向变形，还会因泊松效应引发横向变形及横向惯性效应，进而产生横向运动动能。为考虑横向运动动能，故将压电单元的动能 T^{e} 写为

$$T^{\mathrm{e}} = \frac{1}{2}\int_{\Omega^{\mathrm{e}}} \rho_{\mathrm{p}}(\dot{u}(x,t))^2 \mathrm{d}\Omega + \frac{1}{2}\int_{\Omega^{\mathrm{e}}} \rho_{\mathrm{p}}\{(\dot{u}(y,t))^2 + (\dot{u}(z,t))^2\}\mathrm{d}\Omega \quad (9.10)$$

其中，ρ_{p} 为压电单元的密度，该动能表达式的第一项为单元的纵向动能，第二项是单元的横向动能。根据微元体的物理方程和几何方程改写横向动能，可将压电

单元的动能 T^e 改写为

$$T^e = \frac{1}{2} \int_{\Omega^e} \rho_p (\dot{u}(x,t))^2 \mathrm{d}\Omega + \frac{1}{2} \int_{\Omega^e} \rho_p \mu_p^2 r_g^2 (\partial \varepsilon_x / \partial t)^2 / 2 \mathrm{d}\Omega \tag{9.11}$$

其中，μ_p 和 ε_x 分别为压电单元的泊松比和轴向应变，r_g 是截面对 x 轴的回转半径。因此，压电单元的内能 U^e 为

$$U^e = \frac{1}{2} \int_{\Omega^e} \sigma_x \varepsilon_x \mathrm{d}\Omega + \frac{1}{2} \int_{\Omega^e} D_x E_x \mathrm{d}\Omega \tag{9.12}$$

其中，σ_x 为单元的轴向应力，D_x 和 E_x 分别为单元的电位移和电场强度。式中的第一项为应变能，第二项为电场能。

外载荷做的虚功为

$$W^e = W_m^e + W_e^e = \delta(\boldsymbol{u}^e)^\mathrm{T} \boldsymbol{F}^e - \delta(\boldsymbol{\varphi}^e)^\mathrm{T} \boldsymbol{Q}^e \tag{9.13}$$

其中，W_m^e 和 W_e^e 分别为机械外力所做的虚功和电载荷所做的虚功，$\boldsymbol{F}^e$ 和 $\boldsymbol{Q}^e$ 分别为单元节点外力列阵和电荷列阵。

将单元动能、内能和外载荷所做的虚功代入 Hamilton 方程 (9.9)，可得到含几何弥散效应的压电单元的机电耦合动力学方程为

$$\begin{cases} \left(\boldsymbol{M}^e + \dfrac{1}{c_{33}^{\mathrm{E}}} \rho_p \mu_p r_g^2 \boldsymbol{K}_{uu}^e \right) \ddot{\boldsymbol{u}}^e + \boldsymbol{K}_{uu}^e \boldsymbol{u}^e + \boldsymbol{K}_{uv}^e \boldsymbol{\varphi}^e = \boldsymbol{F}^e \\[2mm] \boldsymbol{K}_{vu}^e \boldsymbol{u}^e - \boldsymbol{K}_{vv}^e \boldsymbol{\varphi}^e = -\boldsymbol{Q}^e \end{cases} \tag{9.14}$$

其中，单元质量矩阵 $\boldsymbol{M}^e = \displaystyle\int_0^{l_e} \rho_p A_p \boldsymbol{N}_a^\mathrm{T} \boldsymbol{N}_a \mathrm{d}x$，单元机械刚度矩阵 $\boldsymbol{K}_{uu}^e = \displaystyle\int_0^{l_e} A_p c_{33}^{\mathrm{E}} \boldsymbol{B}_u^\mathrm{T} \boldsymbol{B}_u \mathrm{d}x$，单元压电刚度矩阵 $\boldsymbol{K}_{u\phi} = \boldsymbol{K}_{\phi u}^\mathrm{T} = \displaystyle\int_0^{l_e} A_p e_{33} \boldsymbol{B}_u^\mathrm{T} \boldsymbol{B}_\phi \mathrm{d}x$，单元介电刚度矩阵 $\boldsymbol{K}_{uu}^e = \displaystyle\int_0^{l_e} A_p \mu_{33}^s \boldsymbol{B}_\phi^\mathrm{T} \boldsymbol{B}_\phi \mathrm{d}x$。

消除方程 (9.14) 中的电势自由度，并考虑结构存在比例阻尼，方程 (9.14) 可写为

$$\bar{\boldsymbol{M}}^e \ddot{\boldsymbol{u}}^e + \bar{\boldsymbol{C}}^e \dot{\boldsymbol{u}}^e + \bar{\boldsymbol{K}}^e \boldsymbol{u}^e = \bar{\boldsymbol{F}}^e \tag{9.15}$$

其中，$\bar{\boldsymbol{M}}^e = \boldsymbol{M}^e + \dfrac{1}{c_{33}^{\mathrm{E}}} \rho_p \mu_p r_g^2 \boldsymbol{K}_{uu}^e$，$\bar{\boldsymbol{C}}^e = \alpha \boldsymbol{M}^e + \beta \boldsymbol{K}_{uu}^e$，$\bar{\boldsymbol{K}}^e = \boldsymbol{K}_{uu}^e + \dfrac{e_{33}}{\mu_{33}^s} \boldsymbol{K}_{vu}^e$，$\bar{\boldsymbol{F}}^e = \boldsymbol{F}^e - \dfrac{e_{33}}{\mu_{33}^s} \boldsymbol{Q}^e$。$\alpha$ 和 β 为阻尼比例常数，可由实验求得。若将与压电材料相关的物理量设为零，则该方程可退化为含弥散效应弹性单元的动力学方程。

对于等效压电叠堆,其两端电极上的电荷量可以表示为

$$Q_{N_1} = -Q_{N_1+N_2} = \frac{A_p \mu_{33}^s nV}{l} \tag{9.16}$$

其余节点的电载荷均为零。

组集所有单元,整个碰撞系统的动力学方程为

$$\bar{M}\ddot{u} + \bar{C}^e \dot{u} + \bar{K}u = \bar{F} \tag{9.17}$$

其中,$\bar{M} = M + \dfrac{1}{c_{33}^E}\rho_p \mu_p r_g^2 K_{uu}$,$\bar{C}^e = \alpha M + \beta K_{uu}$,$\bar{K} = K_{uu} + \dfrac{e_{33}}{\mu_{33}^s}K_{vu}$,$\bar{F} = F - \dfrac{e_{33}}{\mu_{33}^s}Q$。整个系统的动力学方程中外力列阵的前后两个元素分别为外加弹簧支反力 F_s 和接触力 $-F_c$。

9.1.4 驱动系统的子结构动力学方程

单个子结构 s 的有限元动力学方程可写为

$$\bar{M}^{(s)}\ddot{u}^{(s)} + \bar{C}^{(s)}\dot{u}^{(s)} + \bar{K}^{(s)}u^{(s)} = \bar{F}^{(s)} \tag{9.18}$$

子结构位移向量的物理坐标描述 $u^{(s)}$ 与模态坐标描述 $p^{(s)}$ 的转换关系为

$$
\begin{aligned}
u^{(s)} &= \left\{ \begin{matrix} u_i^{(s)} \\ u_j^{(s)} \end{matrix} \right\} = \left[\begin{matrix} \Phi_{ii}^{(s)} & \Phi_{\bar{y}}^{(s)} \\ 0_{ji}^{(s)} & I_{jj}^{(s)} \end{matrix} \right] \left\{ \begin{matrix} p_N^{(s)} \\ p_C^{(s)} \end{matrix} \right\} \\
&= \left[\begin{matrix} \Phi_N^{(s)} & \Phi_C^{(s)} \end{matrix} \right] \left\{ \begin{matrix} p_N^{(s)} \\ p_C^{(s)} \end{matrix} \right\} = \Phi^{(s)}p^{(s)}
\end{aligned} \tag{9.19}
$$

其中,$\Phi^{(s)}$ 为子结构的总体模态阵,$\Phi_N^{(s)}$、$\Phi_C^{(s)}$、$p_N^{(s)}$ 和 $p_C^{(s)}$ 分别为子结构固定界面主模态、约束模态、主模态的模态坐标和约束模态的模态坐标。$\Phi_{ii}^{(s)}$ 可由内部各节点自由振动的正则化模态 $\varphi_r^{(s)}$ 组装而成,其中,$\varphi_r^{(s)}$ 由特征值方程

$$[\bar{K}_{ii}^{(s)} - \omega^2 \bar{M}_{ii}^{(s)}]\varphi_r^{(s)} = 0 \tag{9.20}$$

求得。通常按固定界面主模态的截取准则截断模态,保留 k 阶主模态

$$\Phi_k^{(s)} = \left[\begin{matrix} \Phi_{ik}^{(z)} \\ 0_{ji}^{(s)} \end{matrix} \right] = \left[\begin{matrix} \varphi_1^{(s)} & \varphi_2^{(s)} & \cdots & \varphi_k^{(s)} \end{matrix} \right] \tag{9.21}$$

除去施加的静位移,约束模态的其余部分表示为 $\Phi_{ij}^{(s)}$,并按下式计算

$$\Phi_{ij}^{(s)} = -(k_{ii}^{(s)})^{-1}k_{ij}^{(s)} \tag{9.22}$$

并将 $\pmb{\Phi}_{ij}^{(s)}$ 的左界面部分记为 $\pmb{\Phi}_{ij1}^{(s)}$，右界面部分记为 $\pmb{\Phi}_{ij2}^{(s)}$。

应用固定界面模态综合法，将式 (9.17) 的物理坐标转化为模态坐标，得到系统碰撞子结构动力学方程

$$\hat{M}\ddot{p}' + \hat{C}\dot{p}' + \hat{K}p' = \hat{F} \tag{9.23}$$

$$\hat{M} = \pmb{\Phi}'^{\mathrm{T}}\bar{M}\pmb{\Phi}', \quad \hat{C} = \pmb{\Phi}'^{\mathrm{T}}\bar{C}\pmb{\Phi}', \quad \hat{K} = \pmb{\Phi}'^{\mathrm{T}}\bar{K}\pmb{\Phi}', \quad \hat{F} = \pmb{\Phi}'^{\mathrm{T}}\bar{F} \tag{9.24}$$

其中，$\pmb{p}'$ 为总体广义坐标。$\pmb{\Phi}'$ 为物理坐标变换为模态坐标，再转换为广义坐标后，得到的总体模态阵，为

$$\pmb{\Phi}' = \begin{bmatrix} \pmb{\Phi}_{ik}^{(1)} & \pmb{\Phi}_{ij2}^{(1)} & \mathbf{0} & \mathbf{0} & \cdots & \mathbf{0} & \mathbf{0} & \mathbf{0} \\ 0 & 1 & 0 & 0 & \cdots & 0 & 0 & 0 \\ \mathbf{0} & \pmb{\Phi}_{ij1}^{(2)} & \pmb{\Phi}_{ik}^{(2)} & \pmb{\Phi}_{ij2}^{(2)} & \cdots & \mathbf{0} & \mathbf{0} & \mathbf{0} \\ 0 & 0 & 0 & 1 & \cdots & 0 & 0 & 0 \\ \vdots & \vdots & \vdots & \vdots & & \vdots & \vdots & \vdots \\ \mathbf{0} & \mathbf{0} & \mathbf{0} & \mathbf{0} & \cdots & \pmb{\Phi}_{ij1}^{(D)} & \pmb{\Phi}_{ik}^{(D)} & \pmb{\Phi}_{ij2}^{(D)} \\ 0 & 0 & 0 & 0 & \cdots & 0 & 0 & 1 \end{bmatrix} \tag{9.25}$$

为了准确地描述杆状冲击锤与目标体间接触力的大小，采用考虑局部变形效应和能量耗散的 Kelvin-Voigt 黏弹性接触模型[23]，其表达式见 4.2 节内容，这里不再赘述。

9.1.5　接触状态和非接触状态之间的转换

在实际定位过程中，系统运动可分为接触状态与非接触状态两种。当压下量 δ 大于零时，系统处于接触状态，此时冲击锤与目标体发生碰撞并产生接触力；若压下量 δ 小于零，则系统处于非接触状态，此时碰撞接触力可视为零，目标体仅在摩擦力作用下移动。

9.2　数　值　结　果

本节针对图 9.2 所展示的微/纳米级压电精密定位系统的动力学特性，开展了深入的数值研究。该系统所采用的压电陶瓷叠堆由 180 层超薄陶瓷片精密胶合而成，具备在超过 10kHz 的驱动电压激励频率下工作的能力。惯性质量块分别被精确安置于压电叠堆的左右两侧，距离各自端点 0.005m 处。关于该系统的其余结构细节及机电参数，请参阅表 9.1 中的详细列表。

表 9.1 结构机电参数

结构名称	结构参数	参数符号	参数数值	参数单位
目标体	质量	M	0.17575	kg
	摩擦力调节载荷	F_n	0	N
杆状冲击锤	密度	ρ_h	7800	kg/m³
	泊松比	μ_h	0	
	弹性模量	E_h	210	GPa
	横截面积	A_h	1.256×10^{-5}	m²
	长度	l_b	0.03	m
压电叠堆	密度	ρ_p	8000	kg/m³
	泊松比	μ_p	0	—
	夹持介电常数	μ_{33}^s	1.3×10^{-8}	F/m
	压电应力常数	e_{33}	15.0688	C/m²
	压电常数	d_{33}	6.8×10^{10}	m/V
	常电场下的弹性系数	c_{33}^E	22.16	GPa
	横截面积	A_p	2.5×10^{-5}	m²
	长度	L_p	0.02	m
	陶瓷片个数	n	180	—
柔性杆	密度	ρ_b	7800	kg/m³
	泊松比	μ_b	0	—
	弹性模量	E_b	210	GPa
	横截面积	A_p	1.256×10^{-5}	m²
	长度	l_p	0.025	m
惯性质量	质量 1	m_1	34.11×10^{-3}	kg
	质量 2	m_2	30.66×10^{-3}	kg
外加弹簧	刚度系数	k_s	5900	N/m
	预压缩量	A_c	120	μm
	阻尼系数	c_s	15	Ns/m
接触模型	刚度系数	k_c	7.479×10^6	N/m
	阻尼系数	c_c	12.5	Ns/m
摩擦模型	静摩擦系数	μ_s	0.417	—
	动摩擦系数	μ_k	0.250	—

在研究过程中, 本节精心选取了三种不同的激励方式作为分析对象: 第一种是阶跃型脉冲, 第二种是周期为 1ms 的三角形脉冲, 第三种是周期仅为 0.1ms 的高频三角形脉冲 (具体波形见图 9.6). 值得注意的是, 在这三种激励方式下, 所施加的驱动电压的幅值均统一设定为 50V.

将柔性杆离散为 6 个子结构, 每个子结构离散为 3 个弹性杆单元. 压电叠堆离散为 4 个子结构, 每个子结构离散为 3 个压电杆单元。杆状冲击锤离散为 5 个子结构, 每个子结构离散为 3 个弹性杆单元。系统的比例阻尼系数 α 和 β 分别取为 0 和 7×10^{-7}。采用 Visual C++语言, 编制碰撞动力学动态子结构法程序。由于碰撞过程是个瞬态过程, 因此, 在程序中, 采用当 $\beta_1 \geqslant 0.5, \alpha_1 \geqslant 0.25(0.5 + \beta_1)^2$ 时的无条件稳定的 Newmark-β 隐式时间直接积分法, 求解子结构动力学方程, 设置时间步长使之满足 $\Delta t \leqslant l_e/C$。

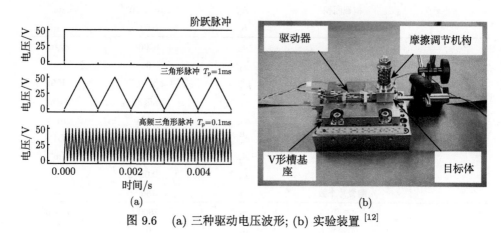

图 9.6　(a) 三种驱动电压波形; (b) 实验装置 [12]

9.2.1　阶跃脉冲电压驱动下的系统瞬态响应

运用动态子结构模型计算阶跃脉冲电压驱动微/纳米压电精密驱动系统的瞬态响应。为了检验动态子结构模型, 将该模型的计算结果与弹簧-质量模型的计算结果 [24] 和实验结果 [12] 进行了比较。图 9.7 (a) 为目标体和冲击锤前端的位移响应, 图 9.7 (b) 为目标体的速度响应, 图 9.7 (c) 为接触力响应。表 9.2 列出了目标体处于稳定状态下的位移 u_s、趋于稳定状态所需要的时间 t_s、超过 3N 的接触力发生次数 N_i、首次接触力的峰值 F_1 以及前三次碰撞的平均时间间隔 t_D。

如图 9.7 (a) 所示, 动态子结构模型可以捕捉到目标体的步进式运动。图 9.7 (b) 可以清楚地显示目标体速度大于零时的滑动状态和速度等于零时的黏结状态之间的状态转换。图 9.7 (c) 显示动态子结构模型可以计算多次接触力响应。该图可以清楚地显示整个定位过程中, 发生了四次接触力幅值较大的主要碰撞, 其中第一次接触力最大。该图同样能够清楚显示频发的微冲量级的多次微碰撞, 此时冲击锤和目标体之间的距离很小, 目标体接近静止稳定状态。图 9.7 (a)~(c) 显示, 弹簧-质量模型的响应行为被认为是较为合理的模拟的结果, 但是弹簧-质量模型和子结构模型之间在定位位移和到达稳定状态时的定位时间上的差异较为明显。

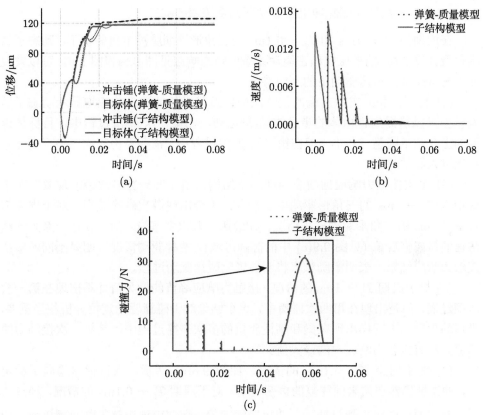

图 9.7 (a) 目标体和冲击锤前端的位移响应; (b) 目标体速度; (c) 多次接触力

通过比较表 9.2 的数据可以发现,动态子结构模型的计算结果比弹簧-质量模型的计算结果具有更高的精度。相比实验结果,动态子结构模型定位位移的计算误差为 2.87μm,远小于弹簧-质量模型的计算误差 8.42μm。由于弹簧-质量模型忽略了柔性杆、冲击锤和压电叠堆的惯性效应,模拟的耗散能比真实的低,故能够传递更多的伪能量给目标体,使其能够累积更大的位移。如图 9.7 (a) 所示,由于动态子结构模型计及了压电叠堆和其他柔性部件的惯性效应,目标体累积的位移计算结果比弹簧-质量模型的计算结果小。

表 9.2   主要响应参数

	$u_s/\mu m$	t_s/ms	N_i	F_1/N	t_D/ms
实验	114.88	17.00	3	39.00	0.220
动态子结构模型	117.75	27.30	4	37.51	0.229
弹簧-质量模型	126.17	47.00	4	39.42	0.217

9.2.2　高频三角形周期脉冲电压驱动下的系统瞬态响应

在周期为 $T_p = 1\text{ms}$ 和 $T_p = 0.1\text{ms}$ 的三角形周期脉冲电压驱动下，动态子结构模型计算的微/纳米压电精密驱动系统的瞬态响应见图 9.8 和图 9.9。可以发现如下与阶跃脉冲电压驱动下的不同特征：

(1) 目标体和冲击锤前端的位移响应以及目标体的速度响应均显示动态子结构模型可以捕捉到目标体的步进式黏-滑运动。在第一次黏-滑过程中，目标体速度的上升和下降呈三角形。但在第二次黏-滑过程中，需要经历三次三角形变化才再次进入黏结状态。

(2) 多次接触力响应曲线表明动态子结构模型能够计算多次碰撞现象。对于周期为 $T_p = 1\text{ms}$ 的三角形驱动电压情况，不会出现微次碰撞过程。对于周期为 $T_p = 0.1\text{ms}$ 的三角形驱动电压情况，在经历了八次主碰撞之后，存在一系列连续快速的微碰撞现象 (见图 9.9(c) 中的椭圆区域)。两种驱动情况下明显不同的多次接触力响应结果，表明激励频率将明显影响碰撞驱动过程。

(3) 对于周期 $T_p = 1\text{ms}$ 的情况，接触力响应峰值的最大值并不出现在第一次碰撞过程，而是出现在第四次碰撞中，这个结论对于碰撞驱动定位分析相当重要。类似的现象 [25] 同样出现在梁和刚性质量的多次碰撞过程中，其第二次接触力的峰值是所有接触力响应中的最大值。

(4) 对于周期 $T_p = 1\text{ms}$ 的情况，如图 9.8(a) 所示，当目标体趋向于稳定时，冲击锤仍然在作来回往复的振荡运动。对于周期 $T_p = 0.1\text{ms}$ 的情况，经过八次主碰撞后，冲击锤和目标体的间距已经很小，但冲击锤出现小幅高频振荡，如图 9.9(a) 所示。冲击锤和目标体之间存在一系列的快速微碰撞，它可称为颤振碰撞，冲击锤的运动也可称为颤振运动。

为了便于分析，图 9.8 和图 9.9 中同样给出了弹簧-质量模型的数值结果。可以发现，目标体达到稳定状态时的位移比动态子结构模型的大。例如，对于周期 $T_p = 1\text{ms}$ 情况，超出 $4.54\mu\text{m}$，对于周期 $T_p = 0.1\text{ms}$ 和周期 $T_p = 0.01\text{ms}$ 情况，分别超出 $12.79\mu\text{m}$ 和 $34.29\mu\text{m}$。结果显示，驱动电压的频率越高，位移的超出量越大。

由于没有计及压电陶瓷叠堆和柔性部件惯性，弹簧-质量模型不能像动态子结构模型那样考虑部件的柔性和瞬态波能。当驱动电压频率增加时，这些能量将会分享系统总能量的更多份额，导致弹簧-质量模型计算出的目标体定位位移增大。图 9.8(a) 所示的结果就是另外一个例子，它显示只有很少的耗散能量，冲击锤吸收了更多的能量，导致较大幅值的振荡，最终得到了较大的接触力和较高的目标体速度 (见图 9.8(b) 和 (c) 及图 9.9(b) 和 (c))。

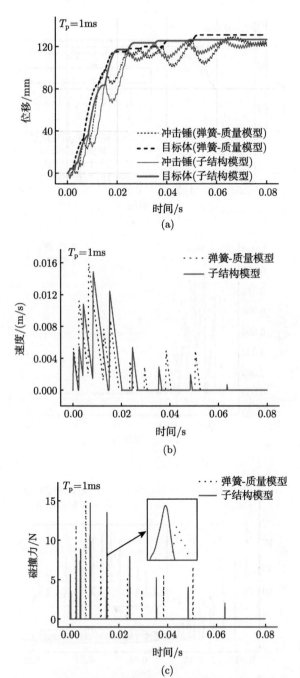

图 9.8 周期为 $T_\mathrm{p} = 1\mathrm{ms}$ 驱动系统的瞬态响应：(a) 目标体的步进运动；(b) 目标体的速度；
(c) 多次接触力

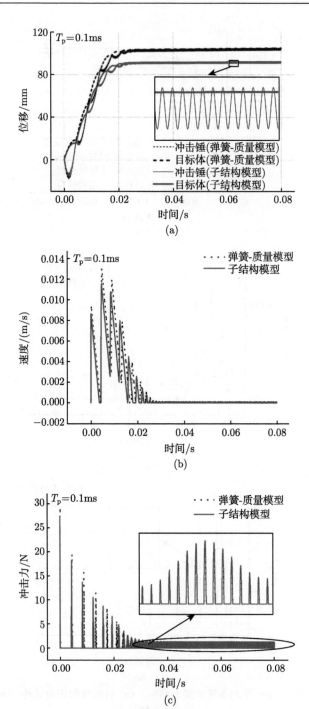

图 9.9　周期为 $T_p = 0.1$ms 驱动系统的瞬态响应: (a) 目标体的步进运动; (b) 目标体的速度;

(c) 多次接触力

9.2.3 瞬态波在系统中的传播

压电激发的压力会像图 9.8 那样快速、突然地变化,在微/纳米压电驱动系统中,短暂而快速的碰撞起着重要的作用,驱动压电和碰撞都会激发瞬态波的传播,然而,弹簧质量模型尚不能考虑该瞬态波效应。

在微/纳米压电驱动系统中,压电叠堆、柔性杆、杆状冲击锤的材料和截面不同,碰撞驱动方式引发的多次碰撞,导致理论分析十分困难。目前,就我们所知,尚没有微/纳米压电驱动系统精确定位瞬态波效应分析的相关研究工作发表。

本书提出的动态子结构方法,可以模拟微/纳米压电驱动系统的瞬态波传播,模拟结果见图 9.10~ 图 9.13。图 9.10 和图 9.11 清楚显示了阶跃压电激发导致的位移波和速度波的传播。变形扰动从压电堆的后端开始,向前传播至杆状冲击锤,同时向左传播至柔性杆。随着激发的延续,变形扰动量增大。实际上,当压电位移波到达冲击锤的自由面时,碰撞开始,碰撞激发的波将向右在冲击锤内传播。图 9.12 表明在 4μs 之前的碰撞应力明显小于碰撞后期的应力。

动态子结构模型可以给出瞬态应力波传播的合理模拟。在图 9.12 中可以发现,当应力波传过惯性质量后,由于惯性质量可以吸收大量的波能量,应力幅值发生突降,积累了高压应力。在波传播的早期,少有应力波传过惯性质量。在 4μs 时,惯性质量累积的能量接近最大值,然后柔性构件会开始释放贮存的惯性能。

惯性能量释放造成冲击锤的压缩变形,并碰撞目标体。它在第一次碰撞过程中的 150μs 时刻会产生较大的碰撞应力 (如图 9.13 的椭圆区所示)。在 150μs 时,压电叠堆的应力状态由于压电力波和碰撞波的共同作用变为了拉应力状态。此类压缩变形和拉伸变形的转换过程被动态子结构模型清楚地显示,拉应力状态更容易引起压电叠堆的损伤。

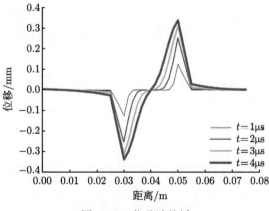

图 9.10 位移波传播

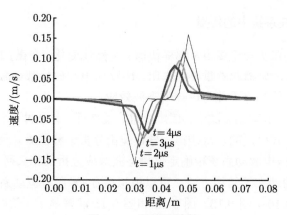

图 9.11　速度波传播

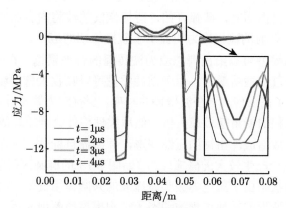

图 9.12　应力波传播 (1)

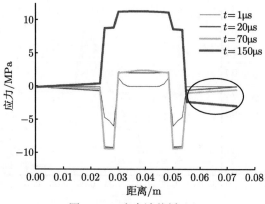

图 9.13　应力波传播 (2)

参 考 文 献

[1] Culpepper M L, Anderson G. Design of a low-cost nano-manipulator which utilizes a monolithic, spatial compliant mechanism. Precision Engineering, 2004, 28(4): 469-482.

[2] Duan Z, Wang Q. Development of a novel high precision piezoelectric linear stepper actuator. Sensors and Actuators A: Physical, 2005, 118(2): 285-291.

[3] Martel S, Sherwood M, Helm C, et al. Three-legged wireless miniature robots for mass-scale operations at the sub-atomic scale. Proceedings 2001 ICRA. IEEE International Conference on Robotics and Automation (Cat. No.01CH37164), 4. Seoul, South Korea: IEEE, 2001: 3423-3428[2024-10-13]. http://ieeexplore.ieee.org/document/933147/.

[4] Hubbard N B, Culpepper M L, Howell L L. Actuators for micropositioners and nanopositioners. Applied Mechanics Reviews, 2006, 59(6): 324-334.

[5] Yin X C, Qin Y, Zou H. Transient responses of repeated impact of a beam against a stop. International Journal of Solids and Structures, 2007, 44(22-23): 7323-7339.

[6] He Z, Loh H, Xie M. A two-dimensional probability model for evaluating reliability of piezoelectric micro-actuators. International Journal of Fatigue, 2007, 29(2): 245-253.

[7] Ni K. Strain-based probabilistic fatigue life prediction of spot-welded joints. International Journal of Fatigue, 2004, 26(7): 763-772.

[8] Dai H L, Wang X. Stress wave propagation in laminated piezoelectric spherical shells under thermal shock and electric excitation. European Journal of Mechanics - A/Solids, 2005, 24(2): 263-276.

[9] Dankowicz H, Zhao X. Local analysis of co-dimension-one and co-dimension-two grazing bifurcations in impact microactuators. Physica D: Nonlinear Phenomena, 2005, 202(3-4): 238-257.

[10] Mracek M, Wallaschek J. A system for powder transport based on piezoelectrically excited ultrasonic progressive waves. Materials Chemistry and Physics, 2005, 90(2-3): 378-380.

[11] Wang X D, Huang G L. Study of elastic wave propagation induced by piezoelectric actuators for crack identification. International Journal of Fracture, 2004, 126(3): 287-306.

[12] Liu Y T, Higuchi T, Fung R F. A novel precision positioning table utilizing impact force of spring-mounted piezoelectric actuator—part II: theoretical analysis. Precision Engineering, 2003, 27(1): 22-31.

[13] Liu Y T, Higuchi T, Fung R F. A novel precision positioning table utilizing impact force of spring-mounted piezoelectric actuator—part I: experimental design and results. Precision Engineering, 2003, 27(1): 14-21.

[14] Higuchi T, Watanabe M, Kudou K. Precise positioner utilizing rapid deformations of a piezoelectric element. Journal of the Japan Society for Precision Engineering, 1988, 54(11): 2107-2112.

[15] Fung R F, Han C F, Chang J R. Dynamic modeling of a high-precision self-moving stage with various frictional models. Applied Mathematical Modelling, 2008, 32(9): 1769-1780.

[16] Liu Y T, Fung R F, Huang T K. Dynamic responses of a precision positioning table impacted by a soft-mounted piezoelectric actuator. Precision Engineering, 2004, 28(3): 252-260.

[17] Ha J L, Fung R F, Han C F. Optimization of an impact drive mechanism based on real-coded genetic algorithm. Sensors and Actuators A: Physical, 2005, 121(2): 488-493.

[18] Wu S C, Haug E J. A substructure technique for dynamics of flexible mechanical systems with contact-impact. Journal of Mechanical Design, 1990, 112(3): 390-398.

[19] Guo A. A dynamic model with substructures for contact-impact analysis of flexible multibody systems. Science in China Series E, 2003, 46(1): 33.

[20] Shen Y N, Yin X C. Substructure technique for transient Wave of flexible body with impact. Journal of Nanjing University of Science and Technology, 2007, 31(1): 51-55.

[21] Shen Y N, Yin X C. Dynamic substructure model for multiple impact responses of micro/nano piezoelectric precision drive system. Science China Series E-Technique Science, 2009, 52(3): 622-633.

[22] Lammering R, Wiesemann S, Campanile L F, et al. Design, optimization and realization of smart structures. Smart Materials and Structures, 2000, 9(3): 260-266.

[23] Hunt K H, Crossley F R E. Coefficient of restitution interpreted as damping in vibroimpact. Journal of Applied Mechanics, 1975, 42(2): 440-445.

[24] Kukovecz Á, Kanyó T, Kónya Z, et al. Long-time low-impact ball milling of multi-wall carbon nanotubes. Carbon, 2005, 43(5): 994-1000.

[25] Goldsmith W, Frasier J T. Impact: the theory and physical behavior of colliding solids. Journal of Applied Mechanics, 1961, 28(4): 639.